水闸安全评价及加固修复技术指南

宋　力　汪自力　主编

黄河水利出版社

·郑州·

内 容 提 要

本书重点解决两个问题：一是水闸安全评价如何开展，包含工程现状调查、现场安全检测、工程复核计算、水闸安全评价四部分及如何在此基础上开展安全评价，给出科学合理的安全鉴定类别；二是水闸病险如何加固，包括防渗排水设施修复、地基处理、混凝土结构补强修复、金属结构补强修复、闸门止水修复、土石结合部高聚物注浆等内容。

本书可供从事水闸安全评价、病险水闸除险加固相关工作的工程技术人员及有关大专院校师生和科研工作者阅读参考。

图书在版编目（CIP）数据

水闸安全评价及加固修复技术指南/宋力,汪自力主编. —郑州:黄河水利出版社,2018.5
ISBN 978 - 7 - 5509 - 2039 - 2

Ⅰ. 水⋯   Ⅱ. ①宋⋯②汪⋯   Ⅲ. ①水闸 - 安全检查 - 指南   Ⅳ. ①TV66 - 62

中国版本图书馆 CIP 数据核字(2018)第 107526 号

组稿编辑：王志宽   电话：0371-66024331   E-mail：wangzhikuan83@126.com

出 版 社：黄河水利出版社   网址：www.yrcp.com
地址：河南省郑州市顺河路黄委会综合楼 14 层   邮政编码：450003
发行单位：黄河水利出版社
发行部电话：0371 - 66026940、66020550、66028024、66022620(传真)
E-mail：hhslcbs@126.com
承印单位：河南承创印务有限公司
开本：787 mm×1 092 mm   1/16
印张：28.25
字数：650 千字   印数：1—1 000
版次：2018 年 5 月第 1 版   印次：2018 年 5 月第 1 次印刷
定价：96.00 元

前　言

　　水闸是我国防洪体系的重要组成部分,我国目前具有各种类型水闸,数量巨大,其中流量大于等于 5 m³/s 的水闸数量就有 105 283 座。然而水闸的九类主要病险问题,使水闸成为防洪体系的"短板",严重影响了水闸兴利除害功能的发挥,对公共安全和社会生产安全产生了安全隐患,为消除防洪体系"短板",准确查找病险,合理判断水闸类别的三四类,并经济地消除病险是必要的。在素有"悬河"之称的黄河下游引黄水闸工程中,由于土石结合部险情的突发性和难以抢护的问题,有"一处涵闸即是一处险工"之说。如何客观真实地确定水闸安全类别,特别是在三类和四类界限模糊时如何从技术上准确划分类别,又如何和当地水闸的引水功能相结合,给出既符合技术事实又能兼顾政策需求的合理水闸安全类别,以及由此开展的病险水闸除险加固又如何做到安全、经济的恢复其设计功能,这在目前黄河下游水闸工程的安全评价及除险加固工作中,不仅对水闸安全运行管理具有实质性影响,而且显得尤为必要。

　　国内目前对水闸病险判别的主要方法是通过水闸安全鉴定,所依据的主要规范为《水闸安全鉴定规定》(SL 214—98),但由于现有技术水平等方面的因素,不易完全准确实现 SL 214—98 所提出的基本思想和原则,致使水闸安全鉴定成果在实际工作中时有偏颇。特别是现有技术标准中对水闸安全类别是三类还是四类的判别,一直不够明确。近期即将颁布的《水闸安全评价导则》中,制约三四类闸判别问题仍未得到实质性解决。由此对水闸的安全鉴定造成了影响,从而给后继的病险水闸除险加固工作带来了病险无法加固、病险加固不彻底等一系列问题,这在现阶段所开展的病险水闸安全鉴定成果核查工作及国内已开展的部分病险水闸除险加固初步设计中已有所体现。同时病险消除不彻底给后续工作如除险加固、维修养护和安全管理等带来一系列的困难,可能导致病险水闸需进行二次加固,造成经济浪费,甚至会形成水闸新的安全隐患,给人民的生命财产带来损失,对公众安全形成较大的威胁。如果可把因局部病险而需拆除重建的四类闸,通过对其开展技术经济评估,重点研究修复技术问题,并结合政策调整引导转为可通过局部修复技术进行除险加固的三类闸,达到实现建设与运行期的技术经济综合指标最优的目标,则可为国家节省大量的资金及人力成本。

　　2005 年 6 月 26 日,为全面摸排水闸的情况,水利部开展了全国水闸注册登记工作,发布了《水闸注册登记管理办法》(水建管〔2005〕263 号)。注册登记成果表明,我国 70%以上的水闸建于 20 世纪 80 年代以前,普遍存在防洪标准和建设标准偏低、工程质量较差、配套设备落后等"先天不足"问题,且随着使用年限的增加,水闸出现建筑物结构老化、机电设备陈旧等诸多安全隐患,同时由于现代经济社会发展的需要,随意增设各种功能,造成水闸工程的病险更加严重。大量病险水闸的存在,成为我国水利防洪体系中的"短板"。在 2008 年初水利部部长工作会议上提出"加强水闸安全管理、规范水闸安全鉴定"的要求,2008 年 6 月颁发《水闸安全鉴定管理办法》,2008 年 9 月在全国范围内开展了全面的水闸安全普查工作,2009年3月在全国范围内开展病险水闸除险加固专项工作,并列入水利行业重点工作。其中陈雷部长在2010～2014年全国水利工作会议、全国水利厅局长会议等重要会议中多次强调"要围绕保障防洪安全加快江河治理,突出抓好中小河流治理、病险水库水闸除险加固、山洪灾害防治等防洪薄弱环节建设"。在2010年、2011年中央一号文件等重要文件和多次会议中均将病险水闸除险加固作为重要的工作列出。2013年,国家发展和改革委、水利部印发了《全国大中型病险水闸除险加固总体方案》,开始了对病险水闸全面的治理工作,然而,病险水闸在除险加固过程中发现,由于部分水闸安全鉴定类别划分尚不够准确,给除险加固工作形成了一定影响;2014年,基于上述现状,黄河水利科学研究院牵头,联合南京水利科学研究院、长江科学院、河海大学,向水利部申请开展水闸安全评价及除险加固过程中的关键技术研发;2015年,水利部批准水利部公益性行业科研专项经费项目"水闸工程安全评价及除险加固关键技术研发"(No:201501036)立项。

针对上述情况,项目研究团队在国内现有成果的基础上,采用调研归纳、模型试验、数值仿真模拟、理论分析及典型工程示范等技术手段,重点开展水闸三类闸和四类闸判别技术和方法及检测难题研究,并开展病害修复技术的工程及非工程措施研究,以期对水闸三类闸和四类闸判别问题,提出可执行的判别细则,完善和建立水闸安全评价指标体系,并对不同病险种类提出除险加固规范、成熟的技术及方法,解决目前生产中的实际问题,同时,对除险加固的水闸,着力研究水闸安全监测技术,为保障水闸安全运行提供基础数据及预警技术,最终形成了一套相对完整的水闸安全评价及除险加固技术体系。本书以上述项目研究成果为基础,重点从水闸工程安全评价技术和除险加固技术两个方面对现有技术进行规范,以期为广大水利工作者起到一定指导作用。

本书主要由黄河水利科学研究院工程结构与抗震研究团队及项目参与单位等共同完成,其中第一篇第一章、第二章、第四章第五节、第五章第一节至第三节由宋力编写,第三章、第四章第一节到第四节由鲁立三编写,第四章第六节由李长征、杨磊编写,第四章第七节由王荆编写,第四章第八节、第九节由高玉琴编写,第五章第四节至第九节由刘忠编写,第六章第一节、第二节由李娜编写,第六章第三节、第四节由牛志伟编写,第六章第五节由穆怀录编写;第二篇第一章、第二章由常芳芳编写,第三章第一节至第七节由郭博文编写,第三章第八节由鲁立三编写,第三章第九节由陆俊编写,第四章由宋力编写,第五章由穆怀录编写,第六章由王锐编写。全书由汪自力总体策划,宋力具体策划并统稿及最后审定。

作　者

2018年4月

目　录

第一篇　水闸安全评价技术——检测复核评价技术

第一章　概　述 ……………………………………………………（3）
　　第一节　水闸工程基本情况 …………………………………（3）
　　第二节　水闸安全管理现状 …………………………………（7）
　　第三节　水闸安全鉴定情况 …………………………………（9）
第二章　水闸安全鉴定组织管理 ………………………………（12）
　　第一节　一般规定 ……………………………………………（12）
　　第二节　安全鉴定单位及其职责 ……………………………（12）
　　第三节　水闸安全鉴定基本程序 ……………………………（14）
第三章　工程现状调查分析 ……………………………………（16）
　　第一节　一般规定 ……………………………………………（16）
　　第二节　技术资料收集 ………………………………………（17）
　　第三节　工程现状调查分析 …………………………………（18）
第四章　现场安全检测 …………………………………………（25）
　　第一节　一般规定 ……………………………………………（25）
　　第二节　现场安全检测方案编制 ……………………………（29）
　　第三节　现场安全检测项目和方法 …………………………（30）
　　第四节　水闸结构现场常用检测技术介绍 …………………（38）
　　第五节　混凝土内部缺陷检测与分析 ………………………（65）
　　第六节　土石结合部病险探测方法及其新技术研究 ………（106）
　　第七节　土体裂缝深度探测方法与分析 ……………………（175）
　　第八节　防渗与消能防冲完整性和有效性检测方法与分析 ……（191）
　　第九节　水闸水下结构质量缺陷检测方法与分析 …………（204）
第五章　工程复核计算 …………………………………………（209）
　　第一节　一般规定 ……………………………………………（209）
　　第二节　复核计算内容 ………………………………………（210）
　　第三节　防洪标准安全复核 …………………………………（211）
　　第四节　渗流安全复核 ………………………………………（213）
　　第五节　结构安全复核 ………………………………………（215）

第六节　抗震安全复核 ……………………………………………………（224）

第七节　金属结构安全复核 …………………………………………（225）

第八节　机电设备安全复核 …………………………………………（225）

第九节　工程复核计算方法 …………………………………………（225）

第六章　水闸安全类别评定方法 ……………………………………（252）

第一节　导则规定的分级评定法 …………………………………（252）

第二节　基于层次分析法的水闸安全评价方法 ………………（253）

第三节　基于模糊可靠度的水闸安全评价方法 ………………（297）

第四节　基于人工神经网络的水闸安全评价方法研究 ………（324）

第五节　三类与四类水闸的具体划分方法建议 ………………（330）

第二篇　水闸病险加固工程修复技术

第一章　防渗排水设施修复技术 ……………………………………（333）

第一节　水平防渗设施修复 …………………………………………（333）

第二节　垂直防渗设施修复 …………………………………………（335）

第三节　排水设施修复 ………………………………………………（336）

第四节　绕闸渗流的修复 ……………………………………………（337）

第五节　聚脲材料止水修复技术 …………………………………（338）

第二章　地基处理技术 ………………………………………………（344）

第一节　地基处理技术 ………………………………………………（344）

第二节　纠偏技术 ……………………………………………………（352）

第三章　混凝土结构补强修复技术 …………………………………（355）

第一节　混凝土渗漏修复技术 ……………………………………（355）

第二节　增大截面加固技术 …………………………………………（362）

第三节　置换混凝土加固技术 ……………………………………（364）

第四节　外加预应力加固技术 ……………………………………（366）

第五节　粘钢加固技术 ………………………………………………（372）

第六节　粘贴纤维复合材料加固技术 …………………………（377）

第七节　植筋和锚栓锚固技术 ……………………………………（380）

第八节　混凝土表层损伤处理技术 ……………………………（386）

第九节　SRAP 成套技术 ……………………………………………（389）

第四章　金属结构补强修复技术 ……………………………………（405）

第一节　加固构件的连接 ……………………………………………（407）

第二节　裂纹的修复与加固 …………………………………………（408）

第三节　点焊与铆接黏结加固法 …………………………………（409）

第五章　闸门止水修复技术 ……………………………………………………（410）

　　第一节　混凝土闸门止水更换 …………………………………………（410）

　　第二节　钢闸门止水更换 ………………………………………………（411）

第六章　土石结合部高聚物注浆技术 ……………………………………（413）

　　第一节　聚氨酯注浆材料及高聚物注浆技术 …………………………（413）

　　第二节　土体介质中的高聚物注浆机制 ………………………………（414）

　　第三节　土石结合部高聚物注浆扩散特性 ……………………………（419）

　　第四节　禅房闸高聚物注浆除险加固工程示范 ………………………（429）

参考文献 ……………………………………………………………………（438）

第一篇　水闸安全评价技术
——检测复核评价技术

第一章 概 述

第一节 水闸工程基本情况

一、水闸工程基本概念

（一）水闸工程功能和分类

水闸是调节水位、控制流量的低水头水工建筑物，具有挡水和泄水（引水）的双重功能，在防洪、治涝、灌溉、供水、航运、发电等方面应用十分广泛。按水闸的作用，水闸分为节制闸、进水闸（分水闸、分洪闸）、退水闸（排涝闸）、挡潮闸（双向挡水）、渠首闸（引水闸）及冲沙闸，按闸室结构形式分为开敞式、胸墙式、涵洞式、双层式。

（二）水闸工程组成

水闸工程由闸室、防渗排水、消能防冲、两岸连接及管护设施等组成。

闸室是水闸工程的主体，由底板、闸墩（含边墩）、工作桥及启闭机房、检修便桥、交通桥等组成，可按开敞式、胸墙式、涵洞式单独布置，也可双层布置。闸顶高程、闸孔净宽、闸底板高程和形状、闸墩及分缝、胸墙、闸门及门槽、启闭机等由设计确定。闸门按材质主要有钢、混凝土和正在淘汰的钢丝网水泥薄壳闸门，按形状主要有平板、弧形闸门。启闭机主要有卷扬（固定或移动）、液压、螺杆启闭机。电气设备主要包括变压器、线路及供配电系统、操作控制和自动化监控系统、照明及防雷系统等。

防渗排水工程包括铺盖、垂直防渗体（板桩、防渗墙、帷幕、铺膜等）、排水井（沟）等。消能防冲工程包括陡坡（溢流面、挑流段）、消力池、消力槛（墩）、护坦、海漫、防冲槽及护坡等。两岸连接工程包括岸墙、上下游翼墙、上下游护坡及堤岸等。

水闸工程管护设施包括水闸工程的管理范围和保护范围、工程观测项目及设施、交通设施、通信设施、生产生活设施等。管理范围是管理单位直接管理和使用的范围，包括各建筑物（上游引水渠、闸室、下游消能防冲工程、两岸连接建筑物）覆盖范围、加固维修及美化环境所需范围、管理及运行所必需的其他设施占地（包括办公、生产、生活及福利区，多种经营等设施占地）。水闸工程建筑物覆盖范围以外的管理范围见表1-1。保护范围是管理范围以外，禁止危害工程安全活动的范围。一般性观测项目及设施包括水位、流量、沉降、扬压力、水流形态、冲刷及淤积等项目及设施；专门性观测项目及设施包括水平位移、永久缝、裂缝、结构应力、地基反力、墙后土压力、混凝土碳化和冰凌等项目及设施。交通设施包括对外交通、内部交通（主要是道路）及交通工具等。通信设施包括内外通信设备（有线、无线）、机房及其辅助设施等。生产生活设施包括办公设施、生产及辅助生产设施、闸区管护标志、职工的生活及文化福利设施，生产生活区的附属设施包括供排水、供电及备用电源、供热取暖、绿化美化等设施。

表 1-1   水闸工程建筑物覆盖范围以外的管理范围   (单位:m)

建筑物等级	1	2	3	4	5
上、下游宽度	1 000~500	500~300	300~100	100~50	100~50
两侧的宽度	200~100	100~50	50~30	50~30	50~30

(三)水闸等级划分及洪水标准

1.等级划分

平原区水闸枢纽工程的等别和规模按《水闸设计规范》(SL 265—2016)确定,即按水闸的最大过闸流量和保护对象的重要性确定。水闸的级别以水闸建筑物的等别来确定。平原区水闸枢纽工程的等别和规模见表1-2。水闸枢纽建筑物级别见表1-3,山丘区水利水电枢纽工程中水闸的级别,可根据所属枢纽工程的等别及水闸自身的重要性按表1-3确定。山丘区水利水电枢纽工程等别按《水利水电工程等级划分和洪水标准》(SL 252—2000)的规定确定。灌排渠系上水闸一般没有泄洪要求,其级别按《灌溉与排水工程设计规范》(GB 50288—99)的规定确定,见表1-4。位于防洪(挡潮)堤上水闸的级别,不得低于防洪(挡潮)堤的级别。

表 1-2   平原区水闸枢纽工程的等别和规模

工程等别	I	II	III	IV	V
工程规模	大(1)型	大(2)型	中型	小(1)型	小(2)型
最大过闸流量(m³/s)	≥5 000	5 000~1 000	1 000~100	100~20	<20
保护对象的重要性	特别重要	重要	中等	一般	—

注:按水闸最大过闸流量和保护对象重要性确定水闸等别时,应综合分析确定。

表 1-3   水闸枢纽建筑物级别

工程等别	永久建筑物级别		临时性建筑物级别
	主要建筑物	次要建筑物	
I	1	3	4
II	2	3	4
III	3	4	5
IV	4	5	5
V	5	5	—

表 1-4   灌排渠系建筑物分级指标

工程级别	1	2	3	4	5
过水流量(m³/s)	≥300	300~100	100~20	20~5	≤5

2.洪水标准

水闸工程的洪水标准以水闸建筑物的级别来确定。水闸工程的设计和校核洪水位、闸顶超高及抗滑稳定安全系数由洪水标准(设计和校核洪水重现期)确定。

平原区水闸的洪水标准按表1-5及发展要求确定。挡潮闸的设计潮水标准见表1-6。山丘区水利水电枢纽水闸的洪水标准与枢纽中永久建筑物一致,按《水利水电工程等级划分和洪水标准》(SL 252—2017)确定。灌排渠系上水闸的洪水标准见表1-7。防洪(挡潮)堤上水闸的洪水标准,不得低于防洪(挡潮)堤的洪水标准。

表1-5 平原区水闸的洪水标准

水闸级别		1	2	3	4	5
洪水重现期 (a)	设计	100 ~ 50	50 ~ 30	30 ~ 20	20 ~ 10	10
	校核	300 ~ 200	200 ~ 100	100 ~ 50	50 ~ 30	30 ~ 20

表1-6 挡潮闸的设计潮水标准

挡潮闸级别	1	2	3	4	5
设计潮水位重现期(a)	≥100	100 ~ 50	50 ~ 20	20 ~ 10	10

表1-7 灌排渠系上水闸的洪水标准

灌排渠系上水闸的级别	1	2	3	4	5
设计洪水重现期(a)	100 ~ 50	50 ~ 30	30 ~ 20	20 ~ 10	10

平原区水闸消能防冲设施的洪水标准与水闸一致。山丘区水利水电枢纽水闸消能防冲设施的设计洪水标准见表1-8。

表1-8 山丘区水利水电枢纽水闸消能防冲设施的设计洪水标准

水闸级别	1	2	3	4	5
设计洪水重现期(a)	100	50	30	20	10

二、水闸工程基本情况

(一)水闸数量多

中华人民共和国成立以前,我国的水闸数量很少,规模也不大,且大多用于灌溉引水,用于防洪、分洪的水闸廖廖无几。中华人民共和国成立以后,党和政府非常重视水利建设事业,特别是20世纪50 ~ 70年代,在兴修水利的高潮中,全国各地建成了大量的水闸,成为水利基础设施的重要组成部分。近些年,各地水闸数量仍呈上升趋势,据全国水利发展统计公报,2010 ~ 2016年,全国已建成流量为5 m³/s及以上的水闸数量由43 300座增至105 283座,其中大型水闸由567座增至892座,如表1-9所示。其中2016年公报显示,不同类型水闸数量为:分洪闸10 557座,排(退)水闸18 210座,挡潮闸5 153座,引水闸14 350座,节制闸57 013座。这些水闸为当地防洪除涝、灌溉供水等水资源开发利用发挥了巨大作用,管理和维修任务也越来越繁重。

表 1-9　2010～2016 年水闸数量变化表　　　　　　　　（单位:座）

年份	2010 年	2011 年	2012 年	2013 年	2014 年	2015 年	2016 年
水闸总计	43 300	44 306	97 256	98 192	98 686	103 964	105 283
大型水闸	567	599	862	870	875	888	892

注:2011 年及以前万亩❶以上灌区处数和灌溉面积按有效灌溉面积达到万亩进行统计;2012 年按设计灌溉面积达到万亩以上进行统计。

(二)工程结构形式复杂多样

由于挡水或泄水条件、运行要求以及地形、地质情况的不同,我国水闸工程结构形式也复杂多样,一般可分为开敞式水闸、胸墙式水闸、涵洞式水闸和双层式水闸等。开敞式水闸的闸室为开敞式结构,闸门全开时过闸水流为自由水面,过水面积和泄流量随水位抬高而增加,漂浮物可随水流下泄,适用于泄洪闸、分洪闸以及有通航、过木、排冰要求的水闸,应用较广。胸墙式水闸通过固定孔洞下泄水流,其闸槛高程低、挡水高度大,沿江沿海地区多采用这种结构形式。涵洞式水闸分为有压式和无压式,主要修建在引水流量不大、堤身较高的渠道上。双层式水闸的闸室分上下两层,分别装设闸门,面层泄洪和漂浮物,底层冲砂冲淤,多数用于拦河节制闸、进水闸、分水闸以及软弱地基上修建的水闸。

(三)在国民经济发展中的作用重大

水闸工程属于水利基础设施,是江河湖泊防洪除涝体系的重要组成部分。多年来,在各级主管部门和水闸管理单位的共同努力下,水闸工程在防洪、灌溉、排涝、供水、发电、通航等方面发挥了显著的经济效益和社会效益,今后在国民经济发展中的作用也将越来越重要。例如内蒙古自治区兴建的水闸,防洪保护人口 630 万人,保护耕地 2 746 万亩,仅黄河三盛公水利枢纽的年平均防洪效益即超过 2 700 万元。江苏省已建成水闸约 3 000 座,不仅保护着 44 座大中小城市、津沪和陇海铁路、沪宁和连霍高速公路的防洪安全,还保护耕地 8 721 万亩,其他效益还有排涝面积 6 652 万亩,有效灌溉面积 5 783 万亩,水电站装机容量达 1.1 万 kW,养鱼水面面积 6.4 万亩,初步形成了遇洪能泄、遇涝能排、遇旱能抗、遇潮能挡、遇渍能降的工程体系,确保了江苏省国民经济协调健康发展。

(四)水闸工程安全隐患突出

水闸工程在长期的运行过程中,其安全性及使用功能逐渐减弱,这是一个不可逆转的客观规律。同时,许多水闸由于建成时间早,建设标准低,老化失修严重,普遍存在各种安全隐患,形成了大量病险水闸。

根据全国水闸安全普查工作的不完全统计,截至 2010 年,全国共有大中型病险水闸 2 600 多座,占全国大中型水闸总数的 34% 以上。其中大型病险水闸 370 多座,占全国大型水闸总数的 35% 左右;中型病险水闸 2 300 多座,占全国中型水闸总数的 34% 左右。在这些病险水闸的各类安全隐患中,水闸结构失稳或渗流破坏的占 32% 左右,过水能力不足的占 37% 左右,钢筋混凝土严重破坏的占 76% 左右,水闸下游消能防冲设施严重损坏的占 42% 左右,闸门、启闭机和机电设备损坏或老化失修的占 75% 左右,其他损坏的占

---

❶　1 亩 = 1/15 hm² ≈ 666.67 m²,下同。

50％左右。

第二节　水闸安全管理现状

一、水闸安全管理基本情况

（一）工程基础条件薄弱

据水闸注册登记情况，我国70%以上的水闸建成于20世纪80年代以前，这些水闸普遍存在着工程建设标准低、工程质量差的情况，先天条件不足。在几十年运行期间，由于管理经费缺乏，检查观测、维修养护等管理工作难以到位，造成工程老化失修严重，安全隐患较多，水闸安全管理的工程基础条件薄弱。

（二）工程管理不规范

部分水闸尤其是小型水闸管理机构不健全，没有专门的管理机构和专职管理人员，没有结合本地情况制定或修订防汛值班制度、泄洪设施启闭规程、安全观测制度、维修养护等规章制度，有时安全检查不认真细致，流于形式，不能及时发现和排除安全隐患，水闸违章运用情况和险情事故时有发生。

（三）监管手段缺乏

由于水闸工程数量多、分布广，管理体制复杂，水闸注册登记和安全鉴定管理等制度实施时间短，水闸运行监管制度尚未健全，上级主管部门缺乏有效的安全监控手段，一些地区的水行政主管部门无法掌握所辖范围内的水闸运行管理情况，从而难于实施有效监管和科学决策，工程除险加固、更新改造等措施不能全面落实。

二、水闸安全管理日益重要

近年来虽然加快了除险加固进程，但安全隐患多的现象仍然比较普遍，水闸安全形势依然严峻。

（一）病险水闸是防洪安全的重大隐患

在国家防洪体系中，由于水闸设计防洪标准低或存在各种各样的病险问题，使水闸不能正常安全运行，汛期不能按防洪要求适时拦蓄或排泄洪涝水，严重影响水闸防洪效益的发挥。病险水闸存在重大安全隐患，一旦形成险情或发生事故，将对防洪安全造成巨大影响，对社会稳定造成严重威胁。特别是重要堤防上的病险水闸，往往是堤防体系中的最薄弱环节，严重影响堤防整体安全，在汛期时刻威胁着当地人民群众生命财产安全和正常的生活秩序。1996年8月，安徽省长江干堤上的杨墩站水闸发生整体沉陷3.5 m的重大险情，虽经抢护，保住了干堤没有决口，但水闸本身全部报废，造成21万亩农田和16万人口受灾，直接经济损失达3 000万元以上。1998年大洪水期间，仅长江、松花江、嫩江就有291座涵闸相继出现险情，对堤防安全造成重大威胁。

（二）病险水闸严重影响着水闸兴利效益的发挥

水是国家的战略性基础资源，我国是世界上严重缺水的国家，而且水资源时空分布极不均衡。随着我国社会经济的快速发展，水资源需求增长与水资源短缺这一矛盾日益突出。作为保障国民经济持续发展的重要基础设施之一,水闸在水资源调配过程中的兴利功能显得越来越重要。然而由于病险问题的存在,水闸应有的兴利效益难以发挥,对农村、城市、工矿企业的生产生活带来不利影响。如福建省厦门市,主要依靠水闸拦河蓄水,作为城市生活供水的水源地,由于水闸设计标准低,经常发生海潮倒灌,影响了供水水质;西北一些水资源匮乏地区,农业灌溉及人畜饮水主要依靠水闸拦蓄冰山融雪等产生的径流,由于病险水闸的存在,使当地群众生存和发展失去可靠保证。

(三)对水闸安全管理的要求越来越高

随着经济社会的快速发展,对水闸安全管理提出了越来越高的要求,除确保水闸及其上下游的防洪安全外,还要满足排涝、挡潮、供水、灌溉、发电、航运等要求。水闸运行安全直接关系国民经济发展、社会秩序和人民生命财产安全,一旦失事,所造成的人员伤亡、对城镇及交通等基础设施的毁坏等损失和影响,远比一般公共设施失事的后果严重得多。因此,水闸安全管理工作日益重要,水闸安全管理工作要求越来越高,各级单位和部门的水闸运行安全监管责任日益重大。

水闸安全隐患严重影响水闸防洪除涝效益和兴利效益的发挥,给日益发展的国民经济带来了不可忽视的制约和威胁。切实加强水闸工程安全管理,尽快实施病险水闸除险加固,既是民生水利的重要体现,也是水利可持续发展的自身需要。

三、水闸安全管理制度的建立和不断完善

中华人民共和国成立以来,水闸安全管理方面的法规与技术标准体系不断建立和完善,国家有关部门相继颁布实施了《中华人民共和国河道管理条例》《河道管理范围内建设项目管理的有关规定》等行政法规和部门规章,制定或修订了《水闸安全鉴定规定》(SL 214—98)、《水闸安全评价导则》(SL 214—2015)、《水闸工程管理设计规范》(SL 170—96)、《水闸技术管理规程》(SL 75—2014)、《水闸设计规范》(SL 265—2016)、《水闸施工规范》(SL 27—2014)等技术标准。特别是近年来,国家水行政主管部门为进一步加强水闸安全管理,颁布了《水闸注册登记管理办法》《水闸安全鉴定管理办法》《水利工程管理考核办法》《水闸工程养护修理规程》等管理规章。

2005年以来,国家水行政主管部门部署开展了水闸注册登记、安全状况普查等一系列水闸安全管理工作。2005年6月,水利部颁布实施《水闸注册登记管理办法》,要求各地按照管理权限,对所属水闸数量、规模、权属、地点、工程主要特性指标、安全类别、管理情况等进行注册登记,作为今后水闸工程管理考核、改建、扩建、除险加固等的主要依据之一。2008年6月,《水闸安全鉴定管理办法》由水利部发布实施,从行政层面上明确了水闸安全鉴定的组织、程序和主要工作内容等,对完善水闸安全管理规章制度,进一步规范安全鉴定工作,起到了积极的促进作用。2008年9月在全国范围内开展了全面的水闸安全普查工作,2009年3月在全国范围内开展病险水闸除险加固专项工作,并列入水利行业重点工作。此后在全国水利工作会议以及中央一号文件中等多次将病险水闸除险加固作为重要的工作列出。2013年国家发展和改革委、水利部印发的《全国大中型病险水闸除险加固总体方案》,共有2 622座大中型病险水闸需开展除险加固工作,投资约为449亿元。上述工作为促进和规范安全鉴定工作,实施全国病险水闸除险加固,奠定了坚实基

础。

目前,水闸安全管理方面的主要法律、法规、部门规章和规范性文件包括:

(1)《中华人民共和国水法》;

(2)《中华人民共和国防洪法》;

(3)《中华人民共和国河道管理条例》;

(4)《水闸注册登记管理办法》;

(5)《水闸安全鉴定管理办法》;

(6)《水利工程管理考核办法》;

(7)水利工程管理单位定岗标准;

(8)水利工程维修养护定额标准;

(9)河道管理范围内建设项目管理的有关规定。

水闸安全管理方面的主要技术标准包括:

(1)《防洪标准》(GB 50201—2014);

(2)《水利水电工程等级划分及洪水标准》(SL 252—2017);

(3)《水利水电建设工程验收规程》(SL 223—2008);

(4)《水闸安全评价导则》(SL 214—2015);

(5)《水闸设计规范》(SL 265—2016);

(6)《水利水电工程钢闸门设计规范》(SL 74—2013);

(7)《水利水电工程沉沙池设计规范》(SL 269—2001);

(8)《水工建筑物抗冰冻设计规范》(GB/T 50662—2011);

(9)《水闸工程管理设计规范》(SL 170—96);

(10)《水闸技术管理规程》(SL 75—2014);

(11)《水闸施工规范》(SL 27—2014);

(12)《水电水利工程钢闸门制造安装及验收规范》(DL/T 5018—2004);

(13)《水利水电工程启闭机制造安装及验收规范》(SL 381—2007);

(14)《水工钢闸门和启闭机安全检测技术规程》(SL 101—2014);

(15)《水工金属结构防腐蚀规范》(SL 105—2007);

(16)《水工建筑物抗冲磨防空蚀混凝土技术规范》(DL/T 5207—2005);

(17)《水利水电工程金属结构报废标准》(SL 226—98);

(18)《水利水电工程闸门及启闭机、升船机设备管理等级评定标准》(SL 240—1999)。

第三节　水闸安全鉴定情况

水闸安全鉴定是水闸工程管理的重要基础工作。不断提高水闸安全鉴定质量,完善水闸安全鉴定工作制度,对加强水闸工程管理,保障水闸运行安全,促进水闸工程管理制度化、规范化,发挥各级水行政主管部门的水闸工程安全监管职能,具有重要意义。

一、安全鉴定开展情况

《水闸安全鉴定管理办法》规定,首次安全鉴定应在竣工验收后5年内进行,以后应每隔10年进行一次全面安全鉴定。因此,目前绝大多数水闸需要展开全面或单项安全鉴定。

2013年,国家发展和改革委、水利部印发了《全国大中型病险水闸除险加固总体方案》。列入该方案的全国大中型病险水闸共2 622个,其中大型病险水闸378座、中型病险水闸2 244座。截至2017年9月,累计安排投资164.6亿元,累计完成投资145.9亿元;完成1 140座病险水闸除险加固项目的初步设计批复,743座病险水闸除险加固完成招标投标,669座病险水闸除险加固主体工程开工建设,其中483座病险水闸除险加固项目完工,295座病险水闸除险加固后投入使用。但整体看,距离"十三五"期间全部完成大中型水闸除险加固的目标还严重滞后,为此,2017年7月水利部办公厅发出《关于开展大中型病险水闸除险加固督导调研工作的通知》(办建管函〔2017〕744号),并派出督导组到有关省(区、市)进行督导调研。发现滞后的原因主要与重视程度不够、前期工作不扎实、资金不到位以及政策环境变化有关。如新疆自治区只完成总数的19%,新疆建设兵团也只完成50%,详见表1-10。

表1-10　新疆大中型水闸完成情况一览表

项目	大中型水闸总数	大型水闸数	中型水闸数	投资(亿元)
自治区:计划数	291	27	264	60.46
实际完成数(占比)	19(6.5%)	11(41%)	8(3%)	8.07(18%)
兵团:计划数	34	4	30.3	8.09
实际完成数(占比)	17(50%)	4(100%)	13(43%)	6.05(75%)

二、安全鉴定工作中存在的问题

目前各地水闸安全鉴定质量良莠不齐,水闸安全鉴定工作中还存在很多问题,特别是安全鉴定组织管理、安全评价环节缺乏规范性和系统性,影响水闸安全鉴定工作质量。

(一)安全评价技术工作不规范

水闸安全鉴定,所依据的主要规范原来为《水闸安全鉴定规定》(SL 214—98),现修订为《水闸安全评价导则》(SL 214—2015)。《水闸安全评价导则》(SL 214—2015)虽然从技术层面对水闸安全鉴定各项内容进行了规定,但实际操作中仍存在三、四类水闸划分不明确等情况。

(二)鉴定组织管理不符合规定

水闸管理单位和主管部门对安全鉴定组织程序、单位职责等行政规定理解不统一,一些水闸安全鉴定工作中存在组织管理的分级原则不一致、鉴定目的和必要性论述不清晰、委托开展安全评价的单位资质不够、承担单位之间职责划分不明确、安全评价成果审查专家组成不科学等问题。

（三）鉴定内容不全面

水闸安全鉴定工作的基础是设计、施工、管理运行三方面的资料,只有准确了解这些情况,鉴定才能有的放矢,真正反映水闸病险,为安全管理和除险加固提供可靠依据。但我国水闸大量建于20世纪50~70年代,很多水闸目前已无当时设计、施工等方面的基本资料。水闸建设、运行、观测、维养等资料不完整,无法保证安全鉴定内容的全面和系统,也就不能查找工程的所有安全隐患。

（四）鉴定工作深度不足

在安全鉴定实际工作中,由于地勘、现场检测、复核计算工作不深入,难以准确地判断工程安全隐患性质、分析病险原因、揭示病险程度,从而影响水闸安全鉴定结论的正确性,无法给水闸除险加固提供有效的依据,造成资金浪费或加固不彻底,有的水闸甚至要进行二次除险加固。

水闸安全鉴定是水闸工程安全管理的关键环节。为指导和帮助各地解决水闸安全鉴定中的管理与技术问题,在分析水闸安全鉴定工作现状、总结水闸安全鉴定工作经验的基础上,有必要对现有水闸安全评价导则进行修订。

第二章　水闸安全鉴定组织管理

第一节　一般规定

一、安全鉴定使用范围

《水闸安全鉴定管理办法》第二条规定,水利部门管理的河道(包括湖泊、人工水道、行洪区、蓄滞洪区)、灌排渠系、堤防(包括海堤)上依法修建的大中型水闸,应进行安全鉴定。小型水闸、船闸和其他部门管辖的各类水闸参照执行。

二、安全鉴定周期

《水闸安全鉴定管理办法》第三条规定,水闸实行定期安全鉴定制度。首次安全鉴定应在竣工验收后 5 年内进行,以后应每隔 10 年进行一次全面安全鉴定。

运行中遭遇超标准洪水、强烈地震、增水高度超过校核潮位的风暴潮和工程发生重大事故后,应及时进行安全检查,如出现影响安全的异常现象的,应及时进行安全鉴定。闸门等单项工程达到折旧年限,应按有关规定和规范适时进行单项安全鉴定。

三、安全鉴定监督管理

《水闸安全鉴定管理办法》第四条规定,国务院水行政主管部门负责全国水闸安全鉴定工作的监督管理;县级以上地方人民政府水行政主管部门负责本行政区域内所辖的水闸安全鉴定工作的监督管理;流域管理机构负责其直属水闸安全鉴定工作的监督管理,并对所管辖范围内的水闸安全鉴定工作进行监督检查。

第二节　安全鉴定单位及其职责

水闸安全鉴定工作由鉴定组织单位、鉴定承担单位和鉴定审定部门共同完成。水闸安全鉴定过程中,安全鉴定单位应协同配合,各尽其责,按《水闸安全鉴定管理办法》的规定分工完成委托鉴定、安全评价、成果审定等各项工作内容。

一、鉴定组织单位及其职责

在水闸安全鉴定工作中,鉴定组织单位一般为水闸工程管理单位或其上级主管部门,负责组织所管辖水闸的安全鉴定工作。

水闸鉴定组织单位的主要职责如下:

(1)制订水闸安全鉴定工作计划;

（2）委托相应资质的鉴定承担单位进行水闸安全评价工作；

（3）进行工程现状调查；

（4）向鉴定承担单位提供必要的基础资料；

（5）筹措水闸安全鉴定经费；

（6）其他相关职责。

经安全鉴定，水闸安全类别发生改变的，水闸管理单位应按《水闸注册登记管理办法》的规定，及时向水闸注册登记机构申请变更注册登记。

二、鉴定承担单位及其职责

鉴定承担单位一般为从事相关工作、具有相应资质的科研院所、设计单位和大专院校。鉴定承担单位受鉴定组织单位委托，依据《水闸安全鉴定管理办法》、《水闸安全鉴定规定》（SL 214—98）及其他技术标准，对水闸安全状况进行分析评价，提出《水闸安全评价总报告》。

鉴定承担单位的主要职责如下：

（1）在鉴定组织单位现状调查的基础上，提出现场安全检测和工程复核计算项目，编写《工程现状调查分析报告》；

（2）按有关规程进行现场安全检测，评价检测部位和结构的安全状态，编写《现场安全检测报告》；

（3）按有关规范进行工程复核计算，编写《工程复核计算分析报告》；

（4）在分析总结《工程现状调查分析报告》《现场安全检测报告》《工程复核计算分析报告》基础上，对水闸安全状况进行总体评价，提出工程存在的主要问题、水闸安全类别鉴定结果和处理措施建议等，编写《水闸安全评价总报告》；

（5）按鉴定审定部门的审查意见，补充相关工作，修改水闸安全评价报告；

（6）其他相关职责。

根据水闸工程规模和重要性，《水闸安全鉴定管理办法》对鉴定承担单位资质进行了相应的规定。具有水利水电勘测设计甲级资质的单位可承担大型水闸安全评价，具有水利水电勘测设计乙级以上（含乙级）资质的单位可承担中型水闸安全评价，经水利部认定的水利科研院所也可承担大中型水闸安全评价。另外，在安全评价工作中承担现场安全检测的机构资质，应符合国家有关部门或机构的有关规定。

三、鉴定审定部门及其职责

水闸安全鉴定审定部门是组织专家审查安全评价成果、审定安全鉴定报告书的机构，一般指县级及以上地方人民政府水行政主管部门、流域管理机构或其委托的有关单位。《水闸安全鉴定管理办法》按分级管理原则，结合水闸工程规模和重要性，对鉴定审定的管理权限进行了相应规定。其中，省级地方人民政府水行政主管部门审定大型及其直属水闸的安全鉴定意见，市（地）级及以上地方人民政府水行政主管部门审定中型水闸安全鉴定意见；流域管理机构审定其直属水闸的安全鉴定意见。

水闸安全鉴定审定部门的主要职责包括：

（1）成立水闸安全鉴定专家组；

（2）组织召开水闸安全鉴定审查会；

（3）组织专家组审查水闸安全评价报告，提出水闸安全鉴定报告书；

（4）审定水闸安全鉴定报告书并及时印发；

（5）其他相关职责。

为遵循客观、公正、科学的原则审查水闸安全评价报告，水闸安全鉴定专家组应由水闸主管部门的代表、水闸管理单位的技术负责人和从事水利水电专业技术工作的专家组成，在专业分类、技术职称、属地化、参建单位等方面，应符合下列要求：

（1）水闸安全鉴定专家组应根据需要由水工、地质、金属结构、机电和管理等相关专业的专家组成。

（2）大型水闸安全鉴定专家组由不少于 9 名专家组成，其中具有高级技术职称的人数不得少于 6 名；中型水闸安全鉴定专家组由 7 名及以上专家组成，其中具有高级技术职称的人数不得少于 3 名。

（3）水闸主管部门所在行政区域以外的专家人数不得少于水闸安全鉴定专家组组成人员的 1/3。

（4）水闸原设计、施工、监理、设备制造等单位的在职人员以及从事过本工程设计、施工、监理、设备制造的人员总数不得超过水闸安全鉴定专家组组成人员的 1/3。

对鉴定为三类、四类的水闸，水闸主管部门及管理单位应采取除险加固、降低标准运用或报废等相应处理措施，在此之前必须制定保闸安全应急措施，并限制运用，确保工程安全。

第三节　水闸安全鉴定基本程序

水闸安全鉴定包括三个基本程序，即水闸安全评价、水闸安全评价成果审查和水闸安全鉴定报告书审定。水闸安全鉴定基本程序流程如图 2-1 所示。

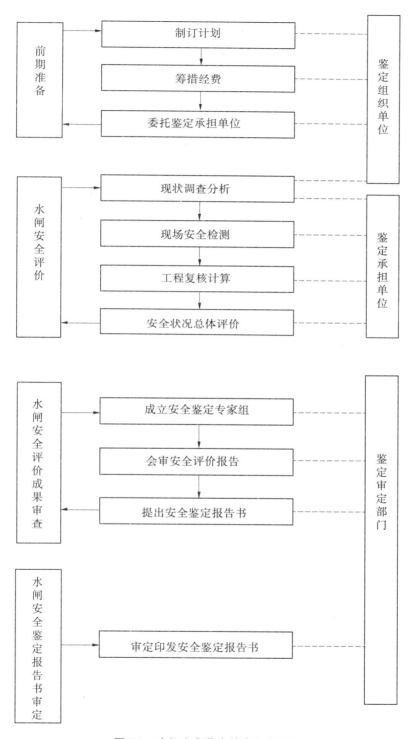

图 2-1　水闸安全鉴定基本程序流程

第三章　工程现状调查分析

第一节　一般规定

按照《水闸安全评价导则》(SL 214—2015)及条文说明的相关规定,分述如下。

一、工作内容

水闸工程现状调查分析的工作内容主要包括技术资料收集与整理分析、工程现状全面检查、工程存在问题的原因及其对工程安全运行影响的初步分析、编写工程现状调查分析报告。

二、技术资料收集

收集的技术资料主要包括工程建设程序、工程设计、工程施工和监理及工程运行管理四个方面,应保证资料的真实性、准确性和完整性,力求满足安全鉴定的需要。

但由于水闸建成年代不同,各类技术资料的完整程度会有差别,名称也不尽相同,水闸管理单位应根据水闸的具体情况,按规定要求尽量将资料收集齐全,以利安全鉴定工作顺利开展。

三、工程现状全面检查

水闸在日常运行过程中,一般都要进行引水(引沙)量观测,如遇特殊年份(如大洪水)或有特殊情况(如地震)发生,还应特别检查,而且还多有运行日志对日常运行情况做详细记录。工程现状全面检查应在现有观测与检查成果基础上进行,而且要特别注意检查工程的薄弱部位和隐蔽部位。工程的薄弱部位和隐蔽部位多系平时不易检查到和容易被忽略的部位,主要指水闸底部工程、闸门和启闭机等部位。

根据水闸的不同形式,对底部工程主要检查是否存在以下病害:

(1)闸室段和涵洞段底板及上游连接段的护底、防渗铺盖等有无断裂损坏;

(2)永久缝止水有无损坏和失效;

(3)倒滤水器有无淤堵;

(4)下游连接段的消力池内有无砂石堆积或磨损、露筋;

(5)下游海漫、防冲槽及河床有无冲刷破坏;

(6)上下游连接的翼墙、护坡根部有无沉降断裂损坏。

对闸门和启闭机部位主要检查是否存在以下病害:

(1)平面闸门端柱是否严重锈蚀;行走支承的主滚轮是否运转灵活,轨道或滑道有无磨损、脱落;

（2）弧形闸门的支臂与支绞连接处及组合梁夹缝等部位有无严重锈蚀；

（3）启闭机钢丝绳绳套与闸门吊耳是否连接牢固，钢丝绳有无锈蚀、断丝。

四、工程存在的问题和缺陷

对检查中发现的问题和缺陷，一般情况下要进行定性描述和记录，具有条件的应尽可能进行定量描述和记录，特别是工程薄弱部位和隐蔽部位，更要分部位、分部件详细地记录问题和缺陷，如工程裂缝问题，需要记录裂缝出现的部位、形态、走向和尺寸等。

另外，要对工程存在的问题和缺陷的原因进行初步分析，按组成部分逐项进行，一般从设计、施工、质量监督、运行管理、运行条件变化和人为因素等方面查找原因，据此初步分析其对工程安全状况的影响。

第二节　技术资料收集

全面完整收集水闸工程的建设程序、设计、施工和监理及运用等方面的技术资料，可深入了解分析水闸现有病险的成因，确定工程现场安全检测和复核计算项目，为现场安全检测和工程复核计算成果的判定提供原始依据，对整个水闸安全鉴定工作的顺利开展有着重要作用。

一般情况下，水闸工程的管理单位应保存有相关技术资料，如资料不全，可进一步查找水闸的档案资料或咨询水闸工程的原设计、施工和监理等单位，进一步收集所需资料。

一、建设程序

工程建设程序是否合理直接影响到水闸工程的建设质量，特别是在20世纪50～70年代，很多水闸建设程序混乱，从建设初始就存在着或多或少的缺陷。因此，建设程序是水闸安全鉴定工作需要首先考虑的重要问题。

建设程序资料主要包括水闸工程的报批、报建和验收资料等，用于考查水闸工程的规划、地质勘察、设计、施工和验收等步骤是否完善，是否符合工程建设规律和相关规定。

二、设计资料

设计资料主要包括工程地质勘测和水工模型试验资料、工程（包括改扩建和加固）设计文件和图纸等。一般有：

（1）规划资料：规划设计的依据及水闸的设计功能和任务等。

（2）水文气象资料：水文分析、水利计算、当地气象资料等。

（3）工程地质与水文地质资料：地质剖面图、柱状图、地基土的物理力学指标、水文地质指标、工程地点地震烈度等。

（4）设计资料：水工模型试验资料，设计依据的规程规范，设计文件和图纸等。

三、施工和监理资料

施工和监理资料主要包括施工和监理单位的基本情况、施工组织设计及采用的主要施工工艺和技术、观测设施的考证资料及施工期的观测资料、工程质量监督检查或工程建设监理资料、施工技术总结资料、工程竣工图等验收交接文件。

四、运行管理资料

运行管理资料主要包括技术管理人员情况,技术管理的规章制度,控制运用技术文件及日常运行日志,以往的定期检查、特别检查、安全鉴定报告和观测资料,工程大修、重大工程事故及人为破坏的记录和处理措施等资料。特别要重点收集运行管理过程中薄弱部位、隐蔽部位及出现问题和缺陷部位的相关资料,水流不良形态、引河水质污染、人为破坏和寒冷地区水闸冻害等资料。

五、资料整理及初步分析

按不同类型水闸所包含的各分项工程对收集到的技术资料进行分类整理分析,以便给水闸安全鉴定工作提出合理的建议和意见。

应特别注重运行管理资料的整理分析:

(1)经常检查和定期检查中记录的水跃发生位置、折冲水流、回流、漩涡等不良流态和引河水质污染资料。

(2)水闸渗流、止水装置失效等水下工程冲刷破坏资料。

(3)寒冷地区水闸冻害资料。

第三节　工程现状调查分析

工程现状调查分析包括工程安全状况全面检查和工程安全状态初步分析,根据资料整理分析结果分部位、分部件全面调查分析,重点调查水闸工程的隐蔽工程、薄弱部位和运行中发现缺陷的部位。水闸工程安全状态调查应以主要水闸运行管理人员或具有一定工程经验者为主,以目测并借助卷尺、照相器材等简单工具为手段。对调查结果要尽可能准确地记录和描述。

一、工程现状调查

(一)土石结构

土石结构一般包括水闸上游连接段的两岸翼墙、护坡、铺盖、防冲槽、护底和下游连接段的护坦、海漫、防冲槽、两岸翼墙、护坡、砌体结构的闸室和涵洞以及其上部回填土、水闸管理范围内的上下游河道堤防等。

土石结构的病害主要有雨淋沟、塌陷、裂缝、渗漏、滑坡、白蚁、害兽;块石护坡塌陷、松动、隆起,底部淘空、垫层散失;墩墙倾斜、滑动、勾缝脱落;堤闸连接段渗漏及排水、导渗设施和减压设施损坏、堵塞、失效等现象。

土石结构应从土工建筑物和石工建筑物两方面进行现状调查。调查时,应结合平时的运行管理记录,首先对砌体结构进行全面的查勘,然后重点检查病害部位,对出现的问题和缺陷应详细记录。

1.土工建筑物

土工建筑物常见的病害大致分三类,调查方法如下。

1)雨淋沟、塌陷、裂缝、渗漏、滑坡和白蚁、害兽

(1)雨淋沟发生部位可采用卷尺量测。

(2)塌陷部位、塌陷面积和塌陷深度可采用卷尺量测。

(3)裂缝产生部位和裂缝长度可用卷尺量测,裂缝形态和走向可目测,裂缝宽度也应估测。

(4)渗漏部位、尺寸可采用卷尺量测,下渗或向上喷涌等渗漏状态应描述清楚。

(5)滑坡部位可采用卷尺量测,滑坡程度可采用目测。

(6)白蚁、害兽等病害发生部位可采用卷尺量测,病害损伤程度可采用目测。

调查结果应详细记录,并应对病害部位现场拍照。

2)排水系统、导渗及减压设施损坏、堵塞、失效

排水系统、导渗及减压设施有无损坏、堵塞及失效,发生部位和程度应详细记录并现场拍照。

3)堤闸连接段渗漏

堤闸连接段渗漏部位和渗漏面积可用卷尺量测,渗漏现象要描述准确,并现场拍照。

2.石工建筑物

石工建筑物常见的病害大致分三类,调查方法如下。

1)块石护坡塌陷、松动、隆起、底部淘空、垫层散失

(1)块石护坡塌陷的部位、面积和深度可采用卷尺量测。

(2)块石护坡松动、隆起的部位及面积可采用卷尺量测。

(3)底部淘空和垫层散失情况应根据运行管理记录进行查看,并进一步向管理人员咨询日常运行情况。

调查结果应详细记录,并应对病害部位现场拍照。

2)墩、墙等有无倾斜、滑动、勾缝脱落、裂缝

(1)墩、墙的滑动面积和滑动部位可用卷尺量测,对滑动幅度进行详细的描述。

(2)勾缝脱落部位可用卷尺量测,脱落程度和倾斜程度可采用目测法。

(3)裂缝产生部位和裂缝长度可用卷尺量测,裂缝形态和走向可目测,裂缝宽度也应估测。

调查结果应详细记录并对病害部位现场拍照。

3)排水设施堵塞、损坏

结合平时运行管理情况,全面检查排水设施是否堵塞和损坏,对损坏部位和堵塞程度详细描述并现场拍照。

（二）混凝土结构

混凝土结构主要包括闸室段钢筋混凝土闸墩、岸墙（边墩）、底板、胸墙、工作桥、交通桥、闸门和引水涵洞及上下游连接段的混凝土构件等。

混凝土结构的常见病害有混凝土建筑物裂缝、腐蚀、磨损、剥蚀、露筋（网）、钢筋锈蚀及冻融损伤等和伸缩缝止水损坏、漏水及填充物流失等。

调查时,应结合平时的运行管理记录,首先对混凝土结构进行全面的查勘,然后重点检查病害部位。

1. 裂缝、腐蚀、磨损、剥蚀、露筋(网)、钢筋锈蚀及冻融损伤

(1)裂缝产生部位和裂缝长度可采用卷尺量测,裂缝形态和走向可目测,裂缝宽度也应估测。

(2)混凝土表面腐蚀、磨损、剥蚀、冻融损伤和露筋部位及面积可采用卷尺进行量测,其损坏程度采用目测。

(3)钢筋锈蚀程度主要采用目测观察露筋部位的锈蚀以及与混凝土的结合状态,具备条件的可采用游标卡尺对钢筋锈蚀情况进行量测。

调查结果应详细记录,并应对病害部位现场拍照。

2. 伸缩缝止水损坏、漏水及填充物流失

(1)查看平时的运行管理记录,现场全面查看有无上述病害产生。

(2)对伸缩缝止水损坏、露水及填充物流失部位详细记录并现场拍照。

(三)闸门

闸门主要有钢闸门、钢丝网水泥闸门、钢筋混凝土闸门及小型木闸门等。

检查时,应结合平时的运行管理记录,首先对闸门进行全面的查勘,然后重点检查病害部位。闸门的检查主要以闸门的钢构件为主,钢筋混凝土闸门的检查可参照混凝土结构的检查方法,小型木闸门的检查以目测为主。

1. 表面涂层剥落、门体变形、锈蚀、焊缝开裂或螺栓铆钉松动、腐蚀及缺件

(1)表面涂层剥落部位和面积可采用钢卷尺量测,剥落程度和门体变形程度可采用目测。

(2)锈蚀部位和面积可采用钢卷尺量测,锈蚀程度以目测为主,具备条件的可采用游标卡尺量测。

(3)焊缝开裂部位可采用钢卷尺量测,开裂情况可采用目测。

(4)螺栓铆钉松动、润滑油质、腐蚀及缺件情况可采用目测法、用手触摸结合经验进行判断。

调查结果应详细记录,并应对病害部位现场拍照。

2. 支承行走机构运转灵活性

结合平时运行管理记录,采取现场目测及拍照的方法,主要观测支承行走机构的变形弯曲、锈蚀、润滑剂保有情况等,并详细记录。

3. 止水装置完好性

结合平时运行管理记录,采用目测并结合必要的量测工具观测止水装置状态,主要观测止水装置的有效性、完整性和老化程度等,并详细记录。

(四)启闭机

水闸工程中常见的启闭机形式大致可分为固定卷扬式启闭机、移动式启闭机、螺杆启闭机和液压启闭机四类。启闭机常见病害有启闭机械运转异常、制动失灵、腐蚀和异常声响;钢丝绳断丝、磨损、锈蚀、接头不牢、变形;零部件缺损、裂纹、磨损及螺杆弯曲变形;油路不畅,油量油质不合规定;保护装置缺损等。

检查时,应结合平时运行管理记录,首先对启闭机进行全面查勘,然后重点检查病害部位。

1. 启闭机械运转异常、制动失灵、异常声响和腐蚀

现场检查可采取试运行的方法,检查启闭机械的运转和制动是否灵活准确,有无异常声响,并分析其可能原因。

腐蚀程度检查以目测为主,具备条件的可采用游标卡尺量测。

缺陷部位详细记录并现场拍照。

2. 钢丝绳断丝、磨损、锈蚀、接头不牢、变形

采用目测、触摸等方法,结合经验和必要的量具进行判断,详细记录并现场拍照。

3. 零部件缺损、裂纹、磨损、弯曲变形等

采用目测并现场拍照,分部件详细记录零部件的缺失情况、弯曲变形、磨损程度和裂纹产生部位及其严重性。

4. 油路不畅及油量和油质不合规定

结合平时运行管理记录,现场检查油路是否畅通,检查油量和油质是否合乎规定要求并详细记录。

5. 保护装置缺损

结合平时运行管理记录,采用目测法观测闸门高度指示器、限位开关、负荷指示器和终点(行程)开关的有效性和完整性,详细记录并现场拍照。

（五）电气设备

电气设备在水闸工程中所占比例较小,但如设备、线路维护不当,或因种种原因负荷较大,也会形成严重安全隐患。电气设备主要包括电动机、操作设备、输电线路、自备电源和建筑物的防雷设施及变压器,其中变压器应按供电部门规定要求执行。

查看平时运行管理记录和设备维护情况,然后对电气设备进行全面检查,重点检查病害部位,现场观察并详细记录异常情况。

1. 电气设备和操作设备

结合平时运行管理记录,现场检查设备是否完好,型号是否已淘汰,操作、安全保护装置是否准确可靠,绝缘电阻值是否合格,仪表指示是否准确,备用电源是否完好等。

2. 输电线路

结合平时运行管理记录,现场检查线路是否老化、正常,接头是否牢固等。

3. 建筑物的防雷设施

结合平时运行管理记录,现场检查防雷设施是否完备、安全,接地是否可靠、符合规定等。

（六）观测设施

水闸的一般观测设施包括测压管的有效性、基准高程点的可靠性、河床变形观测断面桩的完好性、伸缩缝及裂缝观测固定观测标点的完好性。

检查时,应结合平时运行管理记录,首先对观测设施进行全面的检查,然后重点检查病害部位。

1.测压管

结合平时运行管理记录,现场查看测压管管口或渗压计输出接口是否损坏、堵塞,管口高程是否变化,详细记录查看结果并拍照。

2.基准高程点和起测基点

结合平时运行管理记录,现场查看基准高程点和起测基点是否缺失、损坏、牢固,是否满足要求,详细记录查看结果并拍照。

3.河床变形观测断面桩

结合平时运行管理记录,现场查看河床变形观测断面桩是否缺失、损坏、牢固,是否满足要求,详细记录查看结果并拍照。

4.伸缩缝观测标点

结合平时运行管理记录,现场查看闸身两端边闸墩与岸墙之间、岸墙与翼墙之间建筑物顶部的伸缩缝上是否有固定观测标点,是否损坏,是否满足要求,详细记录查看结果并拍照。

二、工程现状初步分析

(一)病害产生的初步原因分析

结合平时运行管理记录,统计分析现场检查结果,对水闸工程各组成部分病害产生的原因进行初步分析,为下一步的现场安全检测、工程复核计算和水闸安全评价做好前期工作。

1.土石结构

对相关原始资料进行整理分析,了解施工过程的质量控制情况,基础防渗体系是否安全可靠,闸基与岸坡处理的实际质量是否达到工程设计和施工的技术要求并符合有关规范的规定。根据平时运行管理记录和现场检查结果,依据现行的相关规程规范,从设计、施工、质量监督、运行管理和运行条件变化等方面对砌体结构病害形成的可能原因进行分析描述。

土石结构产生病害的原因很多,主要有设计标准偏低或超标准运行、安全富余量较少、地基抗力及荷载分布不均匀、渗流控制不当、运行环境相对恶劣、不能及时发现病害且维修和运行管理人员不够重视等。

2.混凝土结构

对相关原始资料进行整理分析,主要了解施工质量控制情况及施工技术是否达到相关要求和规定,混凝土实际强度等级是否达到工程设计等级和混凝土结构的施工验收情况。认真查看平时运行管理记录,了解运行过程中引河水质情况,特别是沿海地区和附近有污染源的水闸更应详细了解,结合现场检查结果,依据现行相关规程规范,从设计、施工、质量监督、运行管理和运行条件变化等方面对混凝土结构病害形成的可能原因进行分析描述。

混凝土结构病害产生的原因很多,主要有原材料选配不当、违反操作规程、特殊部位施工不当、施工时搅拌不均匀及振捣不密实、混凝土强度等级达不到设计强度、混凝土老化、引河水质侵蚀、高速水流冲刷和磨蚀、地基不均匀沉降、钢筋锈蚀、环境条件和使用情况变化、维修不及时等。

3. 闸门

对相关原始资料进行整理分析,了解施工过程的质量控制情况,焊接工艺、焊接技术、焊缝等级、螺栓铆钉强度等级和安装尺寸等是否达到工程设计要求和施工验收标准。结合平时运行管理记录和现场检查结果,依据现行的相关规程规范,从设计、制造、安装、质量监督、运行管理、运行条件变化和管理水平等方面对闸门病害形成的可能原因进行分析描述。

钢闸门病害产生的原因主要有安装尺寸、钢材材质、焊缝质量、预埋件埋设和表面防腐涂层质量达不到相关要求,引河水质(特别是海洋季候风和海水侵蚀)腐蚀,水流不良流态,止水装置失效,不能及时维修养护和运行管理人员技术水平低等。

钢筋混凝土闸门病害产生原因参考混凝土结构进行分析。

4. 启闭机

对启闭机病害产生原因进行初步分析的关键是对平时运行管理记录和相关原始资料整理分析,详细了解运行维护是否正常,设备制造和安装质量控制是否达到工程设计要求和施工验收标准。结合现场检查结果,依据现行的相关规程规范,从设计、制造、安装、质量监督、运行管理、运行条件变化和管理水平等方面对启闭机病害形成的可能原因进行分析描述。

启闭机病害产生的原因主要有设备制造和安装质量达不到相关要求,钢丝绳断丝、腐蚀,传动部位变形、腐蚀,线路老化,超载运行,油质变质和油量不足,运行管理人员技术水平低和不能及时维修养护等。

5. 电气设备

对电气设备病害产生原因进行初步分析的关键是整理分析平时运行管理记录和相关原始资料,重点了解设备制造和安装质量控制情况及验收结果,是否按规定进行定期检查、维修和养护。结合现场检查结果,依据现行的相关规程规范,从设计、制造、安装、质量监督、运行管理、运行条件变化和管理水平等方面对电气设备病害形成的可能原因进行分析描述。

电气设备病害产生的原因主要有制造和安装质量达不到相关要求,电机维护不良,型号已淘汰,输电线路老化,操作控制装置不可靠,指示仪表和避雷器未按规定定期校核,自备电源发电机未正常维护检修,变压器超负荷运行,运行管理人员技术水平低和维修养护不及时等。

6. 观测设施

对平时运行管理记录及相关原始资料进行整理分析,了解施工过程的质量控制。结合现场检查结果,依据现行的相关规程规范,从设计、施工、质量监督、运行管理和运用条件变化等方面对观测设施病害形成的可能原因进行分析描述。

观测设施病害产生的原因主要有布设不合理不完善、人为破坏、设施维修不及时等。

(二)对工程安全状况影响初步分析

结合平时运行管理资料,整理分析现场检查结果,依据相关规程规范,结合工程经验,按水闸工程各组成部分指出病害出现部位的关键性和损伤程度,分析对工程安全状况的影响,为最终的水闸安全评价做好基础性工作。

1. 砌体结构

砌体结构常见病害中的塌陷、裂缝、渗漏、滑坡、白蚁、害兽等可能造成局部破坏,如不及时维修,则可能影响整个工程的运用。底部淘空和垫层散失属于隐性病害,需要实时观测,在不可预估的情况下可能产生严重后果。渗漏、止水失效等缩短渗流路径,排水及导渗和减压设施损坏、堵塞或失效增大扬压力,给工程运行带来潜在危害,甚至造成工程整体破坏。

2. 混凝土结构

混凝土结构常见病害中的裂缝、腐蚀、磨损、剥蚀、露筋及冻融等病害使钢筋保护层厚度减小,加速混凝土碳化和钢筋锈蚀,削弱受力钢筋面积,降低构件承载能力,贯通性裂缝还可能改变水闸的渗流路径,给工程带来不同程度的隐患。

3. 闸门和启闭机

闸门和启闭机常见病害中的门体变形、锈蚀、支承行走机构运转失灵和启闭机械运转失灵、油路不畅及油量不足、油质变质使得闸门行走困难,并伴随严重振动和异常声响,严重时闸门不能升降,影响水闸工程功能的发挥,在洪水和风暴潮突然来临时会造成巨大的经济损失和人员伤亡。

4. 电气设备

电气设备常见病害中的线路老化,安全保护装置、防雷设施和备用电源不可靠,操作控制系统失效失准,绝缘电阻值不符合规定要求等,首先对管理人员人身安全造成威胁,其次会给水闸运行带来不安全因素,影响水闸工程功能的正常发挥。

5. 观测设施

观测设施常见病害中的基准高程点和起测基点、河床变形观测断面桩和伸缩缝观测标点的缺失、损坏、失准等,影响水闸工程的变形、位移、沉降观测;测压管或渗压计失效,影响闸底扬压力观测;使观测设施失去预警功能。同时,使理论计算结果和工程实际观测结果无法有效对比,导致安全评判结果失真,进而影响安全鉴定结论的准确性。

三、补充调查

补充调查是进行全面、合理和科学评价的又一保障。在整理分析、初步评判进而形成工程现状调查分析报告过程中,发现评判资料缺项、不足时,应对该部分内容进行补充调查。

(一)查明评判资料缺项、不足的原因

结合平常运行管理资料,分析整理现场调查记录,参照相关规程规范,查找评判资料缺项、不足的原因,如部分资料暂时无法得到、丢失、漏检、描述不详或错误等。

(二)补充调查方法

补充调查方法仍以目测为主,配合卷尺、照相器材等简单工具进行。具体方法如下:

(1)根据补充调查内容的需要,进一步深入查看运行管理记录及相关资料。

(2)对暂时无法得到的资料应扩大收集范围。

(3)对丢失的资料按原途径收集补充或现场补查。

(4)对漏检项目、描述不详或错误的资料进行重新检查。

第四章 现场安全检测

水闸现场安全检测是水闸安全鉴定过程中必不可少的环节,同时也是水闸除险加固的重要依据之一。安全鉴定承担单位除应符合水利部相关文件规定外,还应具有省级或省级以上计量认证主管部门的实验室资质认证证书。

水闸在现场安全检测前应熟悉相关技术资料和《工程现状调查分析报告》及水闸安全现状,依据现行相关规程规范,制订合理的现场安全检测方案,并据此开展现场安全检测工作。

本章主要从现场安全检测的一般规定、现场检测方案编制、现场常用检测技术以及不同水闸病害实用性检测技术研究等方面对水闸安全鉴定中的现场安全检测工作进行说明。

第一节 一般规定

依据《水闸安全评价导则》(SL 214—2015),水闸现场安全检测的一般规定主要包括现场安全检测项目的确定与依据、检测的规定与要求、检测方法与抽样方案等三个方面。

一、检测项目的确定与依据

(一)检测项目
水闸现场安全检测项目,应根据现状调查分析报告,结合工程运行情况和影响因素综合研究确定。水闸安全检测项目主要包括下列内容:

(1)地基土、回填土的工程性质;

(2)防渗、导渗与消能防冲设施的有效性和完整性;

(3)砌体结构的完整性和安全性;

(4)混凝土与钢筋混凝土结构的耐久性;

(5)金属结构的安全性;

(6)机电设备的可靠性;

(7)监测设施的有效性;

(8)其他有关设施专项测试。

(二)检测依据
1. 相关规程规范和标准

(1)《水闸安全评价导则》(SL 214—2015);

(2)《建筑结构检测技术标准》(GB/T 50344—2004);

(3)《水利水电工程金属结构报废标准》(SL 226—98);

(4)《水工钢闸门和启闭机安全检测技术规程》(SL 101—2014);

(5)《电气装置安装工程电气设备交接试验标准》(GB 50150—2006);

(6)《土工试验方法标准》(GB/T 50123—1999);

(7)《砌体结构现场检测技术标准》(GB/T 50315—2011);

(8)《混凝土结构耐久性评定标准》(CECS 220:2007);

(9)《回弹法检测混凝土抗压强度技术规程》(JGJ/T 23—2011);

(10)《超声回弹综合法检测混凝土强度技术规程》(CECS 02:2005);

(11)《钻芯法检测混凝土抗压强度技术规程》(CECS 03:2007);

(12)《拔出法检测混凝土强度技术规程》(CECS 69:2011);

(13)《超声法检测混凝土缺陷技术规程》(CECS 21:2000);

(14)《水闸技术管理规程》(SL 75—2014);

(15)《水闸工程管理设计规范》(SL 170—96);

(16)《堤防工程施工质量验收评定》(SL 634—2012);

(17)《水利水电工程物探规程》(SL 326—2005);

(18)《堤防隐患探测规程》(SL 436—2008);

(19)相关的行业管理规定。

2. 工程现状调查分析报告

根据水闸管理单位所做出的《工程现状调查分析报告》,熟悉水闸安全现状,必要时还应结合工程现状调查分析成果进行现场勘查。其中工程现状调查分析报告中工程病害产生原因的初步分析及对工程安全状况影响初步分析是确定检测项目的重要依据。

3. 设计、施工资料

对收集的设计和施工资料进行分析,特别对设计资料中的材料强度、钢筋布置、结构尺寸等重要指标应进行详尽记录,对施工中材料的配比、产生的缺陷及处理措施等进行认真分析,在现场安全检测工作中对这些内容进行量化记录并进行核对和分析。

4. 运行管理资料

对收集的运行管理资料进行分析,特别对水闸在使用过程中遭遇超标洪水、人为破坏、违规操作后的安全检查资料进行分析,并在现场安全检测工作中对其形成的缺陷进行量化记录,对缺陷发展速度较快的内容,必要时应进行专项测试。

二、现场安全检测规定与要求

(一)现场检测规定

(1)现有检查观测资料能满足安全鉴定分析要求的,可不再检测。

(2)检测项目应与工程复核计算内容相协调。

(3)检测工作应选在对检测条件有利和对水闸运行干扰较小的时期进行。

(4)检测点应选择在能较好地反映工程实际安全状态的部位上,如出现渗水漏水的部位、受到较大反复荷载或动力荷载作用的构件、受到腐蚀性介质侵蚀的构件、受到污染影响的构件、与侵蚀性土壤直接接触的构件、受到冻融影响的构件、委托方定期检查怀疑有安全隐患的构件及容易受到磨损、冲撞损伤的构件等。

(5)现场检测宜采用无破损检测方法,当必须采用破损检测时,应尽量减少测点,检测结束后,应及时予以修复。

（二）现场检测要求

（1）编制现场安全检测方案,在征得水闸安全鉴定组织单位同意后开展水闸安全检测。

（2）检测时应确保所使用的仪器设备在检定或校准周期内,并处于正常状态,仪器设备的精度应满足检测项目的要求。

（3）检测的原始记录,应记录在专用记录纸上,数据准确、字迹清晰,信息完整,不得追记、涂改,如有笔误应进行杠改,当采用自动记录时,应符合有关要求,原始记录必须由检测及记录人员签字。

（4）现场取样的试件或试样应予以标识并妥善保存。

（5）当发现检测数据数量不足或检测数据出现异常情况时,应进行补充检测。

（6）现场检测工作结束后,应及时修补因检测造成的结构或构件的局部损伤,修补后的结构构件,应满足原结构构件承载能力的要求。

三、检测方法与抽样方案

（一）检测方法

1.选用原则

水闸现场安全检测应根据检测项目、检测目的、水闸结构形式和现场条件选择适宜的检测方法。

2.选用方法

水闸现场安全检测可选用下列检测方法：

（1）有相应标准的检测方法。

（2）有关规范、标准规定或建议的检测方法。

（3）参照第(1)条的检测标准,扩大其适用范围的检测方法。

（4）检测单位自行开发或引进的检测方法。

3.选用方法的相关规定

（1）当选用有相应标准的检测方法时,应遵守下列规定：

①对于通用的检测项目,应选用国家标准或行业标准。

②对于有地区特点的检测项目,可选用地方标准。

③对同一种方法,地方标准与国家标准或行业标准不一致时,有地区特点的部分宜按地方标准执行,检测的基本原则和基本操作要求应按国家标准或行业标准执行。

④当国家标准、行业标准或地方标准的规定与实际情况确有差异或存在明显不适用问题时,可对相应的规定做出适当的调整或修正,但调整与修正应有充分的依据,调整与修正的内容应在检测方案中予以说明,必要时应向委托方提供调整与修正的检测细则。

（2）当采用有关规范、标准规定或建议的检测方法时,应遵守下列规定：

①当检测方法有相应的检测标准时,应按上一条规定执行。

②当检测方法没有相应的检测标准时,检测单位应有相应的检测细则,检测细则应对检测用仪器设备、操作要求、数据的处理等做出规定。

（3）当采用扩大相应检测标准适用范围的检测方法时，应遵守下列规定：

①所检测项目的目的与相应检测标准相同。

②检测对象的性质与相应检测标准检测对象的性质相近。

③必须采取有效的措施消除因检测对象性质差异而存在的检测误差。

④检测单位应有相应的检测细则，在检测方案中应予以说明，必要时应向委托方提供检测细则。

（4）当采用检测单位自行开发或引进的检测仪器及检测方法时，应遵守下列规定：

①该仪器或方法必须通过技术鉴定。

②该方法应与已有成熟的方法进行比对，予以验证。

③检测单位应有相应的检测细则，检测细则应对检测用仪器设备、操作要求、数据的处理等做出规定，并给出测试误差或测试结果的不确定度。

④在检测方案中应予以说明，必要时应向委托方提供检测细则。

（二）抽样方案

1. 闸孔抽样比例确定

依据《水闸安全评价导则》（SL 214—2015）第3.1.3条规定，多孔闸应在普查基础上，选取能较全面反映整个工程实际安全状态的闸孔进行抽样检测。抽样比例应综合闸孔数量、运行情况、检测内容和条件等因素确定，并符合表4-1的规定。

表4-1　多孔水闸闸孔抽样检测比例

多孔水闸闸孔数	≤5	6～10	11～20	≥21
抽样比例（%）	100～50	50～30	30～20	20

边孔受力特点与中孔区别较大，应至少抽检一个边孔；另外，使用频率较高或外观质量较差的闸孔一般能反映整个工程实际安全状态，宜选为抽检闸孔。确定闸孔后，应对闸孔内各构件进行相应项目检测。

对外部缺陷的检测，应采用全数检测方案。

如果水闸外观质量较好且差异不大，采用随机抽样方法确定抽检闸孔。

由于《水闸安全评价导则》（SL 214—2015）中规定的抽孔检测方法往往不能较全面地反映水闸的安全状况，采用破损检测或半破损检测时对水闸的损坏又较集中。为了使抽样检测能更全面地反映水闸的安全状况，灵活选取检测构件，建议采用按检测单元综合抽样的方法检测，即按水闸结构的部位、结构形式等特征先进行检测单元划分和构件划分，然后依据上述规定的比例按检测单元抽取相应的检测构件。检测单元及抽检构件划分示例如表4-2所示。

2. 钢闸门和启闭机抽样

钢闸门和启闭机抽样检测的最小样本容量可参照《水工钢闸门和启闭机安全检测技术规程》（SL 101—2014）。抽样检测比例如表4-3所示。

表 4-2　检测单元构件类型

检测单元	构件类型	说明
上游连接段	护坡、护底、翼墙、铺盖、防冲槽	
闸室段下部	闸门、闸墩、底板、顶板、胸墙	
涵洞段	闸墙、底板、顶板	
下游连接段	护坡、翼墙、消力池、海漫、防冲槽	
启闭机房及管理用房	梁、板、柱、墙	构件确定参照 GB/T 50344—2004
交通桥	梁、板、柱	构件确定参照 GB/T 50344—2004
工作桥	排架柱、梁、板	构件确定参照 GB/T 50344—2004

表 4-3　多孔水闸闸孔抽样检测比例

闸门(启闭机)数量(扇/台)	抽样比例(%)
1 ~ 10	100 ~ 30
11 ~ 30	30 ~ 20
31 ~ 50	20 ~ 15
51 ~ 100	15 ~ 10
100 以上	10

第二节　现场安全检测方案编制

水闸现场安全检测涉及面广、技术性强、覆盖专业多,为了有序、有针对性地开展工作,现场安全检测方案的编制非常必要。现场安全检测方案是现场安全检测的工作大纲和作业指导书,是水闸安全鉴定工作的重要步骤,是水闸管理单位全面了解现场检测的内容和进度安排及准备配合工作的重要资料。

一、编制原则

水闸现场安全检测应根据检测目的和工程现状调查报告及相关的规程规范,合理地确定检测项目、检测内容和检测方法,选择适宜的检测仪器,编制完善的水闸检测方案。现场安全检测方案应征得水闸安全鉴定组织单位同意。

二、编制步骤

水闸安全鉴定承担单位承担水闸安全鉴定任务后,按下列步骤形成水闸现场检测方案:

(1)分析现状调查分析报告,了解工程现状。

(2)现场查勘,与水闸管理单位充分沟通,详细了解水闸病险,确定检测目的。

（3）研究制订现场检测初步方案。

（4）水闸安全鉴定组织单位组织的水闸安全鉴定专家组审查通过现场安全检测方案后，形成水闸现场安全检测方案。

三、编制大纲

水闸现场检测方案编制大纲一般包括以下部分：

（1）工程概况。水闸位置、类型、设计规模、建成年代及改扩建情况和运行管理情况等。

（2）检测目的。根据委托方的检测要求确定进行全面安全鉴定或单项安全鉴定。

（3）检测依据。检测所依据的规程规范及有关的技术资料等。

（4）检测项目和选用的检测方法及检测数量。根据检测目的和水闸管理单位提供的《工程现状调查分析报告》及相关规程规范综合研究确定检测项目，然后选择相应的检测方法并说明构件抽测比例或数量。

（5）检测人员和仪器设备。介绍水闸现场安全检测项目负责人和其他人员基本情况（职称、检测年限、资格证书），检测拟使用的仪器设备及其编号、数量和校验日期。

（6）检测工作进度。列出现场安全检测需要的总时间及其计划进度。

（7）需要水闸管理单位配合的工作。提出水闸管理单位所需的配合工作，如水、电、检测平台及修补工作等。

（8）安全措施。拟定检测工作中的用电安全措施和高空作业措施，对采用射线法进行钢结构探伤检测时，应提出防辐射措施。

（9）环保措施。对现场检测工作中可能造成环境污染的检测方法，提出减小或控制消除污染的措施。

第三节　现场安全检测项目和方法

一、地基土和回填土的工程性质

依据《水闸安全评价导则》（SL 214—2015）第 3.2.2 条规定，对无地质勘察资料的，或地质勘察资料缺失、不足的，或闸室、岸墙、翼墙发生异常变形的，应补充地质勘察，检测地基和回填土的基本工程性质指标，并应符合如下要求：

（1）大型水闸按《水利水电工程地质勘察规范》（GB 50487—2008）的规定进行。

（2）中小型水闸参照《中小型水利水电工程地质勘察规范》（SL 55—2005）的规定进行。

（3）水闸连接段按《堤防工程地质勘察规程》（SL 188—2005）可行性研究阶段的勘察规定进行。

（4）无损检测按《水利水电工程物探规程》（SL 326—2005）和《堤防隐患探测规程》（SL 436—2008）的规定执行。

水闸基础异常变形往往是闸基的基土流失或沉降造成的，检测水闸工程的地基土和回填土主要是为了查明其基本工程性质指标,用以分析闸基异常沉降的原因。

当水闸工程的《工程地质勘测报告》资料齐全时,也可依据该报告提供的地基土和回填土的基本工程性质指标分析其原因。

(1)检测内容。主要检测地基土和填料土的抗剪强度、压缩模量和弹性模量等基本工程特性指标。

(2)检测方法。检测时,可采用野外鉴别、标准贯入试验、轻便触探试验等方法按相应规范规程确定。现场试验时,可在水闸地基附近适当距离内进行。

二、防渗、导渗与消能防冲设施的完整性和有效性

(一)检测内容

防渗和导渗及消能防冲设施检测内容主要包括止水失效、结构断裂、基土流失、冲坑和塌陷、海漫和消力池冲刷及裂缝等,判断水闸地基是否发生渗流。

(二)检测方法

防渗和导渗及消能防冲设施检测要在分析《工程现状调查报告》和运行管理资料反映病害的基础上进一步详细调查,对存在的病害现场观察、量测和拍照。相关的实用性检测技术参见本章第六节、第八节和第九节内容。

(1)伸缩缝止水失效主要观察止水有无损坏、渗水和其他渗出物等情况;水闸止水失效主要观察闸门是否渗水、止水带是否有弹性;判断危害程度。

(2)结构断裂主要观察裂缝处有无渗水现象及水流混浊程度,判断有无土体流失。

(3)基土流失主要观察排水孔、减压井排出水流的混浊程度,判断有无土体流失。

(4)冲坑和塌陷主要测量其发生部位、面积及深度,检查有无渗流。

(5)海漫、消力池主要观察有无淤积、冲刷破坏和裂缝等情况,判断是否发生渗流现象。

三、砌体结构的完整性和安全性

(一)检测内容

砌体结构检测内容一般包括外观质量与缺陷检测、砌石尺寸和平整度检测及变形与损伤检测。当水闸闸室段或涵洞段为砌体结构并需要进行复核计算时,还应检测砌筑砂浆的抗压强度和砌体的强度。

(二)检测方法

1. 外观质量与缺陷

外观质量与缺陷主要包括裂缝,块石风化、塌陷、松动,勾缝脱落。

裂缝检测采用目测法,配以钢尺、深度游标卡尺和塞尺等工具,对裂缝的位置、分布和形态等参数采用绘图或拍照等方法进行记录,必要时粘贴石膏板对裂缝进行监测。

块石风化、塌陷、松动和勾缝脱落检测采用目测法,配以钢尺或皮尺等工具,对缺陷面积进行测量并记录,计算缺陷面积占所测构件面积的百分比。

2. 砌石尺寸和平整度

采用钢尺测量砌石尺寸,靠尺量测平整度,按《水利水电工程单元工程施工质量验收

评定标准——堤防工程》(SL 634—2012)第3.9.2条的规定判断是否合格。

3.变形与损伤

(1)构件或结构的倾斜,可用经纬仪、激光定位仪、三轴定位仪或吊锤等方法检测。

(2)当结构受到损伤时,对环境侵蚀,应确定侵蚀源、侵蚀程度和侵蚀速度,对冻伤,可采用取芯法和剔除法检测砌石损伤厚度、面积。

4.强度

砌筑块材和砂浆的强度,可参照《建筑结构检测技术标准》(GB/T 50344—2004)执行。

四、混凝土与钢筋混凝土结构的耐久性

水闸混凝土与钢筋混凝土结构检测的目的是通过现场检测,评定水闸混凝土结构工程现状,同时为工程复核计算提供相关数据和依据。

(一)检测内容

水闸混凝土与钢筋混凝土结构检测主要包括以下内容:

(1)混凝土性能指标检测,包括强度、抗冻、抗渗性能等。

(2)混凝土外观质量和内部缺陷检测,包括裂缝检测、碳化深度等。

(3)钢筋保护层厚度检测,钢筋锈蚀程度检测。

(4)结构变形和位移检测、基础不均匀沉降检测。

另外,混凝土结构发生腐蚀的,应按《水工混凝土试验规程》(SL 352—2006)的规定测定侵蚀性介质的成分、含量,并检测腐蚀程度。

(二)检测方法

1.外观质量与缺陷检测

1)缺陷类型

混凝土结构构件的外观质量与缺陷大致可分为三类:

(1)裂缝,包括非受力裂缝和受力裂缝。

(2)层离、剥落、露筋、掉棱、缺角、蜂窝麻面、表面侵蚀、冻融破坏等。

(3)内部空洞、离析、结合面质量等内部缺陷。

2)检查方法

(1)裂缝。

检测方法主要是检查记录裂缝的形态、分布情况;利用读数显微镜、裂缝宽度测试仪、钢尺等检测裂缝的长度、宽度和间距等;采用超声测缺法量测裂缝的深度,观察裂缝周围有无锈迹、锈蚀产物和凝胶泌出物;对尚未稳定的裂缝可用千分表、粘贴石膏板等方法监测裂缝发展情况。

裂缝检测结果应如实反映裂缝的形态、分布情况和裂缝周边混凝土表面状况,应尽可能采用图形和照片进行描述并附文字说明。

(2)层离、剥落或露筋、掉棱或缺角、蜂窝麻面、表面侵蚀、冻融破坏。

检测方法主要为目测法,辅以钢尺测量和锤击检查,也可采用红外热成像仪对水闸结构的开裂、剥离、渗漏进行快速扫描。主要测量损伤面积和深度,并测算缺陷面积占构件

表面面积的比值。

检测结果应如实反映损伤状况,并尽可能采用图形和照片进行描述并应附有详尽的文字说明。

(3)内部缺陷。

《水闸安全评价导则》(SL 214—2015)附录 A 中第 3.8 条推荐水闸混凝土内部缺陷检测采用超声法、冲击反射法等非破损方法,必要时可采用局部破损方法对非破损的检测结果进行验证。

采用超声法测试内部缺陷时,一般需要被测构件具有对测面,但水闸工程中边墩、闸底板、顶板、胸墙等构件不具备超声法的检测条件,需采用其他方法检测,如冲击 – 回波法、混凝土雷达检测技术等。相关的实用性检测技术参见本章第五节内容。

2.混凝土抗压强度检测

1)检测方法

《水闸安全评价导则》(SL 214—2015)附录 A 中第 3.5 条推荐的水闸混凝土强度检测方法有回弹法(《回弹法检测混凝土抗压强度技术规程》(JGJ/T 23—2011))、超声回弹综合法(《超声回弹综合法检测混凝土强度技术规程》(CECS 02:2005))和钻芯法(《钻芯法检测混凝土抗压强度技术规程》(CECS 03:2007))。

回弹法和超声回弹综合法属于无损检测方法,钻芯法属于半破损检测方法,这三种方法在水闸中的应用范围见表4-4。

表4-4 水闸工程混凝土强度检测方法

检测方法	测试参数	适用部位	备注
回弹法	表面硬度值	1.闸墩(墙)、铺盖、涵洞段底板、顶板、闸门、胸墙、工作桥、交通桥等; 2.受环境侵蚀(如污染、氯离子腐蚀等)影响且影响层能剔除的构件	1.冲蚀比较严重、凹凸不平的构件不适宜用该方法; 2.使用该方法时,应先钻芯验证其适用性,后钻芯修正
超声 – 回弹综合法	表面硬度值和超声波声速	同回弹法	同回弹法
钻芯法	芯样试验压力	所有混凝土构件	不宜大量采用,但破损严重或强度存疑部位宜采用

2)测区布置

确定水闸混凝土构件检测方法后,应按相关规范布置测区。对于尺寸较大的构件(如铺盖、闸墩、胸墙等),测区间距可取规范规定的较大值。

采用回弹法或超声回弹综合法时,由于水闸在运用过程中,同一构件的外观、碳化情

况可能发生较大差异,在布置测区时应加以注意。如:

(1)闸墩经水流冲刷,造成闸墩下部剥蚀、表面凹凸不平,而上部较好时,应按外观质量将该闸墩分成不同的构件进行测区布置,分别选用适合的方法进行检测。

(2)处于水位变化范围内的混凝土构件,由于水上、水下部分碳化深度差异较大,也应将其分成不同的构件进行测区布置,分别选用适合的方法进行检测。

(3)在测试过程中,遇到测试参数(回弹值、声时值等)变化幅度较大时,应对异常区域加密布置测区进行检测。

3. 变形检测

1)检测内容

主要包括构件的挠度、结构的倾斜和基础不均匀沉降等。

2)检测方法

(1)混凝土构件的挠度可用水准仪或百分表测量;结构的倾斜可用经纬仪、全站仪或吊锤测量。

(2)基础的不均匀沉降,可用水准仪检测,当需要确定基础沉降的发展情况时,应在混凝土结构上布置固定观测点进行观测,基础的累计沉降可依照基准高程点测量推算,观测操作应遵守《建筑变形测量规程》(JGJ/T 8)的规定。

4. 损伤检测

1)检测内容

主要包括环境侵蚀损伤、灾害损伤、人为损伤、混凝土有害元素造成的损伤检测。

2)检测方法

(1)当混凝土结构受到损伤时,对环境侵蚀,应确定侵蚀源、侵蚀程度和侵蚀速度;对冻伤,可按《水闸安全鉴定技术指南》附录一的规定进行检测,并测定冻融损伤深度、面积。

(2)当怀疑混凝土存在碱骨料反应时,可从混凝土中取样,按《普通混凝土用碎石或卵石质量标准及检验方法》(JGJ 53)检测骨料的碱活性,按相关标准的规定检测混凝土中的碱含量。

(3)混凝土碳化深度值,可按《水闸安全鉴定技术指南》附录一进行检测。

(4)混凝土中氯离子的含量,可按《水闸安全鉴定技术指南》附录一进行检测。

5. 钢筋的配置与锈蚀检测

现场检测中主要检测承重构件主受力钢筋的配置和锈蚀。

1)检测内容

主要包括钢筋保护层厚度、钢筋分布、钢筋锈蚀和钢筋直径。

2)检测方法

(1)钢筋保护层厚度、钢筋分布,利用地质雷达或钢筋位置定位仪进行检测,必要时凿开混凝土验证。

(2)钢筋锈蚀情况,采用剔凿法、电化学测定法和综合分析法进行检测。

(3)当钢筋直径无法确定但复核计算又需要时,应采用剔凿法检测构件的钢筋直径,一般不宜大量采用。

五、金属结构的安全性

根据《工程现状调查报告》和运行管理记录等资料,按《水利水电工程金属结构报废标准》(SL 226—98)中的相关规定,可以确定报废的钢闸门和启闭机不再进行本项内容检测。

(一)检测内容

金属结构检测内容应包括如下内容:

(1)外观检测(含生物影响);

(2)材料检测;

(3)无损探伤;

(4)闸门启闭力检测;

(5)启闭机考核;

(6)其他项目检测。

(二)检测方法

依据《水工钢闸门和启闭机安全检测技术规程》(SL 101—2014)的相关规定进行现场检测。

六、机电设备的可靠性

水闸电气设备安全性检测的目的是通过现场检测,评定水闸电气设备安全状况,保障水闸的正常运行。

(一)检测内容

配套电动机的电气性能,输电线路和备用电源的完好性,防雷接地设施和安全保护装置的可靠性,动力成套配电(控制)柜的操作灵敏性。

(二)检测方法

1. 电动机

(1)电动机型号采用查看铭牌,对比相关规范规程判断是否属于淘汰型号。

(2)测量绕组的绝缘电阻和吸收比。采用电阻测试仪(兆欧表)进行检测,额定电压为 1 000 V 以下,常温下绝缘电阻值不应低于 0.5 MΩ,额定电压转子绕组不应低于 0.5 MΩ/kV。(1 000 V 以下电动机可不测吸收比)。

(3)测量可变电阻器、起动电阻器、灭磁电阻器的绝缘电阻。采用电阻测试仪(兆欧表)进行检测,可变电阻器、起动电阻器、灭磁电阻器的绝缘电阻应与回路一起测量,绝缘电阻值不应低于 0.5 MΩ。

(4)检查定子绕组极性及其连接的正确性;定子绕组的极性及其连接应正确,中性点未引出者可不检查极性。

(5)电动机空载转动检查和空载电流测量。采用电流表测量,记录电动机的空载电流,电动机空载转动检查的运行时间为 2 h。当电动机与其机械部分的连接不易拆开时,可连在一起进行空载转动检查试验。

2. 输电线路

（1）输电线路完好性。采用查看检查方法对其接头牢固性、电路老化程度等方面进行检测，详细记录并依据规范判断是否合格，绝缘电阻采用接地电阻测试仪进行测量并判断合格与否。

（2）测量电缆绝缘电阻。测量各电缆导体对地或对金属屏蔽层间和各导体间的绝缘电阻。耐压试验前后，绝缘电阻测量应无明显变化；橡塑电缆外护套、内衬套的绝缘电阻不低于 0.5 MΩ/km。

（3）电缆交流耐压试验。采用 20 ~ 300 Hz 交流耐压试验。20 ~ 300 Hz 交流耐压试验电压及时间见表 4-5。

表 4-5　橡塑电缆 20 ~ 300 Hz 交流耐压试验电压和时间

额定电压 U_0/U(kV)	试验电压	时间(min)
18/30 及以下	$2.5U_0$（或 $2U_0$）	5（或 60）
21/35 ~ 64/110	$2U_0$	60
127/220	$1.7U_0$（或 $1.4U_0$）	60
190/330	$1.7U_0$（或 $1.3U_0$）	60
290/500	$1.7U_0$（或 $1.1U_0$）	60

（4）检查电缆线路两端的相位。电缆线路两端的相位应一致，并与电网相位相符合。

3. 防雷接地设施

（1）电气设备的可接近裸露导体接地（PE）或接零（PEN）必须可靠，并经检查合格。

（2）接地网电气完整性测试。试验方法可参照国家现行标准《接地装置工频特性参数测试导则》（DL 475）的规定，试验时必须排除与接地网连接的架空地线、电缆的影响。

（3）接地阻抗。使用同一接地装置的所有电力设备，当总容量 ≥100 kVA 时，接地阻抗不宜大于 4 Ω，如总容量 <100 kVA，则接地阻抗允许大于 4 Ω，但不大于 10 Ω。

（4）金属氧化物避雷器及其基座的绝缘电阻测量，应符合下列要求：

①35 kV 以上电压，用 5 000 V 兆欧表，绝缘电阻不小于 2 500 MΩ；

②35 kV 及以下电压，用 2 500 V 兆欧表，绝缘电阻不小于 1 000 MΩ；

③低压（1 kV 以下），用 500 V 兆欧表，绝缘电阻不小于 2 MΩ。

基座绝缘电阻不低于 5 MΩ。

（5）金属氧化物避雷器的工频参考电压和持续电流的测量，应符合《交流无间隙金属氧化物避雷器》（GB 11032—2000）或产品技术条件的规定。

4. 动力成套配电（控制）柜

（1）检查柜内接线是否正确，接头是否牢固，操作机构是否灵敏。

（2）动力成套配电（控制）柜的交流工频耐压试验应符合规范要求。

5. 安全保护装置

采用现场试验法检测保护装置是否灵敏、指示是否准确，并依据规范对其做出评价。

采用接地电阻测试仪对其绝缘电阻进行检测并依据规范判断是否合格。

控制回路宜进行模拟动作试验,经检查确认电气部分与机械部分的转动或动作应协调一致,才能空载试运行、联动试运行。

6. 备用电源

检查是否具有备用电源,查询备用电源的功率进行对比,判断是否与用电设备匹配。

采用相应仪器仪表对备用电源的线路电流、电压、电阻、连接、接头牢固性和线路老化等方面进行检测并判断是否可靠。

七、检测设施的有效性

观测设备和设施所测得的数据是对水闸运行状态是否正常进行判断的重要指标,其有效性关系到能否对水闸工程的安全进行监视及充分发挥水闸的效益。在水闸安全鉴定中,应对观测设施的有效性进行检测,检测内容和方法直接关系到水闸管理运行和安全评价。

(一)检测内容

检测基准高程点的可靠性(是否损坏、精度)、测压管的有效性(是否失效、灵敏度)、河床变形观测断面桩的完好性、伸缩缝及裂缝观测固定观测标点的完好性。

(二)检测方法

1. 基准高程点

采用目测法对基准高程点逐一检查,查看是否损坏,采用水准仪或经纬仪对垂直基准高程点和工作基点进行测量,分别将闭合差限差和两测回观测值之差与对应水准等级和视准线观测限差进行对比,判断精度是否满足要求(观测精度应满足三等以上水准测量规范要求)。

2. 测压管

采用目测法检查测压管管口或渗压计输出接口是否损坏,判断其完好性,采用水准仪或经纬仪对测压管管口高程按三等水准测量要求校测,判断其闭合差限差是否满足规定值(观测精度应满足三等以上水准测量规范要求),结合水闸垂直位移观测对测压管管口高程进行考证,采用注水试验检查测压管的灵敏度。

3. 河床变形观测断面桩

采用目测法检查河床变形观测断面桩是否损坏,判断其完好性。采用水准仪或经纬仪对断面桩的桩顶高程按三等水准要求进行测量,判断其闭合差限差是否满足规定值(观测精度应满足三等以上水准测量规范要求)。

4. 伸缩缝及裂缝观测的固定观测标点

采用目测法检查闸身两端边闸墩与岸墙之间、岸墙与翼墙之间建筑物顶部的伸缩缝上是否具有固定观测标点(若无,要求水闸主管单位设置必要的观测点),观测其是否损坏,判断其完好性。

八、其他有关专项测试

其他有关专项测试是指特殊工况的水闸,根据安全鉴定需要而进行的非常规性检测,如地基土对混凝土拖板的抗滑试验和管涌试验、闸门震动观测及水闸监控系统等,本部分主要针对应用较多的水闸监控系统进行检测内容和方法的简单介绍。

(一)检测内容

网络系统运行状况,现地控制单元(LCU)和 PLC 运行状况,执行元件、信号器、传感器、变送器等自动化元件的精度、线性度和工作可靠性,系统特性指标及安全监视和控制功能,计算机安装场所环境。

(二)检测方法

上述检测内容可按照以下检测方法分别检测:

(1)计算机监控系统的现场安全检测可按《电子计算机场地通用规范》(GB/T 2887—2011)、《水利水电工程水情自动测报系统设计规定》(DL/T 5051—1996)、《继电保护和安全自动装置技术规程》(GB 14285—2006)中的有关规定执行。

(2)采用微机继电保护装置的计算机监控系统的现场安全检测可按《微机继电保护装置运行管理规程》(DL/T 587—1996)中的有关规定执行。

(3)计算机监控系统及微机继电保护装置的现场安全检测内容应满足自动监控的需要,系统软件应满足水闸计算机监控和信息化、网络化发展的要求。

第四节　水闸结构现场常用检测技术介绍

目前,水闸结构现场检测常用的检测技术有电磁波法、声波 CT 法、弹性波法、地震波 CT 法、钻孔电视、单道地震及高密度电法等,各方法均有其适用特点,例如:混凝土缺陷检测可用超声脉冲法(简称超声法)、钻芯法、探地雷达法、声波 CT 法、电磁波法、地震波 CT 法等;探测洞穴、裂缝、松散体、砂层等隐患可以选用电剖面法、高密度电阻率法、瞬变电磁法、探地雷达法、浅层地震反射波法、瑞雷波法;探测集中渗流、管涌通道,确定渗漏进口位置及流向可以选用自然电场法、瞬变电磁法、伪随机流场法、温度场法、同位素示踪法;探测护坡或闸室底板脱空可以选用探地雷达法、浅层地震反射波法;判定土体填筑介质的密实度可以选用浅层地震折射波法;钢筋混凝土防渗墙质量、水下覆盖层、岩土物理和力学参数测试可用单道地震探测法。本节重点对上述水闸病害常用的检测技术进行详细介绍。

一、回弹法

回弹法检测混凝土抗压强度的依据为《回弹法检测混凝土抗压强度技术规程》(JGJ/T 23—2011)。

(一)基本原理

回弹法是应用广泛、使用历史悠久的无损检测方法,它根据混凝土表面硬度和碳化深度来推定其强度,属于表面硬度法的一种。回弹法的基本原理是依靠回弹仪中运动的重锤以一定冲击动能撞击顶在混凝土表面的冲击杆后,测出重锤被反弹回来的距离,以回弹值作为与强度相关的指标,来推定混凝土的强度。

（二）主要仪器及辅助工具

1. 回弹仪

回弹仪有指针直读式和数字式两种，通常使用的是前一种。直读式回弹仪按其标称动能可分为：小型回弹仪（L型），标称动能为0.735 J；中型回弹仪（N型），标称动能为2.207 J；重型回弹仪（M型），标称动能为29.40 J。其中N型应用最为广泛。

回弹仪使用时的环境温度为−4～40 ℃，使用回弹仪的检测人员，应通过主管部门认可的专业培训，并应持有相应的资格证书。

2. 辅助工具

碳化深度测试仪、电锤（或锤、凿）、吸耳球、砂轮及酚酞试剂。

（三）检测步骤

1. 检测准备

检测前要对被检测结构情况进行全面、正确的了解，如工程名称、结构形式、构件名称、外形尺寸、数量、工程建成或改建时间、混凝土强度设计等级等。

回弹仪在工程检测前后，应在洛氏硬度HRC为60±2的钢砧上做率定试验，回弹仪率定试验宜在干燥、室温为5～35 ℃的条件下进行。率定时，钢砧应稳固地平放在刚度大的物体上。测定回弹值时，取连续向下弹击3次稳定回弹值的平均值。弹击杆应分4次旋转，每次旋转宜为90°，弹击杆每旋转一次的率定平均值应为80±2。

2. 确定测试构件

依据《回弹法检测混凝土抗压强度技术规程》（JGJ/T 23—2011）选取测试构件。

3. 测区布置

测区指每一试样的测试区域，测区布置方法及原则如下：

（1）每一结构或构件的测区数不应少于10个，对尺寸较小（长度小于4.5 m、高度小于0.3 m）的构件，其测区数量可适当减少，但不应少于5个。

（2）测区的面积不小于0.04 m²，相邻两测区的间距控制在2 m以内，测区距结构（或施工缝）边缘不宜大于0.5 m，且不宜小于0.2 m。

（3）测区尽量选在使回弹仪处于水平方向检测混凝土浇筑侧面，当不能满足这一要求时，可使回弹仪处于非水平方向检测混凝土浇筑侧面、表面或底面。

（4）结构或构件的受力部位及易产生缺陷的部位需布置测区，测区应避开位于混凝土内保护层附近设置的钢筋和埋入铁件。

（5）测区面应保持清洁、平整，不应有疏松层、浮浆、油垢、涂层以及蜂窝、麻面，必要时可用砂轮清除疏松层和杂物，且不应有残留的粉末或碎屑。

4. 回弹值与碳化深度值测量

完成试样测区布置后，可进行回弹值测量，检测的要点如下：

（1）回弹仪的轴线应始终垂直于结构或构件的混凝土检测面，并不得打在气孔和外露石子上。

（2）操作回弹仪要缓慢施压，准确读数，快速复位。

（3）测点在测区范围内均匀分布，相邻两测点的净距不小于20 mm。

（4）同一测点只应弹击一次。每一测区记取16个回弹值，每一测点的回弹值读数估读至 1。

回弹值测试完成后,在有代表性的位置上测量碳化深度值,测点数不少于构件测区数的 30%,取其平均值为该构件每测区的碳化深度值。当碳化深度值极差大于 2 mm 时,应在每一测区测量碳化深度值。

5. 数据处理

主要包括测区平均回弹值计算、角度修正、浇筑面修正、碳化深度平均值、测区混凝土强度确定和构件混凝土强度确定。

(四)注意事项

(1)虽然回弹法仪器操作简便,测试结果直观,检测部位无破损,但是不适用于表层和内部质量有明显差异或内部存在缺陷的构件。

(2)对于粒径大于 60 mm 的粗集料混凝土、特种成型工艺制作的混凝土、检测部位曲率半径小于 250 mm 的混凝土、潮湿或浸水混凝土,应制定专用测强曲线或通过试验进行修正。

(3)当构件混凝土抗压强度大于 60 MPa 时,可采用标准能量大于 2.207 J 的混凝土回弹仪,并应另行制定检测方法及专用检测强度曲线进行检测。

二、超声回弹综合法

超声回弹综合法检测混凝土抗压强度的依据为《超声回弹综合法检测混凝土强度技术规程》(CECS 02:2005)。

(一)基本原理

超声回弹综合法是在结构混凝土同一测区分别测量声时和回弹值,然后利用已建立起来的测强公式推算混凝土抗压强度的一种方法。它与单一的回弹法或超声法相比,既减少了龄期和含水率的影响,又弥补了相互的不足,提高了测试精度。

(二)主要仪器及辅助工具

采用带波形显示器的低频超声波检测仪,并配置频率为 50~100 kHz 的换能器,测量混凝土中的超声波声速值,以及采用弹击锤冲击能量为 2.207 J 的混凝土回弹仪,测量回弹值。现场测试时耦合剂一般为液体或膏体,如黄油、凡士林和浆糊等。

(三)检测步骤

1. 检测准备

超声波检测仪:用前要进行零读数校正。零读数是指当发、收换能器之间仅有耦合介质薄膜时仪器的读数。对于具有零校正回路的仪器,应按仪器使用说明书,用仪器所附的标准棒在测量前校正好零读数,然后测量(此时仪器的读数已扣除零读数)。对于无零校正回路的仪器,应事先求得零读数值,从每次仪器读数中扣除。

回弹仪:同回弹法。

2. 确定测试构件

依据《超声回弹综合法检测混凝土强度技术规程》(CECS 02:2005)选取测试构件。

3. 测区布置

测区指每一试样的测试区域,测区布置方法及原则如下:

（1）在条件允许时，测区宜优先布置在构件混凝土浇筑方向的侧面；

（2）测区可在构件的两个对应面、相邻面或同一面上布置；

（3）测区宜均匀布置，相邻两测区的间距不宜大于 2 m；

（4）测区应避开钢筋密集区和预埋件；

（5）测区尺寸宜为 200 mm×200 mm，采用平测时宜为 400 mm×400 mm；

（6）测试面应清洁、平整、干燥，不应有接缝、施工缝、饰面层、浮浆和油垢，并应避开蜂窝、麻面部位。必要时，可用砂轮片清除杂物和磨平不平整处，并擦净残留粉尘。

4. 声时值与回弹值测量

完成试样测区布置后，可进行声时值与回弹值测量，回弹值测试同回弹法，声时值测试要点如下：

（1）超声测点应布置在回弹测试的同一测区内，每一测区布置 3 个测点。超声测试宜优先采用对测或角测，当被测构件不具备对测或角测条件时，可采用单面平测。

（2）超声测试时，换能器辐射面应通过耦合剂与混凝土测试面良好耦合。

（3）声时测量应精确至 0.1 μs，超声测距测量应精确至 1.0 mm，且测量误差不应超过 ±1%。声速计算应精确至 0.01 km/s。

5. 数据处理

主要包括测区平均回弹值计算、角度修正、浇筑面修正、声速值计算、测区混凝土强度确定和构件混凝土强度确定。

（四）注意事项

（1）不适用于检测因冻害、化学侵蚀、火灾、高温等已造成表面疏松、剥落的混凝土。

（2）对结构或构件的每一测区，应先进行回弹测试，后进行超声测试。

（3）计算混凝土抗压强度换算值时，非同一测区内的回弹值和声速值不得混用。

三、钻芯法

钻芯法检测混凝土抗压强度的依据为《钻芯法检测混凝土强度技术规程》（CECS 03：2007）。

（一）基本原理

钻芯法是利用工程检测专用钻机，从结构混凝土中钻取芯样以检测混凝土抗压强度的一种半破损方法，该方法结果准确、直观，但对结构有局部损坏，费用也较高，常作为其他无损检测方法的补充。

（二）主要仪器及辅助工具

1. 钻芯机

国内外生产的钻芯机有多种型号，可分为轻便型、轻型、重型和超重型。用于水闸现场检测的取芯设备一般采用体积小、重量轻、电动机功率在 1.7 kW 以上、有电器安全保护装置的轻型钻芯机。钻头胎体不得有肉眼可见的裂缝、缺边、少角、倾斜及喇叭口变形，对钢体的同心偏差不得大于 0.3 mm。钻头的径向跳动不大于 1.5 mm。

2. 辅助设备及工具

芯样加工设备：岩石切割机、磨平机、补平器等。

其他辅助设备及工具有冲击电锤、膨胀螺栓、水冷却管、水桶、锤子、扁凿、芯样夹(或细铅丝)等。

（三）检测步骤

1. 检测准备

确定芯样位置：

(1)结构或构件受力较小的部位。

(2)混凝土强度质量有代表性的部位。

(3)便于钻芯机安放和操作的部位。

(4)避开主筋、预埋件和管线的位置，钢筋位置可用磁感仪确定，磁感仪最大探测深度不应小于 60 mm，探测位置偏差不宜大于 ±5 mm。

2. 钻芯机安装

确定固定钻芯机的膨胀螺栓孔位置，用冲击电锤钻出与膨胀螺栓胀头直径相应的孔。

3. 芯样钻取

(1)调整钻芯机的钻速，大直径钻头采用低速，小直径钻头采用高速。

(2)开机后钻头慢慢接触混凝土表面，待钻头刃部入槽稳定后方可加压。

(3)进钻过程中的加压力量以电机的转速无明显降低为宜。

(4)进钻深度一般大于芯样直径约 70 mm，对于直径小于 100 mm 的芯样，钻入深度可适当减小，以保证取出的芯样有效长度大于芯样的直径。

(5)进钻到预定深度后，反向转动操作手柄，将钻头提升到接近混凝土表面，然后停电停水、卸下钻机。

(6)将扁凿插入芯样槽中，用锤子敲打，致使芯样与混凝土断开，再用芯样夹或铅丝套住芯样将其取出，对于水平钻取的芯样，用扁螺丝刀插入槽中，将芯样向外拨动，使芯样露出混凝土后，用手将芯样取出。

(7)从钻孔中取出的芯样在稍微晾干后，标上清晰的标记。

(8)若所取芯样的高度及质量不能满足要求，则重新钻取芯样。

(9)结构或构件钻芯后所留下的孔洞应及时进行修补，以保证其正常工作。

4. 芯样试件加工

(1)抗压芯样试件的高度与直径之比宜为 1.00。

(2)采用锯切机加工芯样试件时，将芯样固定，使锯切平面垂直于芯样轴线。

(3)锯切过程中用水冷却人造金刚石圆锯片和芯样。

(4)芯样试件内不应含有钢筋，不能满足时，标准芯样试件每个试件内最多只允许有两根直径小于 10 mm 的钢筋，公称直径小于 100 mm 的芯样试件，每个试件内最多只允许有一根直径小于 10 mm 的钢筋，且芯样内的钢筋应与芯样轴线基本垂直并离开端面 10 mm 以上。

(5)锯切后的芯样应进行端面处理，宜采取在磨平机上磨平端面的处理方法。

(6)当磨平后无法满足要求时，芯样试件端面可采用环氧胶泥或聚合物水泥砂浆补平，对于抗压强度低于 40 MPa 的芯样试件，可采用水泥砂浆、水泥净浆或聚合物水泥砂浆补平，补平层厚度不宜大于 5 mm，或采用硫黄胶泥补平，补平层厚度不宜大于 1.5 mm。

5. 抗压强度试验

（1）芯样试件几何尺寸测量。

①平均直径：用游标卡尺测量芯样中部，在相互垂直的两个位置上，取其二次测量的算术平均值，精确至 0.5 mm；

②芯样高度：用钢卷尺或钢板尺进行测量，精确至 1 mm；

③垂直度：用游标量角器测量两个端面与母线的夹角，精确至 0.1°；

④平整：用钢板尺或角尺紧靠在芯样端面上，一面转动板尺，一面用塞尺测量与芯样端面之间的缝隙。

（2）芯样尺寸偏差及外观质量超过以下数值时，不能做抗压强度试验：

①芯样试件的实际高径比（H/d）小于要求高径比的 0.95 或大于 1.05 时；

②沿芯样试件高度的任一直径与平均直径相差大于 2 mm；

③抗压芯样试件端面的不平整度在 100 mm 长度内大于 0.1 mm；

④芯样试件端面与轴线的不垂直度大于 1°；

⑤芯样有裂缝或有其他较大缺陷。

（3）芯样抗压强度试验可按现行国家标准《普通混凝土力学性能试验方法》（GB/T 50081）中对立方体试块抗压试验的规定进行。

6. 混凝土强度推定值的确定

芯样混凝土强度计算，依据《钻芯法检测混凝土强度技术规程》（CECS 03∶2007）计算混凝土强度推定值。

（四）钻芯修正方法

（1）当采用间接测强方法进行钻芯修正时，芯样应从采用间接方法的结构构件中随机抽取，取芯位置应在结构或构件的下列部位钻取：

①结构或构件受力较小的部位；

②混凝土强度质量具有代表性的部位；

③便于钻芯机安放与操作的部位；

④当采用的间接检测方法为无损检测方法时，钻芯位置应与间接测强方法相应的测区重合；

⑤当采用的间接检测方法对结构构件有损伤时，钻芯位置应布置在相应的测区附近。

（2）芯样修正可采用对应样本修正量的方法，此时直径 100 mm 混凝土芯样试件的数量不得少于 6 个；当现场钻取直径 100 mm 的混凝土芯样确有困难时，也可采用直径不小于 70 mm 的混凝土芯样，但芯样试件的数量宜适当增加。

（3）对应样本的修正量和换算强度计算方法如下：

$$f_{cu,i0}^{c} = f_{cu,i}^{c} + \Delta_f \tag{4-1}$$

$$\Delta_f = f_{cu,cor,m} - f_{cu,mj}^{c} \tag{4-2}$$

式中：$f_{cu,i0}^{c}$ 为修正后的换算强度；$f_{cu,i}^{c}$ 为修正前的换算强度；Δ_f 为修正量；$f_{cu,mj}^{c}$ 为所用间接检测方法对应芯样测区的换算强度的算术平均值，MPa。

（五）注意事项

（1）钻芯机安装过程中应注意尽量使钻芯钻头与结构的表面垂直，且钻芯机底座与结构表面的支撑点不得有松动。

（2）抗压试验的芯样宜使用标准芯样试件,其公称直径不宜小于骨料最大粒径的 3 倍,当采用小直径芯样试件时,公称直径不应小于 70 mm 且不得小于骨料最大粒径的 2 倍。

（3）确定单个构件的混凝土强度推定值时,有效芯样试件的数量不应少于 3 个,对于较小构件,有效芯样试件的数量不得少于 2 个。

（4）芯样试件在与被检测结构或构件混凝土湿度基本一致的条件下进行抗压试验。

（5）单个构件的混凝土强度推定值不再进行数据的舍弃,而应按有效芯样试件混凝土抗压强度值中的最小值确定。

（6）芯样应进行标记。当所取芯样高度和质量不能满足要求时,则应重新钻取芯样。

四、钢筋配置检测技术

钢筋配置检测包括的内容主要有保护层厚度、钢筋位置、直径和数量检测。

（一）基本原理

目前,国内外混凝土结构保护层厚度的检测方法多采用电磁感应法,即在混凝土表面向内部发射电磁场,混凝土内部钢筋产生感应电磁场,根据感应电磁场强度及空间梯度的变化,经过一系列数据处理,即可确定保护层厚度、钢筋位置、钢筋数量等参数。

（二）检测仪器

钢筋配置检测常用钢筋位置测定仪。

（三）测量方法

1. 仪器标定

仪器在检测前应在标定块上进行标定,以确保自身精度可靠。标定块由一根 Φ16 的普通碳素钢筋垂直浇筑在长方体无磁性的塑料块内,使钢筋距四个侧面分别为 15 mm、30 mm、60 mm、90 mm,如图 4-1 所示。标定应在无外界干扰的环境中进行。

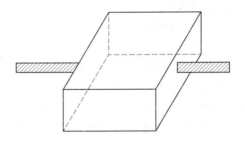

图 4-1　钢筋保护层标定块

2. 测量部位

混凝土结构钢筋测量部位主要为承重构件或承重构件的主要受力方向,或钢筋锈蚀电位测试结果表明钢筋可能锈蚀活化的部位,以及根据结构验算及其他需要确定的部位。

3. 测量方法

将探头放置在被检测体表面,沿钢筋走向的垂线方向移动探头,速度应小于

40 mm/s。当探头到达被测钢筋正上方时,仪器发出鸣声,提示此处下方有钢筋,保护层厚度值自动放入记录框中保存,此时按"存储"键将检测结果存入当前设置的数据编号中。然后,在相反方向的附近位置慢慢往复移动探头,同时观察屏幕的"当前值",出现最小值时的位置即是钢筋的准确位置。

探头正确移动方向如图 4-2 和图 4-3 所示,错误的移动方向如图 4-4 所示。

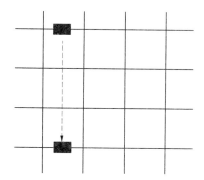

图 4-2　探头正确移动方向 1

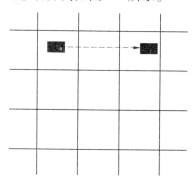

图 4-3　探头正确移动方向 2

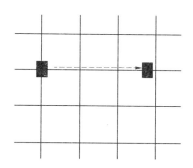

图 4-4　探头错误移动方向

(四)影响测量准确度的因素

(1)外加磁场的影响,应予以避免。

(2)混凝土若具有磁性,测量值需加以修正。

(3)钢筋品种对测量值有一定的影响,主要是高强钢筋需加以修正。

(4)不同的布筋状况,钢筋间距影响测量值。

(五)修正方法

保护层测量值的修正可采用标准垫块法或校准孔法进行综合修正。

1. 标准垫块法

标准垫块用硬质无磁性材料制成,例如工程塑料或电工用绝缘板,平面尺寸与仪器传感器底面相同,厚度 S_b 为 10 mm 或 20 mm,修正系数 K 计算方法如下:

（1）将传感器直接置于混凝土表面已标号的钢筋位置正上方，读取测量值 S_{m1}。

（2）将标准垫块置于传感器所测位置，并把传感器放于标准垫块之上，读取测量值 S_{m2}，则修正系数 K 为：

$$K = \frac{S_{m2} - S_{m1}}{S_b} \tag{4-3}$$

（3）对于不同钢种和直径应确定各自的修正系数，每一修正系数应采用 3 次平均求得。

（4）将测得的钢筋保护层厚度值乘以修正系数 K，即得修正后的钢筋保护层厚度值。

2. 校准孔法

（1）用 6 mm 钻头在钢筋位置正上方，垂直于构件表面打孔，手感碰到钢筋立即停止，用深度卡尺量测钻孔深度，即为实际的保护层厚度 S_r，则修正系数为：

$$K = \frac{S_m}{S_r} \tag{4-4}$$

式中：S_m 为仪器读数值。

（2）对于不同钢种和直径应确定各自的修正系数，每一修正系数应采用 3 次平均求得。

（3）将测得的钢筋保护层厚度值乘以修正系数 K，即得修正后的钢筋保护层厚度值。

（六）**其他方法**

钢筋分布和保护层厚度也可采用探地雷达法检测，在尺寸较大（如闸墩、闸底板等）情况下检测效率更高。

五、钢筋锈蚀状况检测技术

水工结构使用环境恶劣，钢筋锈蚀是影响水工钢筋混凝土结构耐久性的一个重要因素，因钢筋锈蚀造成保护层脱落、结构承载力下降等水闸病险情况屡见不鲜，严重危及水闸结构安全，成为水闸防洪的安全隐患，造成生产的重大安全事故和巨大经济损失及不良社会影响。

混凝土结构中钢筋锈蚀状态检测主要有剔凿检测方法、电化学测定方法和综合分析判定方法。

（一）**常用方法介绍**

剔凿检测法是剔凿出钢筋测定钢筋剩余直径的一种直接方法，但由于对结构造成一定损伤，不宜大面积使用。

电化学测定法一般是采用极化电极原理的检测方法，测定钢筋锈蚀电流和测定混凝土的电阻率；也可采用半电池原理的检测方法，测定钢筋锈蚀的自然电位。

综合分析判定方法是根据检测到的参数综合判定钢筋的锈蚀状况，参数一般包括裂缝宽度、混凝土保护层厚度、混凝土强度、混凝土碳化深度、混凝土中有害物质含量以及混凝土含水率等。

水闸现场检测中多采用电化学测定方法和综合判定方法，同时宜配合剔凿检测方法局部验证。

以下主要介绍电化学测定方法的测区及测点布置、操作方法和注意事项、测试结果分析等内容。

（二）电化学测定方法检测钢筋锈蚀状况

1. 测区及测点布置要求

（1）应根据构件的环境差异及外观检查结果确定测区,测区应能代表不同环境条件和不同的锈蚀外观表征,每种条件的测区数量不宜少于 3 个。

（2）在测区上布置测试网格,网格节点为测点,网格间距应根据构件尺寸和仪器功能,采用 200 mm × 200 mm、300 mm × 300 mm 或 200 mm × 100 mm 等布置。

（3）根据构件尺寸和仪器功能而定。测区中的测点数不宜少于 20 个,测点与构件边缘距离应大于 50 mm。

（4）测区应统一编号,注明位置并描述其外观情况。

2. 测试结果的表达

（1）按一定的比例绘出测区平面图,标出相应到点位置的钢筋锈蚀电位,得到数据阵列。

（2）绘出电位等值线图,通过数值相等各点或内插各等值点绘出等值线,等值线差值宜为 100 mV。

3. 测试结果的判定

1）根据腐蚀电位等值线图,定性判别腐蚀情况

（1）$-350 \sim -500$ mV 时,有锈蚀活动性,发生锈蚀概率 95%。

（2）$-200 \sim -350$ mV 时,有锈蚀活动性,发生锈蚀概率 50%,可能有坑蚀。

（3）-200 mV 及以上时,无锈蚀活动性或锈蚀活动性不确定,锈蚀概率 5%。

2）根据锈蚀电流估计钢筋锈蚀速率

（1）<0.2 A/cm^2 为钝化态。

（2）$0.2 \sim 0.5$ A/cm^2 为低锈蚀速率。

（3）$0.5 \sim 1.0$ A/cm^2 为中等锈蚀速率。

（4）$1.0 \sim 10$ A/cm^2 为高锈蚀速率。

（5）>10 A/cm^2 为极高锈蚀速率。

3）利用混凝土电阻率定性分析钢筋锈蚀情况

（1）当电阻率 >100 kΩ·cm 时,钢筋不会锈蚀。

（2）当电阻率在 $50 \sim 100$ kΩ·cm 时,低腐蚀速率。

（3）当电阻率在 $10 \sim 50$ kΩ·cm 时,钢筋活化时出现中高锈蚀速率。

（4）当电阻率在 <10 kΩ·cm 时,电阻率不是腐蚀的控制因素。

4. 检测注意事项

（1）电极铜棒应清洁、无明显缺陷。

（2）测点处混凝土表面应清洁、湿润,无涂料、浮浆、污物或尘土等,测点处混凝土应湿润。

（3）保证仪器连接点钢筋与测点钢筋连通。

（4）测点读数应稳定，电位读数变动不超过 2 mV，同一测点同一参考电极重复读数差异不得超过 10 mV，同一测点不同参考电极重复读数差异不得超过 20 mV。

（5）应避免各种电磁场干扰。

（6）应注意环境温度对测试结果的影响，必要时应予修正。

六、金属结构焊缝检测技术

焊缝质量检测分为外观质量检测和内部质量检测。外观质量检测可初步确定焊缝施工质量情况，内部质量检测可对金属结构焊缝质量进行较精确的测量。此项检测用以说明金属结构工程施工时的焊接质量及经过多年使用后质量的保持情况。

（一）外观质量检测

1. 外观检查

清除金属结构焊缝上的污垢，用不小于 10 倍的放大镜检查焊缝质量，观察并记录焊缝的咬边、飞溅情况以及弧坑、焊瘤、表面气孔、夹渣和裂纹情况等。

2. 尺寸检查

用焊缝检验尺测量焊缝尺寸，并记录测量结果。

（二）内部质量检测

焊缝内部缺陷可采用射线或超声波进行探伤检测，对于受力复杂、易产生疲劳裂纹的零部件，应首先采用渗透或磁粉探伤方法进行表面裂纹检查；发现裂纹后，应用射线探伤法或超声波探伤法，确定裂纹走向、长度和深度。

1. 抽检数量

焊缝内部缺陷探伤长度占焊缝全长的百分比应符合《水工钢闸门和启闭机安全检测技术规程》（SL 101—2014）、《钢结构检测评定及加固技术规程》（YB 9257—96）、《压力钢管安全检测技术规程》（DL/T 709—99）的规定，具体抽测比例为：

（1）一类焊缝，超声波探伤应不少于 20%，射线探伤应不少于 10%。

（2）二类焊缝，超声波探伤应不少于 10%，射线探伤应不少于 5%。

（3）使用年限较短的金属结构，抽样比例可以酌减。

（4）发现裂纹时，应根据具体情况在裂纹延伸方向增加探伤长度，直至焊缝全长。

2. 超声波探伤

超声波探伤是利用超声波透入金属材料的深处，并由一截面进入另一截面时，在界面边缘发生反射的特点来检查材料缺陷的一种方法。

超声波探伤具有灵敏度高、操作方便、快速、经济、易于实现自动化探伤等优点，得到广泛运用。当对缺陷的性质不易准确判断时，须结合其他探伤方法进行验证。

金属超声波探伤仪的技术要求及检测方法应符合《钢焊缝手工超声波探伤方法和探伤结果的分级》（GB/T 11345—2013）规定。

超声波探伤法有脉冲反射法、穿透法和谐振法三种，用得最多的是脉冲反射法。而脉冲反射法在实际运用中主要有接触法和斜探头法。

1) 接触法

接触法探伤如图 4-5 所示。接触法是将探头与构件通过耦合剂接触,探头在构件表面移动时利用探头发出的超声脉冲在构件中传播,一部分遇到缺陷被反射回来,一部分抵达构件底面,经底面反射后回到探头。缺陷的反射波先到达,底面的反射波(底波)后到达。探头接收到的超声脉冲变换成高频电压,通过接收器进入示波器。

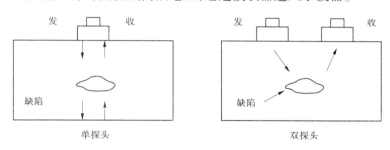

图 4-5　接触法探伤示意图

探头可以用一个或二个,单探头同时起发射和接收超声波的作用,双探头则分别承担发射、接收超声波的作用。双探头法要优于单探头法。

2) 斜探头法

使超声波以一定入射角进入构件,根据折射定律产生波形变换,选择适当的入射角和第一介质材料,可以使构件中只有横波传播。利用改变探头入射角也可以产生表面波和板波。

超声波探伤检验焊缝质量,一般按缺陷反射当量(或反射波高在预定的区域范围)和缺陷的指示长度来评定。因此,应在指定的试块上用规定的探伤灵敏度预先制作距离与波幅曲线,该曲线由测长线、定量线和判废线组成。

3. 射线探伤法

射线探伤法是检测焊缝内部缺陷的一种比较准确和可靠的方法,可以显示出缺陷的平面位置、形状和大小。射线探伤法主要分 X 射线探伤法和 γ 射线探伤法两种,它们在不同程度上都能透过不透明物体,与照相胶片发生作用。当射线通过被检查的材料时,由于材料内的缺陷对射线的衰减和吸收能力不同,因此通过材料后的射线强度也不一样,作用在胶片上的感光程度也不一样,将感光的胶片冲洗后,用来判断和鉴定材料内部的质量。X 射线探伤法用于厚度不大于 30 mm 的焊缝,γ 射线探伤法用于厚度大于 30 mm 的焊缝。进行透照的焊缝表面要先进行平整度检查,要求表面状况以不妨碍底片缺陷的辨认为原则,否则应事先予以整修。

射线探伤法的实施应符合《钢熔化焊对接接头射线照相和质量分级》(GB 3323—2005)的规定。

(三)检测方法的选择

根据不同类型的焊接结构形式和材料,选用不同的检验方法。焊接缺陷检验的常用方法列于表 4-6;各检测方法的特点和适用性列于表 4-7、表 4-8。

表 4-6　焊接质量检验方法汇总

检验方法		目的	手段
非破坏性	外观检验	检查焊缝的咬边、外部气孔、弧坑、焊瘤、焊穿以及焊缝外部形状尺寸的变化	肉眼观察,也可利用 5～20 倍放大镜、焊缝检验尺
	声响检验	检查焊缝内较大尺寸的缺陷	用小锤敲击构件,谐振法检验
	致密性检验	检查焊缝的致密性,确定泄漏位置	各种液(气)压试验
	无损探伤	检查焊缝、焊接接头内部或表面各种类型缺陷的位置、数量、尺寸和性质,如裂纹气孔、夹杂、未焊、未熔合等,也可进行应力应变和残余应力等的测定	射线检验、超声波检验、电磁检验、渗透检验、应变测量等
破坏性	性能试验	测定强度值,用以评定各种焊接材料、母材、焊接接头的力学性能	拉伸、冲击、抗剪、扭转、弯曲、硬度、疲劳等
	腐蚀试验	确定焊缝在不同条件下的腐蚀倾向和耐腐蚀性能	应力腐蚀试验、晶间腐蚀试验
	化学成分分析	检查焊接材料、焊缝金属的化学组成成分	化学分析、光谱分析、X 射线荧光分析、质谱分析和电子探针微区分析等
	金相组织分析	了解焊接接头各部位的金相组织,包括相成分、相结构、夹杂、氢白点、晶粒度及断口形貌等	光学和电镜分析、相分析、断口分析、X 射线结构分析等

表 4-7　焊接缺陷的试验和检测方法汇总

缺陷种类		试验、检测方法
尺寸上的缺陷	变形、错边	目视检查,辅以适配量具量规测定
	焊缝金属大小不当	目视检查,用焊缝金属专用量规测量
	焊缝金属形状不当	目视检查,用焊缝金属专用量规测量
组织结构上的缺陷	气孔	射线探伤、宏观组织分析、断口观察、显微镜检查、超声波探伤
	非金属夹杂、夹渣	
	未熔合或熔合不良	
	未熔透	
	咬边	目视检查、弯曲试验、X 射线透照
	裂纹	目视检查、射线检验、超声波检验、磁粉和涡流检验、宏观和微观金相分析、弯曲试验等
	各种表面缺陷	目视检查、磁粉检验及其他方法
	金相组织(宏观和微观)异常	光学金相和电子显微镜分析、宏观分析、断口分析、X 射线结构分析

缺陷种类		试验、检测方法
性能上的缺陷	抗拉强度不足	焊缝金属和接头拉伸试验、角焊缝韧性试验、母材拉伸试验、断口和金相分析
	屈服强度不足	焊缝金属、接头和母材拉伸试验,断口和金相分析
	塑性不良	焊缝金属拉伸试验、自由弯曲试验、靠模弯曲试验、母材拉伸试验
	硬度不合格、疲劳性能低、冲击破坏	相应地进行硬度、疲劳和不同温度的冲击试验
	化学成分不适当	化学成分分析
	耐腐蚀性不良	相应的腐蚀试验、残余应力测定、金相分析

表 4-8　焊接质量检验的无损探伤方法的特点汇总

探伤方法	工作条件	主要优缺点	适用范围
射线探伤（RT）	便于安装探伤机,需有适当的操作空间,在射线源和被检结构间无遮胶片能有效地紧贴被检部位,无其他射线干扰	可得到直观性强的缺陷平面影像,无须和构件接触,对构件表面状态要求不高,适用各种不同性质的材料。探测厚度受射线能量的限制,费用高,设备较复杂,难以发现与射线方向垂直的发裂一类缺陷。射线对人体有害。探伤结果可以长期保存	用于发现各种材料和构件中的夹杂、气孔、缩孔等体积型缺陷,以及与射线方向一致的裂纹、未焊透等线性缺陷。缺陷可用照相法、荧光屏显示法、电视观察法、电离记录法来记录或观察
超声波探伤（UT）	构件形状简单规则,有较光滑的可探测面,探头扫查需要足够的距离和空间,双层或多层结构需逐层检验,较厚的构件可能需要双面探伤	适用范围广,对裂纹类缺陷的探伤灵敏度高,检验迅速灵活,可自动化,能正确判断缺陷位置,成本低。测得的缺陷大小往往是相对值(当量),估计缺陷性质比较困难,探伤结果的准确性往往取决于检测人员的素质,缺陷显示直观性较差,薄壁(<8 mm)焊接结构的超声波探伤困难	可检查构件焊接接头中夹杂、裂纹、白点、气孔、未焊透;构件本身的分层、夹杂和裂纹等

探伤方法	工作条件	主要优缺点	适用范围
磁粉探伤（MT）	工件表面光洁、无锈无油污，能实施磁化操作，探测面外露并便于观察，构件形状规则	操作简便迅速，灵敏度高，缺陷观察直观。对非铁磁性材料无能为力，对探测面要求高，难于确定缺陷的深度和埋藏深度位置，可检查深度有限	只用于探测铁磁性材料，可发现构件表面或表层内的缺陷，如气孔、夹杂、裂纹等
渗透探伤（PT）	探测面需外露，可以目视观察，表面光洁度要求高，需有足够的操作空间和场地	不受构件材料种类的限制，操作简单，设备简单，缺陷观察直观，发现表面裂纹能力强。探伤剂易燃，污染环境，不能确定缺陷的深度。着色探伤在现场操作不需要能源	各种非多孔性材料表面开口缺陷（如裂纹）和穿透性缺陷等

七、探地雷达法

（一）基本原理

探地雷达技术,是基于探测目标体与周围介质间存在的介电性差异为基础,利用发射天线向被检测介质发射高频脉冲电磁波,接收天线接收由被检测介质内不同介电性界面反射回的电磁反射波和直达波,利用介质内电磁波传播路径,电磁场强度和波形随所通过介质的电磁性质及几何形态而变化的原理,通过研究反射波相对直达波的往返旅时、振幅、频率和相位特征,达到确定被检测介质内隐蔽体的一种探测方法。探地雷达检测方法具有探测效率高,对场地和目标体无损,有较高的分辨率和抗干扰能力。探地雷达工作原理如图 4-6 所示。

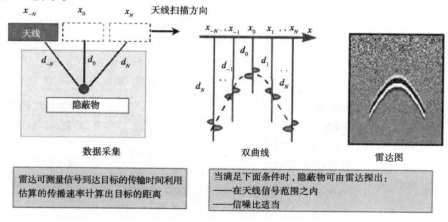

图 4-6 探地雷达工作原理

根据电磁场理论,电磁波在传播过程中遇到不同介电性介质,在其界面处将发生反射和折射现象,从而改变电磁波的传播方向,通过沿剖面同步移动发射天线和接收天线,便可获得由反射记录组成的雷达剖面,其同相轴分布与不同介电性目标体形态有直观的对应关系。

利用探地雷达所接收到的反射波的双程走时 t 值,若已知电磁波在介质的传播速度(v)和收发天线间的间距,由下式可计算出反射界面的深度:

$$z = \sqrt{\left(\frac{vt}{2}\right)^2 - \left(\frac{x}{2}\right)^2} \tag{4-5}$$

式中:波速 $v = \dfrac{c}{\sqrt{\varepsilon_r}}$ (m/s),其中,$c = 0.3$ m/ns(真空光速),ε_r 为介质的相对介电常数。

(二)适用范围

探地雷达法适用于混凝土质量检测、防渗墙质量检测、地下水探测。

混凝土脱空判别:脱空层的存在,使界面反射系数增加数倍以上。因此,当脱空层存在时,来自混凝土界面的反射波强度大大增加,电磁波在混凝土内脱空部位与在混凝土内的传播形成鲜明对比,从而达到识别脱空存在的目的。

混凝土不密实判别:混凝土内部若存在局部密实不均,必然会导致介电常数的不同,电磁波在此发生反射,探地雷达接收天线可接收到相应的异常雷达剖面图像,密实不均体界面处引起的异常幅度一般较大,不均匀体边界处有连续的反射波同相轴中断或弯曲分布,其内波长变长,波幅明显变化,波组特征也发生明显变化。

钢筋网判别:探地雷达进行连续探测过程中,当电磁波传播到钢筋网界面时,钢筋网对电磁波具有屏蔽性,电磁波在钢筋界面发生全发射,波幅异常增强,在探地雷达剖面图像上显示振幅异常强点。

(三)要求

(1)探测目的体与周边介质之间应存在明显介电常数差异,电性稳定,电磁波反射信号明显。

(2)探测目的体与埋深相比应具有一定规模,埋深不宜过深;探测目的体在探测天线偶极子轴线方向上的厚度应大于所用电磁波在周边介质中有效波长的1/4,在探测天线偶极子排列方向的长度应大于所用电磁波在周边介质中第一菲涅尔带直径的1/4;当要区分两个相邻的水平探测目的体时,其最小水平距离应大于第一菲涅尔带直径。

(3)测线上天线经过的表面应相对平缓,无障碍,且天线易于移动。

(4)不能探测极高电导屏蔽层下的目的体或目的层。

(5)测区内不应有大范围的金属构件或无线电发射频源等较强的电磁波干扰。

(6)单孔或跨孔探测时,钻孔应无金属套管。

(7)跨孔(洞)探测时,目的体应位于两孔(洞)间;两孔(洞)宜共面,间距应不大于雷达信号的有效穿透距离。

(四)设备

SIR-3000 型探地雷达系统。

（五）关键技术

1. 实测参数选择与工作过程

为准确获取可靠的混凝土检测数据,检查采用 900 MHz 收－发组合一体式天线。仪器参数设置如下:采样点数 512 samp/scan,采样数为 16 位,扫描速度 64 scan/sec,水平扫描速度 10 scans/m,时窗 15 ns 或 20 ns,垂向高通滤波器:225 MHz,垂向低通滤波器:2 500 MHz,发射率:100 kHz,手动增益。现场测量方式采用天线沿设计测线贴面连续测量,天线移动速率大致为 0.2 m/s。为消除天线检测速度不均对测量位置的影响,天线沿剖面每隔 0.4 m 按动标记开关,以便准确控制剖面位置。所有观测数据均通过模数转换后,以数据文件的形式存放于主机。现场检测工作如图 4-7 所示。

图 4-7　现场检测工作

2. 数据处理与解释

雷达数据处理是采用 GSSI 公司提供的在 Windows 界面下运行的 WinRAD 专用雷达数据处理软件,界面方便易用,直观明了。常规处理流程如下:原始数据→传输到计算机→原始数据编辑→水平均衡→零漂校正→反褶积或带通滤波(消除背景干扰信号)→频率、振幅分析,偏移绕射处理→增益处理→标定剖面坐标桩号→编辑、输出探地雷达检测图像剖面图。在数据处理过程中,针对原始数据的采集质量的好坏,根据需要合适地选择数据处理步骤。

八、声波 CT 法

（一）基本原理

声波 CT 是利用声波穿透工程介质,通过声波在工程介质内部的走时大小和能量衰减的快慢程度,对工程结构物进行成像。声波在穿透工程介质时,其速度快慢与介质的弹性模量、剪切模量、密度有关。密度大、模量大及强度高的介质波速高、衰减慢;破碎、疏松介质的波速低、衰减快;波速可作为混凝土强度和缺陷评价的定量指标。声波 CT 特别适用于研究工程介质力学强度的分布,在工程检测中常被用来探查混凝土强度、空洞、不密实区等结构缺陷。声波 CT 具有分辨率高、可靠性好、图像直观的特点,已被越来越广泛地应用于工程结构检测和工程病害诊断中。

根据混凝土结构的空间位置分布,常见的测线布置方式有三种,如图 4-8 所示。矩形区域内,白色点为接收点,黑色点为激发点。方式 a:一边接收,对边激发;方式 b:一边接收,另外两边激发;方式c:一边接收,另外三边激发。理论及实践都证明,三边激发、一边接收(见图4-8(c))所得反演效果最好,射线密度和正交性达到要求。所以,此次测试过程中测线采用该方式布置。根据混凝土结构空间位置,采用合适的测线布置方法。一般检测激发点间距和接收点间距都是30 cm,间距还可适当减小。

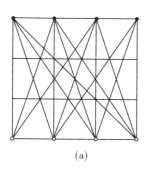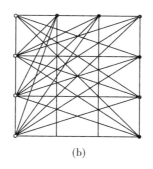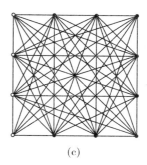

(a) (b) (c)

图4-8 声波 CT 测线布置

(二)适用范围

声波 CT 法适用于灌浆效果检测、混凝土质量检测。

(三)要求

(1)被探测目的体与周边介质之间存在弹性波速度差异。

(2)声波反射宜使用具有波列显示功能的浮点放大仪器,震源能量可控、一致性好,接收探头频率特性好、阻尼适中。

(3)孔(洞)间距应根据探测任务要求、物性条件、仪器设备性能和探测方法的特点合理布置,声波 CT 宜小于 30 m。

(4)点距应根据探测精度和探测方法要求选择,声波 CT 不宜大于 1 m。

(5)观测宜以定点扇形扫描方式为主,水平同步和斜同步观测为辅。定点扫描观测的最大角度以不产生明显剖面外绕射为原则。

(6)声波 CT 的钻孔应进行声波测井和井斜测量。

(7)在钻孔中进行声波 CT 宜选择孔壁相对完整的孔作为接收孔,当孔壁条件较差时宜下塑料套管。

(8)当激发与接收距离较远时,应选用高能量激发装置或具有前置放大功能的接收探头或高灵敏度检波器接收。

九、冲击回波法

(一)基本原理

冲击回波法是利用一个短时的机械冲击(用一个小钢球或小锤轻敲混凝土表面)产生低频的应力波,纵波传播到结构内部,被缺陷和构件底面反射回来,这些反射波被安装在冲击点附近的传感器接收下来,并被送到一个内置高速数据采集及信号处理的便携式仪器。将所记录的时域信号经傅里叶变换后进行频谱分析,频谱图中的明显峰正是由于混凝土结构表面、缺陷的反射所致,如图4-9所示。它之所以能被识别出来并被用来确定结构混凝土的厚度和缺陷位置,原因在于纵波在缺陷表面的反射将在振幅谱的高频部分产生一个显著的振幅峰值或一系列显著的振幅峰值(如混凝土结构中存在蜂窝情况)。

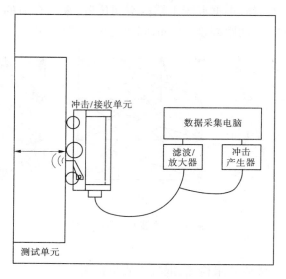

图 4-9　扫描式冲击回波原理

(二)适用范围

冲击回波法适用于灌浆效果检测、锚杆锚固质量检测、钢衬与混凝土接触状况检测。

(三)要求

(1)宜在目的体与周边介质有明显的波阻抗面,并在目的体内能产生多次回波信号的表面进行。

(2)应使用频带宽、采样率高、采样长度大、具有频谱分析功能的仪器。

(3)应选择合适的测网和工作比例尺,确保能发现测试任务要求的最小异常,并在成果图上能清楚地反映出探测目的体的位置和形态为原则。

(4)应在已知地段进行试验,选择合适的偏移距、激发能量和仪器参数等。

(5)应采用平面声波探头进行等偏移测试,声波接收探头应具有高灵敏度、中等阻尼的性能。

(6)声波反射可选用超磁致伸缩、回弹锤等窄脉冲的外触发震源,脉冲回波宜根据测试要求选用不同频率的回弹球。

(7)安置探头表面应平整,宜用耦合剂耦合。

(四)设备

IES – Scanner 冲击回波系统。

(五)冲击回波信号分析方法

1. 时域分析

从所记录的回波信号中判定出缺陷或结构底面的反射波的走时 $t_R = 1/F_T$,根据应力波在混凝土中的传播速度 v_P ,即可由以下公式计算出混凝土的厚度或缺陷的深度:

$$T = \alpha_s(v_P t_R)/2 \tag{4-6}$$

式中：T 为混凝土的厚度或缺陷的深度；α_s 为与构件截面几何形状有关的系数；v_p 为 P 波在混凝土中的传播速度；t_R 为反射波的走时。

2. 频域分析

将所记录的数据信号通过快速傅里叶变换（FFT）转换到频域中进行分析，获得其振幅谱。用来确定结构混凝土的厚度和缺陷深度的计算公式如下：

$$T = \alpha_s v_\mathrm{p} / (2f) \tag{4-7}$$

式中：f 为应力波的共振频率。

3. 参数设置

测试前首先设置波速（P 波波速）、采样频率等测试参数。试验所用仪器是美国 OLSON 公司生产的冲击回波 IES 测试系统，仪器具有自动获得纵波速度的功能，并且通过选择 A、B、C、D 不同挡位实现不同的冲击力和时间，在本试验中由于构件尺寸较小，采用 A 挡冲击。

检测的波速采用对已知厚度的腹板和密实部位的混凝土进行冲击回波测试获得，试验测得应力波波速 v_p = 5 000 ~ 5 200 m/s，采样频率设置为 60 kHz，采样点数 512 samp/scan，能够拾取表征构件回波特征的信息。

4. 数据处理

对于厚度一致、密实的混凝土，测试线是一条直线，且每点的频谱图非常清晰，只有一个峰值；对于厚度出现变化，部分区域存在缺陷的混凝土，厚度测试结果变化，有缺陷部分测点的频谱图不规则，或出现多个峰值。

冲击回波方法只需一个测试面且不需耦合剂，使用比超声波更低频的声波（IE 频率范围通常在 2 ~ 20 kHz），这使得冲击回波方法避免了超声波测试中遇到的高信号衰减（high signal attenuation）和过多杂波干扰问题，冲击回波方法最深可测 180 cm 的结构。标定后每个测点直接得出缺陷位置、深度信息。

十、地震波 CT

（一）基本原理

地震波 CT 是工程物探的一种新的勘探方法，也称地震波层析成像方法。它的工作原理是用地震波射线穿透地质体，通过对地震波走时和波动能量变化的观测，经过计算机处理反演，重现地质体内部的结构图像。

地震波层析成像（CT）就是用地震波数据来反演地下介质的物质属性，并逐层剖析绘制其图像的技术，从而达到确定大地内部的精细结构。地震波 CT 成像物理量包括波速、能量衰减、泊松比等各种类型，成像方法可以利用直达波、反射波、折射波、面波等各种组合，可利用钻孔、探洞、隧道、边坡、山体、地面等各种观测条件，进行二维、三维成像。

近年来，随着计算机技术和现代工程地球物理观测技术的发展，地震波 CT 方法研究不断地深入并被广泛应用于工程勘探的线路、场地、隧道、边坡等领域的工程地质勘查和病害整治中，解决了很多复杂的地质问题。

（二）适用范围

地震波 CT 适用于灌浆效果检测、混凝土质量检测、防渗墙质量检测。

（三）要求

（1）被探测目的体与周边介质之间存在弹性波速度差异。

（2）成像区域周边至少两侧应具备钻孔、平洞及临空面等探测条件，被探测目的体宜相对位于扫描剖面中间，其规模大小与成像单元具有可比性。

（3）地震波 CT 的钻孔应进行声波测井和井斜测量，地震波 CT 的平洞应进行地震波或声波速度测试。

（4）在钻孔中进行地震波 CT 宜选择孔壁相对完整的孔作为接收孔，当孔壁条件较差时宜下塑料套管。

（5）当采用爆炸震源进行孔间地震波 CT 时，激发孔应下金属套管护壁，自下而上边提升套管边在管脚下放炮，防止孔壁坍塌。

（四）设备

地震波 CT 层析成像系统。

十一、钻孔电视

（一）基本原理

钻孔电视主要由地面部分和井下部分组成。地面部分包括控制器、电脑、三脚架、绞车、滑轮和深度计数器；地下部分包括摄像探头和电缆，摄像探头由 CCD 摄像机、LED 灯、玻璃罩和锥形镜组成。

钻孔孔壁经 LED 光源照亮，CCD 摄像机摄取由锥形镜反射的孔壁图像，图像信息经电缆传送至控制器和电脑，整个采集过程由图像采集控制软件系统完成，此系统把采集的图像展开和合并，记录在电脑上。

安装在探头内的数字罗盘用来标定图像的方位，一般把测试地点的磁北经磁偏角校正后的真北设为 0°，顺时针方向角度增加。图像处理软件可以以二种方式显示，一种是数字岩芯图，拖动滑动条岩芯可以旋转；另一种是 360°展开图。

对钻孔孔壁的信息采集后，形成两种孔壁图像资料。一种是称为数字岩芯的图像，它是对孔壁图像进行数字合成，使它看起来类似于岩芯。岩芯可以自由旋转，这样就可以在任意角度来观察岩芯；另一种是 360°展开图，相当于把孔壁的图像剖开并摊开。所有的解释都基于对这两种图像的观察及计算。

钻孔电视资料的解释主要是对裂隙或不连续面的解释，包括裂隙的埋深、倾向、倾角、宽度、裂隙面的粗糙度、充填物等性质。解释工作主要依据国际岩石力学协会有关对岩石不连续面定量描述的一些建议标准。

解释结果按每 2 m 形成一幅图像，对裂隙依次编号，裂隙的特性列成表，图像和解释结果一目了然。

对倾向和倾角还要做成裂隙等值线图和裂隙玫瑰图，从这两种图上可以很清楚地看出一个孔或一个区域的裂隙的分布情况。

（二）适用范围

钻孔电视适用于灌浆效果检测、混凝土质量检测、防渗墙质量检测。

钻孔电视适用于工程地质、水文地质、地质找矿、岩土工程、矿山等部门；适用于垂直孔、水平孔和倾斜孔(俯角、仰角)、锚索(杆)孔、地质钻孔和混凝土钻孔等各类钻孔,可形成数字化钻孔岩芯,永久保存,特别适合于无法取得实际岩芯的破碎带地层,具体分类如下:

(1)用于工程水文地质:观测钻孔中地质体的各种特征及细微构造,如地层岩性、岩石结构、断层、裂隙、夹层、岩溶等,编录地质柱状图。

(2)用于矿产地质:观测矿体矿脉厚度、倾向和倾角,钻孔自身的倾向和倾角。

(3)用于煤矿等矿山:观测和定量分析煤层等矿体走向、厚度、倾向、倾角,层内夹矸及与顶板岩层的离层裂缝程度等。

(4)用于混凝土:观察混凝土内空洞、裂隙、离析等缺陷的位置及程度。

(5)用于管桩:观测桩内的各种异常和缺陷,定量分析接头质量及破碎、断裂、裂隙的长度、宽度及走向等。

(6)用于地下管道:观察管道内容物,定量分析管道裂隙及破碎、断裂位置、长度、宽度及走向等。

(7)用于水井维修:检测井壁的裂隙、错位、井下落物、滤水管孔堵塞及流砂位置等情况。

(8)用于孔斜测试:用于测试钻孔、管桩等被测对象的倾斜度。

(三)要求

(1)钻孔电视观察应在无套管的干孔或清水钻孔中进行。

(2)钻孔电视观察宜在电缆下放时做正式测量记录。

(3)钻孔电视观察应对主要地质异常进行追踪观察,图像应清晰可辨。

(4)钻孔电视观察应对钻孔的地质现象做出描述,并计算出裂隙、断层、软弱夹层等的倾角、倾向及其厚度。在顶角大于5°的斜孔中计算产状时,还应利用井径、井斜测量资料进行斜度校正。

(5)钻孔电视观察应提交编辑后的图像和典型地质现象的图片。

(四)设备

DPBCS－CU201钻孔电视。

(五)关键技术

数字钻孔电视的图像清晰度高,图像颜色还原度逼真,深度和产状(倾向与倾角)信息精确。图像的分辨率达到5 000 pix/360°,深度的分辨率0.01 mm,方位±0.01°(实际测量时由于孔径的变化误差在±5°),时间定时器(协调整个系统工作的系统)达到1 μs。

在研发过程中主要技术问题有:采集图像的拼接效果、图像的质量深度与方位的信息是否准确一致。主要从仪器的3个方面即电子部分、光学部分和摄像头部分进行研究并逐一解决。

1.电子部分

电子部分即是时间定时器,它的作用是解决深度、方位和图像3个独立系统的统一,它是协调整个系统一致的关键,所以第一步需要解决时间定时器问题。假如测孔在时间T位置,这时图像和方位还有深度肯定也是T位置的信息,但是这些数据需要处理和传输,这就导致了它们到达"合成图像系统"的延时,并且它们的延时肯定是不相同的。如果直接合成图像肯定是不对的,这时需要图像拼接更好、采集速度更快,解决的方法是使它们到达"合成图像系统"的时间完全一致,即全部延时 $T+x$ 的时间。那么就需要一个可以接受的误差时间,以前的钻孔电视系统采用的误差时间基本为毫秒级的计时,而现在采用了微秒级的计时。假如图像延时了 0.3 s,而深度和方位信息分别延时了 0.2 s 和 0.1 s,若直接合成的图像就不正确了。需要将深度和方位延时都等到 0.3 s 才到达"合成图像系统",准确地说是 300 000 ± 1 μs 到达(见图4-10)。

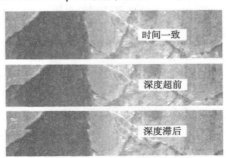

图4-10　深度滞后或超前与时间一致的观测对比

2. 光学部分

光学部分是指有了数据的统一还不行,数据统一只能说明图像的数据是正确的,是可以使用的,我们还需要图像质量,要解决图像质量首先要解决的是光照。

(1)在水下,如果采用热光源,水遇热很容易起雾,从而造成图像瑕疵,并且热光源对于电的要求比较高,能耗和电压都比较大,这样对整个系统的要求较高,故障也会较多。因此,我们首选冷光源。

(2)冷光源 LED 的亮度一般都比较小,那么要达到足够的亮度,就需要多个 LED 组合,而 LED 组合是有空隙的,这样就可能造成孔壁各个点位置的光线有亮有暗,对成像效果有明显影响。经过长期的试验发现,LED 距离孔壁的位置越远,光线越均匀。然而在钻孔直径确定的情况下,LED 到孔壁的位置也就定了,最后经过多次的试验我们采用了玻璃镀膜的方法,使 LED 灯经过一次玻璃罩内的反射后到达孔壁,这样就等于延长了光线一倍的距离,光线也就更加均匀了(见图4-11)。

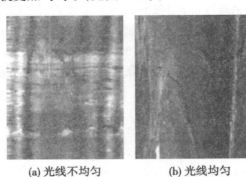

(a) 光线不均匀　　　(b) 光线均匀

图4-11　观测对比

3.摄像头部分

摄像头部分主要是体现图像的清晰度、颜色还原性和图像的采集速度。摄像头的放大倍数越高,那么图像的清晰度就越高,若现在的清晰度可以达到 5 000 pix/C(C 为圆周周长),假如孔径为 56 mm,那么图像的分辨率可以达到 0.035 mm/pix,而这样的精度对于测孔可完全满足。摄像头的颜色分辨率越好,那么图像的颜色真实性就越好,所以选择加入了人 – 机互动调色功能的高分辨率摄像头,使得颜色可以更加接近钻孔真色彩。在采集速度上,摄像头的帧数越高,那么每秒获得的图片就越多,然而帧数一般固定为 25 帧/s 和 30 帧/s 两种,我们使用了定制的 60 帧/s,使得采集效率有了明显的提升。

4.电磁场影响

在钻孔周围存在强烈的电磁场会影响系统的正常数据采集工作。尤其是在钢套管的周围采集的图像有明显变形,使得观测图像出现扭曲变形,影响图像的识别。高清钻孔电视系统研发了一套电子罗盘控制系统,成功消除了电磁场对图像扭曲的影响(见图 4-12)。

(a) 扭曲   (b) 正常

图 4-12　消除电磁异常对图像影响对比

十二、单道地震

(一)基本原理

声波在传播中遇到不同介质层界面时,其反射强度不同,单道地震探测即通过反射声波信号的强度差异获取和甄别地质结构信息。单道地震探测人工激发的声波在传播过程中遇到地层界面将产生反射,数据记录工作站接收并记录反射波的旅行时间(假设为 t)。如果已知或通过计算得到该反射界面以上地层反射波的传播速度(v),则反射界面的埋深(h)可以计算出来:$h = 1/2 \times vt$。单道地震探测系统通常由震源系统、接收系统和数据采集系统组成。

单道地震探测首先根据调查目的选择合适的震源系统。当前用于单道地震探测的震源系统主要有气枪震源、电火花震源、Boomer 震源等,三种震源系统的剖面垂直理论分辨率从高到低依次为 Boomer 震源、电火花震源、气枪震源。

在进行资料采集时,单道地震探测震源系统采用等时(T_0)或等间距(L_0)放炮,震源系统放炮的同时返回一个信号,触发数据采集系统并记录接收系统的数据。采用等时触发方式时,设置的数据记录长度应小于触发间隔T_0;采用等间距放炮方式作业时,控制行驶速度$V_0 < L_0$(数据记录长度)。

(二)适用范围

单道地震适用于钢筋混凝土防渗墙质量检测、水下覆盖层检测、岩土物理和力学参数测试。

(三)要求

(1)被追踪地层与其相邻层之间、被探测目的体与周边介质之间应存在明显的波速差异。

(2)震源应能激发所选工作方法需要的主频地震脉冲,能量可控并符合探测深度要求。

(3)各道检波器之间固有频率相差应小于10%,灵敏度相差应小于10%,相位差应小于1 ms。绝缘电阻不小于10 MΩ。井下和水下使用的检波器,应有良好的防水性能。

(4)外业工作前,应对仪器设备进行检查,并提交记录。

(5)测线布置应考虑旁侧影响和穿透现象。测线宜按直线布置,当测线通过建筑物、道路、高压电线和其他障碍时,测线可转折,但应采取相应措施,保证转折测线的资料能独立解释。

(6)观测系统应依据试验结果确定,在符合探测任务要求并保证有效波连续对比追踪的前提下,应采用简便的观测系统。

(四)设备

浅层地震仪。

(五)关键技术

单道地震中存在的主要问题是噪声严重。单道地震资料噪声分为有源噪声和环境噪声,有源噪声是由震源或次生震源形成的干扰背景,包括直达波、多次波、绕射波和气泡效应等。其中多次波是地震最主要的有源噪声之一,对地震资料的质量影响最严重。环境噪声主要是机械振动以及动力干扰等引起的,其随机产生,分布较均匀,在时间剖面上呈不规则形态,构成地震记录的主要背景。各种线性或随机噪声则为环境噪声。

此外,受环境影响,地震反射同相轴产生时移而抖动,呈波浪起伏状,一些精细构造的成像畸变而难以识别,剖面的信噪比和分辨率明显降低。另外,原始单道地震剖面是按照水平层状地层模式来反射成像的,当地层倾斜时则成像位置失真。由于震源子波以及噪声的影响,单道地震资料的分辨率也受到影响而有所下降。针对上述问题,资料处理的关键是信噪分离,压制噪声,提高资料信噪比,使得剖面能够清楚地反映目标地层特征。具体处理目标如下:①压制多次波,恢复被覆盖地层的成像;②通过涌浪静校正消除同相轴抖动现象,改善微幅构造的成像质量;③压制气泡效应,提高浅层资料的信噪比;④压制随机噪声,提高资料的整体信噪比;⑤通过反褶积、静校正等处理方法,提高资料分辨率;⑥进行偏移处理,恢复倾斜地层的成像到真实的位置。

十三、高密度电法

（一）基本原理

高密度电法是采空区、岩溶、断裂构造调查中的有效方法之一，高密度电法兼具剖面法与电测深法的效果，并具有点距小、数据采集密度大、能直接反映基岩起伏状态等优点。高密度电法测量的二维地电断面能较直观地反映基岩界线和基岩构造，能够了解与围岩存在电性差异的断裂构造的发育情况，圈定采空区的范围。

高密度电法的基本工作原理与常规电阻率法大体相同。它是以岩土体的电性差异为基础的一种电探方法，根据在施加电场作用下地层传导电流的分布规律，推断地下具有不同电阻率的地质体的赋存情况。高密度电阻率法的原理是地下介质间的导电性差异。和常规电阻率法一样，它通过 A、B 电极向地下供电流 I，然后在 M、N 极间测量电位差 ΔV，从而可求得该点（M、N 之间）的视电阻率值（见图 4-13）。根据实测的视电阻率剖面进行计算、分析，便可获得地层中的电阻率分布情况，从而可以划分地层，确定异常地层等。

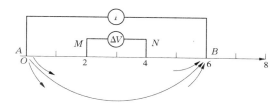

图 4-13　高密度电法工作原理示意图

高密度电法数据采集系统由主机、多路电极转换器、电极系统三部分组成（见图 4-14）。多路电极转换器通过电缆控制电极系统各电极的供电与测量状态。主机通过通信电缆、供电电缆向多路电极转换器发出工作指令，向电极供电并接收、存储测量数据。数据采集结果自动存入主机，主机通过通信软件把原始数据传输给计算机。计算机将数据转换成处理软件要求的数据格式，经相应处理模块进行畸变点剔除、地形校正等预处理后，做视电阻率等值线图。在等值线图上根据视电阻率的变化特征结合钻探、地质调查资料进行地质解释，并绘制出物探成果解释图。

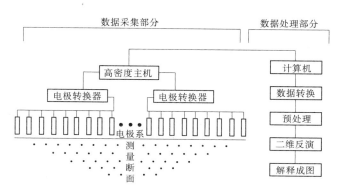

图 4-14　高密度电法系统示意图

（二）适用范围

高密度电法适用于滑坡体探测、堤坝隐患探测、防渗墙质量检测。

高密度电法技术应用领域非常广阔,涉及水利水电、公路、铁路、城市建设、环保、地矿等部门。在水利水电部门,应用高密度电法技术,进行堤、坝的隐患(管涌、脱空、塌陷等)探测,江河水位探测,地下水位探测和找水等工作;在公路部门,应用高密度电法技术,进行地质构造探测(岩溶、断层破碎带、滑坡体等)、路基检测等;在地矿部门,高密度电法技术用来进行地质勘探、矿床探测等。

（三）要求

(1)高密度电法应根据装置形式、电极排列数量、探测深度、探测精度等确定点距和测线的重叠长度。

(2)装置可选择对称四极装置、双向三极装置、三极装置、二极装置、偶极装置、微分装置、中间梯度装置等。分层探测宜选择对称四极装置、三极装置,探测局部不良地质体宜选择对称四极装置,探测非水平构造带、进行岩性分界探测宜选择双向三极装置、微分装置、三极装置、二极装置,探测浅层不均匀地质体宜选择偶极装置。

(3)基本电极距、测量极距宜等于点距。设计观测的最深层对应的供电电极距应大于要求探测深度的3倍。

(4)现场布极在测线端点处,应使探测范围处于选用装置和布极条件所确定的有效范围之内。同一排列的电极应呈直线布置。观测前应检查排列中全部电极的接地条件并确保电极的连接顺序正确。

(5)高密度电法数据处理、资料解释和图件应绘制整条测线的高密度电法的视电阻率剖面,也可经处理和反演后形成相应剖面的电阻率图像。

（四）设备

高密度电法仪。

（五）关键技术

1. 极化补偿、供电时间问题

电法勘探中,电极的极化电位成分主要有以下几种:①金属电极插入地面,金属电极表面与土壤之间的接触电位;②地面本身存在的自然电位;③在通过一定电流时,电极与土壤之间、土壤内部(特别是潮湿土壤)发生离子迁移,断电后离子继续扩散,这一系列过程产生的各种电位。而且这些电位是随时间、温度变化的,其变化范围在毫伏(mV)级以上。就这一点而言,分辨率太高的仪器发挥不了作用。

在激化极化法中,第三种电位是待测的有用信号,而在电阻率法中,该信号是干扰。第一和第二种电位相对讲是比较稳定的,而离子迁移产生的电位与电场强度、供电时间成比例。高密度电法数据采集较快,供电电极供完电后,马上又转换成测量电极,如果转换的时间较短,而极化电位下降较慢,这就给测量结果带来较大的误差,从而引起视电阻率 ρ_s 值的畸变。

为了减少因极化补偿、供电时间带来的误差,就必须注意:①极化补偿要有多种方式,一般要求硬件和软件双重补偿,必要时需要反复循环;②测量时间间隔不能太短(一般应 >3 s),这一点与工作效率矛盾。

2. 方法选取而产生的非适宜性

高密度电法广泛应用于城市建筑等工程物探中,由于受场地范围、地形起伏的局限,高密度电法多选用 AMN 和 MNB 的三极装置,如同常规电法的三极装置一样,在电性界面附近,因视电阻率 ρ_s 电流密度呈现非线性变化,造成 MN 极的电位差的阶跃,从而使视电阻率 ρ_s 出现规律性的畸变。其特征为:在电性界面两侧,曲线呈阶跃状变化,视电阻率 ρ_s 值畸变程度较强;在地质范围以外的各极距,视电阻率 ρ_s 畸变不明显。

对于三极装置,在方法上可按照联合剖面的工作方法进行,即把测得的值做对称四极装置化处理。

3. 其他电性干扰

高压输电线以及埋设的各种通信线缆、电缆等为主要的干扰源,它们以电磁感应方式干扰测量结果,其视电阻率 ρ_s 畸变特征为:视电阻率 ρ_s 畸值主要按干扰源的频率特征周期性地变化,视电阻率 ρ_s 畸变量与测线至干扰源距离 r 的平方的倒数成正比。

实测数据通常都会不同程度地受到各种干扰因素的影响。因此,在进行数据预处理后,应进行五点或七点等圆滑方法,然后进行反演、成像。

综上所述,受仪器本身特性的局限,采用单一方法或设备对水闸结构进行现场检测时难以准确判断隐患性质和位置。针对不同病害特点,如何综合利用现有检测技术及新的探测系统,是目前亟待解决的问题。

第五节　混凝土内部缺陷检测与分析

统计分析水闸工程缺陷类型,结合冲击回波法的特点,将空洞和不密实区作为主要缺陷类型,考虑缺陷深度、缺陷尺寸、模型外形尺寸及相邻缺陷对检测信号的影响等因素,制作了1种强度等级、4个不同尺寸的混凝土板构件模型,通过模型试验,初步得到冲击回波法测试混凝土内部缺陷的一些技术和方法。

一、模型试验

(一)模型设计

模型在设计时,主要考虑了混凝土在施工过程中出现频率较高的缺陷,如:空洞、混凝土疏松等,在模型的设计过程中考虑如下因素:

(1)模型的简化。

考虑到室内模型试验中受场地、模型制作、仪器设备操作、经费等因素的影响,做适当的简化,主要以混凝土板作为模型。

(2)模型的尺寸。

根据缺陷类型不同及冲击回波系统的特点,设计不同尺寸的模型。为保证缺陷设置的准确性,采用人工拌和的混凝土进行浇筑,采用 32.5 普通硅酸盐水泥,碎石粒径为 5 ~ 20 mm,配合比为 0.45 : 1 : 1.41 : 2.40(水:205 kg,水泥:456 kg,砂:643 kg,石子:1 096 kg)。浇筑时缺陷设置位置及模型外形尺寸偏差控制在 2 mm 以内。

(3)缺陷设计思路。

由于混凝土结构缺陷的多样性及复杂性,因此在设计模型内的缺陷时,考虑了缺陷深度、缺陷横向尺寸、模型板边界及相邻缺陷对检测信号的影响。

（二）模型试件及内部缺陷设置

根据上述模型设计思路,共浇筑模型试件 4 个,模型试件及其内部缺陷设置情况见图 4-15 ~ 图 4-18,各缺陷外形尺寸见表 4-9 ~ 表 4-12。

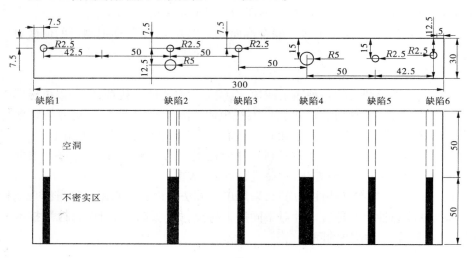

图 4-15　模型试件 1 及内部缺陷布置　（单位:cm）

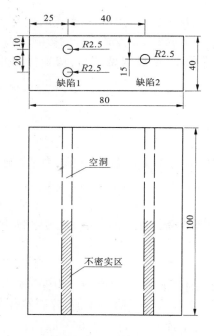

图 4-16　模型试件 2 及内部缺陷布置
（单位:cm）

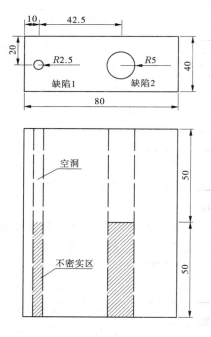

图 4-17　模型试件 3 及内部缺陷布置
（单位:cm）

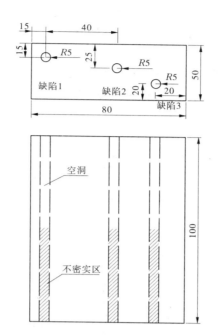

图4-18 模型试件4及内部缺陷布置 （单位：cm）

表4-9 模型试件1缺陷外形尺寸汇总

缺陷编号	缺陷直径 D（mm）	缺陷深度（mm）		D/h_1	D/h_2	说明
		h_1	h_2			
1	50	50	200	1:1	1:4	考虑边界影响
2（大）	100	125	75	1:1.25	1:0.75	考虑同一断面内
2（小）	50	50	200	1:1	1:4	大小缺陷影响
3	50	50	200	1:1	1:4	考虑浅表缺陷影响
4	100	100	100	1:1	1:1	
5	50	125	125	1:2.5	1:2.5	
6	50	100	150	1:2	1:3	考虑边界影响

表4-10 模型试件2缺陷外形尺寸汇总

缺陷编号	缺陷直径 D（mm）	缺陷深度（mm）		D/h_1	D/h_2	说明
		h_1	h_2			
1	50	75	125	1:1.5	1:2.5	考虑边界影响
2	50	125	200	1:1	1:4	

表4-11 模型试件3缺陷外形尺寸汇总

缺陷编号	缺陷直径 D（mm）	缺陷深度（mm）		D/h_1	D/h_2	说明
		h_1	h_2			
1	50	175	175	1:3.5	1:3.5	考虑边界影响
2	100	150	150	1:1.5	1:1.5	

表 4-12　模型试件 4 缺陷外形尺寸汇总

缺陷编号	缺陷直径 D （mm）	缺陷深度（mm）		D/h_1	D/h_2	说明
		h_1	h_2			
1	100	100	300	1:1	1:3	考虑边界影响
2	100	200	200	1:2	1:2	
3	100	150	250	1:1.5	1:2.5	考虑边界影响

（三）模型测试

在测试采集数据之前,为了使测试结果更具有代表性,需要做一些前期准备工作,包括测试面的处理、测线的布置、应力波波速的测定、测试数据采集。

1. 试件测试面的处理

为了使冲击回波测试的效果比较理想,在试验前需对各个模型的测试表面进行适当的处理。

（1）清除模型试件表面浮浆,使模型表面平整,确保冲击回波系统探头和混凝土表面接触良好。

（2）清除模型试件表面的软弱或松动层,使冲击单元能产生合适的应力波,满足测试要求。

2. 测线及测点布置

测线及测点布置主要考虑缺陷的走向及大小等因素,考虑到冲击回波系统的特点,结合本项目模型试件缺陷的设置情况,针对空洞和疏松层类模型试件,测线布置如下:沿缺陷部位从上至下布置 3~5 条测线,每条测线上布置一系列测点,对于每个测试点,冲击点和接收器是在一起或是很近的,测线及测点布置如图 4-19 所示,其中第 2、2′测点可左右移动,目的是查找"缺陷边界"。测点处光滑时,一般不需处理,如测点处存在凹凸不平及蜂窝、麻面,必要时可用砂轮进行打磨或涂抹耦合剂（如橡皮泥等）。

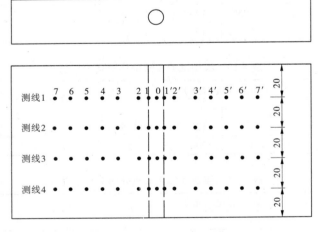

图 4-19　空洞和疏松层类模型试件测线及测点布置示意图　（单位:cm）

3. 应力波波速的测定

制作的模型板厚已知,采用间接测量法测量模型板的厚度,利用公式 $G = zf_T T/10.96$ 来求取 P 波速度。这里 f_T 为厚度频率,T 为板厚,0.96 为板的形状系数。根据每个模型板的大小,在非缺陷部位布置 5 ~ 20 个测点,求取测点波速的平均值作为模型试件的基准波速。

4. 测试数据采集

为保证采集数据的有效性,每测点数据采集时,应多次敲击,观察时域和频域的变化,当波形一致性较好时,进行数据存储。

(四)测试结果

1. 模型试件 1 测试结果

1)应力波波速测试

模型试件 1 长 3.0 m、高 1.0 m,板厚 0.3 m,布置 20 个测点进行应力波波速测试,测点布置见图 4-20,典型测点频域测试结果见图 4-21、图 4-22,各测点应力波波速计算结果见表 4-13。

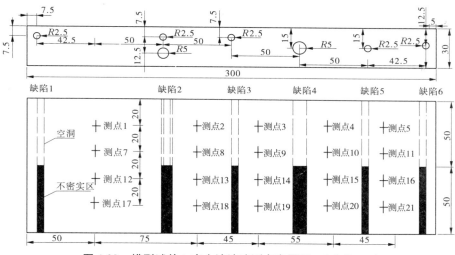

图 4-20 模型试件 1 应力波波速测点布置图 (单位:cm)

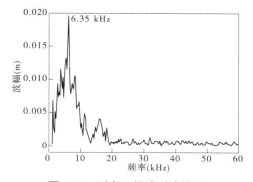

图 4-21 测点 2 频域测试结果

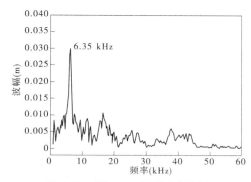

图 4-22 测点 14 频域测试结果

表 4-13　模型试件 1 各测点应力波波速汇总

测点编号	厚度主频(kHz)	模型板厚度 T(mm)	应力波波速(m/s)	平均应力波波速(m/s)
1	6.35	300	3 810	
2	6.35	300	3 810	
3	5.86	300	3 516	
4	6.35	300	3 810	
5	6.35	300	3 810	
6	6.35	300	3 810	
7	5.86	300	3 516	
8	5.86	300	3 516	
9	5.86	300	3 516	
10	5.86	300	3 516	3 707
11	6.35	300	3 810	
12	5.86	300	3 516	
13	6.35	300	3 810	
14	6.35	300	3 810	
15	6.35	300	3 810	
16	6.35	300	3 810	
17	6.35	300	3 810	
18	6.35	300	3 810	
19	5.86	300	3 516	
20	6.35	300	3 810	

2）缺陷 1 试验结果

缺陷 1 直径为 50 mm，缺陷直径与缺陷埋深之比分别为 1∶1 和 1∶4，上部为空洞、下部为不密实区，该缺陷设置位置离板边界较近，主要考虑板边界对测试信号的影响程度。距板较近一侧的测线及测点布置见图 4-23，沿缺陷自上而下布置 5 条测线，空洞缺陷范围内布置 3 条（测点 19 个），不密实区范围内布置 2 条（测点 13 个）；距板较远一侧的测线及测点布置见图 4-24，沿缺陷自上而下布置 5 条测线，空洞缺陷范围内布置 3 条（测点 15 个），不密实区范围内布置 2 条（测点 11 个）；测试时分别从板两侧进行。

从时域曲线上基本识别不出缺陷；从频域谱可以看出，模型板边界对测试信号较大，基本分辨不出缺陷的位置。空洞缺陷范围内测点典型频域测试结果见图 4-25，不密实区范围内测点典型频域测试结果见图 4-26。

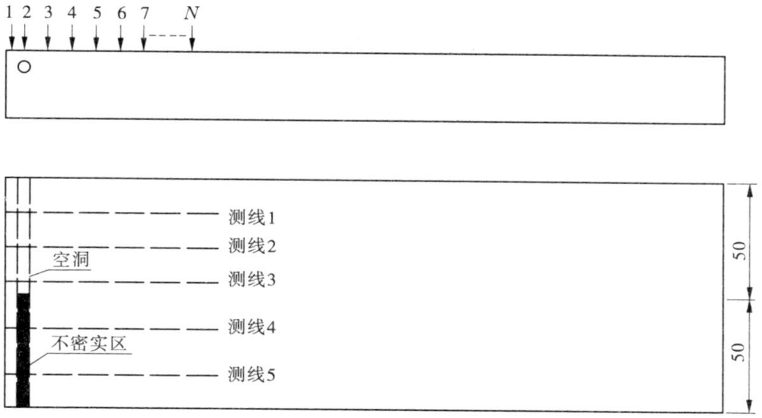

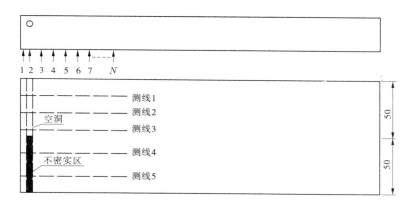

图 4-23　缺陷 1 距板较近一侧的测线及测点布置　（单位:cm）

图 4-24　缺陷 1 距板较远一侧的测线及测点布置　（单位:cm）

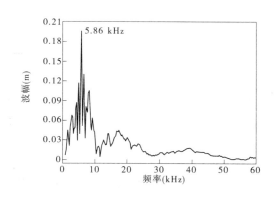

图 4-25　测线 1 测点 3 频域测试结果

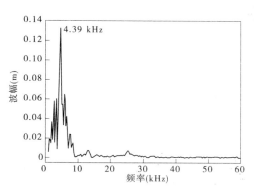

图 4-26　测线 4 测点 1 频域测试结果

3）缺陷 2 试验结果

缺陷 2 为在同一断面内设置大小 2 个缺陷,直径分别为 100 mm 和 50 mm,大缺陷直径与缺陷埋深之比分别为 1:1.25 和 1:0.75,小缺陷直径与缺陷埋深之比分别为 1:1 和

1:4,上部为空洞、下部为不密实区。小直径缺陷一侧的测线及测点布置见图 4-27(沿缺陷自上而下布置 5 条测线,空洞缺陷范围内布置 3 条(测点 40 个),不密实区范围内布置 2 条(测点 25 个));大直径缺陷一侧的测线及测点布置见图 4-28,空洞缺陷范围内布置 3 条(测点 27 个),不密实区范围内布置 2 条(测点 21 个)。

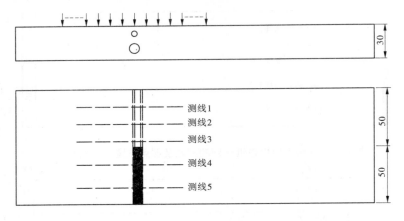

图 4-27　小直径缺陷一侧的测线及测点布置　（单位:cm)

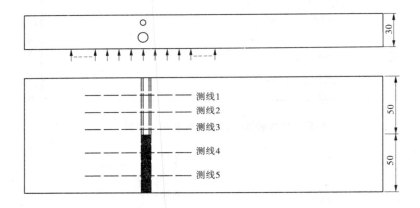

图 4-28　大直径缺陷一侧的测线及测点布置　（单位:cm)

　　从时域曲线上可以看出,缺陷处部分测点的时域曲线有明显的特征,时域曲线比较光滑,高频成分少或缺失,波峰较宽(俗称"胖波"),从小直径一侧测试时甚至存在明显的削波现象。从频域谱可以看出,当探头从"混凝土完好部位—缺陷部位—混凝土完好部位"移动过程中,厚度主频表现出"单峰—双峰—单峰(频率向低位飘移)—双峰—单峰"的规律,且空洞缺陷处厚度主频比不密实区的小。

　　小直径空洞缺陷范围内测点典型频域测试结果见图 4-29,不密实区范围内测点典型频域测试结果见图 4-30。

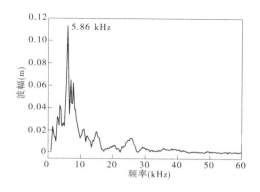

图 4-29　测线 4 测点 7 频域测试结果

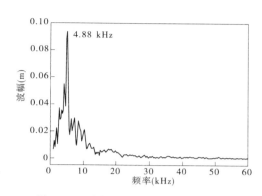

图 4-30　测线 3 测点 1 频域测试结果

大直径空洞缺陷范围内测点典型频域测试结果见图 4-31、图 4-32,不密实区范围内测点典型频域测试结果见图 4-33、图 4-34。

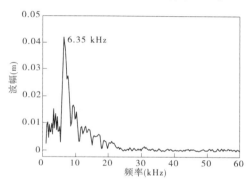

图 4-31　测线 3 测点 1 频域测试结果

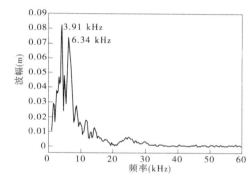

图 4-32　测线 3 测点 4 频域测试结果

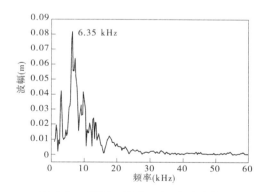

图 4-33　测线 4 测点 1 频域测试结果

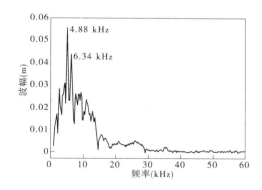

图 4-34　测线 4 测点 8 频域测试结果

4)缺陷 3 试验结果

缺陷 3 直径为 50 mm,缺陷直径与缺陷埋深之比分别为 1:1 和 1:4,上部为空洞,下部为不密实区。距板较近一侧的测线及测点布置见图 4-35,沿缺陷自上而下布置 5 条测线,空洞缺陷范围内布置 3 条(测点 29 个),不密实区范围内布置 2 条(测点 20 个);距板较远一侧的测线及测点布置见图4-36,沿缺陷自上而下布置5条测线,空洞缺陷范围内布置3条(测点28个),不密实区范围内布置2条(测点17个);测试时分别从板两侧进行。

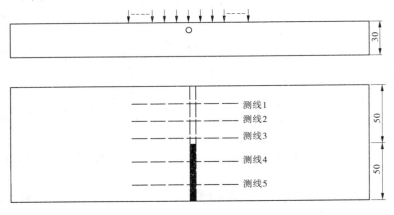

图4-35　缺陷3距板较近一侧的测线及测点布置　（单位:cm）

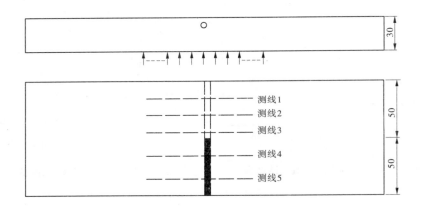

图4-36　缺陷3距板较远一侧的测线及测点布置　（单位:cm）

从时域曲线上基本识别不出缺陷,敲击会激发弯曲振荡,结果信号包含大幅值、低频率分量;从频域谱可以看出,浅部缺陷对测试信号影响较大(该缺陷深度及缺陷直径均为50 mm),基本分辨不出缺陷的位置。从较远侧进行测试时(缺陷直径与缺陷深的比值为1:4),基本分辨不出缺陷的位置。

距板较近一侧空洞缺陷范围内测点典型频域测试结果见图4-37,不密实区范围内测点典型频域测试结果见图4-38。距板较远空洞缺陷范围内测点典型频域测试结果见图4-39,不密实区范围内测点典型频域测试结果见图4-40。

5）缺陷4试验结果

缺陷4直径为100 mm,位于模型板的中间,缺陷直径与缺陷埋深之比分别为1:1,上部为空洞,下部为不密实区,沿缺陷自上而下布置6条测线,空洞缺陷范围内布置3条(测点38个),不密实区范围内布置3条(测点42个),测线及测点布置见图4-41。

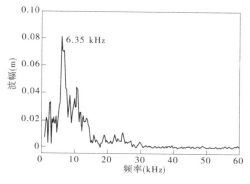

图 4-37 距板较近一侧测线 1
测点 1 频域测试结果

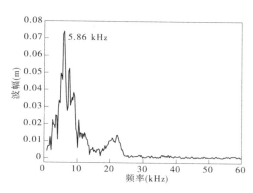

图 4-38 距板较近一侧测线 4
测点 6 频域测试结果

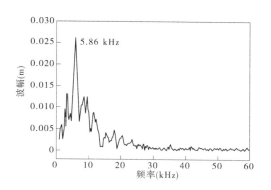

图 4-39 距板较远一侧测线 1
测点 1 频域测试结果

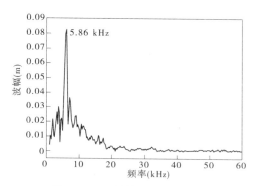

图 4-40 距板较远一侧测线 4
测点 6 频域测试结果

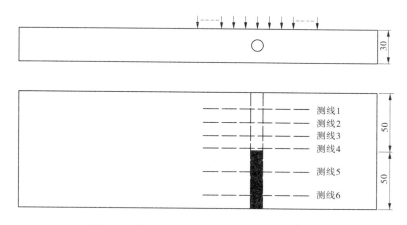

图 4-41 缺陷 4 测线及测点布置 （单位:cm）

从时域曲线上可以看出,缺陷处部分测点的时域曲线有明显的特征,时域曲线比较光滑,高频成分少或缺失,波峰较宽(俗称"胖波")。

从频域谱可以看出,当探头从"混凝土完好部位—缺陷部位—混凝土完好部位"移动过程中,厚度主频表现出"单峰—双峰—单峰(频率向低位飘移)—双峰—单峰"的规律,且空洞缺陷处厚度主频比不密实区的小。

空洞缺陷范围内测点典型频域测试结果见图4-42、图4-43,不密实区范围内测点典型频域测试结果见图4-44、图4-45。

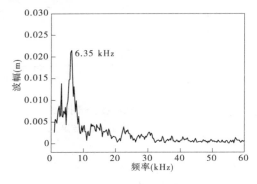

图4-42 测线1测点1频域测试结果

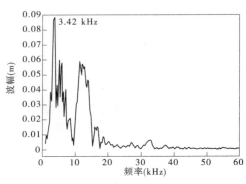

图4-43 测线1测点6频域测试结果

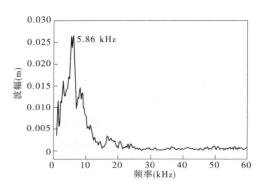

图4-44 测线6测点1频域测试结果

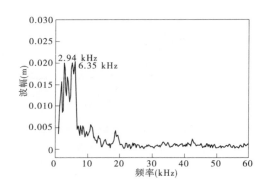

图4-45 测线6测点6频域测试结果

6)缺陷5试验结果

缺陷5直径为50 mm,位于模型板的中间,缺陷直径与缺陷埋深之比分别为1:2.5,上部为空洞,下部为不密实区,沿缺陷自上而下布置5条测线,空洞缺陷范围内布置3条(测点35个),不密实区范围内布置2条(测点25个),测线及测点布置见图4-46。从时域曲线上基本识别不出缺陷;频域谱规律同缺陷4测试结果。

7)缺陷6试验结果

缺陷6直径为50 mm,缺陷直径与缺陷埋深之比分别为1:2和1:3,上部为空洞,下部为不密实区,该缺陷设置位置离板边界较近,主要考虑板边界对测试信号的影响程度,沿缺陷自上而下布置5条测线,空洞缺陷范围内布置2条(测点14个),不密实区范围内布置3条(测点21个),测试时分别从板两侧进行,距板较近一侧的测线及测点布置见图4-47。距板较远一侧的测线及测点布置见图4-48,沿缺陷自上而下布置5条测线,空洞缺陷范围内布置2条(测点14个),不密实区范围内布置3条(测点21个)。

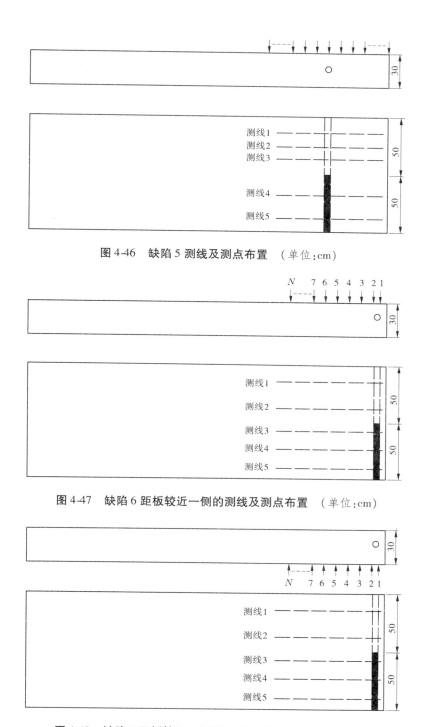

图 4-46　缺陷 5 测线及测点布置 （单位:cm）

图 4-47　缺陷 6 距板较近一侧的测线及测点布置 （单位:cm）

图 4-48　缺陷 6 距板较远一侧的测线及测点布置 （单位:cm）

从时域曲线上基本识别不出缺陷;从频域谱可以看出,缺陷处部分测点厚度主频比正常混凝土部位厚度主频偏低,模型板边界对测试信号较大。

空洞缺陷范围内测点典型频域测试结果见图4-49,不密实区范围内测点典型频域测试结果见图4-50。

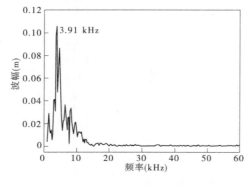

图4-49　测线1测点1频域测试结果

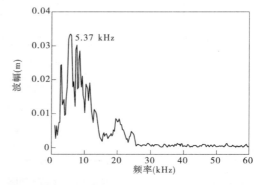

图4-50　测线3测点6频域测试结果

2.模型试件2测试结果

1)应力波波速测试

模型试件2长0.8m、高1.0m,板厚0.4m,布置5个测点进行应力波波速测试,测点布置见图4-51,典型测点频域测试结果见图4-52、图4-53,各测点应力波波速计算结果见表4-14。

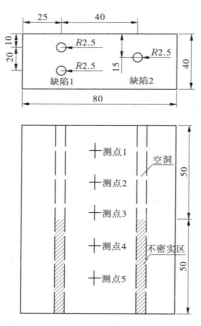

图4-51　模型试件2应力波波速测点布置　(单位:cm)

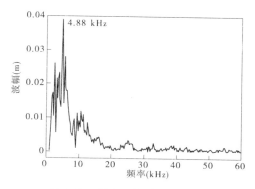

图 4-52　测点 2 频域测试结果

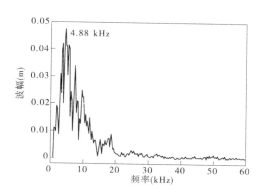

图 4-53　测点 4 频域测试结果

表 4-14　模型试件 2 完好部位测点应力波波速汇总

测点编号	厚度主频 （kHz）	模型板厚度 T （mm）	应力波波速 （m/s）	平均应力波波速 （m/s）
1	4.88	400	3 904	
2	4.88	400	3 904	
3	4.88	400	3 904	3 904
4	4.88	400	3 904	
5	4.88	400	3 904	

2）试验结果

模型试件 2 制作了两类缺陷,缺陷直径均为 50 mm,上部为空洞、下部为不密实区,其中缺陷 1 为同一断面内设置直径大小相同的 2 个缺陷,考虑缺陷间的影响。沿缺陷自上而下布置 4 条测线,空洞缺陷范围内布置 2 条(测点 25 个),不密实区范围内布置 2 条(测点 25 个),测线及测点布置见图 4-54。

从时域曲线上基本识别不出缺陷;从频域谱可以看出,缺陷处部分测点厚度主频比正常混凝土部位厚度主频偏低,模型板边界对测试信号较大。

空洞缺陷范围内测点典型频域测试结果见图 4-55,不密实区范围内测点典型频域测试结果见图 4-56。

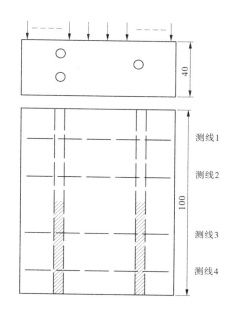

图 4-54　模型试件 2 测线及测点布置　（单位:cm）

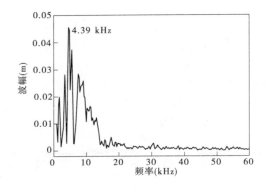

图 4-55　测线 1 测点 1 频域测试结果　　　图 4-56　测线 3 测点 1 频域测试结果

3. 模型试件 3 测试结果

1）应力波波速测试

模型试件 3 长 0.8 m，高 1.0 m，板厚 0.4 m，布置 5 个测点进行应力波波速测试，测点布置见图 4-57，典型测点频域测试结果见图 4-58、图 4-59，各测点应力波波速计算结果见表 4-15。

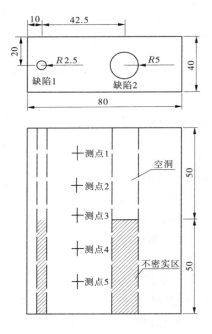

图 4-57　模型试件 3 应力波波速测点布置图　（单位：cm）

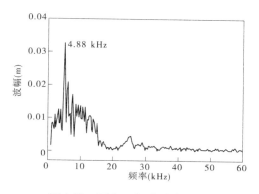

图 4-58　测点 2 频域测试结果

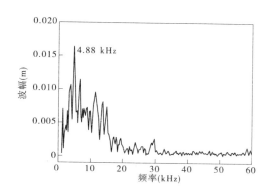

图 4-59　测点 4 频域测试结果

表 4-15　模型试件 3 完好部位测点应力波波速汇总

测点编号	厚度主频(kHz)	模型板厚度 T(mm)	应力波波速(m/s)	平均应力波波速(m/s)
1	4.88	400	3 904	
2	4.88	400	3 904	
3	4.88	400	3 904	3 904
4	4.88	400	3 904	
5	4.88	400	3 904	

2）试验结果

模型试件 3 制作了两类缺陷,缺陷直径分别为 50 mm 和 100 mm,上部为空洞,下部为不密实区,缺陷直径与缺陷埋深之比分别为 1∶3.5 和 1∶1.5。沿缺陷自上而下布置 4 条测线,空洞缺陷范围内布置 2 条(测点 28 个),不密实区范围内布置 2 条(测点 29 个),测线及测点布置见图 4-60。

从时域曲线上基本识别不出缺陷。从频域谱可以看出,小直径缺陷处基本识别不出来;大直径空洞缺陷处部分测点厚度主频比正常混凝土部位厚度主频偏低,但模型板边界对测试信号较大;大直径不密实缺陷处识别不出来。

空洞缺陷范围内测点典型频域测试结果见图 4-61,不密实区范围内测点典型频域测试结果见图 4-62。

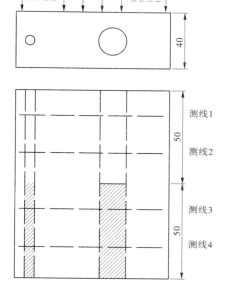

图 4-60　模型试件 3 测线及
测点布置　(单位:cm)

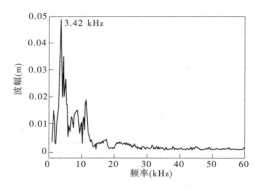

图 4-61　测线 1 测点 1 频域测试结果

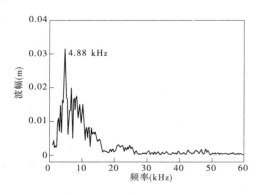

图 4-62　测线 3 测点 4 频域测试结果

4. 模型试件 4 测试结果

模型试件 4 长 0.8 m、高 1.0 m，板厚 0.5 m，模型试件 4 制作了三类缺陷，模型试件 4 及内部缺陷布置见图 4-63，缺陷直径均为 50 mm，上部为空洞，下部为不密实区，缺陷 1 直径与缺陷埋深之比分别为 1:2.5 和 1:6.5，缺陷 2 位于模型板的中部，直径与缺陷埋深之比为 1:4.5，缺陷 3 直径与缺陷埋深之比分别为 1:5.5 和 1:3.5。

在模型试件 4 共布置 5 个测点，均得不到该试件厚度及缺陷的有效信号。因此，被测构件厚度超过 50 cm 时，已超出 Docter 冲击回波测试系统的测试范围，分辨不清板底反射信号。

二、冲击回波法检测混凝土内部缺陷技术研究

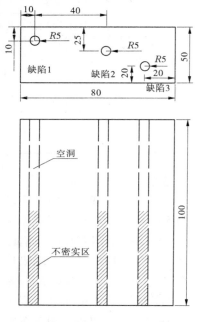

图 4-63　模型试件 4 及内部缺陷布置　（单位：cm）

（一）波形有效性判断

波形是冲击 – 回波试验的自然反应，它包含试验提供的所有信息，但在实际操作上它会使提取响应的关键特征变得很困难。混凝土的表面情况、传感器的接触情况、试验期间传感器的意外移动以及许多其他原因都会导致无效的波形。

通过对模型试件测试的波形发现，有效波形的识别可以通过观察 R 波的特征来判断。正常 R 波的最明显的特征是出现相对深的"井"，或同一个凹形槽，它是由于 R 波经过传感器时表面向下的位移产生的。"井"的宽度可以估算冲击持续时间 t_c。图 4-64 为几个正常 R 波的波形，小电压在急剧的下降之前会上升，下降是由 R 波造成的，上升是由

于 P 波和 S 波的波阵面的到达造成的, P 波和 S 波的波速比 R 波的波速要大, 其中图 4-64 (c) 中是由连续冲击引起的信号比图 4-64(a) 和图 4-64(b) 中的时间要短。

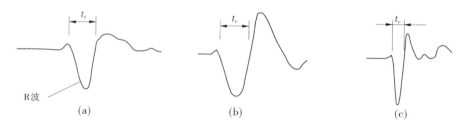

图 4-64　正常 R 波波形示例

在测试时有时也遇到隔离的和不规则的 R 波, 也属于有效信号。如在高能量的冲击下, 传感器从表面弹起并瞬间失去接触, 这时 R 波被陡峭的垂直线分割成几个部分, 隔离的 R 波会在波形中引入高频成分, 该波形和 P 波反射是不相关的; 另外, 混凝土表面粗糙会导致不规则的形状代替通常的 R 波井的圆形底部。隔离的 R 波如图 4-65(a) 和 (b) 所示, 不规则的 R 波如图 4-65(c) 所示。

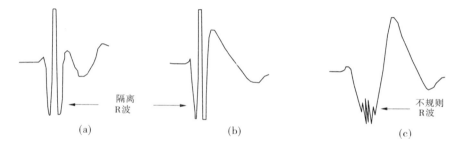

图 4-65　反常 R 波波形示例

无效波形的几种情况见图 4-66, 其中图 4-66(a) 中的波形是离群的电信号, 该信号是冲击之前触发了仪器的数据采集系统引起的; 图 4-66(b) 中的波形是由于探头的移动引起的应力波波形; 图 4-66(c) 中的波形是由于重设备的冲击、与被测结构接触的手提钻的振动引起的应力波, 而这种应力波在传感器的敏感范围之内。

(二) Docter 冲击回波系统检测最大有用频率判别

由于 R 波(也叫表面波)出现在波形起始位置, 如同一个凹形槽, 是敲击的力—时间函数的镜像, 它提供了产生应力波幅值和频率的分布信息, 因此可以通过 R 波确定敲击频率成分来确定冲击回波系统检测最大有用频率, 在频谱中, 水平轴之上任何点的曲线高度是应力波在该频率处所测到的相对能量大小。

Docter 冲击回波系统配有 3 种冲击锤, 冲击锤直径分别为 5 mm、8 mm 和 12.5 mm, 冲击锤直径的大小就决定了冲击时间, 即 R 波的宽度。

如对上一小节中模型 1 试件进行测试时, 采用大锤、中锤及小锤所采集的 R 波及相应频率分别见图 4-67、图 4-68 及图 4-69。模型 1 试件应力波波速为 3 810 m/s, 采用大锤检测时, 最大有用频率为 18 kHz; 采用中锤检测时, 最大有用频率为 27 kHz; 采用小锤检

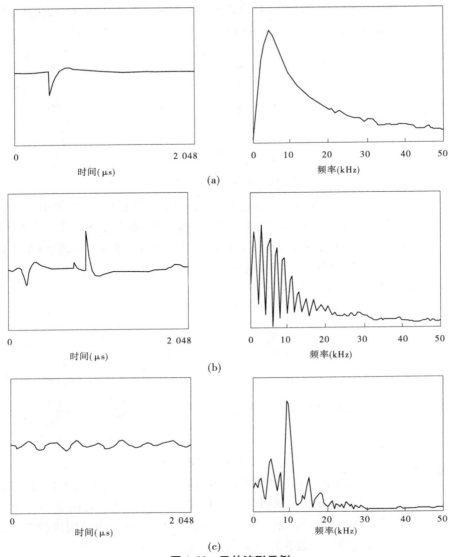

时间(μs)　　　　　　　　　频率(kHz)

(a)

时间(μs)　　　　　　　　　频率(kHz)

(b)

时间(μs)　　　　　　　　　频率(kHz)

(c)

图 4-66　无效波形示例

测时,最大有用频率为 36 kHz。

为了检测出缺陷,应力脉冲所含的频率成分要高于与缺陷深度有关的频率。因此,当被测结构物确定后,选择合适的冲击锤是非常重要的。通过测试发现,先选择大直径冲击锤进行缺陷识别,然后用适合的小直径冲击锤进行缺陷定位是非常适宜的方法,但选用小直径冲击锤又会带来另外一个问题,应力波的离散性变大,被混凝土中的不均匀区域反射,如小气孔、水泥和集料界面等,结果在波形和频谱中噪声增加,使缺陷定位变得比较困难。

（三）缺陷识别技术研究

由于施工过程中出现的各种问题,会导致混凝土内部出现不密实区、空洞等质量缺陷,影响结构的质量和安全。不密实区典型情况是这些位置分布着大量小的、相互连通的

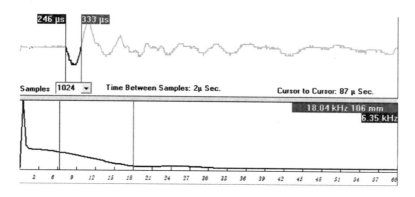

图 4-67　大锤敲击时最大有用频率($D=12.5$ mm)

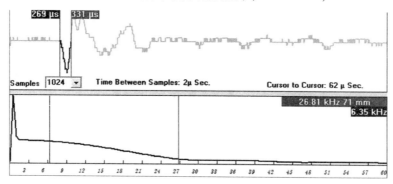

图 4-68　中锤敲击时最大有用频率($D=8.0$ mm)

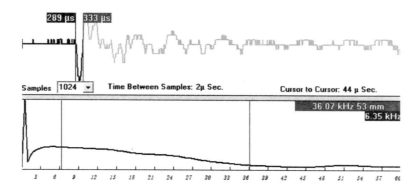

图 4-69　小锤敲击时最大有用频率($D=5.0$ mm)

空洞,通常被称为"蜂窝结构"或"松散混凝土"。在浇筑完成后怎样发现这些质量缺陷对后期建筑物的正常运行是非常必要的。本项目采用冲击回波技术对模型试件进行了大量的测试,从对各缺陷的检测成果可以总结出三种缺陷识别技术,即时域分析法、主频偏移法和统计法。

1. 时域分析法

冲击回波法所采集的时域波形多数情况下很难分析混凝土内部缺陷,但缺陷较大时,从时域曲线上有时很容易区分正常和缺陷部位。混凝土内部缺陷相当于一个低通滤波器,对高频成分衰减较之低频成分大,缺陷愈严重,高频成分损失愈多甚至缺失。如在检测模型试件 1 缺陷 2 和缺陷 4 时,两处的时域曲线和正常部位有着较大区别,缺陷处时域曲线比较光滑,高频成分缺失,波峰较宽(俗称"胖波")。

正常部位典型时域波形见图 4-70 ~ 图 4-74,缺陷部位典型时域波形见图 4-75 ~ 图 4-79。

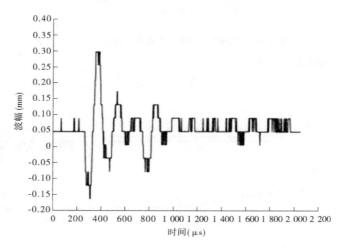

图 4-70　正常部位典型时域波形图(1)

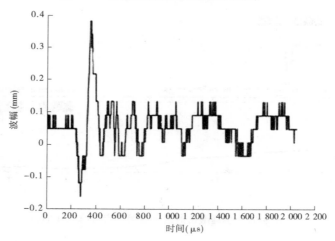

图 4-71　正常部位典型时域波形图(2)

值得注意的是,在对缺陷 2 进行测试时,从大缺陷一侧敲击时,时域曲线特征如上述所示。从小缺陷一侧敲击时,时域缺陷除了比较光滑、波峰较宽外,表现出明显的削波现象(见图 4-80 ~ 图 4-83)。可见,在同一截面处,大缺陷下部如存在小缺陷时,小缺陷对检

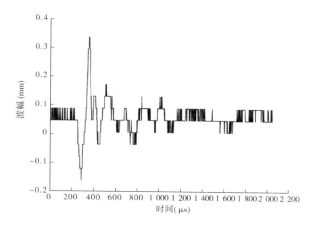

图 4-72　正常部位典型时域波形图（3）

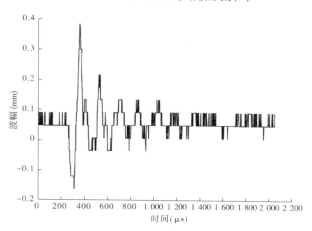

图 4-73　正常部位典型时域波形图（4）

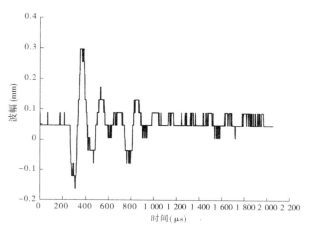

图 4-74　正常部位典型时域波形图（5）

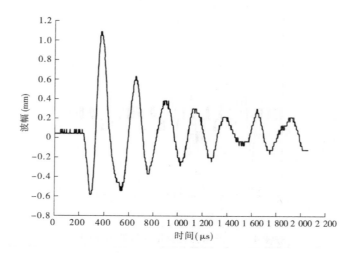

图 4-75　缺陷部位典型时域波形图（1）

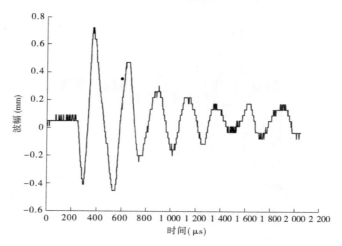

图 4-76　缺陷部位典型时域波形图（2）

测信号的影响不大,但小缺陷下部存在大缺陷时,大缺陷对检测信号影响较大。

2.频域分析法

采用冲击回波法检测混凝土内部缺陷时,来自各种内部和外部界面的反射,在结构表面引起了具有不同频率和振幅的位移,使得波形更加复杂,大多数情况难以仅靠时域信号来识别缺陷,须采用快速傅氏变换 FFT,将波形变换到频率域进行分析。

不密实区或空洞对敲击回波测试的响应常常表现为"转换厚度频率",该频率比实心厚度频率要小。应力波通过完好混凝土和内部有空洞混凝土的路径如图 4-84 所示。

实心板厚度与转换厚度计算公式如下:

$$T = \frac{C_{PP}}{2f} \tag{4-8}$$

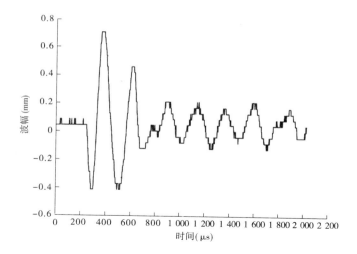

图 4-77 缺陷部位典型时域波形图（3）

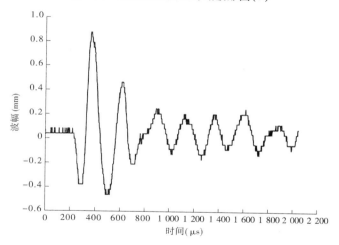

图 4-78 缺陷部位典型时域波形图（4）

$$T' = \frac{C_{PP}}{2f'} \tag{4-9}$$

式中：T 为完好部位混凝土板厚度；T' 为缺陷部位混凝土板转换厚度；C_{PP} 为混凝土中应力波波速；f 为完好部位厚度主频；f' 为缺陷部位转换厚度频率。

从图 4-84 中可以看出，当应力波通过混凝土缺陷时，频率发生了向低位飘移的现象，频率的漂移可用偏移量来表示。

$$\mu = \frac{T'}{T} = \frac{f}{f'} \tag{4-10}$$

当混凝土内部为空洞时，应力波传播到空洞位置将发生绕射，在底板反射后，仍返回到达板顶被传感器接收，空洞缺陷的偏移量可简化成图 4-85 进行计算。

$$\sin F = \frac{r}{T/2} \tag{4-11}$$

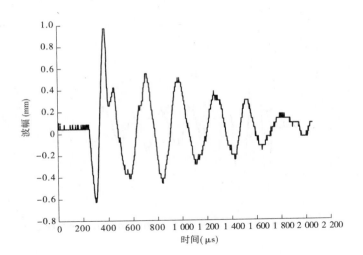

图 4-79　缺陷部位典型时域波形图（5）

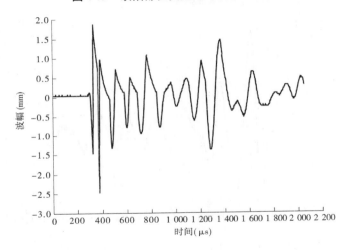

图 4-80　缺陷 2 从小缺陷一侧敲击时典型时域波形图（1）

$$\cos f = \frac{T/2}{L_1/2} \tag{4-12}$$

$$\sin^2 F + \cos^2 F = 1 \tag{4-13}$$

设 $e = D/T$ ，$r = D/2$ ，由上述公式可以算得：

$$L_1 = \frac{T}{\sqrt{1 - e^2}} \tag{4-14}$$

由于波的干涉，引入路径修正系数，大小与 e、空洞在板中的位置、应力波的共振有关，$L = eL_1$ ，则：

$$m = \frac{f}{f'} = \frac{L}{T} = \frac{\varepsilon}{\sqrt{1 - e^2}} \tag{4-15}$$

如测试模型试件 1 缺陷 2、缺陷 4 及缺陷 5 的偏移量见表 4-16 ~ 表 4-19，其中缺陷 2 测线 4 的频率分布图见图 4-86，缺陷 4 测线 1 的频率分布图见图 4-87，缺陷 5 测线 1 的频

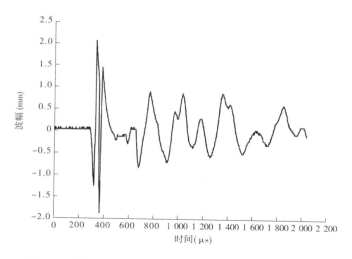

图 4-81　缺陷 2 从小缺陷一侧敲击时典型时域波形图（2）

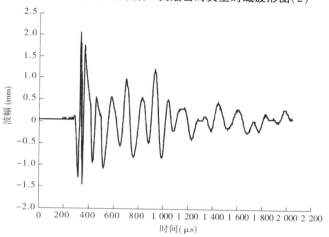

图 4-82　缺陷 2 从小缺陷一侧敲击时典型时域波形图（3）

率分布图见图 4-88。从表 4-16 ~ 表 4-19 可以看出空洞区域处偏移量比不密实区的大,空洞区域处偏移量平均值为 1.56 m,不密实区处偏移量平均值为 1.25 m。

表 4-16　模型试件 1 缺陷 2 偏移量统计（从小直径缺陷一侧敲击）

测线编号	完好部位频率平均值（kHz）	计算厚度（mm）	缺陷部位频率平均值（kHz）	折算厚度（mm）	偏移量（m）
1	6.11	312	4.07	468	1.50
2	6.49	294	3.91	487	1.66
3	6.07	314	3.91	487	1.55
4	6.14	310	4.80	397	1.28
5	6.11	312	5.15	370	1.18

注:应力波波速为 3 810 m/s,1 ~ 3 测线为空洞缺陷,4、5 测线为不密实区测线。

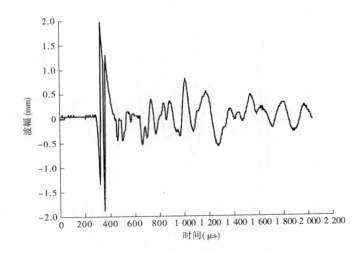

图 4-83　缺陷 2 从小缺陷一侧敲击时典型时域波形图（4）

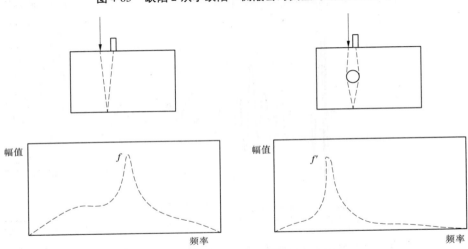

图 4-84　应力波路径及相应频域图

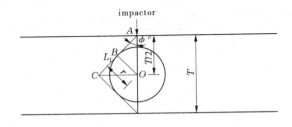

图 4-85　空洞应力波路径计算简图

表 4-17　模型试件 1 缺陷 2 偏移量统计（从大直径缺陷一侧敲击）

测线编号	完好部位频率平均值（kHz）	计算厚度（mm）	缺陷部位频率平均值（kHz）	折算厚度（mm）	偏移量（m）
1	6.02	316	5.25	363	1.15
2	6.35	300	3.91	487	1.62
3	6.35	300	3.91	487	1.62
4	6.25	305	5.29	360	1.18
5	6.23	306	4.88	390	1.28

注：应力波波速为 3 810 m/s，1～3 测线为空洞缺陷，4、5 测线为不密实区测线。

表 4-18　模型试件 1 缺陷 4 偏移量统计

测线编号	完好部位频率平均值（kHz）	计算厚度（mm）	缺陷部位频率平均值（kHz）	折算厚度（mm）	偏移量（m）
1	6.02	316	3.42	557	1.76
2	6.11	312	3.99	477	1.53
3	6.35	300	3.91	487	1.62
4	6.35	300	4.07	469	1.56
5	6.28	303	4.33	440	1.45
6	5.86	325	4.88	390	1.20

注：应力波波速为 3 810 m/s，1～4 测线为空洞缺陷，5、6 测线为不密实区测线。

表 4-19　模型试件 1 缺陷 5 偏移量统计

测线编号	完好部位频率平均值（kHz）	计算厚度（mm）	缺陷部位频率平均值（kHz）	折算厚度（mm）	偏移量（m）
1	6.07	314	3.42	557	1.77
2	6.45	295	4.05	470	1.59
3	6.23	306	4.64	411	1.34
4	6.35	300	5.37	355	1.18
5	6.35	300	5.13	372	1.24

注：应力波波速为 3 810 m/s，1～3 测线为空洞缺陷，4、5 测线为不密实区测线。

　　另外，在测试中发现，实心板厚度主频发生偏移是判断混凝土内部存在异常最直接的特征，但实心板厚度主频未发生明显偏移并不代表混凝土内部没有问题，只是缺陷较小，冲击回波系统未能捕捉到其信号反射。如在对模型试件 1 缺陷 5 不密实区域进行测试时，发现一些点的厚度主频和正常混凝土的主频基本一样，然后在该位置钻取芯样，缺陷设置处多数和周边混凝土结合较好，局部存在不密实现象，钻取芯样情况见图 4-89 和图 4-90。

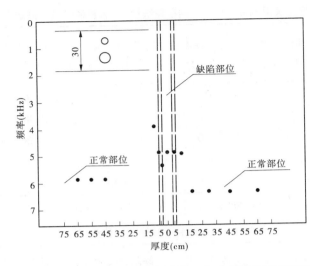

图 4-86　模型试件 1 缺陷 2 测线 4 频率分布(不密实区)

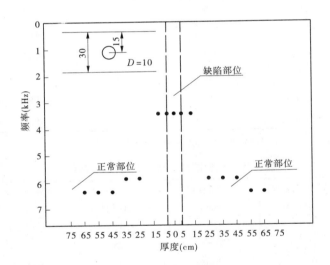

图 4-87　模型试件 1 缺陷 4 测线 1 频率分布(空洞)

3. 数理统计法

可以采用数理统计方法对异常值进行判别,方法和步骤如下:

(1)计算检测范围内测点频率的平均值(m_x)和标准差(s_x),按下式进行:

$$m_x = \sum X_i / n \tag{4-16}$$

$$s_x = \sqrt{\left(\sum X_i^2 - n \cdot m_x^2\right)/(n-1)} \tag{4-17}$$

式中:X_i 为第 i 点的测点频率值;n 为参与统计的测点数。

(2)将检测范围内测点频率值由大至小按顺序排列,即 $X_1 \geqslant X_2 \geqslant \cdots \geqslant X_n \geqslant X_{n+1}\cdots\cdots$,将排在后面明显小的数据视为可疑,再将这些可疑数据中最大的一个(假定

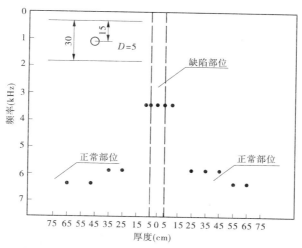

图 4-88　模型试件 1 缺陷 5 测线 1 频率分布（空洞）

X_n）连同其前面的数据按第（1）条计算出 m_x 及 s_x 值,并按下式计算异常情况的判断值（X_0）:

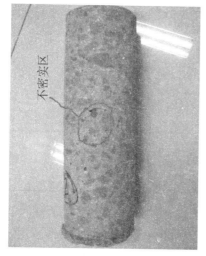

图 4-89　不密实区和周边混凝土结合情况（1）

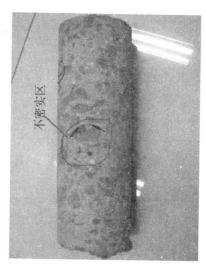

图 4-90　不密实区和周边混凝土结合情况（2）

$$X_0 = m_x - l_1 s_x \tag{4-18}$$

式中,l_1 按表 4-20 取值。

将判断值（X_0）与可疑数据中的最大值（X_n）相比较,若 X_n 不大于 X_0 时,则 X_n 及排列在其后的各数据均为异常值;然后去掉 X_n,再用 $X_1 \sim X_{n-1}$ 进行计算和判别,直至判不出异常值;当 X_n 大于 X_0 时,应再将 X_{n+1} 放进去重新进行统计计算和判别。

（3）当测点中判出异常值时,可根据异常测点的分布情况,按下式进一步判别其相邻测点是否异常:

$$X_0 = m_x - l_2 s_x \quad \text{或} \quad X_0 = m_x - l_3 s_x \tag{4-19}$$

式中，l_2、l_3 按表 4-20 取值。当测点布置为网络状时取 l_2，当单排布置测点时取 l_3。

表 4-20　统计数的个数 n 与对应的 l_1、l_2、l_3 值

n	20	22	24	26	28	30	32	34	36	38
l_1	1.65	1.69	1.73	1.77	1.80	1.83	1.86	1.89	1.92	1.94
l_2	1.25	1.27	1.29	1.31	1.33	1.34	1.36	1.37	1.38	1.39
l_3	1.05	1.07	1.09	1.11	1.12	1.14	1.16	1.17	1.18	1.19
n	40	42	44	46	48	50	52	54	56	58
l_1	1.96	1.98	2.00	2.02	2.04	2.05	2.07	2.09	2.10	2.12
l_2	1.41	1.42	1.43	1.44	1.45	1.46	1.47	1.48	1.49	1.49
l_3	1.20	1.22	1.23	1.25	1.26	1.27	1.28	1.29	1.30	1.31
n	60	62	64	66	68	70	72	74	76	78
l_1	2.13	2.14	2.15	2.17	2.18	2.19	2.20	2.21	2.22	2.23
l_2	1.50	1.51	1.52	1.53	1.53	1.54	1.55	1.56	1.56	1.57
l_3	1.31	1.32	1.33	1.34	1.35	1.36	1.36	1.37	1.38	1.39
n	80	82	84	86	88	90	92	94	96	98
l_1	2.24	2.25	2.26	2.27	2.28	2.29	2.30	2.30	2.31	2.31
l_2	1.58	1.58	1.59	1.60	1.61	1.61	1.62	1.62	1.63	1.63
l_3	1.39	1.40	1.41	1.42	1.42	1.43	1.44	1.45	1.45	1.45
n	100	105	110	115	120	125	130	140	150	160
l_1	2.32	2.35	2.36	2.38	2.40	2.41	2.43	2.45	2.48	2.50
l_2	1.64	1.65	1.66	1.67	1.68	1.69	1.71	1.73	1.75	1.77
l_3	1.46	1.47	1.48	1.49	1.51	1.53	1.54	1.56	1.58	1.59

如模型试件 1 缺陷 2、缺陷 4 及缺陷 5 的异常点判别结果见表 4-21 ~ 表 4-23。

表 4-21　模型试件 1 缺陷 2 异常点判别结果

位置	测线	测点主频（kHz）									
		1	2	3	4	5	6	7	8	9	10
模型试件 1 缺陷 2（从小直径缺陷一侧敲击）	1	5.86	5.86	6.35	4.39	4.39	3.42	3.42	4.39	4.39	6.35
		6.35	5.86								
	2	6.35	6.35	6.35	3.91	3.91	3.91	3.91	3.91	3.91	3.91
		6.35	6.35	6.84	6.84						
	3	5.86	5.86	5.86	3.91	3.91	3.91	3.91	3.91	3.91	5.86
		6.35	6.35	6.35							
	4	5.86	5.86	5.86	3.91	4.88	5.37	4.88	4.88	4.89	6.35
		6.35	6.35	6.35							
	5	5.86	6.35	5.37	5.37	4.88	4.88	4.88	4.88	5.37	5.37
		5.37	5.37	5.86	6.35						
		$X_0 = 5.65$　　则小于 5.65 kHz 的值均为异常值									

续表 4-21

位置	测线	测点主频（kHz）									
		1	2	3	4	5	6	7	8	9	10
模型试件1缺陷2（从小直径缺陷一侧敲击）	1	5.86	6.35	6.35	5.37	5.37	5.37	4.88	5.86	5.86	5.86
	2	6.35	3.91	3.91	6.35	6.35					
	3	6.35	6.35	6.35	3.91	3.91	3.91	3.91	3.91	3.91	6.35
		6.35									
	4	6.35	6.35	6.35	6.35	5.37	5.37	5.37	4.88	5.37	5.37
		5.86									
	5	6.35	6.35	4.88	4.88	4.88	4.88	4.88	4.88	5.86	6.35
	$X_0 = 5.85$　则小于 5.85 kHz 的值均为异常值										

表 4-22　模型试件 1 缺陷 4 异常点判别结果

位置	测线	测点主频（kHz）									
		1	2	3	4	5	6	7	8	9	10
模型试件1 缺陷4	1	6.35	6.35	6.35	5.86	5.86	3.42	3.42	3.42	3.42	5.86
		5.86	5.86	5.86							
	2	5.86	6.35	6.35	5.86	5.86	3.91	3.91	4.39	3.91	3.91
		3.91	6.35								
	3	6.35	6.35	6.35	6.35	6.35	3.91	3.91	3.91	3.91	3.91
		3.91	6.35	6.35							
	4	6.35	6.35	6.35	6.35	2.44	4.39	4.39	4.39	4.39	4.39
		6.35	6.35	6.35	6.35						
	5	6.35	6.35	6.35	1.59	5.37	5.37	5.37	4.88	3.42	5.86
		6.35	6.35	6.35							
	6	5.86	5.86	5.86	5.86	5.86	2.94	5.37	5.37	5.37	5.37
		5.86	5.86	5.86	5.86						
	$X_0 = 5.44$　则小于 5.44 kHz 的值均为异常值										

表 4-23　模型试件 1 缺陷 5 异常点判别结果

位置	测线	测点主频(kHz)									
		1	2	3	4	5	6	7	8	9	10
模型试件 1 缺陷 5	1	6.35	6.35	5.86	5.86	3.42	3.42	3.42	3.42	3.42	5.86
		5.86	6.35								
	2	6.84	6.35	6.35	4.89	3.91	3.91	3.91	3.91	3.91	3.91
		6.35	6.35								
	3	6.35	5.86	4.89	4.88	4.39	4.88	4.88	4.39	4.39	4.39
		6.35	6.35								
	4	6.35	6.35	6.35	6.35	6.35	5.37	5.37	5.37	5.37	6.35
		6.35	6.35								
	5	6.35	6.35	6.35	6.35	4.88	4.88	5.37	5.37	5.37	4.88
		6.35	6.35	6.35							
$X_0 = 5.53$　则小于 5.53 kHz 的值均为异常值											

(四)缺陷范围界定技术研究

当确定混凝土内部存在异常情况时,如何划定缺陷范围是工程处理前需要解决的首要问题,可以采用频域波形分析方法或通过判定异常值的方法进行缺陷范围的界定。

波形分析方法主要通过移动探头观察波形的变化来进行界定,如图 4-91 所示,测点 2 及 2'向缺陷两侧逐步移动,从频域图可以看出,厚度主频表现出单峰—双峰—单峰的变化过程(见图 4-92 ~ 图 4-94),第一个单峰是缺陷部位明显降低的频率,双峰是指包含缺陷部位及正常部位的频率,第二个单峰是正常部位的频率。缺陷边界可确定在出现双峰的部位或出现第二个单峰的部位,另外,混凝土不密实区比空洞缺陷的边界要小一些,如模型试件 1 缺陷 5 处缺陷边界如图 4-95 所示。

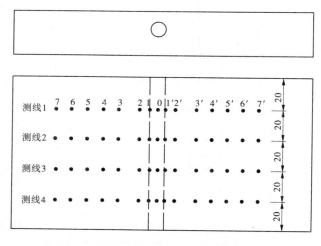

图 4-91　测线及测点布置示意图　(单位:cm)

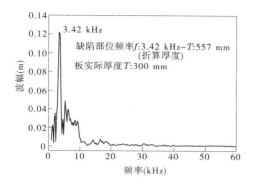

图 4-92 缺陷部位明显降低的频率(单峰)

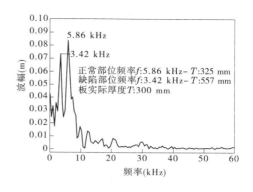

图 4-93 包含缺陷部位及正常部位的频率(双峰)

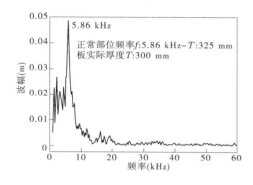

图 4-94 正常部位的频率

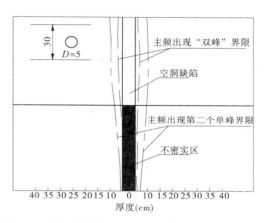

图 4-95 模型试件 1 缺陷 5 处缺陷边界测定结果

(五)缺陷深度检测技术研究

当敲击产生的应力波在混凝土内部遇到缺陷时,缺陷返回的应力波信息被板顶部的传感器接收,经过傅里叶变换,在频域图中可以计算出缺陷深度。缺陷深度检测原理图见图 4-96。

采用 Docter 冲击回波测试仪所配置的 3 种冲击锤对模型试件缺陷部位进行测试,直径 8 mm 和 12.5 mm 的冲击锤均得不到缺陷深度的信息,直径 5 mm 冲击锤在一定条件下可得到缺陷深度的信息,但混凝土材料的不均匀性引起的高频应力波的散射使得缺陷深度的测定存在较大误差,甚至得不到缺陷深度的信息,如图 4-97 所示为模型试件 1 缺陷 5 深度检测频域图,可见缺陷主频为 15.61 kHz,模型试件波速为 3 810 m/s,对应的深度为 122 mm,缺陷实际深度为 120 mm,相差 2 mm。

实际检测中,采用小直径冲击锤检测缺陷时,极容易把正常混凝土内部材料不均匀性引起的高频应力波散射信号误判为缺陷信号,如对模型试件 1 同一测点分别采用大、中、小锤进行测试,测试结果见图 4-98 ~ 图 4-100。

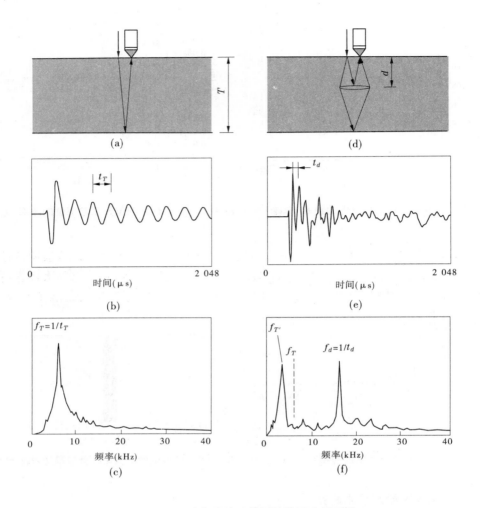

图 4-96　冲击回波法检测缺陷深度原理图

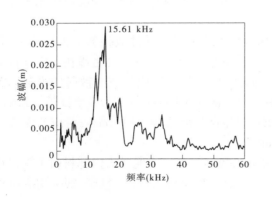

图 4-97　缺陷 5 深度检测频域

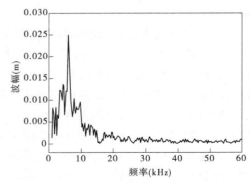

图 4-98　大锤敲击时所采集频域($D = 12.5$ mm)

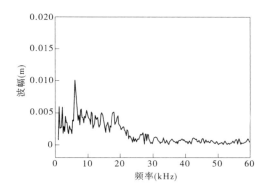

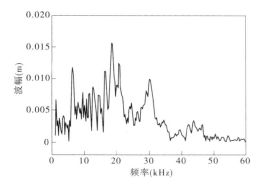

图 4-99　中锤敲击时所采集频域($D = 8 \text{ mm}$)　　图 4-100　小锤敲击时所采集频域($D = 5 \text{ mm}$)

从图 4-100 来看,混凝土在 100 ~ 150 mm 范围内存在质量缺陷,钻取芯样表明该处混凝土内部质量良好,芯样外观质量见图 4-101。因此,在实际测试时,应先选择大锤进行缺陷识别,确定存在缺陷时,再进一步确定缺陷的深度,这样可以减少误判和提高工作效率。

图 4-101　钻取芯样外观质量

(六)冲击回波法检测混凝土内部缺陷影响因素分析

1. 应力波波速对测试的影响

由冲击回波测试原理知,应力波波速的准确性是决定冲击回波法测试精度的主要参数之一,应力波波速可采用直接测量法和间接测量法求得,在模型试件上进行了对比分析,模型试件 1 应力波波速测试结果见表 4-24,模型试件 2 应力波波速测试结果见表 4-25,模型试件 3 应力波波速测试结果见表 4-26。

间接测量法就是通过已知板厚来反算波速,结果精度高,但实际工作中,多数被测结构物只具有一个可测面,这时采用直接测量法标定波速,从两者对比情况看,该波速较低,这样势必造成测试误差。

表 4-24　模型试件 1 应力波波速测试结果

序号	直接测量法（$L=300$ mm）			间接测量法			$b=C_{p2}/C_{p1}$
	t_1 （ms）	t_2 （ms）	$C_{p1}=\dfrac{L}{t_1-t_2}$ （m/s）	f （kHz）	T （mm）	$C_{p2}=2fT$ （m/s）	
1	69	151	3 658	6.35	300	3 810	1.04
2	148	229	3 703	6.35	300	3 810	1.03
3	72	154	3 657	6.35	300	3 810	1.04
4	64	149	3 528	6.35	300	3 810	1.08
5	80	165	3 530	6.35	300	3 810	1.08

表 4-25　模型试件 2 应力波波速测试结果

序号	直接测量法（$L=300$ mm）			间接测量法			$b=C_{p2}/C_{p1}$
	t_1 （ms）	t_2 （ms）	$C_{p1}=\dfrac{L}{t_1-t_2}$ （m/s）	f （kHz）	T （mm）	$C_{p2}=2fT$ （m/s）	
1	151	234	3 615	4.88	400	3 904	1.08
2	68	153	3 530	4.88	400	3 904	1.11
3	67	158	3 298	4.88	400	3 904	1.18
4	69	158	3 372	4.88	400	3 904	1.16
5	70	159	3 373	4.88	400	3 904	1.16

表 4-26　模型试件 3 应力波波速测试结果

序号	直接测量法（$L=300$ mm）			间接测量法			$b=C_{p2}/C_{p1}$
	t_1 （ms）	t_2 （ms）	$C_{p1}=\dfrac{L}{t_1-t_2}$ （m/s）	f （kHz）	T （mm）	$C_{p2}=2fT$ （m/s）	
1	86	174	3 409	4.88	400	3 904	1.15
2	64	146	3 657	4.88	400	3 904	1.07
3	77	162	3 530	4.88	400	3 904	1.11
4	71	157	3 490	4.88	400	3 904	1.12
5	29	108	3 797	4.88	400	3 904	1.03

2. 浅表缺陷对测试的影响

如果缺陷在混凝土结构表面下的深度小于 100 mm,可以称为浅表缺陷,敲击会激发弯曲振荡,结果信号包含大幅值、低频率分量。弯曲振荡类似于鼓的振动,因为表面置换位移远远大于主导的 P 波到达位移,跨过缺陷的多次 P 波反射的高频分量相对较弱,有时检测困难。弯曲振荡效果的原理性解释见图 4-102,图 4-102(a)中显示敲击时产生弯曲振荡,有低频率(典型 2～6 kHz)并且与反射的 P 波到达传感器处所引起的位移相比有非常大的幅度,图 4-102(b)和(d)表明它们对频谱的贡献:弯曲振荡产生高幅值低频率信号,在波形和频谱中占主导地位,而相对较弱的 P 波反射有更高的频率和更低的幅值,有时是太小,无法辨认,这种无法检测到浅表缺陷的问题通常称为检测"盲区"问题。对于浅表缺陷的测试通常使用小直径敲击锤或对检测信号进行处理,如数字滤波等。

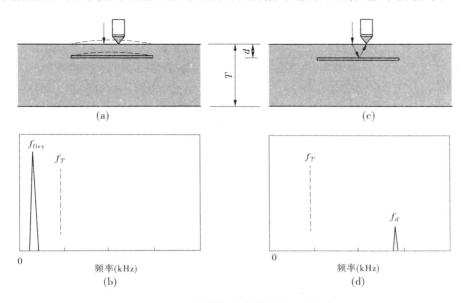

图 4-102　弯曲振荡效果的原理性解释

如模型试件 1 缺陷 1 及缺陷 3,空洞直径与缺陷深度比值为 1:1,从理论上分析应采用频率较高的小锤敲击有可能检测到缺陷。本试验中小锤直径为 5 mm,有用最大频率为 36 kHz,模型试件波速为 3 810 m/s,小锤产生的波长为 105.8 mm,缺陷深度及缺陷直径均为 50 mm,应采用直径更小的冲击锤进行测试,但带来的问题是冲击锤直径越小,传感器越难接收到相应的振动响应。因此,采用 Docter 冲击回波测试仪进行测试时,对于缺陷尺寸小于 50 mm,且位于板近表面的缺陷不易检测出来。

3. 缺陷横向尺寸及埋深对测试的影响

冲击回波法能检出缺陷的前提是缺陷引起应力波的反射信号能被传感器接收到。当缺陷大小一定时,缺陷越深,反射回来的信号越弱,位于板表面的传感器越不易接收到。模型试件 1～4 检测情况见表 4-27～表 4-30。

表 4-27　模型试件 1 缺陷检测结果汇总

缺陷编号	缺陷直径 D (mm)	缺陷深度(mm)		D/h_1		D/h_2	
		h_1	h_2				
缺陷 1	50	50	200	1:1	局部测点发现异常,边界对信号影响较大	1:4	未发现异常
缺陷 2(大)	100	125	75	1:1.25	发现异常	1:0.75	发现异常
缺陷 2(小)	50	50	200	1:1	发现异常	1:4	发现异常
缺陷 3	50	50	200	1:1	少数点能检测出异常,存在测试"盲区问题"	1:4	未发现异常
缺陷 4	100	100	100	1:1	发现异常	1:1	发现异常
缺陷 5	50	125	125	1:2.5	发现异常	1:2.5	发现异常
缺陷 6	50	100	150	1:2	发现异常,但边界对信号影响较大	1:3	发现异常,但边界对信号影响较大

表 4-28　模型试件 2 缺陷检测结果汇总

缺陷编号	缺陷直径 D (mm)	缺陷深度(mm)		D/h_1		D/h_2	
		h_1	h_2				
缺陷 1	50	75	125	1:1.5	少数点能检测出异常,但边界对信号影响较大	1:2.5	少数点能检测出异常,但边界对信号影响较大
缺陷 2	50	125	200	1:2.5	发现异常,但边界对信号影响较大	1:4	未发现异常

表 4-29　模型试件 3 缺陷检测结果汇总

缺陷编号	缺陷直径 D (mm)	缺陷深度(mm)		D/h_1		D/h_2	
		h_1	h_2				
缺陷 1	50	175	175	1:3.5	未发现异常	1:3.5	未发现异常
缺陷 2	100	150	150	1:1.5	发现异常,边界对信号影响较大	1:1.5	发现异常,边界对信号影响较大

表4-30　模型试件4缺陷检测结果汇总

缺陷编号	缺陷直径 D （mm）	缺陷深度（mm）		D/h_1		D/h_2	
		h_1	h_2				
缺陷1	100	100	300	1:1	未发现异常	1:3	未发现异常
缺陷2	100	200	200	1:2	未发现异常	1:2	未发现异常
缺陷3	100	150	250	1:1.5	未发现异常	1:2.5	未发现异常

从上述结果可以看出,在采用 Docter 冲击回波测试仪测试板内部缺陷时,缺陷横向尺寸与缺陷深度比值小于 1:3 时,缺陷不易检测出来;当缺陷横向尺寸小于 50 mm,且与埋深比值大于 1:1,存在测试盲区问题;被测构件厚度超过 50 cm 时,已超出 Docter 冲击回波测试系统的测试范围,分辨不清板底反射信号。

4. 模型试件边界对测试的影响

由于敲击的应力波在板内传播时,遇到板边界将引起波的反射,这与缺陷反射回来的应力波将会叠加,使接收到的波形更难分析与判断。如模型试件 1 缺陷 1 和缺陷 6、模型试件 2 缺陷及模型试件 3 缺陷 2,均受到边界信号的影响,使缺陷识别和缺陷范围界定工作变得比较困难。从测试数据可以看出,在采用 Docter 冲击回波测试仪测试板内部缺陷时,测点距构件边界宜大于 200 mm,以消除结构物边界的影响。

5. 浸水混凝土对测试的影响

由于浸水混凝土(或饱和混凝土)中的水分填充了混凝土内部的小空隙,原理上分析,波速应大于自然干燥条件下的混凝土波速,但从测试对比结果看,浸水混凝土对厚度主频漂移的影响不大。干燥条件下测点频域测试结果见图 4-103,浸水隔 3 d 后测试频域结果见图 4-104,缺陷处厚度主频未发生变化。

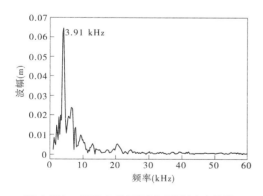

图 4-103　干燥条件下测点频域测试结果

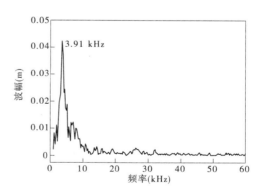

图 4-104　浸水条件下测点频域测试结果

第六节　土石结合部病险探测方法及其新技术研究

长期以来,土石结合部隐患探测的方法主要有三种:钻探、人工探视和物探(工程地球物理勘探)。近期把物探技术作为辅助手段列入规范。钻探具有成本极高、效率低、局限性、盲目性等缺点,并且钻探之后又会给工程留下新的隐患。而人工探视,主要靠长期工作经验,效率很低,无法找到隐蔽的隐患。因此,由我国堤坝现状及现有的经济条件就决定了工程地球物理勘探是快速、准确、无损伤探测堤坝隐患的首选方法。

本节主要研究内容如下:

(1)开展了各种病险探测方法的适应性研究。根据不同的堤防土石结合部病险特征及分布情况,针对不同物理探测仪器的特点,研究其在涵闸建筑物底板、侧壁土石结合部使用的适用性和正确的使用方法,改进探测数据的计算分析和处理技术,提高探测精度。

(2)开发了聚束直流电法探测系统。根据病险特征及现有仪器设备探测的局限性,采用聚束直流电法的概念,即通过在供电电极周围布设聚束电极,迫使电流流向地层深处,以提高勘探深度和分辨率,拟研制一套聚束直流电法探测系统,用于土石结合部深部病险的探测。

(3)开发了探地雷达数据处理软件。结合土石结合部的物性特征,对隐患模型进行了模拟分析,计算了波场的分布,提取接收信号的特征,并结合实际的隐患探测结果,建立隐患和信号特征的相关关系,为隐患的解释提供参考。设计 IIR 或 FIR 滤波器,通过对实测信号分析,根据天线频率和接收信号特征,研究提出合理的通带。

(4)针对病险水闸的土石结合部隐患探测的难题,提出了基于综合物探技术的不同水工建筑物结合面质量缺陷的诊断方法,给出了评价堆石体与混凝土结合部位的定量评价方法。

一、土石结合部病害类型

土石结合部病害的最终表现形式主要有渗漏和渗水两种,为深入研究土石结合部的病害、发展及破坏机制,需对引起渗漏、渗水的具体原因和形式进行统计分析,根据病害的表现形式,土石结合部病害主要分为脱空、裂缝、止水失效及不密实。

(一)脱空

脱空是土石结合部较为重要的病害。发生脱空现象主要有两方面原因:一是施工时结合部土体不易夯实,回填土的密实度不够,易形成局部下沉,造成土体与混凝土接触面脱离;二是地基土体土层不稳定,若地基土体有粉细砂或粉土等较易液化土体,或存在淤泥、软弱夹层,在地震或夹层土变形作用下易造成基础土体下沉,从而形成土石结合部脱空。

(二)裂缝

裂缝是较为常见的病害类型,有的裂缝在混凝土结构表面就可以看到,有的隐藏在其内部,要开挖检查才可发现。裂缝的走向有平行闸轴线的纵缝,有垂直闸轴线的横缝,还有不规则的斜向裂缝等。无论什么性质的裂缝,对水闸及堤防的安全运行都有不利的影响,其中危害最大的是贯穿闸体的横向裂缝、水平裂缝以及滑坡裂缝,它直接威胁工程的稳定性。

（三）止水失效

闸室与铺盖及涵洞的衔接、涵洞分节预留沉陷缝处，均通过安装止水设施构成一个连续的、封闭的、完整的防渗止水系统，既适应地基的一定变形沉陷量，又要能防止渗漏。伸缩缝止水破坏，则可能导致涵闸在高水位时有效渗径得不到保证，进而导致渗径缩短，渗流比降增大，当超过允许渗流比降时，便会产生渗流破坏。

（四）不密实

地基回填土或两侧填土与建筑物结合部不密实，往往是由于施工时回填土质量不佳，回填土密实度达不到要求。回填土多采用机械化施工，大型机械上土、碾压，使填土与涵闸接触面很难压实，特别是一些拐角和狭窄处。采用人工填土受人为影响因素较大，尤其是翼墙处更难填实，遇水后将产生较大沉陷，引起土石结合部拉开、裂缝而发生渗漏。

二、土石结合部病险探测方法的适用性研究

（一）探地雷达法探测试验

本小节通过基于时域有限差分法的雷达波正演模拟，对数据进行演变模拟、优化计算和对比分析，研究理想状态下雷达波在遇到不同介质时的响应机制和图像特征，以及典型隐患类型与隐患发育特征的分辨与识别方法。

1.正演模拟

1）基本方法

正演模拟技术是探地雷达理论研究的主要内容之一，也是研究的重点之一。无论是开发新的 GPR 数据处理方法，还是结合其他勘探方法进行雷达剖面的联合反演，都需要有相应的地质模型的正演结果来对比和检验方法的有效性。通过分析地电模拟的正演结果，可以加深对探地雷达散射剖面的认识，提高解释精度，并验证反演算法的正确性。

与复杂弹性结构时的地震波一样，对于复杂电性结构，雷达波传播没有解析解，因而需要通过数值模拟的方法获得复杂电性结构中的雷达波正演解。依据电磁传播理论，雷达波正演可分两类：一类是基于几何光学原理的射线追踪法；另一类是基于波动理论的数值模拟方法，主要包括时域有限差分法、有限元法和积分方程法等。其中，时域有限差分法直接对麦克斯韦方程做差分处理，来解决电磁脉冲在电磁介质中的传播和反射问题，历经近半个世纪的发展，该算法已日趋成熟。因此，本节采用有限差分法对典型的堤防隐患模型的散射特征进行模拟。

作为一种电磁场的数值计算方法，时域有限差分法具有一些非常突出的特点，主要体现在以下几个方面：

（1）直接时域计算。时域有限差分法直接把含时间变量的麦克斯韦旋度方程在 Yee 氏网格空间中转换为差分方程。在这种差分格式中每个网格点上的电场（或磁场）分量仅与它相邻的磁场（或电场）分量及上一时间步该点的场值有关。在每一时间步计算网格空间各点的电场和磁场分量，随着时间步的推进，即能直接模拟电磁波的传播及其与物体的相互作用过程。时域有限差分法把各类问题都作为初值问题来处理，使电磁波的时域特性被直接反映出来。这一特点使它能直接给出非常丰富的电磁场问题的时域信息，给复杂的物理过程描绘出清晰的物理图像。

（2）广泛的适用性。由于时域有限差分法的直接出发点是概括电磁场普遍规律的麦

克斯韦方程,这就预示着这一方法应具有最广泛的适用性。从具体的算法看,在时域有限差分法的格式中被模拟空间电磁性质的参数是按空间网格给出的,因此只需要设定相应空间以适当的参数,就可模拟各种复杂的电磁结构。媒质的非均匀性、各向异性、色散特性和非线性等均能很容易地进行精确模拟。

（3）节约存储空间和计算时间。在时域有限差分法中,每个网格电场和磁场的六个分量及其上一时间步的值是必须存储的,此外还有描述各网格电磁性质的参数以及吸收边界条件和连接条件的有关参量,它们一般是空间网格总数的 N 数倍。所以,时域有限差分法所需要的存储空间直接由所需的网格空间决定,与网格总数 N 成正比,在计算时,每个网格的电磁场都按同样的差分格式计算,故它所需的主要计算时间也是与网格总数 N 成正比的。相比之下,若离散单元也是 N,则矩量法所需的存储空间与 $(3N)^2$ 成正比,而所需的 CPU 时间则与 $(3N)^2$ 至 $(3N)^3$ 成正比。当 N 比较大时,两者的差别是很明显的。

（4）适合并行计算。当代电子计算机的发展方向是运用并行处理技术,以进一步提高计算速度。时域有限差分法的计算特点是,每一网格点上的电场值（或磁场）只与其周围相邻网格点处的磁场（或电场）及其上一时间步的场值有关,这使得它特别适合并行运算。

（5）计算程序的通用性。由于麦克斯韦方程是时域有限差分法计算任何问题的数学模型,因而它的基本差分方程对广泛的问题是不变的。一个基础的时域有限差分计算程序,对广泛的电磁场问题具有通用性,对不同的问题或不同的计算对象只需修改有关部分,而大部分是共同的。

（6）简单、直观、容易掌握。由于时域有限差分法直接从方程出发,不需要任何导出方程,这样避免了使用更多的数学工具,使得它成为所有电磁场的计算方法中最简单的一种。其次,它能直接在时域中模拟电磁波的传播及其与物体作用的物理过程,所以它又是非常直观的一种方法。这样,时域有限差分法既简单又直观,很容易得到推广,并在很广泛的领域发挥作用。

2）计算原理

（1）基本方程。

时域有限差分法计算域空间节点采用 Yee 元胞的方法,同时电场和磁场节点在空间与时间上都采用交错抽样;把整个计算域划分成包括散射体的总场区以及只有反射波的散射场区,这两个区域是以连接边界相连接,最外边是采用特殊的吸收边界,同时在这两个边界之间有个输出边界,用于近、远场转换;在连接边界上采用连接边界条件加入入射波,从而使得入射波限制在总场区域;在吸收边界上采用吸收边界条件,尽量消除反射波在吸收边界上的非物理性反射波。

在直角坐标系中,根据麦克斯韦方程组及其本构关系,可得两个旋度方程的分量形式:

$$\frac{\partial E_x}{\partial t} = \frac{1}{\varepsilon}\frac{\partial H_z}{\partial y} - \frac{\partial H_y}{\partial z} - \sigma_e E_x \tag{4-20}$$

$$\frac{\partial E_y}{\partial t} = \frac{1}{\varepsilon}\frac{\partial H_x}{\partial z} - \frac{\partial H_z}{\partial x} - \sigma_e E_y \tag{4-21}$$

$$\frac{\partial E_z}{\partial t} = \frac{1}{\varepsilon}\frac{\partial H_y}{\partial x} - \frac{\partial H_x}{\partial y} - \sigma_e E_z \tag{4-22}$$

$$\frac{\partial H_x}{\partial t} = \frac{1}{\mu}\frac{\partial E_y}{\partial z} - \frac{\partial E_z}{\partial y} - \sigma_m H_x \qquad (4\text{-}23)$$

$$\frac{\partial H_y}{\partial t} = \frac{1}{\mu}\frac{\partial E_z}{\partial x} - \frac{\partial E_x}{\partial z} - \sigma_m H_y \qquad (4\text{-}24)$$

$$\frac{\partial H_z}{\partial t} = \frac{1}{\mu}\frac{\partial E_x}{\partial y} - \frac{\partial E_y}{\partial x} - \sigma_m H_z \qquad (4\text{-}25)$$

以上两组微分方程构成了电磁波与三维物体相互作用的数值算法基础。

对于二维问题,假设测线沿 x 轴方向布设,则二维的地下媒介中所有的电磁参数均与 y 坐标轴无关,只在 x 和 z 两个方向变化。此时,麦克斯韦方程组转化为独立的两组方程,分别对应 TE 和 TM 偏振的电磁波。

对于 TE 波,只包含 E_x、E_y、H_z:

$$\frac{\partial E_x}{\partial t} = \frac{1}{\varepsilon}\frac{\partial H_z}{\partial y} - \sigma_e E_x \qquad (4\text{-}26)$$

$$\frac{\partial E_y}{\partial t} = \frac{1}{\varepsilon} - \frac{\partial H_z}{\partial x} - \sigma_e E_y \qquad (4\text{-}27)$$

$$\frac{\partial H_z}{\partial t} = \frac{1}{\mu}\frac{\partial E_x}{\partial y} - \frac{\partial E_y}{\partial x} - \sigma_m H_z \qquad (4\text{-}28)$$

对于 TM 波,只包含 H_x、H_y、E_z:

$$\frac{\partial H_x}{\partial t} = \frac{1}{\mu} - \frac{\partial E_z}{\partial y} - \sigma_m H_x \qquad (4\text{-}29)$$

$$\frac{\partial H_y}{\partial t} = \frac{1}{\mu}\frac{\partial E_z}{\partial x} - \sigma_m H_y \qquad (4\text{-}30)$$

$$\frac{\partial E_z}{\partial t} = \frac{1}{\varepsilon}\frac{\partial H_y}{\partial x} - \frac{\partial H_x}{\partial y} - \sigma_e E_z \qquad (4\text{-}31)$$

为了将上面微分方程转化为差分方程,采用 Yee 氏离散方法将电磁场在空间和时间进行离散化。

对于 TE 波,$H_x = H_y = E_z = 0$,有:

$$(E_x)^{n+1}_{i+\frac{1}{2},j} = \frac{1 - \dfrac{\Delta t \sigma_{i+\frac{1}{2},j}}{2\varepsilon_{i+\frac{1}{2},j}}}{1 + \dfrac{\Delta t \sigma_{i+\frac{1}{2},j}}{2\varepsilon_{i+\frac{1}{2},j}}}(E_x)^{n}_{i+\frac{1}{2},j} + \frac{\dfrac{\Delta t}{\varepsilon_{i+\frac{1}{2},j}}}{1 + \dfrac{\Delta t \sigma_{i+\frac{1}{2},j}}{2\varepsilon_{i+\frac{1}{2},j}}} \frac{(H_z)^{n+\frac{1}{2}}_{i+\frac{1}{2},j+\frac{1}{2}} - (H_z)^{n+\frac{1}{2}}_{i+\frac{1}{2},j-\frac{1}{2}}}{\Delta y}$$

$$(4\text{-}32)$$

$$(E_y)^{n+1}_{i,j+\frac{1}{2}} = \frac{1 - \dfrac{\Delta t \sigma_{i,j+\frac{1}{2}}}{2\varepsilon_{i,j+\frac{1}{2}}}}{1 + \dfrac{\Delta t \sigma_{i,j+\frac{1}{2}}}{2\varepsilon_{i,j+\frac{1}{2}}}}(E_x)^{n}_{i,j+\frac{1}{2}} - \frac{\dfrac{\Delta t}{\varepsilon_{i,j+\frac{1}{2}}}}{1 + \dfrac{\Delta t \sigma_{i,j+\frac{1}{2}}}{2\varepsilon_{i,j+\frac{1}{2}}}} \frac{(H_z)^{n+\frac{1}{2}}_{i+\frac{1}{2},j+\frac{1}{2}} - (H_z)^{n+\frac{1}{2}}_{i-\frac{1}{2},j+\frac{1}{2}}}{\Delta x}$$

$$(4\text{-}33)$$

$$(H_z)^{n+\frac{1}{2}}_{i+\frac{1}{2},j+\frac{1}{2}} = \frac{1 - \dfrac{\Delta t\,(\sigma_m)_{i+\frac{1}{2},j+\frac{1}{2}}}{2\mu_{i+\frac{1}{2},j+\frac{1}{2}}}}{1 + \dfrac{\Delta t\,(\sigma_m)_{i+\frac{1}{2},j+\frac{1}{2}}}{2\mu_{i+\frac{1}{2},j+\frac{1}{2}}}}\,(H_z)^{n-\frac{1}{2}}_{i+\frac{1}{2},j+\frac{1}{2}} - \frac{\dfrac{\Delta t}{\mu_{i+\frac{1}{2},j+\frac{1}{2}}}}{1 + \dfrac{\Delta t\,(\sigma_m)_{i+\frac{1}{2},j+\frac{1}{2}}}{2\mu_{i+\frac{1}{2},j+\frac{1}{2}}}} \cdot$$

$$\left[\frac{(E_y)^n_{i+1,j+\frac{1}{2}} - (E_y)^n_{i,j+\frac{1}{2}}}{\Delta x} - \frac{(E_x)^n_{i+\frac{1}{2},j+1} - (E_x)^n_{i+\frac{1}{2},j}}{\Delta y}\right] \tag{4-34}$$

对于 TM 波，$E_x = E_y = H_z = 0$，有：

$$(H_x)^{n+\frac{1}{2}}_{i,j+\frac{1}{2}} = \frac{1 - \dfrac{\Delta t\,(\sigma_m)_{i,j+\frac{1}{2}}}{2\mu_{i,j+\frac{1}{2}}}}{1 + \dfrac{\Delta t\,(\sigma_m)_{i,j+\frac{1}{2}}}{2\mu_{i,j+\frac{1}{2}}}}\,(H_x)^{n-\frac{1}{2}}_{i,j+\frac{1}{2}} - \frac{\dfrac{\Delta t}{\mu_{i,j+\frac{1}{2}}}}{1 + \dfrac{\Delta t\,(\sigma_m)_{i,j+\frac{1}{2}}}{2\mu_{i,j+\frac{1}{2}}}}\,\frac{(E_z)^n_{i,j+1} - (E_z)^n_{i,j}}{\Delta y}$$

$$\tag{4-35}$$

$$(H_y)^{n+\frac{1}{2}}_{i+\frac{1}{2},j} = \frac{1 - \dfrac{\Delta t\,(\sigma_m)_{i+\frac{1}{2},j}}{2\mu_{i+\frac{1}{2},j}}}{1 + \dfrac{\Delta t\,(\sigma_m)_{i+\frac{1}{2},j}}{2\mu_{i+\frac{1}{2},j}}}\,(H_y)^{n-\frac{1}{2}}_{i+\frac{1}{2},j} + \frac{\dfrac{\Delta t}{\mu_{i+\frac{1}{2},j}}}{1 + \dfrac{\Delta t\,(\sigma_m)_{i+\frac{1}{2},j}}{2\mu_{i+\frac{1}{2},j}}}\,\frac{(E_z)^n_{i+1,j} - (E_z)^n_{i,j}}{\Delta z}$$

$$\tag{4-36}$$

$$(E_z)^{n+1}_{i,j} = \frac{1 - \dfrac{\Delta t\sigma_{i,j}}{2\varepsilon_{i,j}}}{1 + \dfrac{\Delta t\sigma_{i,j}}{2\varepsilon_{i,j}}}\,(E_z)^n_{i,j} - \frac{\dfrac{\Delta t}{\varepsilon_{i,j}}}{1 + \dfrac{\Delta t\sigma_{i,j}}{2\varepsilon_{i,j}}}\left[\frac{(H_y)^{n+\frac{1}{2}}_{i+\frac{1}{2},j} - (H_y)^{n+\frac{1}{2}}_{i-\frac{1}{2},j}}{\Delta x} - \frac{(H_x)^{n+\frac{1}{2}}_{i,j+\frac{1}{2}} - (H_x)^{n+\frac{1}{2}}_{i,j-\frac{1}{2}}}{\Delta y}\right]$$

$$\tag{4-37}$$

式中：Δx、Δy、Δz 为空间网格的大小；Δt 为时间步长；m 为媒质的种类；n 为时间步数。

一旦得到了差分方程，二维 TE 波的电磁场计算可按如下步骤进行：

①已知 $t_1 = t_0 = n\Delta t$ 时刻空间各处的磁场分布及 $t_1 - \Delta t/2$ 时刻空间各处电场值。

②计算 $t_2 = t_1 + \Delta t/2$ 时刻空间各处的电场值。

③计算 $t_1 = t_2 + \Delta t/2$ 时刻空间各处的磁场值。

这样，通过②和③循环递推可以得到各个时刻空间各处的电场和磁场值。二维 TM 波的计算过程与之类似。

（2）数值稳定条件。

由于时域有限差分方法是用差分方程的解来代替原来电磁场偏微分方程组的解，离散后需要保证差分方程解的稳定性。稳定性是在离散间隔满足一定的条件下，差分方程的数值解与原方程的解之间的误差为有界。

考虑时谐场的情形：

$$f(x,y,z,t) = f_0 e^{j\omega t} \tag{4-38}$$

这一稳态解是一阶微分方程：

$$\frac{\partial f}{\partial t} = j\omega f \qquad (4-39)$$

的解，用差分近似代替上式左端的一阶导数，上面方程变为：

$$\frac{f^{n+\frac{1}{2}} - f^{n-\frac{1}{2}}}{\Delta t} = j\omega f^n \qquad (4-40)$$

式中：

$$f^n = f(x, y, z, n\Delta t) \qquad (4-41)$$

当时间步长 Δt 足够小时，定义数值增长因子为：

$$q = f^{n+\frac{1}{2}}/f^n = f^n/f^{n-\frac{1}{2}} \qquad (4-42)$$

则有：

$$q^2 - j\omega\Delta t q - 1 = 0 \qquad (4-43)$$

该方程的解为：

$$q = \frac{j\omega\Delta t}{2} \pm \sqrt{1 - \left(\frac{\omega\Delta t}{2}\right)^2} \qquad (4-44)$$

数值稳定性要求 $|q| \leq 1$，即

$$\frac{\omega\Delta t}{2} \leq 1 \qquad (4-45)$$

由于 $\omega = 2\pi/T$，T 为周期，所以有：

$$\Delta t \leq \frac{T}{\pi} \qquad (4-46)$$

从麦克斯韦方程可导出电磁场任意直角分量均满足齐次波动方程：

$$\frac{\partial^2 f}{\partial x^2} + \frac{\partial^2 f}{\partial y^2} + \frac{\partial^2 f}{\partial z^2} + \frac{\omega^2}{c^2}f = 0 \qquad (4-47)$$

考虑平面波的解，即

$$f(x, y, z, t) = f_0 e^{-j(k_x x + k_y y + k_z z - \omega t)} \qquad (4-48)$$

采用有限差分近似：

$$\frac{\partial^2 f}{\partial x^2} \approx \frac{f(x + \Delta x, y, z, t) - 2f(x, y, z, t) + f(x - \Delta x, y, z, t)}{(\Delta x)^2}$$

$$= \frac{e^{jk_x\Delta x} - 2 + e^{-jk_x\Delta x}}{(\Delta x)^2}f = -\frac{\sin^2\left(\frac{k_x\Delta x}{2}\right)}{\left(\frac{\Delta x}{2}\right)^2}f \qquad (4-49)$$

其余两个二阶倒数的差分近似也有类似的形式。

因此，波动方程的离散形式为：

$$\frac{\sin^2\left(\frac{k_x \Delta x}{2}\right)}{\left(\frac{\Delta x}{2}\right)^2} + \frac{\sin^2\left(\frac{k_y \Delta y}{2}\right)}{\left(\frac{\Delta y}{2}\right)^2} + \frac{\sin^2\left(\frac{k_z \Delta z}{2}\right)}{\left(\frac{\Delta z}{2}\right)^2} - \frac{\omega^2}{c^2} = 0 \tag{4-50}$$

即

$$\left(\frac{c\Delta t}{2}\right)^2 \left[\frac{\sin^2\left(\frac{k_x \Delta x}{2}\right)}{\left(\frac{\Delta x}{2}\right)^2} + \frac{\sin^2\left(\frac{k_y \Delta y}{2}\right)}{\left(\frac{\Delta y}{2}\right)^2} + \frac{\sin^2\left(\frac{k_z \Delta z}{2}\right)}{\left(\frac{\Delta z}{2}\right)^2}\right] = \left(\frac{\omega \Delta t}{2}\right)^2 \leqslant 1 \tag{4-51}$$

该式成立的充分条件是：

$$(c\Delta t)^2 \left[\frac{1}{(\Delta x)^2} + \frac{1}{(\Delta y)^2} + \frac{1}{(\Delta z)^2}\right] \leqslant 1 \tag{4-52}$$

即

$$c\Delta t \leqslant \frac{1}{\sqrt{\dfrac{1}{(\Delta x)^2} + \dfrac{1}{(\Delta y)^2} + \dfrac{1}{(\Delta z)^2}}} \tag{4-53}$$

该式给出了空间步长和时间步长之间应满足的关系，又称为 Courant 数值稳定性条件。

（3）吸收边界条件。

目前常用的吸收边界有 Mur 吸收边界条件、Berenger 完全匹配层和各向异性完全匹配层吸收边界条件。

以二维 TM 波为例，其 Mur 吸收边界条件下的左边界处理为：

$$(E_z)_{i,j}^{n+1} = (E_z)_{i+1,j}^{n} + \frac{c\Delta t - \Delta x}{c\Delta t + \Delta x}\left[(E_z)_{i+1,j}^{n+1} - (E_z)_{i,j}^{n}\right] - \frac{c^2 \mu \Delta t}{2(c\Delta t + \Delta x)} \cdot \left(\frac{\Delta x}{\Delta y}\right) \times$$

$$\left[(H_x)_{i,j+\frac{1}{2}}^{n+\frac{1}{2}} - (H_x)_{i,j-\frac{1}{2}}^{n+\frac{1}{2}} + (H_x)_{i+1,j+\frac{1}{2}}^{n+\frac{1}{2}} - (H_x)_{i+1,j-\frac{1}{2}}^{n+\frac{1}{2}}\right] \tag{4-54}$$

（4）激励源。

试验的激励源选择 ricker 波，其脉冲函数的时域表达式为：

$$I = -2\zeta \sqrt{e^{\frac{1}{2\zeta}}}\, e^{-\zeta(t-\chi)^2}(t - \chi) \tag{4-55}$$

式中：

$$\zeta = 2\pi^2 f^2 \tag{4-56}$$

$$\chi = \frac{1}{f} \tag{4-57}$$

式中：I 为电流；t 为时间；f 为中心频率。

天线中心频率的选择要兼顾雷达的分辨率和探测深度这一对矛盾值，要在满足测深的前提下尽量保持采样的分辨率，可以按照下面的公式来确定：

$$f = \frac{150}{x\sqrt{\varepsilon_r}} \quad (\text{MHz}) \tag{4-58}$$

式中：x 为要求的空间分辨率；ε_r 为介质的相对介电常数。

时窗是指用传播时间来表示的探测深度的范围,其选择主要取决于最大探测深度与介质的电磁波速度,可根据下式选取:

$$t_w = \frac{2.8 h_{max}}{v_m}$$ (4-59)

式中:t_w 为选择的时窗;h_{max} 为最大测深;v_m 为介质的电磁波速度。

3)模型计算

根据土石结合部的特点,主要模拟空洞和脱空,根据实际情况和经验,设计几何模型,识别隐患响应特点。

模型计算过程中选取调幅脉冲源作为激励源,适当设置空间步长和时间步长,以及有损耗介质的吸收边界条件,对具有代表性的几个地电模型进行波场数值模拟,通过设置合适的网格尺寸和目标体电磁参数,模拟得到探地雷达剖面图。其计算和编程过程如图 4-105 所示。

图 4-106 所示物理模型的含义为:混凝土板的尺寸为 4 m×4 m×0.38 m,钢筋布置间距为 120 mm。空洞之间的间距为 50 cm,孔径大小分别为 200 mm、160 mm、110 mm、75 mm、50 mm,深度为 10 mm。混凝土板介电常数为 6.0,电导率为 0.005。土壤介电常数为 20,电导率为 0.1。空洞介电常数为 1,电导率为 0。

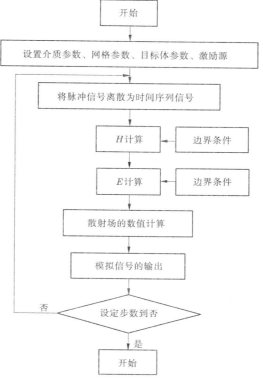

图 4-105　数值模拟程序流程

设定天线工作时窗为 15 ns,中心频率为 900 MHz,天线采集道数为 100,发射天线的起始位置为水平 0.1 m,接收天线的起始位置为水平 3.9 m,发射与接收天线的移动步长为 0.02 m、0.02 m。计算结果如图 4-107 所示。

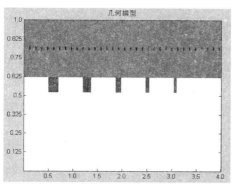

图 4-106　地电模型

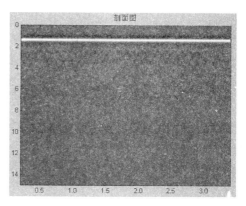

图 4-107　900 MHz 天线数值计算结果

计算结果表明,电磁波遇到钢筋发生绕射而形成的双曲线反应明显,相邻绕射波相互叠加,在钢筋两侧和钢筋下方形成很高的能量点。受到钢筋的影响,空洞响应并不强烈,但是可以分辨出,根据设计的几何模型和坐标,可以看出 20 cm 和 16 cm 的空洞形成的双曲线,11 cm 和 7.5 cm 处空洞信号反应微弱,5 cm 基本没有反应。混凝土和土壤分界面明显。

设定天线工作时窗为 15 ns,中心频率为 400 MHz,天线采集道数为 100,发射天线的起始位置为水平 0.1 m,接收天线的起始位置为水平 3.9 m,发射与接收天线的移动步长为 0.02 m、0.02 mm。计算结果如图 4-108 所示。

计算结果表明,图 4-108 所示中显示钢筋响应不明显,无法识别钢筋混凝土和土壤分界面,空洞只有 20 cm 和 16 cm 能分辨出来,11 cm 响应甚微。

如果将地电模型中的钢筋去掉,如图 4-109 所示,混凝土和土壤的分界面很清晰,电磁波遇到空洞形成的双曲线也很明显。

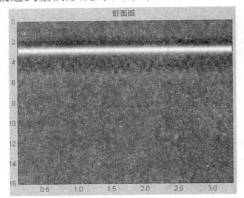 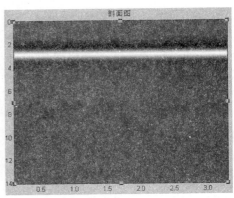

图 4-108　400 MHz 天线数值计算结果　　　图 4-109　无钢筋情况下数值计算结果

图 4-110 所示物理模型的含义为:混凝土板的尺寸为 4 m×4 m×0.38 m,钢筋布置间距为 120 mm。空洞之间的间距为 50 cm,孔径大小分别为 200 mm、160 mm、110 mm、75 mm、50 mm,深度为 10 mm。混凝土板介电常数为 6.0,电导率为 0.005。土壤介电常数为 20,电导率为 0.1。空洞介电常数为 1,电导率为 0。

图 4-111 为 900 MHz 正演剖面图,图中钢筋响应明显,脱空位置与无脱空位置,有明显的差别,可以判别。图 4-112 为 400 MHz 正演剖面图,图中钢筋响应明显,脱空位置与无脱空位置,有明显的差别,可以判别。与 900 MHz 相比较,反应更为清晰。

若去掉钢筋,可见混凝土和空气分界面清晰,土石结合部位反射清晰可见,见图 4-113。

两种隐患模型的正演模拟分析表明,时域有限差分法在地质雷达正演模拟中是有效的方法,计算结果表明,空洞和钢筋的地质雷达正演合成图为响应特征为双曲线,两者的区别在以钢筋形成的抛物线两侧和下方有明显的能量点,脱空模型的地质雷达正演图异常区反射明显,同相轴为水平层状,受钢筋的影响,通过底部的多次反射,响应明显。通过时域有限差分法对隐患进行地质雷达正演模拟,为后续地质雷达室外试验中的隐患模型剖面图形的辨识提供了有效依据和分析手段。

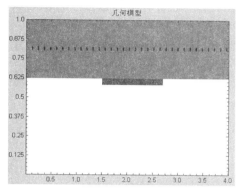

图 4-110　地电模型

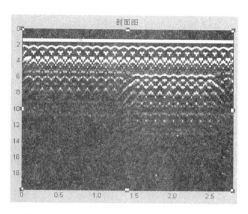

图 4-111　900 MHz 天线数值计算结果

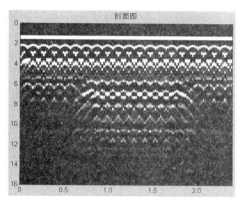

图 4-112　400 MHz 天线数值计算结果

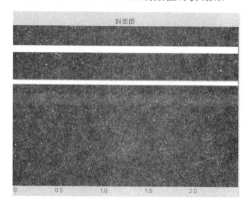

图 4-113　无钢筋情况下数值计算结果

2.探测试验

电磁波在不同介质中的波形特征与介质的性质、结构和形态等密切相关,振幅大小受介质完整性和吸收系数影响较大。且偶极子源的辐射场是一种球面波,在接收器接收电磁波的过程中会受到不同程度干扰波以及高电导率介质的影响,致使电磁波曲线往往具有干扰多、衰减快、特征弱的特点,为雷达波的图像处理和识别增加了难度。对于堤防土石结合部这样连续目标地质体来说,散射特征体现在观测范围内的多个局部散射效应的集合,而局部散射类型分为镜面反射、边缘散射、凸起散射、腔体散射等。针对检测目标中的病害或隐患发育特点,可将其具备的各种散射特征进行矢量叠加,从而简化其分析过程,得到病害部位较为完整的图像信息,进而准确推断堤防隐患的性质、位置、范围等。

通过理论分析和数值模拟,可以研究地质雷达在堤防土石结合部隐患探测的适用性,获得隐患在地质雷达剖面的响应特征,但在工程实践过程中,受仪器参数设置、现场环境、操作方法等因素的影响,检测结果与理论计算常常存在较大误差,所以进行室外试验能够验证正演模拟结果,减少工程实践中的盲目性。

模型试验的目的主要有以下几点:

(1)采集模拟堤防土石结合部隐患的典型地质雷达图像,研究不同大小的隐患在地质雷达图像中的反映。

（2）研究钢筋在地质雷达接收信号中的反映,主要研究钢筋对隐患探测在地质雷达时间—深度剖面图中的反射信号影响情况。

（3）通过把不同大小的隐患布置在相同的深度,研究地质雷达对缺陷的大小、深度对地质雷达反射接收信号的响应特征。

1）试验方案设计

根据试验目的和工程实际经验,建造如图4-114和图4-115的试验模型。

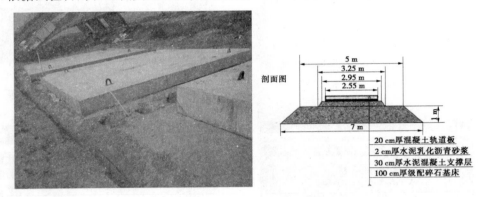

图4-114　混凝土板1

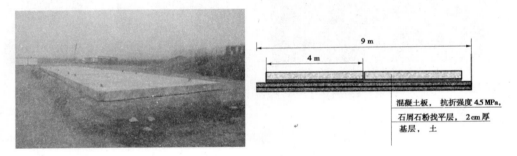

图4-115　混凝土板2

混凝土板1:

尺寸:轨道板,6 450 mm×2 550 mm×200 mm;支撑层板,6 450 mm(上底2 950 mm,下底3 250 mm)×300 mm。

钢筋用量:均采用Ⅲ级钢Φ12。计算钢筋长度时扣除混凝土保护层厚度25 mm。轨道板:横向钢筋,间距120 mm,55根×2.5 m×2层=275 m;纵向钢筋,间距125 mm,21根×6.4 m×2层=268.8 m。支撑层板:横向钢筋,间距100 mm,65根×2.9 m×2层=325 m;纵向钢筋,间距100 mm,30根×6.4 m×2层=384 m。

混凝土板2:

尺寸:4 000 mm×4 000 mm×380 mm。

钢筋:采用Ⅲ级钢Φ14钢筋,纵横向均布,间距120 mm;横向钢筋,34根×3.95 m×2层=260.7 m;纵向钢筋,34根×3.95 m×2层=260.7 m。

在混凝土板1主要设置空洞、裂缝和疏松区(见图4-116),空洞(见图4-117)为圆柱形,深度和半径相同,使用 PVC 管制作;疏松区(见图 4-118)用干树叶和土按照 3∶1 比例填充,深度和半径相同;裂缝(见图 4-119)使用泡沫板填充。

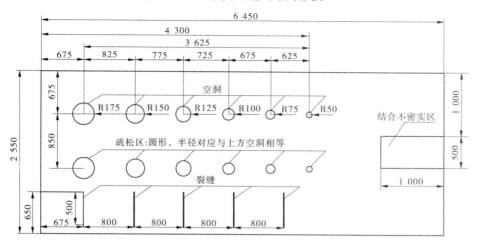

图 4-116　隐患布置图

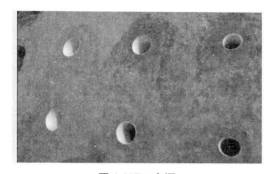

图 4-117　空洞

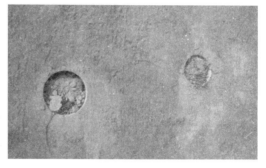

图 4-118　疏松区

图 4-119　裂缝使用泡沫板填充

　　在混凝土板 2 主要设置脱空隐患(见图 4-120),板子底部插入高聚物注浆管,利用高聚物发泡材料的膨胀效应,顶起板子底部,使板子与底部脱离,存在大面积脱空区域。

图 4-120　脱空模拟

试验所用地质雷达仪器为劳雷公司生产的 Terra SIRch SIR 3000。测线设置 3 条,分别沿着隐患进行探测。为保证雷达信号清晰,反射信号明显可辨及探测深度 2 m 之内的要求基础上,结合探测目的层的埋深、分辨率、介质特性以及天线尺寸是否符合场地需要等因素综合考虑,本试验采用中心天线频率为 900 MHz(3101 型)。

2)试验数据分析

对采集到的原始数据进行以下处理:数据信号的格式转换和延时矫正;抽道、背景去噪及水平叠加;衰减弥补和叠前偏移;带通滤波;道间均衡、滑动平均;降噪、多次滤波和反褶积处理;数据输出。选出具有典型特征的地质雷达剖面图进行说明。

图 4-121 脱空雷达剖面图对应的试验模型如图 4-120 所示,混凝土板厚度为 38 cm。由剖面图可以看出钢筋反应,图中方框所指部分为脱空响应,反射强烈,同相轴发生错动,与数值模拟的正演结果吻合。由于雷达天线在移动是人为操作的,速度不是匀速的,脱空反应不是成水平产状,而是成断续反应,不过与设置的隐患深度吻合。

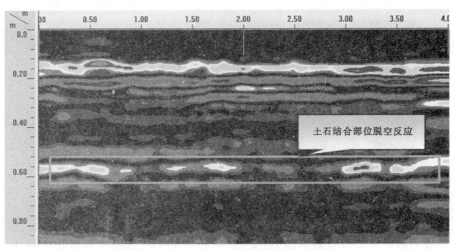

图 4-121　底板脱空地质雷达剖面图

图 4-122～图 4-126 为 20 cm 厚混凝土板下不同大小空洞的雷达图像,空洞直径分别为 200 mm、160 mm、110 mm、75 mm、50 mm,通过雷达图像分析,可以看出直径 200 mm 到 75 mm,空洞反应明显,反射强烈,同相轴错动可以判定为空洞,这与数值模拟结果吻合,在 50 mm 空洞图中,无明显异常反应。

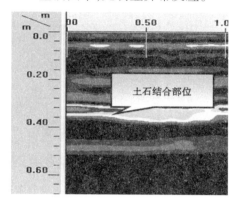

图 4-122　200 mm 空洞雷达图像

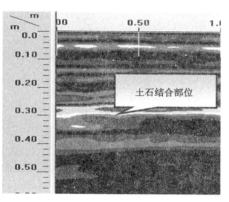

图 4-123　160 mm 空洞雷达图像

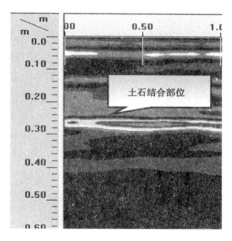

图 4-124　110 mm 空洞雷达图像

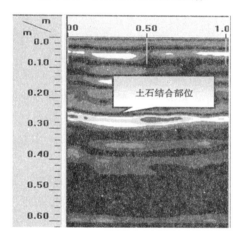

图 4-125　75 mm 空洞雷达图像

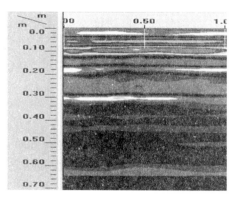

图 4-126　50 mm 空洞雷达图像

混凝土板厚度增加,在 160 mm 直径的空洞,空洞表现不明显,但是出现部分的低强度反射,见图 4-127、图 4-128。

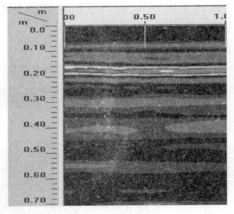 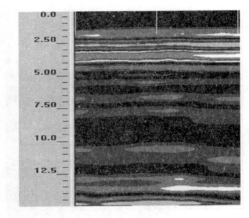

图 4-127　38 cm 混凝土板 160 mm 空洞雷达图像　图 4-128　30 cm 混凝土板 160 mm 空洞雷达图像

(二)高密度电法探测试验

1.基本理论和方法

高密度电阻率法是以岩、土导电性的差异为基础,研究人工施加稳定电流场的作用下地中传导电流分布规律的一种电探方法。因此,它的理论基础与常规电阻率法相同,所不同的是方法技术。高密度电阻率法野外测量时只需将全部电极(几十至上百根)置于观测剖面的各测点上,然后利用程控电极转换装置和微机工程电测仪便可实现数据的快速和自动采集,当将测量结果送入微机后,还可对数据进行处理并给出关于地电断面分布的各种图示结果。显然,高密度电阻率勘探技术的运用与发展,使电法勘探的智能化程度大大向前迈进了一步。

由于高密度电阻率法的上述特点,相对于常规电阻率法而言,它具有以下特点:

(1)电极布设是一次完成的,这不仅减少了因电极设置而引起的故障和干扰,而且为野外数据的快速和自动测量奠定了基础。

(2)能有效地进行多种电极排列方式的扫描测量,因而可以获得较丰富的关于地电断面结构特征的地质信息。

(3)野外数据采集实现了自动化或半自动化,不仅采集速度快(每一测点需 2~5 s),而且避免了由于手工操作所出现的错误。

(4)可以对资料进行预处理并显示剖面曲线形态,脱机处理后还可自动绘制和打印各种成果图件。

(5)与传统的电阻率法相比,成本低,效率高,信息丰富,解释方便。

1)采集系统

早期的高密度电阻率法采集系统采用集中式电极转换方式,如图 4-129 所示。进行现场测量时,用多芯电缆将各个电极连接到程控式电极转换箱上。电极转换箱是一种由微片机控制的电极自动转换装置,它可以根据需要自动进行电极装置形式、极距及测点的转换。电极转换箱开关由电测仪控制,电信号由电极转换箱送入电测仪,并将测量结果依次存入存储器。

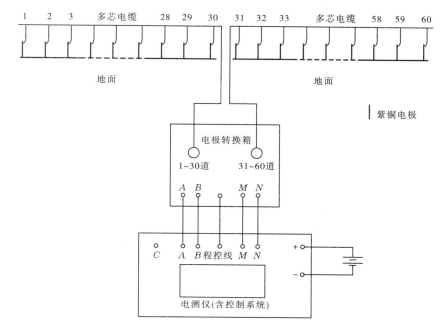

图 4-129　高密度电阻率法测量系统结构示意图(集中式)

随着技术的发展,高密度电法仪日趋成熟。表现在:采用嵌入式工控机,大大提高系统的稳定性与可靠性;采用笔记本硬盘存储数据,可以满足野外长时间施工的工作需求;系统采用视窗化、嵌入式实时控制与处理软件,便于野外操作;可实现多种工作模式的转换,计算机与电测仪一体化,携带方便。新一代高密度电法仪多采用分布式设计,见图 4-130。所谓分布式是相对于集中式而言的,是指将电极转换功能放在电极上。分布式智能电极器串联在多芯电缆上,地址随机分配,在任何位置都可以测量;实现滚动测量和多道、长剖面的连续测量。

系统可以做高密度电阻率测量,又可以同时做高密度极化率测量,应用范围宽。

2)常用装置

高密度电阻率法在一条剖面上布置一系列电极时可组合出十多种装置。高密度电阻率法的电极排列原则上可采用二极方式,即当依次对某一电极供电时,同时利用其余全部电极依次进行电位测量,然后将测量结果按需要转换成相应的电极方式。但对于目前单通道电测仪来讲,这样测量所费时间较长。其次,当测量电极逐渐远离供电电极时,电位测量幅值变化较大,需要不断改变电源,不利于自动测量方式的实现。高密度电阻率法常用的装置见图 4-131,包括温纳装置(Wenner α、Wenner β、Wenner γ)、偶极-偶极装置(Dipole-Dipole)、三极装置(Pole-Dipole、Dipole-Pole)、温纳-斯伦贝谢装置(Wenner-Schlumberger)等。

(1)温纳装置。

在高密度电阻率法中,由于温纳装置与异常对应关系好,是常用的装置之一。最早的高密度电阻率法一般使用三电位电极系。所谓三电位电极系,就是将温纳装置、偶极装置

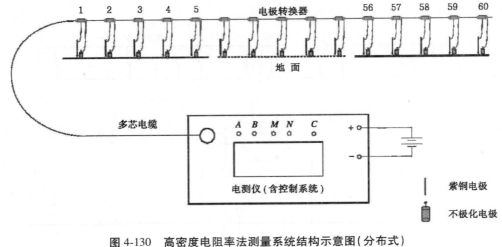

图 4-130　高密度电阻率法测量系统结构示意图(分布式)

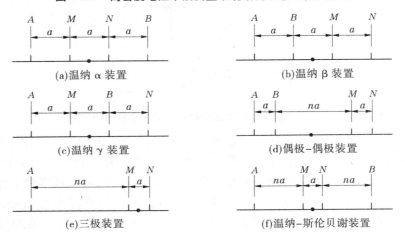

图 4-131　高密度电阻率法常用的装置图

和微分装置按一定方式组合后构成的一种测量系统。这是由于电极转换需要时间,因此当连接好等距的 A、M、N、B 四个电极后,可以作三次组合,依次构成温纳装置、偶极装置和微分装置,或称为温纳 α 装置、温纳 β 装置和温纳 γ 装置。这样在某一测点就可以获得三个电极排列的测量参数。

温纳装置对电阻率的垂向变化比较敏感,一般用来探测水平目标体。温纳装置的装置系数是 $2\pi a$,相比于其他装置而言是最小的。因而同样情况下,可观测到较强的信号,可以在地质噪声较大的地方使用。另一方面,由于它的装置系数小,因此在同样电极布置情况下,它的探测深度也小。另外,温纳装置的边界损失较大。

温纳 α 装置、温纳 β 装置和温纳 γ 装置三种排列形式,视电阻率参数及计算公式为:

$$\rho_s^\alpha = k^\alpha \frac{\Delta U^\alpha}{I}, k^\alpha = 2\pi\alpha \qquad (4\text{-}60)$$

$$\rho_s^\beta = k^\beta \frac{\Delta U^\beta}{I}, k^\beta = 6\pi\alpha \qquad (4\text{-}61)$$

$$\rho_s^\gamma = k^\gamma \frac{\Delta U^\gamma}{I}, k^\gamma = 3\pi\alpha \qquad (4\text{-}62)$$

根据三种电极排列的电场分布,三者之间的视电阻率关系为:

$$\rho_s^\alpha = \frac{1}{3}\rho_s^\beta + \frac{2}{3}\rho_s^\gamma \qquad (4\text{-}63)$$

对高密度电阻率法而言,由于一条剖面地表电极总数是固定的,因此当极距扩大时,反映不同勘探深度的测点数将依次减少。图 4-132 显示了温纳 α 装置测点分布。

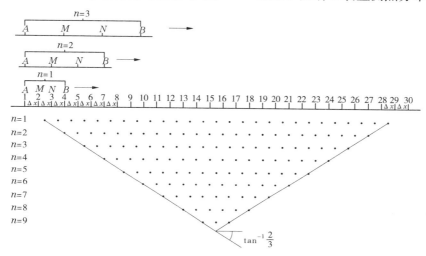

图 4-132　温纳 α 装置测点分布示意图

(Δx—最小电极距;n—间隔系数)

由图 4-132 可见,剖面上的测点数随剖面号增加而减小,断面上测点呈倒梯形分布,任意剖面上测点数可由下式确定:

$$D_n = P_{sum} - (P_a - 1) \cdot n \qquad (4\text{-}64)$$

式中:n 为间隔系数;D_n 为剖面上测点数;P_{sum} 为实接电极数;P_a 为装置电极数,对三电位电极系而言,$P_a = 4$,对三极装置,$P_a = 3$。

如对温纳装置而言,设有 30 路电极,则 $D_n = 30 - 3n$。当 $n = 1$ 时,第一条剖面上的测点数 $D_1 = 27$。令 $D_n \geqslant 1$,可求出最大间隔系数为 $n_{max} = 9$。总测点数剖面数而言,总测点数 N 为:

$$N = \sum_{n=1}^{9} (30 - 3n) \qquad (4\text{-}65)$$

(2)偶极-偶极装置。

偶极-偶极装置高灵敏度区域出现在发射偶极和接收偶极下方,这意味着本装置对每对偶极下方电阻率变化的分辨能力是比较好的。同时,灵敏度等值线几乎是垂直的,因此偶极-偶极装置水平分辨率比较好,一般用来探测向下有一定延伸的目标体。相对于温纳装置,偶极-偶极装置观测的信号要小一些。

$$\rho_s = k\frac{\Delta U_{MN}}{I}, k = 2\pi n(n+1)(n+2)\alpha \tag{4-66}$$

（3）三极装置。

三极装置有更高的灵敏度和分辨率。同时,三极装置的两个电位电极在网格内,因此受电噪声干扰也相对小一些。与偶极-偶极装置相比,三极装置所测信号要强一些。另外,三极装置可以进行"正向"(单极-偶极)和"反向"(偶极-单极)测量,因此边界损失小。

$$\rho_s = k\frac{\Delta U_{MN}}{I}, k = 2\pi n(n+1)\alpha \tag{4-67}$$

（4）温纳-斯伦贝谢装置。

温纳-斯伦贝谢装置的高灵敏度值出现在测量电极之间的正下方,有适当的水平和纵向分辨率,但探测深度小,在三维电法中难以单一使用。

$$\rho_s = k\frac{\Delta U_{MN}}{I}, k = \pi n(n+1)\alpha \tag{4-68}$$

可以联合使用这些装置,有的程序可联合反演。

3）资料处理与反演解释

（1）统计处理。

统计处理包括以下内容：

①利用滑动平均计算视电阻率的有效值,例如三点平均：

$$\rho_x(i) = [\rho_s(i-1) + \rho_s(i) + \rho_s(i+1)]/3 \tag{4-69}$$

式中：$i = 1,2,3,\cdots,D_n$；$\rho_x(i)$ 为 i 点的视电阻率有效值。

②计算整个测区或某一断面的统计参数。

平均值：$\bar{\rho}_x = \frac{1}{N} \cdot \sum\limits_{i=1}^{N} \rho_x(i)$,N 为某一测区或某一断面上的测点数。

标准差：$\sigma_A = \sqrt{\left[\sum\limits_{i=1}^{N} \rho_s^2(i) - n\bar{\rho}_x^2\right]/n}$, $\sigma_A = \sqrt{\sum\limits_{i=1}^{N} [\rho_s(i) - \bar{\rho}_x]^2/n}$ 。

③计算电极调整系数。

$$K(L) = \bar{\rho}_x(i)/\bar{\rho}_s(L) \tag{4-70}$$

其中 $\bar{\rho}_s(L)$ 为电极距为 L 时全部视电阻率观测数据平均值。

④计算相对电阻率。

$$\rho_y(i) = K(L) \cdot \rho_x(i) = \bar{\rho}_x \cdot \bar{\rho}_x(i)/\bar{\rho}_s(L) \tag{4-71}$$

通过计算相对电阻率,可以在一定程度上消除地点断面由上到下水平地层的相对变化。因此,相对电阻率断面图主要反映地电体沿剖面的横向变化。

⑤对视参数分级。

为了对视参数进行分级,首先必须按平均值和标准差关系视参数的分级间隔。间隔太小,等级过密,间隔太大,等级过稀,都不利于反映地电体的分布。一般情况下,以采用五级制为宜,即根据平均值和标准差的关系划分四个界限：

$$D_1 = \bar{\rho}_x - \sigma_A$$
$$D_2 = \bar{\rho}_x - \sigma_A/3$$
$$D_3 = \bar{\rho}_x + \sigma_A/3 \qquad\qquad (4\text{-}72)$$
$$D_4 = \bar{\rho}_x + \sigma_A$$

利用上述视参数的分级间隔,可将断面上各点的 $\rho_s(i)$ 或 $\rho_y(i)$ 划分成不同的等级用不同的符号或灰阶(灰度)表示时,便得到视参数异常灰度图,如:

$$\rho_s(i) < D_1,\text{低阻}$$
$$\rho_s(i) = D_1 \sim D_2,\text{较低阻}$$
$$\rho_s(i) = D_2 \sim D_3,\text{中等} \qquad\qquad (4\text{-}73)$$
$$\rho_s(i) = D_3 \sim D_4,\text{较高阻}$$
$$\rho_s(i) > D_4,\text{高阻}$$

视参数的等级断面图在一定条件下能比较直观和形象地反映地点面的分布特征。

统计处理原则上适宜于三电位电极系中各种电极排列的测量结果,只是在考虑视电阻率参数图示时,由于偶极和微分两种排列的异常和地电体之间具有复杂的对应关系,因此一般只对温纳 α 装置的测量结果进行统计处理。当然,随着现代高密度电法仪装置的增加,温纳-斯伦贝谢装置的测量结果也可进行统计处理。

(2)比值参数。

高密度电阻率法的野外观测结果除可以绘制相应装置的视参数断面图外,根据需要还可绘制两种比值参数图。考虑到三电位电极系中三种视参数异常的分布规律,选择了温纳 β 装置和温纳 γ 装置两种装置的测量结果为基础的一类比值参数。该比值参数的计算公式为:

$$T(i) = \rho_s^\beta(i)/\rho_s^\gamma(i) \qquad\qquad (4\text{-}74)$$

由于温纳 β 和温纳 γ 这两种装置在同一地电体上所获得的视参数总是具有相反的变化规律,因此用该参数绘制的比值断面图,在反映地电结构的分布形态方面,远比相应装置的视电阻率断面图清晰和明确得多。

另一类比值参数是利用联合三极装置的测量结果为基础组合而成的,其表达式为:

$$\lambda(i, i+1) = \frac{\rho_s^A(i)/\rho_s^B(i)}{\rho_s^A(i+1)/\rho_s^B(i+1)} \qquad\qquad (4\text{-}75)$$

式中,$\rho_s(i)$ 和 $\rho_s(i+1)$ 分别表示剖面上相邻两点视电阻率值,计算结果示于 i 和 $i+1$ 点之间。比值参数 λ 反映了联合三极装置歧离带曲线沿剖面水平向的变化率。表征比值参数 λ 在反映地电结构能力方面所做的模拟试验,视电阻率 ρ_s^α 断面图只反映了基底的起伏变化,而 λ 比值断面图却同时反映了基底起伏中的低阻构造。

(3)高密度电阻率法二维地形边界元数值解法。

高密度电阻率法是常规电法的一个变种,就其原理而言,与常规电法完全相同。它仍然以岩、矿石的电性差异为基础,通过观测和研究人工建立的地中稳定电流分布规律,解决水文、环境与工程地质问题。高密度电阻率法的正演问题就是传导类电法的正演问题,也就是求解稳恒点电源电流场的边值问题。

对二维地形,设起伏地面下均匀各向同性介质的电阻率为 ρ_1,具有电流强度为 I 的稳恒点电流源位于地面任一点 $A(x,0,z)$。域 Ω 的边界由 Γ_1 和 Γ_2 组成(见图4-133)。

根据位场理论可知,在有源域内及其边界任意一点 $M(x,y,z)$ 处的电位 $U(x,0,z)$ 满足:

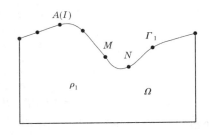

图4-133 位场问题的定义域与边界

控制微分方程

$$\nabla^2 U(x,y,z) = F \quad M \in \Omega \qquad (4-76)$$

自然边界条件

$$Q(x,y,z) = \frac{\partial U}{\partial n} = \overline{Q}(x,y,z) \quad M \in \Gamma_1 \qquad (4-77)$$

本质边界条件

$$U(x,y,z) = \overline{U}(x,y,z) \quad M \in \Gamma_2 \qquad (4-78)$$

式中:$F = -2I\rho_1\delta(M - A)$;$\overline{Q}$ 和 $\overline{U}$ 分别为边界 Γ_1 和 Γ_2 上已知边值函数,这里,$\overline{Q} = 0$,$\overline{U} = \frac{I\rho_1}{2\pi} \cdot \frac{1}{r_{Ai}}$,$r_{Ai}$ 为源点 A 到场点"i"间的距离。

可以看到,地形是二维的,即沿 y 轴无变化,而电位 U 是 y 偶函数,所以我们也把上边值问题称为 2.5 维问题。对式(4-76)、式(4-77)、式(4-78)进行余弦傅里叶变换可得:

控制微分方程

$$\nabla^2 u(x,\lambda,z) - \lambda^2 u(x,\lambda,z) = f \quad M \in \Omega \qquad (4-79)$$

自然边界条件

$$q(x,\lambda,z) = \overline{q}(x,\lambda,z) \quad M \in \Gamma_1 \qquad (4-80)$$

边界条件

$$u(x,\lambda,z) = \overline{u}(x,\lambda,z) \quad M \in \Gamma_2 \qquad (4-81)$$

式中:$f = -I\rho_1\delta(x - x_A, z - z_A)$;$\overline{q} = 0$;$\overline{u} = \frac{I\rho_1}{2\pi}K_0(\lambda r_A)$;$K_0(\lambda r_A)$ 为第二类零阶修正贝塞尔函数;λ 为余弦傅里叶变换量或波数。

这样,便将三维偏微分方程(4-76)变成了二维偏微分方程(4-79),即将三维空间的电位 $U(x,y,z)$ 变换为二维空间的变换电位 $u(x,\lambda,z)$。为求得 u,可采用边界元法求解 u 所满足的亥姆霍兹方程式(4-79),借助格林公式及二维介质亥姆霍兹方程的基本解,即可把 u 满足的亥姆霍兹方程及边界条件等价地归化为如下的边界积分方程:

$$\frac{\omega_i}{2\pi}u_i - \frac{I\rho_1}{4\pi}K_0(\lambda r_A) + \int_{\Gamma_1} uq^* \,\mathrm{d}\Gamma = \int_{\Gamma_1} qu^* \,\mathrm{d}\Gamma \qquad (4-82)$$

式中:ω_i 为边界点"i"对区域 Ω 的张角;u^* 为亥姆霍兹方程的基本解;$u^* = \frac{1}{2\pi}K_0(\lambda r)$;

$q^* = \frac{\partial u^*}{\partial n} = -\frac{k}{2\pi}K_1(kr)\cos(\vec{n},\vec{r})$;$k$ 为波数;$\vec{r}$ 为点 (x_i,z_i) 到点 (x,z) 的矢径;$\vec{n}$ 为边界的

外法线方法；$K_1(kr)$ 为第二类一阶修正贝塞尔函数。

采用边界元离散技术，将域 Ω 的边界 Γ_1 进行剖分，分成 N_1 个单元。根据积分的可加性，式(4-82)中对边界 Γ_1 的积分可化为对每个单元 Γ_j 上的积分之和：

$$c_i u_i - B_i + \sum_{j=1}^{N_1} \int_{\Gamma_j} uq^* \,\mathrm{d}\Gamma = \sum_{j=1}^{N_1} \int_{\Gamma_j} qu^* \,\mathrm{d}\Gamma \qquad (4-83)$$

式中：$c_i = \dfrac{\omega_i}{2\pi}$；$B_i = \dfrac{I\rho_1}{4\pi} K_0(\lambda r_A)$。

方程组式(4-83)仅是含有 N_1 未知量的线性方程组，解此方程组即可求得变换电位值 $u(x,\lambda,z)$，然后按下式：

$$U(x,y,z) = \frac{2}{\pi} \int_0^\infty u(x,\lambda,z)\cos(\lambda y)\,\mathrm{d}\lambda \qquad (4-84)$$

进行傅氏逆变换，即可求得电位值 $U(x,y,z)$。

根据所采用的高密度电阻率法装置类型，逐点计算出某记录点处的纯地形异常视电阻率值 ρ_s^D，然后用"比较法"进行地形改正。地形改正公式如下：

$$\rho_s^C = \rho_s / (\rho_s^D / \rho_1) \qquad (4-85)$$

式中：ρ_s^C 为地形改正后的视电阻率值；ρ_s 为该记录点实测的视电阻率值；ρ_s^D 为纯地形影响值，它是一个无量纲的标量；ρ_1 一般取 $1\ \Omega \cdot m$。

利用边界单元法计算高密度电阻率法地形边界位场问题是很有效的。但是在算法引入时，必须针对高密度电阻率法的特点，做一些技术处理。高密度电阻率法电极排列密集，并且采用了差分装置，所有这些特点都要求计算精度高、运算速度快。另外，所形成的矩阵也因测量电极到供电电极的距离变化很大呈带状分布，并且当波数较大时，矩阵中的系数几乎都接近于零，造成解的不稳定。为了解决这一问题，采用了增广矩阵法求解方程组 $HU=B$ 的效果较为满意。

为了保证精度，同时又减少运算次数，除采用九波数傅氏反变换外，还采用了不等分单元剖分方案。具体做法是，在测线外，越远则单元剖分长度越大，且为最小电极距的整数倍；在测线段，则以最小电极距长度划分边界单元。为了避免 r 等于零时贝塞尔函数无穷大的问题，剖分结点应不与电极点位置重合，最好选取相邻电极的中点为结点。

2.探测试验

在探测工作中根据具体情况选择装置形式，一般选用四极、三极或偶极装置。探测仪器的电极单元总数不宜少于 30 个。高密度电阻率法结合了电剖面法和电测深法的优点，成果信息丰富，能够绘制二维视电阻率剖面图，成果直观，而且通过反演软件处理，能够得到地下真实电阻率分布情况。该方法自动化程度较高，电极一次布设后能够进行自动测量，可以根据现场情况选择多种装置形式。该方法缺点在于现场条件复杂、电极数量多，反演成果存在多解性。

结合正演模拟模型，针对隐患模型开展现场试验。每个病害进行一组试验，每组试验采用 Dipole-Dipole、Bipole-Bipole 两种装置进行测试，测线沿土石结合部周边布设，以减小边界对测试的影响。

每条测线采用 27 根电极,电极距 0.5 m,电极采用截面 0.25 mm² 的实心铜导线制作。探测设备采用美国 AGI 公司的 Super Sting R8 分布式高密度电法仪,其主要技术指标如表 4-31 所示。

表 4-31　主要技术指标

测量电压分辨率:30 nV	输出电流:1 mA~2 A
增益范围:自动增益	噪声压制:100 dB, f>20 Hz
测量循环时间:0.5 s,1 s,2 s,4 s,8 s	输出功率:200 W
测量电压范围:±10 V	输入通道:8 通道
内存容量:30 000 测量数据点	数据存储:自动存储
数据传输:RS-232	显示:LCD
外电源:12 V 或 2×12 V DC	

Dipole-Dipole 装置和反演结果见图 4-134。

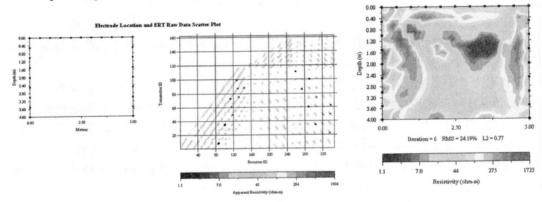

图 4-134　Dipole-Dipole 装置和反演结果

Bipole-Bipole 装置和反演结果见图 4-135。

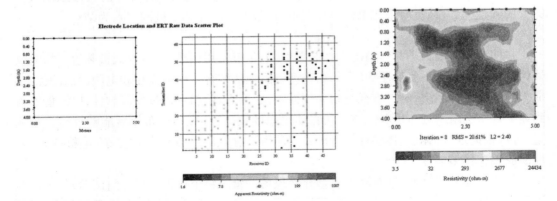

图 4-135　Bipole-Bipole 装置和反演结果

(三)冲击回波法探测试验

如本章第三节所述,冲击回波法是通过机械冲击在物体表面施加一短周期应力脉冲,产生应力波。当应力波在传播过程中遇到波阻抗突变的缺陷或边界时,应力波在这些界面发生往返反射,且差异愈大,反射愈强。接收这种反射回波并进行频谱分析,读取主频,根据峰值的变化判断波阻抗突变的缺陷或边界。

1.探测试验

模拟涵闸底板的土石结合部存在脱空的情况,首先在土体里设置直径为 200 mm、160 mm 的孔洞,孔洞用 PVC 管支护(见图 4-136(a)),然后盖上混凝土板(见图 4-136(b))。将探测区域分为 3 个区域(见图 4-136(c))。试验混凝土板厚 25 cm。

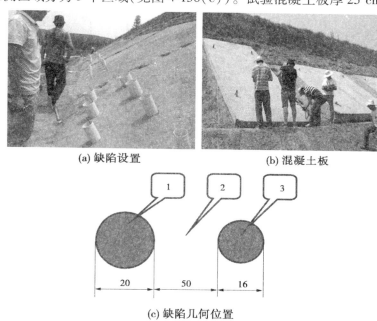

(a) 缺陷设置   (b) 混凝土板

(c) 缺陷几何位置

图 4-136　涵闸底部存在脱空的模型

试验结果见图 4-137,可见 1 区和 3 区的接收信号频率出现了较高的峰值,2 区的接收信号频率比较平稳,由于混凝土板底部存在脱空,接收信号频率出现较大的峰值。

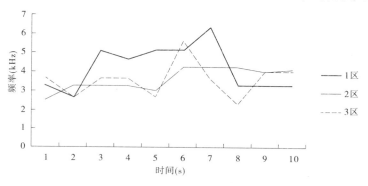

图 4-137　接收信号频率试验结果

1 号板厚度为 25 cm,缺陷位置和测线分布见图 4-138,测试结果见图 4-139,可见在存在脱空的区域,频率曲线均出现大小不同的峰值。因此,存在缺陷的区域,会导致测试信号频率增大。

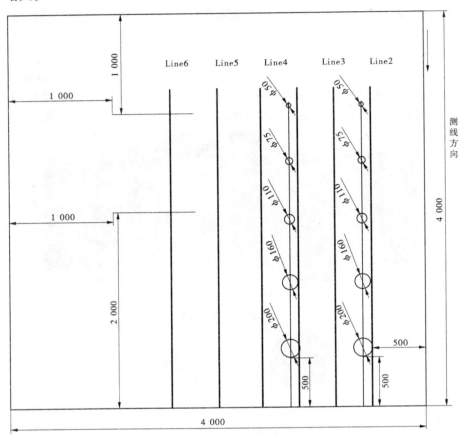

图 4-138　缺陷位置和测线分布

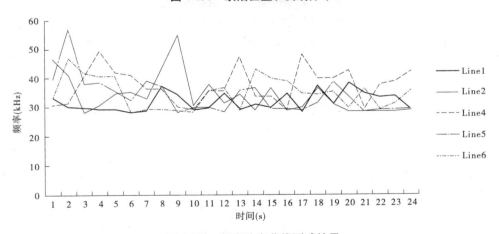

图 4-139　频率分布曲线测试结果

各条测线除用脉冲相应法检测外,还进行了声波反射法的检测,利用高频探头进行发射和接收,频率为 500 kHz,混凝土板波速为 4 000 m/s。经过测试,未发现明显的反射波信号,接收信号信噪比较低,难以用反射法判断底部是否存在脱空。由于混凝土中存在大量石子颗粒,对声波有较强的反射作用,导致回拨信号较弱,难以分辨。

2.对比试验

脱空板的工况说明(见图 4-140),底部无脱空的混凝土板大小为 5 m×6 m,厚度为 38 cm,钢筋混凝土结构,边缘部分地区有缝隙,缝隙的高度为 1 cm,板整体和地面接触良好。底部有脱空的混凝土板大小为 4 m×8 m,厚度为 31 cm,钢筋混凝土结构,板子底部插入高聚物注浆管,利用高聚物发泡材料的膨胀效应,顶起板子底部,使板子与底部脱离,存在大面积脱空区域。

(a) 底部无脱空

(b) 底部存在脱空

(c) 试验图

图 4-140　情况说明图

无脱空板测试的最高主频为 11.72 kHz 和 9.76 kHz,次级频率峰值在 4.88 kHz 和 17.58 kHz,能量为主级能量的 59.9%。脱空板测试的最高主频为 4.88 kHz,次级频率峰值在 11.72 kHz 和 13.67 kHz,信号大部分能量在 2.93～13.67 kHz,此外,其他信号能量在 20.51 kHz、28.32 kHz、39.06 kHz 范围内,能量为主级能量的 86.67%。对比无脱空和脱空板的接收信号,脱空板的接收信号能量相对较大,能量为无脱空接收信号的 1.33 倍(见图 4-141)。

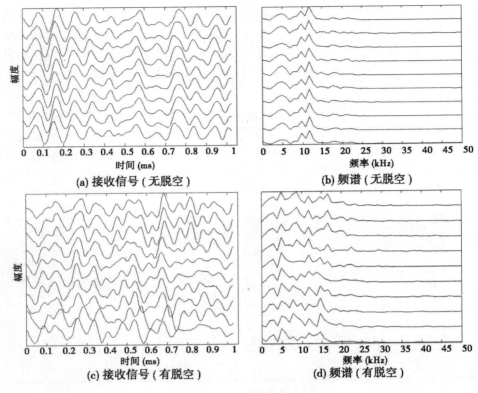

图 4-141　检测结果

（a）接收信号（无脱空）

（b）频谱（无脱空）

（c）接收信号（有脱空）

（d）频谱（有脱空）

（四）合成孔径成像法探测试验

根据被检涵闸底板截面的大小，建立图像矩阵 $I(m,n)$，(m,n) 表示第 m 行、第 n 列的网格，用 $I_i(m,n)$ 表示第 i 个测点对应的图像矩阵，$I(m,n)$ 与 $I_i(m,n)$ 的关系为：

$$I_{sum}(m,n) = \sum_{i=1}^{N} I_i(m,n) \tag{4-86}$$

考虑反射波 $R_i(t)$ 的 SAFT 成像，其数据采样长度为 N_1，采用成像的空间网格步长为 Δl，设采样时间间隔为 Δt，若空间网格点 (m,n) 满足

$$[(m\Delta l - y_i)^2 + (n\Delta l - x_i)^2]^{1/2} = k \frac{\Delta t}{2} \nu_p \tag{4-87}$$

k 为整数，且 $1 \leq k \leq N_1$，ν_p 为混凝土纵波速度，则

$$I_i(m,n) = R_i(k\frac{\Delta t}{2}) \tag{4-88}$$

对每个测点的反射信号 $R_i(t)$ 进行式（4-87）、式（4-88）的运算得到 $I_i(m,n)$，最后由式（4-86）可得总的图像矩阵 $I_{sum}(m,n)$。则所有测点的反射信号峰值都将在缺陷对应的网格 (m_{aim},n_{aim}) 叠加，结果是 (m_{aim},n_{aim}) 处幅值较大，而无缺陷网格处振幅较小。所有图像网格的幅度以不同的色谱成像，将缺陷以亮带区域显示出来。

1.含脱空的数值模拟

图 4-142 为涵闸底板脱空模型，为 2 层介质，上层为混凝土底板，厚度为 32 cm，纵波

速度、横波速度和密度分别为 3 000 m/s、1 600 m/s 和 1 800 kg/m³；下部垫层厚度为 48 cm，纵波速度、横波速度和密度分别为 2 000 m/s、1 200 m/s 和 1 300 kg/m³。底板与垫层接触部位有一脱空处，设置脱空为半圆形脱空，脱空半径为 10 cm。

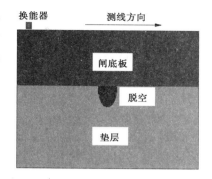

图 4-142　涵闸底板脱空模型

采用自发自收的采集方式，换能器在闸底板上部安装，发射脉冲采用主频为 200 kHz 的脉冲信号。第 1 个测点距离模型边缘 2.4 cm，测点间距 10 cm，一共采集 17 个测点。经过计算，得到的信号如图 4-143（a）所示，从下至上分别列出 17 个测点的信号。消除了首波后，可看到 A 区信号为闸底板和垫层交界面的反射信号，信号的幅度较大。B 区信号为脱空区的反射信号，B 区信号后面为来自脱空区的杂波，杂波和交界面的反射横波信号互相交织，增加了信号震动的持续时间。

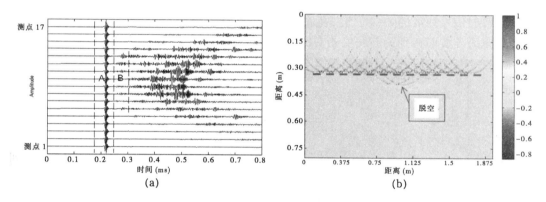

图 4-143　闸底板和垫层的交界面的反射纵波

如图 4-143（b）所示，闸底板和垫层的交界面的反射纵波幅度较大，成像后形成一条振幅较大的区域，图中虚线标识出闸底板和垫层的交界面。此外，脱空区也被反射信号成像出来。因为来自脱空区的反射信号幅度较低，所以脱空区成像后不如闸底板的成像界面明显，但从成像结果上可分辨出来脱空区的具体位置。

2. 钢筋的影响

图 4-144 为含钢筋的涵闸底板模型，闸底板厚度为 0.34 m，宽 0.525 m，闸底板内含有两层钢筋，上层钢筋距离 4 cm，钢筋的直径为 1 cm，横向钢筋间距为 10 cm，上下两层钢筋间距为 0.3 m。介质参数如表 4-32 所示。

表 4-32　介质参数

物理参数	横波速度（m/s）	纵波速度（m/s）	密度（kg/m³）
闸底板	1 600	3 000	1 800
钢筋	3 230	5 900	7 700
垫层	1 100	2 000	1 250

模拟 1 个点源的激发方式,震源在距离模型左侧边缘 0.22 m 处,采用自发自收方式。图 4-145(a)为计算得到不同时间的波场快照,在 42 μs 和 84 μs 时,波前遇到第一层钢筋,产生了不同程度的散射,在 126 μs 时,波前遇到第二层钢筋,图中可看到多个散射波的存在,在 168 μs 时,波前遇到闸底板和垫层的交界面,发生了反射。可见当混凝土内含钢筋时,震源激发后,波前遇到钢筋,会发生多次散射,产生新的散射波,增加了波场成分的多样性。

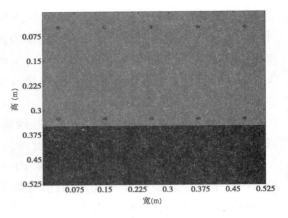

图 4-144 含钢筋的涵闸底板模型

图 4-145(b)为接收信号,在首波和底界面反射波之间,收到的多个来自顶层和底层钢筋的散射信号,信号幅度较小。底界面的反射波幅度比钢筋散射波幅度较大,是顶层钢筋散射信号幅度的 1.5～3 倍。同时也是底层钢筋散射信号幅度的 8～10 倍。在底层反射信号之后,杂波较多且持续时间较长,杂波的产生原因是波前遇到钢筋发生的多次散射。

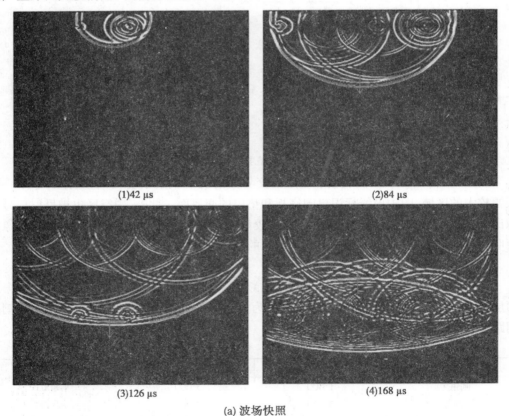

(1)42 μs

(2)84 μs

(3)126 μs

(4)168 μs

(a) 波场快照

图 4-145 波场快照和接收信号

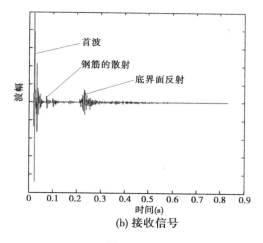

(b) 接收信号

续图 4-145

3.模型试验

为了验证 SAFT 方法检测土石结合部脱空的可行性,制作了混凝土模型作为涵闸底板模型,在混凝土块底部设置脱空进行检测试验。如图 4-146 所示,混凝土试块长 50 cm,宽 20 cm,高度为 20 cm,脱空部位于混凝土底部中间位置,脱空周围的介质为土。

在顶部中间位置布置测线,收发换能器间距 1 cm,第一个测点距离试块左侧边缘 1 cm,依次向右同步移动收发换能器,相邻测点距离 2 cm,两种激励方式均为 24 个测点。根据试块和脱空部位大小,将试块划分为 625(横向)、400(垂直方向)个网格。试块纵波波速经试验测试为 4 000 m/s。换能器直径

图 4-146 涵闸底板脱空示意图

为 3 cm,中心频率 f_0 为 500 kHz。接收换能器与发射换能器参数相同。信号发生器激励发射换能器为尖脉冲信号,接收信号经过功率放大器由示波器(MS07032A,Agilent)采集并存储到移动硬盘。

接收信号如图 4-147(a)所示,虚线表示底板脱空的反射波位置。各测点所测数据变化较小,个别测点数据振幅出现不均匀波动,其原因为测试时涵闸底板表面的不平整。合成孔径成像见图 4-147(b),椭圆所在区域标识出闸底板脱空位置。其他测点反射波信号不明显,表示底板与土体结合较为紧密。

三、聚束电法探测系统研究

(一)设计原理

常规直流电阻率法在工程地质勘探中应用十分广泛,是一种较为方便、快捷的探测方法。但"体积特性"这一固有缺陷,使得电法勘探的尺寸效应比较明显,影响了对深部地

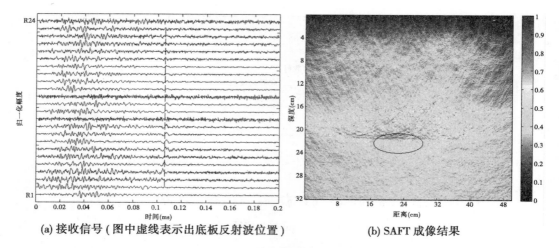

| (a) 接收信号（图中虚线表示出底板反射波位置） | (b) SAFT 成像结果 |

图 4-147　接收信号和成像结果

质体的探测效果。同时,地电剖面的横向和纵向分辨率较低,对复杂地质体勘探效果不够理想等也是困扰常规直流电法的技术难题。以上缺点使得原有的各种电法观测系统在进行土石结合部隐患探测时无法取得令人满意的效果。

在为期 3 年的研究过程中,项目组按照预定的技术路线,依次完成了最佳聚束方案确定、仪器设计与制作、野外工作方法的确定等工作,取得了预期的科研成果。

在堤防土石结合部隐患探测工作的边界条件下直流电场的最佳的屏蔽电极聚束方案,是本研究项目必须解决的关键问题,其成果是研制专用仪器、确定聚束直流电阻率法野外工作方法,以及编制资料处理软件的基础。经过综合论证,最终采用了效果较佳的屏蔽电极聚束方案,并通过研究不同探测对象时的主电场与聚束电场之间的相互关系,确定了直流电场的最佳聚束方案,明确了电极的布设方式、聚束电流和电压等参数的选择,研发了屏蔽电极聚束电法探测仪。该仪器具有四极测深、联合电测深、联合剖面、偶极-偶极、地井电法、五极纵轴电测深等功能,可用于堤防隐患探测、工程地质勘探等工作。经野外大量试验结果表明,聚束电阻率法对地下土石结合部隐患探测深度明显高于常规电阻率法,且分辨率较高。

1. 聚束电极系设计目的和方法

电阻率法采用人工场源,其异常幅度,除取决于目标体与周围介质的物性差异、规模及埋深等条件外,还取决于流经目标体的电流密度的大小。一个地质体的激励电流密度为 0 时,就不可能产生异常。从视电阻率的微分表达式:

$$\rho_s = (j_{MN}/j_0)\rho_0 \qquad (4-89)$$

来看,ρ_s 与 j_{MN}/j_0 成正比,令

$$j_{MN} = j_0 + j_h' \qquad (4-90)$$

电阻率的相对异常为:

$$\Delta\rho_s/\Delta\rho_0 = j_h'/j_0 \qquad (4-91)$$

式中:ρ_s 为视电阻率;ρ_0 为介质电阻率;j_{MN} 为测量电极间的电流密度;j_0 为均匀介质中的电流密度;$j_h' = f(j_k)$,为地下 h 深处地质体受电流密度 j_h 激发在地表产生的电流密度异常

部分。

在电法勘探中,增大目标体探测的异常幅度或提高勘探深度,可归结为增大 j'_h/j_0 的比值问题。为达到增大相对异常幅度,可采用减小 j_0 的方法,即建立一个与基本电流方向相反的电流补偿装置,使地表及其浅部电流密度减小,而使目标体所在范围的电流密度相对增加,以提高 j'_h/j_0 的比值。

如图 4-148 所示,共 5 个电极。A_0 为供电电极,A_1、A_2 为屏蔽电极,M、N 为测量电极,所有电极呈一条直线。探测时 3 个供电电极同时供电,并记录供电电流 I_1、I_0、I_2,通过测量电极 M、N 记录 M、N 的电位差 U_{MN}。各电极之间的距离根据所需探测深度和现场地质而定,设电极 M、N 的中心为 O 点,一般 A_0O 的距离是待测最大勘探深度 h 的 2 倍。

探测时保持电极 A_1、A_0、A_2 的相对位置不变,M、N 的相对位置也保持不变,A_0O 的中心位置根据勘探深度随极距增大而增加的原理,通过大量的现场试验,最终确定了两个屏蔽电极的移动步距的范围为 $0.2\sim0.3$ m,固定屏蔽极距后,调节电流使电场聚束,然后测量视电阻率。

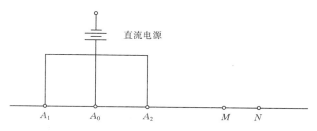

图 4-148 电极排列图

2.电场分析

半无限空间中点电源电场分析:

如图 4-149(a)所示,1 个点电极供电的(水平)空间的电流密度 $j_h = \dfrac{I}{\pi r^2}\cos\alpha$,垂向为 $j_v = \dfrac{I}{\pi r^2}\sin\alpha$。3 供电电极同时供电时则为 3 个电极在地下产生的电流密度的横向分量或纵向分量的叠加,如图 4-149(b)所示。

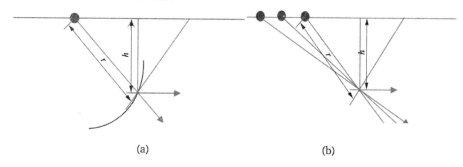

| (a) | (b) |

图 4-149 电场计算示意图

图 4-150(a)、(b)分别为单点源和 3 个点源供电的电场分布图。从图中可见,单点源

供电时以点源为圆心的圆环区域电流密度均匀分布,当3个点源供电时,在3个点源下方产生电流密度分布较大的区域,因为大的电流密度区域的形状呈花瓣形的束状,向下方延伸,我们叫作"聚束"。

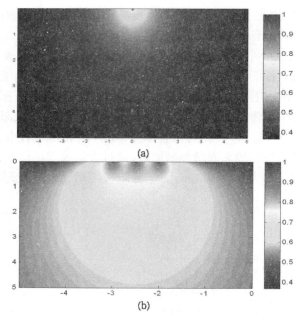

图 4-150　电流密度分布(纵向)

单点源和3个点源供电时在水平方向的电流密度大小见图4-151,在深度为1 m时,距离小于1 m时单点源的电流密度大于3个点源供电的电流密度;在水平距离大于1 m时,3个点源供电的电流密度大于1个点源的电流密度;在水平距离接近1 m时,电流密度均达到最大。然后随着水平距离的增加,电流密度逐渐减小,但3个点源供电的电流密度大于单个点源供电的电流密度。在深度为2 m、3 m和4 m深度时,3个点源的电流密度在水平方向的对应距离均大于单个点源供电的电流密度。由以上分析可知,3个点源供电时,增加了地下不同深度的电流密度,提高了电流的穿透距离,有利于探测到深部介质的电性参数。

由图 4-152 可见,当测量电极 MN 与供电电极 A 的距离增加时,在不同深度的电流密度与地表的电流密度比值逐渐增大。说明随着极距的增大,深部的电流密度与地表的电流密度的比值相应增加,说明我们的电极设计方案具有测深的功能。

3.两层介质的探测结果分析

计算两层介质的情况下,计算3个点源与单个点源的探测结果,用来对比检测方案的有效性,见图4-153。

两层介质的地表电流密度的计算公式为:

$$u_1 = \frac{\rho_1 I}{2\pi} \left[\frac{1}{r} + 2 \sum_{n=1}^{\infty} \frac{\bar{K}_{12}^n}{\sqrt{r^2 + (2nh_1)^2}} \right] \tag{4-92}$$

$$K_{12} = \frac{\rho_2 - \rho_1}{\rho_2 + \rho_1}$$

(4-93)

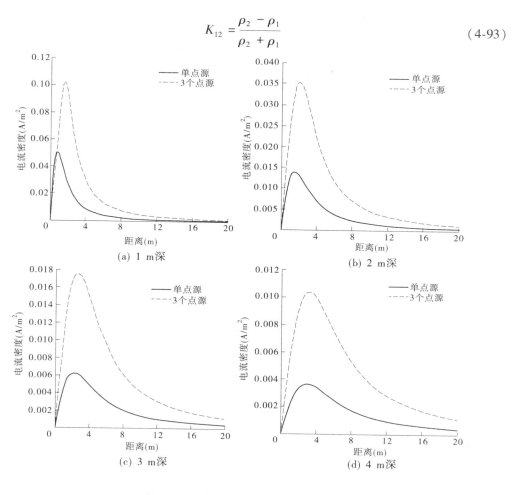

图 4-151　水平方向电流密度的比较

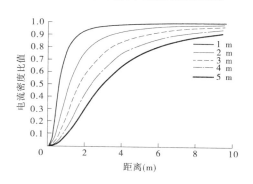

图 4-152　地表电阻率的比值在不同深度的比较

式中：ρ_1 和 ρ_2 分别为第 1 层和第 2 层介质的电阻率；r 为距离；h_1 为第 1 层介质的厚度；I 为电流密度。模型参数：ρ_1 为 100 Ω · m，ρ_2 为 200 Ω · m，I 为 1 A，h_1 为 10 m。

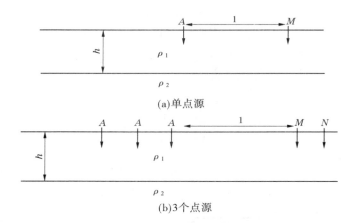

(a)单点源

(b)3个点源

图 4-153　两层介质探测示意图

　　存在基底介质时,3 个点源在地表产生的电压差异大于单个点源的电压差异,说明在 3 个点源供电情况下,更容易测量到由于基底介质的变化产生的电压差异,提高了基底介质的识别能力。

　　两层介质情况下,在 AM 与 AN 中心点位置,所对应的视电阻率曲线见图 4-154,初始测得的视电阻率为 100 Ω·m,对应第一层介质的电阻率值,当距离增大到 10 m 时,电阻率达到 125.4 Ω·m,随着距离的增大,电阻率也逐渐增大,并且趋近于 200 Ω·m。单点源供电测得的视电阻率与 3 个点源的视电阻率基本重合。

　　根据模型计算结果,可见 3 个点源供电时增大了地表测量电极的压差,说明在地下存在异常体,3 个点源供电的电压差异大于单个点源的电压差异,我们采用的探测方案有利于探测地下是否存在异常体。综合图 4-154 和图 4-155,说明我们采用的探测方案是可行的,具备探测深部异常体的有效性和可行性。

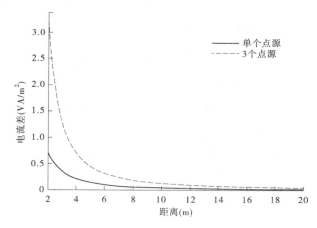

图 4-154　不同极距的电压差

4.屏蔽电极聚束电法探测仪

　　研发了屏蔽电极聚束电法探测仪,如图 4-156 所示。仪器采用微机和大规模集成电路,实现高速采集、快速处理、实时显示,并能将仪器所测数据通过 RS232 接口传输给计算机。

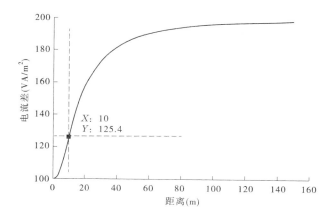

图 4-155　电阻率探测结果

图 4-156　屏蔽电极聚束电法探测仪

屏蔽电极聚束电法探测仪由微计算机、两组接收通道、三组供电电路、调平衡电路、平衡指示电路、滤波电路、24 位 A/D 转换电路及数据处理软件等组成,其工作原理如图 4-157 所示。

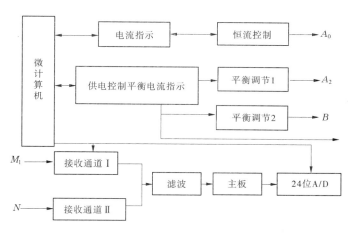

图 4-157　仪器工作原理框图

微计算机部分由 51 系列单片及 ROM、RAM 等构成微计算机,从键盘接收控制命令。由点阵式液晶显示各种状态及测量结果。控制接口发出供电、恒流、前放、滤波等需要的命令,并从 A/D 获得所需数据。通信口是用在测量结束后将仪器内的数据送到外部计算机;两组接收通道用来接收 M、N 接收电极的电压信号,在调平衡阶段两组电压信号进行比较,平衡后 M、N 电压信号作为接收数据被记录;滤波电路用来消除交流电的工频干扰和其他高频信号的干扰;24 位 A/D 转换电路用来将 M、N 接收电极的模拟电压信号转换成数字信号进行存储或记录;数据处理软件将 A/D 转换的数据进行分析、处理和计算,得出对应的视电阻率等参数并可实时显示。

屏蔽电极聚束电法探测仪是以聚束直流电阻率法为主,除此之外,该仪器还可以进行四极测深、联合电测深、四极动源剖面、联合剖面、偶极-偶极、地井电法、五极纵轴电测深等常规电法勘探。使之成为一台多功能的电法勘探仪器,可用于堤防隐患探测、水利工程地质勘探等工作。

综合考虑,屏蔽电极聚束电法探测仪主要优点如下:

(1)多功能。该仪器既可用于聚焦测量,也可用于常规直流电法测量。

(2)高可靠性、全密封、防水、防尘野外仪器设计。该仪器采用美国进口野外仪器专用密封箱体,箱体由超高冲击结构的聚丙烯异分子协聚合物材料制成,密封垫圈材料为闭合细胞海绵体的 250 聚氯丁橡胶,带有单向自动排气阀,具有防水防潮、坚固耐磨、工艺考究的特点,在国内同行业中处于领先水平。其内部工艺结构采用金属框架固定方式,防震效果较好。额定使用环境温度范围:$-25 \sim +80$ ℃。

(3)高精度。该仪器采用 24 位 A/D,测量数据精度极高。

(4)点阵式液晶。该仪器采用点阵式液晶,既可数字显示测量结果,又可显示曲线。这样,现场可直接进行早期解释分析。

主要技术指标:

电压通道:最小采样信号 1 mV,最大采样信号 6 000 mV,误差 1%,分辨率 1 μV;

主电流通道:最小采样信号 1 mA,最大采样信号 30 mA,误差 1%,分辨率 1 μA;

屏蔽电流通道:最小采样信号 1 mA,最大采样信号 2 000 mA,误差 1%,分辨率 1 mA;

输入阻抗:≥30 MΩ;

自电补范围:1 000 mV;

50 Hz 工频压制:≥60 dB;

最大供电电压:600 V;

最大供电电流:4 000 mA;

RS-232 接口;

内置 12 V 可充电源,整机电流 80 mA,整机功耗 1 W;

工作温度:$-10 \sim +50$ ℃;

存储温度:$-20 \sim +60$ ℃;

整机重量:10 kg;

体积:490 mm×380 mm×200 mm。

仪器的稳定性和测量效果经过大量野外探测试验验证,其功能和技术指标完全满足坝垛根石探测和堤防质量检测工作的要求。

（二）聚束直流电阻率法探测土石结合部优势对比

禅房引黄渠首闸（以下简称禅房闸）位于封丘县黄河禅房空岛工程 32～33 坝间，对应大堤（贯孟堤）桩号 206+000。该工程经多年使用，在运行中出现了部分问题，包括临水侧砌石护岸脱空、背水侧漏水等情况，其中背水侧左岸砌石翼墙中下部漏水较为严重（见图 4-158），在河水水位较高时，有明显的渗水、冒水现象，对翼墙结构稳定造成一定的威胁。采用聚束直流电阻率法和对称四极法进行了探测对比。

图 4-158　左岸砌石翼墙漏水点

探测结果见图 4-159，随着深度的增加，对称四极和聚束电阻率法探测的视电阻率均减小，对称四极法测得的电阻率从 250 Ω·m 减小至 150 Ω·m，聚束直流电阻率法测得的电阻率从 270 Ω·m 减小至 40 Ω·m。漏水点在深度 3.0 m 以下，浸润线在深度 5.0 m 位置，浸润线以下的视电阻率一般在 100 Ω·m 以下。视电阻率的对比结果表明，聚束直流电阻率法能够较好地反映土石结合部的地电属性，对称四极电阻率法需要通过进一步反演计算才能反映土石结合部的地层性质。

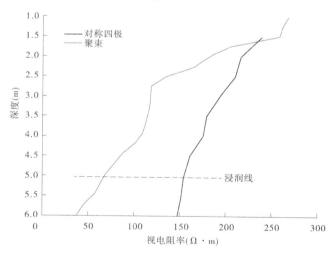

图 4-159　探测结果对比

四、探地雷达信号分析处理系统的设计和研究

根据土石结合部探地雷达信号处理的特点,基于 MATLAB 平台开发了探地雷达信号分析处理系统,主要内容如下:

(1)深入分析了土石结合部探地雷达信号处理特点,构建了信号分析处理系统的框架和流程,设计了相应的功能模块。

(2)研究确定了各功能模块的内容,分析比较了不同信号处理方法的特点,并通过探地雷达实测图像进行实例验证和分析。

(3)选用 MATLAB 为信号分析处理系统开发平台,开发了相应的界面和功能模块,并进行了实例分析。

(一)系统设计

1.结构模块

探地雷达检测信号分析处理系统主要结构如图 4-160 所示,系统的结构主要包括数据读取与显示、数据预处理、滤波分析、时频分析等模块。

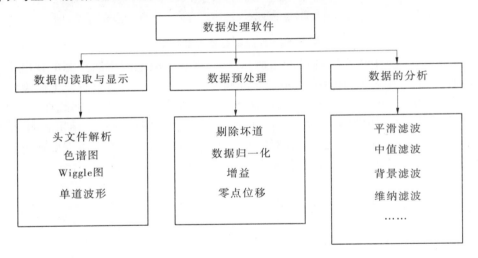

图 4-160　探地雷达检测信号分析处理系统功能结构

2.功能实现

现场采集的地质雷达信号包含很多干扰,有环境的干扰,也有雷达本身的噪声。有用信号被淹没其中很难识别,因而需要采取有效的处理技术,消除干扰突出有用信号。此外,现场采集时天线移动难以保证匀速,记录标记也不均匀。对于不同的探测对象,资料处理的技术选择也不完全相同。一般的处理都包含记录标记的归一化、水平与垂直滤波、电磁波速分析等三步。在完成上述处理之后,根据不同的探测对象,选择针对性的处理办法。

1)雷达记录标记的归一化

雷达记录标记有时用手打,有时用测量轮。用测量轮打的标记记录比较均匀,每米的扫描数是相等的。用手工打的标记因移动速度不等,一般每米扫描数都不太均匀。资料

处理的第一步就是做标记的归一化处理,使每米扫描数相同。在处理中选择每米扫描数,根据标记位置,自动增补或删除一些扫描线。

2)电磁波速分析与标定

电磁波速的分析与选取,关系到深度解释的问题。波速的确定可以参考经验值,它们是根据大量的测量与标定积累起来的,有一定的参考价值,但是不能以此为据确定电磁波速。探测的对象其介质条件如何,是否与前人测量的面对象完全相同,需要通过波速标定来确定。标定的方法有多种:一个是直接破孔,将雷达波反射走时与破孔深度对比;也可以利用声波测厚数据进行对比计算;还可以用雷达 CDP(CMP)方法做速度扫描;或用反射抛物线叠代计算厚度和速度。

3)水平滤波

水平滤波是处理雷达资料必不可少的,雷达资料中水平波明显,它产生于雷达仪器本身,来自于控制器、馈线、天线的相互作用,难以避免。水平波具有时间相等的特点,水平滤波就是利用这一特性。滤波过程中,可将相邻的一定数量的扫描线求平均,再与个别扫描线相比较,就可消除水平波。水平滤波中选取的扫描线数越大,滤波效果越小;相反,选取的扫描线数越小,滤除水平波的效果越明显。但如果水平滤波扫描线取得太少,可能会滤掉一些缓变界面信号。因而在进行水平滤波时,要根据对象进行试验、调整,以求最佳效果。一般情况下可先选 10~100 条扫描线开始尝试。

4)垂直滤波

垂直滤波就是地震资料处理中常用的滤波方法,其中较为常用的方法有带通滤波、高通滤波、低通滤波、小波变换等。垂直滤波的目的是消除杂散波干扰,这些杂散波是来自于外源,不是天线自身发出的,频率不在雷达天线频带内。为了区分不同的地质体,选取不同的频带,需要用到垂直滤波。垂直滤波是一种数学变换,有时会带来较大的失真,滤波的频带越窄,失真越大,应用中要认真选取方法和参数。因为雷达天线的发射与接收都设定了带宽,也就是说,雷达信号本身已经过滤波,所以一般资料处理中的滤波处理改善并不明显。

5)增益调节与显示选择

增益调节与显示选择是雷达资料处理最有效的手段,它可使图像目标更加清晰,易于识别,有时比其他方法都有效。增益调节主要是调节增益点的数目,同时也就改变了增益点的位置,使用自动增益可使有用信号得到清晰显示。一般情况下对 50 ns 长的记录选择 3~4 点增益比较合适,100 ns 以上的记录选择 4~5 点增益,400 ns 以长的记录可选择 5~6点增益。

显示选择包含两个层次的选择:一个层次是选择显示方式,另一个层次是选择显示模板。可供选择的显示方式有波形、变面积、能量谱等,比较常用的是后两种,其中能量谱显示方式效果更好些。显示模板包含不同的色彩配比,而更重要的是能量反差大小及变换关系的配比,这两种配比组合形成几十种模板,根据不同的对象,选择合适的模板,可达到显示目的。例如要显示空洞,可选反差大的模板,只将能量较强信号显现出来,中等和弱的信号被忽略,可突出空洞的形态。

6）地形校正

地质雷达记录是以表面为零点的相对深度，要确定反射面的空间位置，需要将深度换算成海拔高程。地形校正需要输入测线的高程文件和表层波速，校正计算是以地形最高点为基点，凡是比它低的点的记录在开头都增加一个时间延时，延时的大小取决于双程高差与速度的比，校正后的地质雷达记录中表面反射振相随地表起伏变化，地下反射层的埋深未变，但起伏形态改变了。表层速度选取的是否合适关系到校正结果的误差大小。

7）土石结合部界面位置的确定与追踪

为便于土石结合部界面的追踪，最好使用能量显示方式，选取合适的模板。估计界面的位置，通过增益调节减小两侧信号的强度，突出界面信号的强度，合理设置色差，达到正确追踪的目的。在层位追踪处理中最重要的是层位识别准确，关键的问题是掌握界面的特征。土石结合部界面最明显的特征有两个：第一是波的频谱特征差异大，第二是沿界面有断续的强反射波。结合部位往往岩体结构复杂，杂乱反射很多，多为高频不连续波，频谱以高频为主。结合部位不可避免地会存在一些缝隙，缝隙部位的反射波是很强的，因而界面的反射波会呈现一段强一段弱的特点。类似于串珠状形态。

8）空洞与脱空区确定

空洞是土石结合部经常遇到的问题，大到溶洞，小到土石结合部脱空区。脱空区与空洞没有本质区别，只是规模小一些，面积可能大一些。空洞的形状各有不同，但电磁波记录中却有共同之处。第一个鲜明的特点是反射波特别强，因为空气与岩土、混凝土介质的介电常数差异明显，反射系数大概在 0.4～0.5；第二个特点是多次波很发育，电磁波在空洞中多次反射，接收到的反射波持续很长时间；第三个特点是空洞最先到的反射振相与表面反射相反，因为电磁波是从低速介质进入高速介质，而在表面是从高速介质进入低速介质。

空洞与脱空区处理最有效的办法就是采用反差大的能量显示模板，在这个模板下中等的和较弱的反射被忽略，只显示最强的信号。屏幕上大面积平淡背景上只有几处空洞的形态，最易识别。用灰度图和变面积显示图上也可以辨认出空洞，但更需要经验，容易发生错误，位置也不易界定，不如能量显示模板好。

9）钢筋、钢支撑的处理识别

混凝土结构中的钢筋网与钢支撑是质量检测所关心的问题。检测内容包括钢筋的密度、位置、筋径、与混凝土的密实程度等。

钢筋、钢支撑是良导体，对电磁波的反射系数为 1，在雷达记录中的表现是一系列的强反射弧，形如半开伞，第一反射振相与表面反射波同向。如果钢筋与混凝土不密实，反射波中还增加一些多次波成分，多次波持续时间越长，脱空越严重。钢筋、钢支撑检测资料处理最重要的环节有两步，第一步是进行水平滤波，水平滤波扫描线条数取得要少，10～20 条，增强滤波效果。水平滤波除去水平干扰和水平缓变信号，突出弧形反射。第二步是选择能量显示模板，只显示高能量部分，降低中等和弱反射信号的分辨率，突出显示强反射弧。

10）含水结构特性分析

土石结合部含水带对工程来说往往是不利因素，一般情况下，土石结合部含水是不均匀的,土、石与水的介电常数具有强烈的差异,因而含水带在雷达记录中最为显著的特点是一系列杂乱的强反射,没有明显的同相轴。此外,含水带的反射与空洞的反射不同,它是以低频成分为主,没有多次波。对于含水带记录的处理有两个技术措施很重要,其一是水平滤波,去除水平干扰,突出杂乱反射,其二是选择合适的显示模板,压低背景,突出强能量团振相。

(二)系统功能模块设计

系统的功能模块主要包括预处理、时频分析、滤波分析和复信号分析四大模块,实现从探地雷达文件读入、中间处理过程和结果输出的全部功能。

该数据处理软件为基于 MATLAB 的 GUI 编程,采用图形方式显示的计算机操作用户界面(见图 4-161)。与早期计算机使用的命令行界面相比,图形界面对于用户来说在视觉上更易于接受。MATLAB 语言有不同于其他高级语言的特点,被称为第四代计算机语言。正如第三代计算机语言如 FORTRAN 与 C 等使人们摆脱了对计算机硬件的操作一样,MATLAB 语言使人们从烦琐的程序代码中解放出来。它的丰富的函数使开发者无须重复编程,只要简单地调用和使用即可。

图 4-161 系统界面与模块

1.预处理

预处理模块包括数据读入、图像显示模式、坏道剔除、坐标调整、颜色板设置、文件头编辑、数据重采样、坐标编辑、压缩图像特征及增益处理等命令,该模块为雷达软件的预处理,是进行探地雷达数据分析处理和探地雷达图谱解译的前提与基础。因为实际应用中,颜色板选择和图像操作命令可能需要经常用到,所以将预处理模块中的颜色板和图像操作命令放在了主界面之中,方便用户直接调用。

1)数据的读取

现在探地雷达数据存储格式,国外的主要有美国 GSSI 公司 SIR 系列探地雷达的 DZT 格式数据、瑞典 MALA 公司 RAMAC/GPR 系列探地雷达的 RD3 格式数据、意大利 IDS 公司 RIS 系列探地雷达的 DT 格式数据、加拿大 Sensors & Software 公司 Pulse-EKKO 系列探地雷达的 DT1 格式数据等,国内的青岛中国电波所 LTD 系列探地雷达的 ltd、lte 格式数据、中国矿业大学(北京)GR 系列探地雷达的 dat 格式数据等。

以 DZT 格式为例,DZT 文件首先是头文件,头文件之后便是每道扫描数(见图 4-162)。其中头文件部分主要包括采样率、采样时窗、道间距等重要信息,头文件部分采用结构体定义,数据体存储方式由格式控制参数确定,分为 8 位、16 位、32 位二进制存储格式等。每个 dzt 文件中至少要有一个文件头,在头文件之后,紧跟着是通道 I 的数据 1,然后是通道 I 的数据 2……;如果仪器在采集时所采用的通道大于 1,则在通道 I 的数据以后,便是通道 II 的数据 1,然后是通道 II 的数据 2……;依次为各通道的扫描数据。头文件为 DztHeaderstruct 结构体的数据结构,一般数据为 unsigned char 和 unsigned short 型。若数据为 unsigned char 的话,则每个记录的第一个数据无一例外都为 255,所有数据范围都在 0~255;若数据为 unsigned short 型的话,则每个记录的第一个数据无一例外都为 65535,所有数据范围在 0~65535。SIR 系列雷达数据存储是以 DZT 为扩展名的数据文件,每个探地雷达数据文件(* .DZT)都有一个头文件,在头文件后紧跟着通道 I 的所有道数据,接着是通道 I +1 的所有道数据。

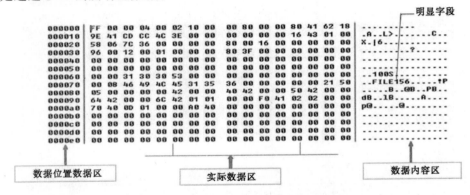

图 4-162　DZT 头文件的数据存储格式

该头文件总共占据 1 024 个字节,打开原始数据,根据头文件 DztHeaderstruct 结构中变量类型和雷达参数,依次读取文件头中的数据。主要代码如下:

```
fid=fopen('001.DZT','rb');
m=1024; a2=fscanf(fid,'%f',[m,inf]);
n=size(a2,2); a=zeros(m,n);
for i=1:n, a(:,i)=bin2dec(int2str(a2(:,i))); end
for l=1:n, subplot(1,n,l); plot(a(:,l),1:m); axis off; axis('ij'); end
```

其他文件格式的数据可以参照该方法,结合其头文件存储格式进行读取。

2) 文件的显示

探地雷达数据读入之后以矩阵的形式存在内存中,矩阵的各列对应于各通道相应各道次的数据,雷达采集文件的总道数和样点数,决定了图像显示的总像素,系统中的文件显示模式可以采用图像显示和波形显示(见图 4-163),默认采用图像显示模式。

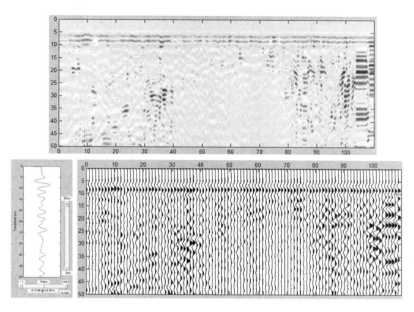

图 4-163　文件显示模式示意图

Wiggle 图能较为直观地看出测道波形的变化以及同相轴的位置,对数据的解释有较为直观的表示。在 MATLAB 中对各个测道数据采用 plot 函数画出波形图并填充振幅正值区得到 Wiggle 图。

3)图像显示颜色选择

matlab 中,每个 figure 都有(而且仅有)一个 colormap,翻译过来就是色图。COLOR-MAP(MAP)用 MAP 矩阵映射当前图形的色图。COLORMAP(´default´)默认的设置是JET. MAP = COLORMAP 获得当前色图矩阵. COLORMAP(AX,…)应用色图到 AX 坐标对应的图形,而非当前图形。MAP 实际上是一个 mx3 的矩阵,每一行的 3 个值都为 0 至 1之间数,分别代表颜色组成的 rgb 值,[1 0 0] 代表红色,[0 1 0]代表绿色,[0 0 1]代表蓝色。系统自带了一些 colormap,如:winter、autumn 等。输入 winter,就可以看到它是一个64×3 的矩阵。用户可以自定义自己的 colormap,而且不一定是 64 维的。

[0 0 0] is black, [1 1 1] is white,

[1 0 0] is pure red, [.5 .5 .5] is gray, and

[127/255 1 212/255] is aquamarine.

强大的颜色板功能,使探地雷达信号数据图像颜色的显示和表达变得非常便捷(见图 4-164)。

4)文件预处理

对数据文件的预处理主要包括文件分割、数据重采样、剔除坏道、图像特征压缩、坐标变换、增益处理等,预处理的作用主要是提高探地雷达信号的质量,提取用户感兴趣的区域,去除不需要的信号信息,为信号的分析处理工作做好准备。

2.时频分析

时频分析(JTFA)即时频联合域分析(Joint Time-Frequency Analysis)的简称,作为分

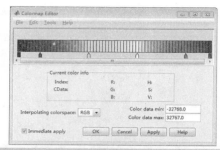

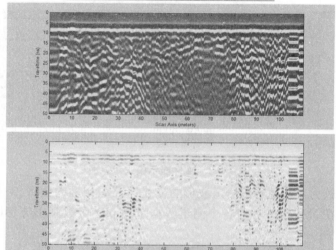

图 4-164　颜色的调节和选择

析时变非平稳信号的有力工具,成为现代信号处理研究的一个热点,它作为一种新兴的信号处理方法,近年来受到越来越多的重视。时频分析方法提供了时间域与频率域的联合分布信息,清楚地描述了信号频率随时间变化的关系(见图 4-165)。

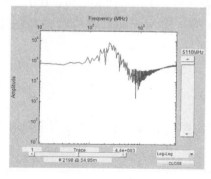
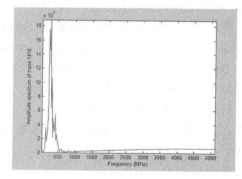

图 4-165　傅里叶频率谱

　　时频分析的基本思想是:设计时间和频率的联合函数,用它同时描述信号在不同时间和频率的能量密度或强度,时间和频率的这种联合函数简称为时频分布。利用时频分布来分析信号,能给出各个时刻的瞬时频率及其幅值,并且能够进行时频滤波和时变信号研究。

3.滤波设计

根据冲激响应的不同,将数字滤波器分为有限冲激响应(FIR)滤波器和无限冲激响应(IIR)滤波器(见表4-33)。对于FIR滤波器,冲激响应在有限时间内衰减为零,其输出仅取决于当前和过去的输入信号值(见图4-166)。对于IIR滤波器,冲激响应理论上应会无限持续,其输出不仅取决于当前和过去的输入信号值,也取决于过去的信号输出值(见图4-167)。

表4-33　FIR与IIR数字滤波

项目	FIR	IIR
设计方法	一般无解析的设计公式,要借助计算机程序完成	利用AF的设计图表,可简单、有效地完成设计
设计结果	可得到幅频特性(可以多带)和线性相位(优点)	只能得到幅频特性,相频特性未知(缺点),如需要线性相位,须用全通网络校准,但增加滤波器阶数和复杂性
稳定性	极点全部在原点(永远稳定),无稳定性问题	有稳定性问题
因果性	总是满足,任何一个非因果的有限长序列,总可以通过一定的延时,转变为因果序列	
结构	非递归	递归系统
运算误差	一般无反馈,运算误差小	有反馈,由于运算中的四舍五入会产生极限环
快速算法	可用FFT减少运算量	无快速运算方法

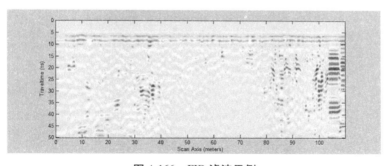

图4-166　FIR滤波示例

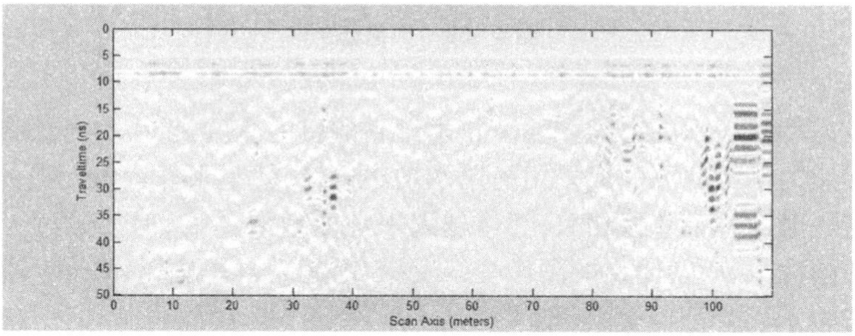

图4-167　IIR滤波示例

滤波设计包括滤波器设计滤波、平滑滤波、中值滤波、背景滤波、逆滤波、维纳滤波、K-L滤波、F-K滤波等。滤波器设计滤波可以在系统界面中设置滤波的各种参数,可以根据需求选择不同的滤波器设计。其他的各种滤波方法为常用的滤波方法,根据特点选择不同的方法,可达到最优的去噪效果。以禅房闸翼墙探测雷达数据处理为例进行说明,原始探测结果如图4-168所示。

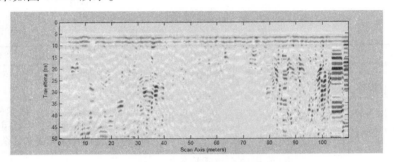

图4-168　原始雷达图像

1)中值滤波

　　中值滤波是基于排序统计理论的一种能有效抑制噪声的非线性信号处理技术,中值滤波的基本原理是把数字图像或数字序列中一点的值用该点的一个邻域中各点值的中值代替,让周围的像素值接近真实值,从而消除孤立的噪声点,见图4-169。方法是用某种结构的二维滑动模板,将板内像素按照像素值的大小进行排序,生成单调上升(或下降)的为二维数据序列。二维中值滤波输出为$g(x,y) = \mathrm{med}\{f(x-k,y-l),(k,l\in W)\}$,其中,$f(x,y)$,$g(x,y)$分别为原始图像和处理后图像。$W$为二维模板,通常为3×3、5×5区域,也可以是不同的形状,如线状、圆形、十字形、圆环形等。

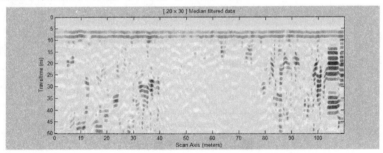

图4-169　中值滤波

2)平滑滤波

　　平滑滤波是低频增强的空间域滤波技术。它的目的有两类:一类是模糊;另一类是消除噪声。空间域的平滑滤波一般采用简单平均法进行,就是求邻近像元点的平均亮度值。邻域的大小与平滑的效果直接相关,邻域越大平滑的效果越好,但邻域过大,平滑会使边缘信息损失的越大,从而使输出的图像变得模糊,因此需合理选择邻域的大小。平滑滤波效果如图4-170所示。

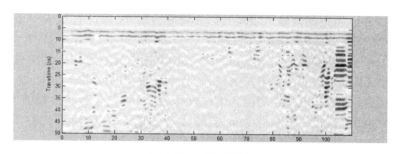

图 4-170　平滑滤波

3）背景滤波

背景滤波利用多道求和取得平均值,将平均值作为参照数据,与原始数据取差。背景滤波能够有效过滤耦合波和直达波,使有效信号更加直观和清晰,如图 4-171 所示。

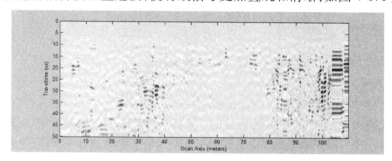

图 4-171　背景滤波

4）K-L 变换滤波

K-L 变换(Karhunen-Loeve Transform)也称为特征向量变换,主要应用于聚类分析、模式识别、特征优化、信号去噪等方面。在地震信号去噪方面主要是针对随机噪声,通过 K-L 变换和对特征值的选择对信号重构,把相关性好的信号保存下来,从而滤除随机信号。K-L 变换并非都针对随机信号,利用 K-L 变换,针对不同类型的干扰波及其时差特点,如初至、折射波、多次波等线性干扰,也可采用 K-L 变换进行去噪。实际处理结果表明,K-L 变换可以有效去除线性干扰,从而保留更多的浅层有效信息,K-L 变换滤波效果如图 4-172 所示。

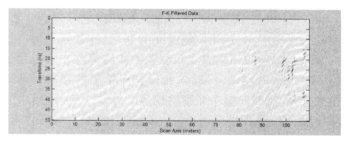

图 4-172　K-L 变换滤波

5）维纳滤波

维纳滤波(wiener filtering)是一种基于最小均方误差准则、对平稳过程的最优估计器,这种滤波器的输出与期望输出之间的均方误差为最小,因此它是一个最佳滤波系统,可用于提取被平稳噪声所污染的信号。

从连续的(或离散的)输入数据中滤除噪声和干扰以提取有用信息的过程称为滤波,这是信号处理中经常采用的主要方法之一,具有十分重要的应用价值,而相应的装置称为滤波器。根据滤波器的输出是否为输入的线性函数,可将它分为线性滤波器和非线性滤波器两种。维纳滤波器是一种线性滤波器,滤波效果如图 4-173 所示。

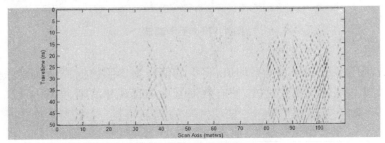

图 4-173 维纳滤波

6)F-K 滤波

F-K 滤波即频率波数域滤波(Frequency Wave-number),它是基于回波信号中有用信号与其他杂波视速度的不同来抑制杂波的。F-K 波来源于在地震信号处理中广泛应用的速度滤波器(velocity filter)。Treitel 等在 1967 年将速度滤波器应用于地震信号中上行波和下行波的分离,这个方法将地震信号回波记录变换到频率波数域,以便利用回波信号的视速度进行处理,此即 F-K 滤波(见图 4-174)。

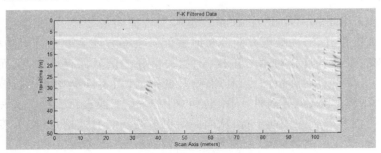

图 4-174 F-K 滤波效果图

频率域是由时间域求得的,表示相位随时间的变化,波数域是由空间域得来的,表示相位随空间位置的变化。单独的频率滤波和单独的滤波都存在不足之处,只有根据二者的内在联系,组成频率-波数域空间二波,才能做到在希望的频率间隔内,使视速度为某一范围的有效波得到加强,同时对这个频带内视速度为另一范围的干扰波进行压制。

F-K 变换本质上就是一种二维信号变换。处理图像等二维信号时常常需要进行二维的相关处理算法,而许多算法都离不开二维的信号变换。其基本的变换原理是经过二维的傅里叶变换后,将时域的模拟信号变换到频域实际上处理数字图像等二维信号时,通常采用的数字信号,对应的数字滤波器即二维数字滤波器。

7) 均值滤波

均值滤波也称为线性滤波,其采用的主要方法为邻域平均法。线性滤波的基本原理是用均值代替原图像中的各个像素值,即对待处理的当前像素点(x,y),选择一个模板,该模板由其近邻的若干像素组成,求模板中所有像素的均值,再把该均值赋予当前像素点(x,y),作为处理后图像在该点上的灰度$g(x,y)$,即$g(x,y)=1/m\sum f(x,y)$,m为该模板中包含当前像素在内的像素总个数。

均值滤波效果图见图4-175。

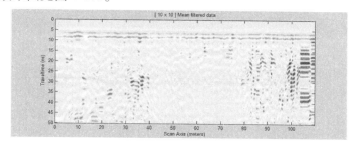

图4-175　均值滤波效果图

4.复信号分析

复信号分析方法主要是利用了Hilbert变换的信号处理方法,将探地雷达的瞬时振幅、瞬时相位和瞬时频率分离,得到同一个剖面的三个参数图,解释方法与常规解释方法有所不同。

瞬时振幅是反射强度的量度,所以一般软件中出现的envelope也就是瞬时振幅的含义,其用法与瞬时振幅一样。从计算公式来看,就是解析信号的实部与虚部总能量的平方根,主要反映能量上的变化,可以突出异常探测目标的变化(见图4-176)。

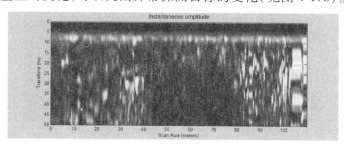

图4-176　瞬时振幅

瞬时相位是地震剖面上同相轴连续性的量度,无论能量的强弱,它的相位都能显示出来,即使是弱振幅有效波,在瞬时相位图上也能很好地显示出来(见图4-177)。当波在各向异性的均匀介质中传播时,其相位是连续的;当波在有异常存在的介质中传播时,其相位将在异常位置发生显著变化,在剖面图中明显不连续。因此,利用瞬时相位能够较好地对地下分层和地下异常进行辨别。当瞬时相位剖面图中出现相位不连续时,就可以判断该处存在分层或异常。

瞬时频率是相位的时间变化率,它能够反映组成地层的岩性变化,有助于识别地层。当地震波通过不同介质界面时,频率将会发生明显变化,这种变化在瞬时频率图像剖面中就能显示出来（见图 4-178）。

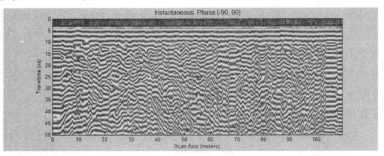

图 4-177　瞬时相位

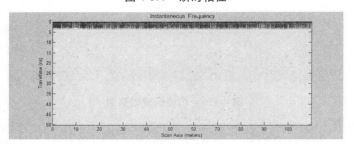

图 4-178　瞬时频率

对于同一探测对象,三种瞬时信息在同一位置发现明显变化就可能反映探测对象在该处的物性变化(见图 4-179)。在三个参数中,瞬时相位谱的分辨率最高,而瞬时频率和瞬时振幅谱的变化也较为直观,可以利用这两者来确定地下异常的大概位置,用瞬时相位来确定分层的边界。

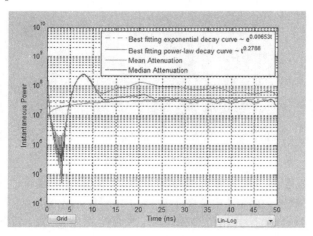

图 4-179　瞬时能量变化

(三)系统实现的平台

本系统基于 MATLAB 平台实现,MATLAB 的基本数据单位是矩阵,它的指令表达式与数学、工程中常用的形式十分相似,故用 MATLAB 来解算问题要比用 C、FORTRAN 等语言完成相同的事情简捷得多,并且 MATLAB 也吸收了像 Maple 等软件的优点,使 MAT-LAB 成为一个强大的数学软件。在新的版本中也加入了对 C、FORTRAN、C++、JAVA 的支持。

(四)工程试验

禅房引黄渠首闸(以下简称禅房闸)位于封丘县黄河禅房空岛工程 32~33 坝间,对应大堤(贯孟堤)桩号 206+000。禅房闸为 3 级水工建筑物,3 孔,每孔宽 2.2 m、高 3.5 m,设置有 15 t 螺杆式启闭机,闸室及涵洞长 18 m,上游铺盖长 15 m。闸室地板高程为 67.1 m,防洪水位为 72 m,设计引水流量为 20 m³/s,设计灌溉面积 17 万亩,为长垣县滩区左岸灌区农田灌溉供水,见图 4-180。

图 4-180　禅房闸工程现状

该工程经多年使用,在运行中出现了部分问题,包括临水侧砌石护岸脱空、背水侧漏水等情况。

项目组人员采用探地雷达法对下游侧墙进行了现场检测,仪器采用美国劳雷公司 sir3000 型探地雷达,天线选择 400 MHz 屏蔽天线,得到一组工程隐患的现场数据。

原始信号如图 4-181 所示,可以看出,当土石结合部位出现脱空时,反射信号较强,隐患部位同相轴振幅骤然增强,信号杂乱。

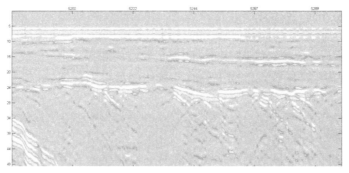

图 4-181　脱空情况的探测结果原始图像

结合原始图像,能够在检测现场对工程隐患进行判断和分析,但图像背景信息复杂,散射干扰多,在复杂的工程条件下,很难通过原始图像准确判断隐患的形态、分布和发育特征。

在本系统的支持下,采用探地雷达处理系统开展滤波计算、时频分析、复信号分析、色度矫正等技术进行处理。

相比原始图像,处理后,弱化了复杂的背景信号,排除了无关散射信号的干扰,使隐患位置更加清晰,如图 4-182 所示。

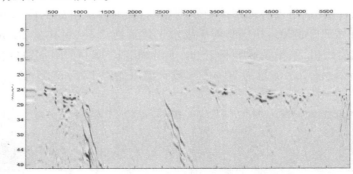

图 4-182　脱空情况的探测结果处理后图像

由于土、石介质有较大的电性差异,导致结合部位本身就存在明显的反射信号,信号的存在一方面有助于判断土石结合部的位置,另一方面也给结合部位隐患发育情况的判断带来了较大的干扰。因此,在信号处理过程中,应结合工程实际,开展相应的滤波分析,凸显有效信号,屏蔽干扰信息,多开展前后信号、无隐患和有隐患部位信号的对比,准确判读探测结果。

(五)技术创新

系统针对土石结合部隐患的特点,基于电磁波传播特性,结合主流的数字信号处理方法,利用了 MATLAB 强大的矩阵运算能力,进行探地雷达数据处理的研究,实现了软件的开发。主要有以下技术创新:

(1)数据的编辑部分,实现了信号零点调整、去除直流成分、数据插值替换坏道以达到剔除坏道的目的。

(2)滤波处理方面,包括背景滤波、一维数字滤波、反褶积滤波等,可以达到对探地雷达数据干扰信号的消除以及提高信噪比的目的。反褶积滤波在地震勘探领域应用比较成熟,将其应用到探地雷达数据处理中同样取得了较好的效果。

(3)时变自动增益,使雷达剖面上各有效波的能量得到均衡,有利于子波的追踪以及信号对比。

(4)通过希尔伯特变换求取复信号,提取瞬时振幅、瞬时相位和瞬时频率,对探地雷达数据的解释有较好的补充。

(5)谱剖面分析,是对雷达剖面常规分析的一种补充。采用构造功率谱剖面的方法,从频率域对雷达剖面异常进行分析解释。

(6)软件系统采用了许多便于工程实现的数据预处理方法,包括去除直流偏移、回波数据归一化、数据相干积累、背景去噪等,提高了系统的信噪比和分辨率,增强了成像效果。

(7)针对雷达数据采集、处理、显示速度较慢,软件系统采用了多线程技术,使得系统速度得到很大提高,为今后系统用于实时分析奠定了基础。

（8）针对原系统无法给出目标位置的缺点，利用软件系统控制定位轮使得目标方位定位精度小于 1 cm，利用一次探测预埋已知目标确定介质波速，从而给出未知目标深度的快速定位方法，使得目标深度定位精度小于 5 cm。

通过研究，对堤防土石结合部隐患的雷达波探测成果的解释有了新的认识，并结合土石结合部隐患的特性，对雷达波散射理论进行挖掘、嫁接，使其能够更好地服务于堤防隐患探测的过程中。研究成果在一定程度上改进了雷达图谱的识别和判读方法，提高了雷达波探测成果的解释技术，增强了对土石结合部隐患探测范围内的隐患性状、分布、形态信息进行有效诊断的能力。

五、综合物探法在土石结合部病险检测中的应用

基于探地雷达法、冲击回波法、超声 CT 法等的综合物探联合诊断技术，主要用于水闸混凝土结构（如前后板桩、上部梁板结构等）和内部隐患（裂缝、孔洞、钢筋锈蚀、断桩、冷缝等）的检测与评估。综合物探联合诊断技术的关键技术如下：

（1）地质雷达法采用高频电磁脉冲波进行连续扫描，采样率高，对钢筋网的排列、混凝土中脱空以及不密实等缺陷有较好的反映，该方法抗干扰能力强，900 MHz 检测天线有效探测深度可达 100 cm，根据回波信号，对测线以内一维区域可定性判别缺陷类型，定量判定缺陷的展布和深度信息。

（2）冲击回波方法只需一个测试面且不需耦合剂，比超声波更低频的声波（IE 频率范围通常在 2～20 kHz），这使得冲击回波方法避免了超声波测试中遇到的高信号衰减（high signal attenuation）和过多杂波干扰问题，冲击回波方法最深可测 180 cm 的结构。标定后每个测点直接得出缺陷位置、深度信息。

（3）混凝土断层超声成像仪具有对物体内部结构的实时成像功能，并只需在物体的一边使用脉冲回波即可测试。

（4）以上三种不同的方法，不仅能独立判断混凝土内部缺陷的情况，还能相互印证。首先，标定后的冲击回波数据可以为超声成像法提供准确的波速值；其次，地质雷达法可以准确地找出内部缺陷的位置；同时，超声成像法的缺陷图像又可更进一步校验地质雷达法的缺陷图像真伪；最后，在与设计资料对比后，可确定混凝土内部缺陷的类型。

本节以实际工程为例，开展综合物探法在水工建筑物与堆石体结合面不密实、脱空等缺陷检测的应用研究。

（一）问题提出

某大型抽水蓄能电站上水库水闸进出水口发生渗漏，需对水闸进出水口塔基周边一定范围内的回填堆石体进行充填灌浆处理，为满足可控制性灌浆要求，确保灌浆工程的施工质量，须对上水库进出水塔周边堆石体灌浆效果进行检测，检测进出水塔基周边堆石体、塔基倒坡钢筋混凝土与堆石料交界面的密实性，以及以上部位灌浆后的密实度变化，为水库渗漏处理修复效果评价提供基础数据支撑。

（二）测线布置

根据检测合同约定以及现场实际情况，布置以下测线：

（1）围绕一、二号进出水塔周边布置圆形测线各 2 条，每条测线 135 m，共约 540 m。

（2）沿一、二号进出水塔渗漏路径各布置圆弧状测线 4 条，每条测线 52 m，共约 416 m。

（3）灌浆前离一、二号进出水塔塔基倒坡各布置 2 组斜孔内跨孔声波，每孔深度 13~18 m，共计 4 组（8 孔）；灌浆后共布置 3 组斜孔内跨孔声波，每孔深度 13~18 m，共计 3 组（6 孔）。

（4）在一号塔竖井内侧 4#、6# 闸门沿井内倒坡各布置竖向测线 2 条，在二号塔竖井内侧 4#、6# 闸门沿井内倒坡各布置竖向测线 2 条，每条测线长 21~26 m，共约 100 m，用以验证斜孔探测结果。

其中"1~3"测线灌浆前后保持一致，"4"为新增测线，测线布置情况见表 4-34、图 4-183、图 4-184。

表 4-34　测线布置

测线	位置	长度	说明
1、2	一号塔交通桥	20 m	渗漏区
3、4	一号塔围线	135 m	测线间距 1 m
5、6、7、8	一号塔渗漏区	20 m	测线间距 0.5 m
9、10、11、12	二号塔渗漏区	20 m	测线间距 0.5 m
13、14	二号塔围线	135 m	测线间距 1 m
一号塔竖井 4# 闸门左、右线	4# 闸门竖井内壁	20 m、21 m	井口为起始点
一号塔竖井 6# 闸门左、右线	6# 闸门竖井内壁	22 m、24 m	井口为起始点
二号塔竖井 4# 闸门左、右线	4# 闸门竖井内壁	24 m、26 m	井口为起始点
一号塔竖井 4# 闸门左、右线	4# 闸门竖井内壁	25 m、26 m	井口为起始点
井中 CT	一、二号塔周边	4 组（8 孔）	灌浆前
井中 CT	一、二号塔周边	3 组（6 孔）	灌浆后

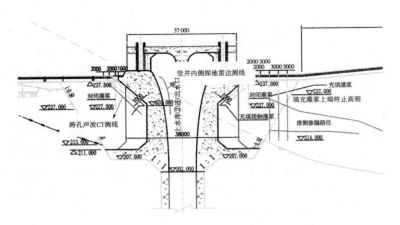

图 4-183　跨孔声波 CT 和竖井内侧探地雷达测线布置

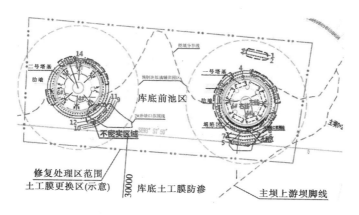

图 4-184　探地雷达测线布置

（三）灌浆前探测结果

1.一号塔探测结果

（1）测线 1、2 的地层总体连续（见图 4-185），表现为红蓝波形水平方向连续性好，但区域局部密实性稍差，主要分布范围在距地表以下 12 m 内，表现为黄红波形截断、起伏、弯曲不规则，但没有明显规模较大的空洞存在。

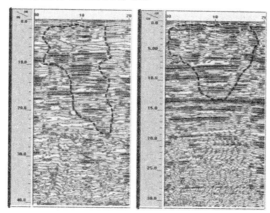

图 4-185　测线 1、2 探地雷达检测成果

（2）测线 3、4 是一号塔围塔内外测线，黑色虚线范围是密实性不均匀区域，不密实区域分布范围在距地表以下 20 m 内。图 4-186、图 4-187 中红色方框圈定的范围为 4#、5# 闸门集中渗漏区，已在 8 月初进行了底部水泥浆灌注和上部 M10 砂浆回填冲坑处理，处理后此灌浆区与周边未灌浆区对比明显。周边密实性不均匀区域红蓝波组不规则随机分布、弯曲、凹陷；注浆后的集中渗漏部位区域红蓝波组基本消失，主要比较为黄蓝波组特征，总体波组水平分布均匀、细腻、层性好，是地面下方地层密实性良好的典型特征。

（3）测线 5、6、7、8 总体连续，无明显缺陷，表现为红蓝波形水平方向连续性好，黑色虚线区域内密实性稍差，黄色波组粗细不均，截断，弯曲，连续性差，主要分布集中在 20 m 以上的区域，下方分布蓝红波组，是堆石体密实性不均匀的表现，无明显空洞，如图 4-188、图 4-189 所示。

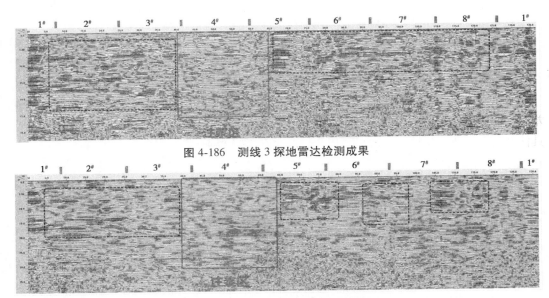

图 4-186　测线 3 探地雷达检测成果

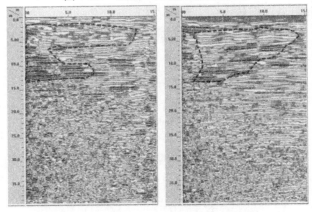

图 4-187　测线 4 探地雷达检测成果

图 4-188　测线 5、6 探地雷达检测成果

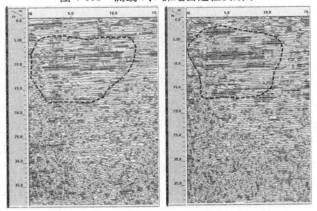

图 4-189　测线 7、8 探地雷达检测成果

2.二号塔探测结果

（1）测线9堆石体地层总体连续，无明显缺陷，表现为黄蓝波组连续、均匀。但堆石体内部密实性较差，主要分布在距地表13 m以上，表现为振幅较强的蓝红波组特征（黑虚线范围），表明堆石体内部可能存在较大不密实区，具体如图4-190所示。

（2）测线10堆石体地层总体连续，堆石体内部无明显脱空，但浅层堆石体密实性稍差，主要分布在距地表15 m以上，表现为黄色波组粗细不均、截断、弯曲、水平层层性差，具体如图4-190所示。

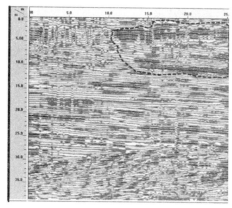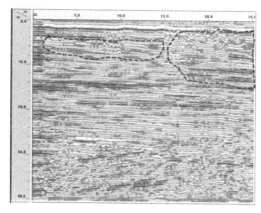

图4-190　测线9、10探地雷达检测成果

（3）测线11堆石体地层总体连续，堆石体内部之间无明显脱空，堆石体深部的蓝红波组水平层层性分布良好，表明该测线上堆石体密实性总体良好，具体如图4-191所示。

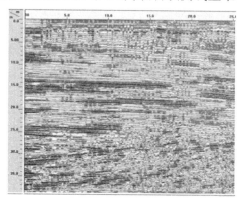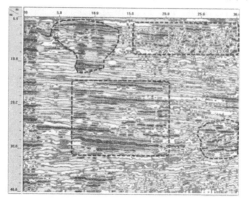

图4-191　测线11、12探地雷达检测成果

（4）测线13和14是围二号塔的测线，存在几处地层不均匀分布区，主要为堆石体内部存在局部孔隙偏大处，浅地层堆石体不密实，主要分布在距地表12 m以内区域，表现为振幅较强的蓝红波组特征。受当时探测条件的影响，测线13和14距离塔身较远，总体上外测线14地层比内测线13的密实性好，红色虚线是推测的较大不密实区，对应二号塔3#闸门外施工通道缺口位置，如图4-192、图4-193所示。

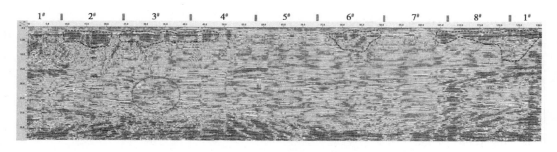

图 4-192　测线 13 探地雷达检测成果

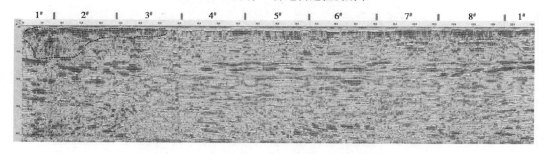

图 4-193　测线 14 探地雷达检测成果

3.原渗漏区中期探测结果

塔基四周灌浆施工过程中,为实时了解一、二号塔的原渗漏区堆石体灌浆效果,检测人员于 9 月 12 日对原渗漏区堆石体的灌浆效果进行检查检测,结果如下:

图 4-194 是一号塔原渗漏区灌浆后的雷达检测成果图像,测线沿灌浆孔的中心位置布设,分别距塔基 3 m、5 m 远距离,检测结果显示灌浆后的回填堆石体的雷达波图像明显变化,雷达波同相轴连续、振幅和波向一致性变好,无扭折和畸变雷达波组存在,未干的浆液在雷达图像上近水平连续分布,说明灌浆后的回填堆石体密实性变好,灌浆效果显著。

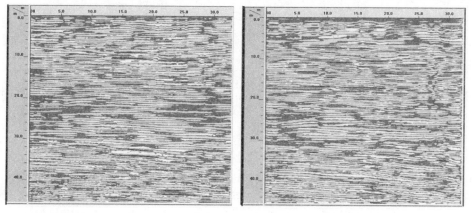

图 4-194　一号塔原渗漏区 3 m、5 m 雷达检测成果

图 4-195 是距一号塔周 2.5 m 处局部围塔线灌浆后的雷达检测成果图像,检测结果显示,由于一号塔 5# 闸门处刚完成灌浆,浆液在雷达检测剖面图像上反映明显,为蓝红相间的雷达波同相轴,近水平分布,无畸变和突变点存在,表明灌浆后回填堆石体介质均匀性

变好,浆液变干后,回填堆石体的密实性将变好。

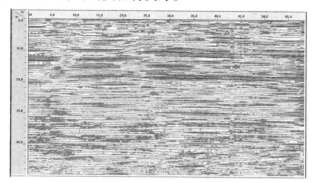

图 4-195　一号塔局部围塔线 2.5 m 雷达检测成果

图 4-196 是距二号塔周 1.0 m 处原渗漏区围塔线雷达检测成果图,因现场施工,该次检测部位为混凝土浇筑仓面,检测结果显示回填堆石体总体密实,局部地段雷达波同相轴存在扭折,呈凹陷状,雷达波同相轴错断,波形连续性差,振幅强,说明该位置的回填堆石体密实性较差,主要分布在距地表 6~13 m 深处,推测为回填堆石体的渗漏区。

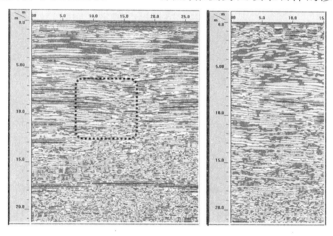

图 4-196　二号塔原渗漏区围塔线 1.0 m 雷达检测成果

图 4-197 是距二号塔东南侧外 5 m、8 m 施工通道缺口区雷达检测成果图像,检测结果显示雷达波同相轴连续好、振幅与波向一致性均较好、细腻、均匀,表明灌浆后回填堆石体密实性变好,基本没有明显的不密实区域存在,灌浆后堆石体密实性显著改善。

4.斜孔探测结果

被测体越完整、越坚硬,波速越高;反之,孔隙、节理裂隙发育,密实性差,波速越低。根据相关研究,完整的岩体波速在 3.0~6.0 km/s,堆石体小于 3.0 km/s。经对 4 个测点的检测,检测结果如图 4-198 和表 4-35 所示,主要采用波速分析。4 个测点波速在 1.800~2.384 km/s,且振幅较小,衰减较快,说明堆石体密实性较差,孔隙裂隙大。总体上,一号塔塔基附近密实性更差。

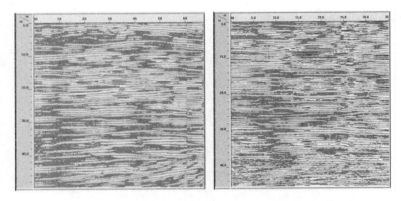

图 4-197　二号塔东南侧施工通道缺口区 5 m、8 m 雷达检测成果

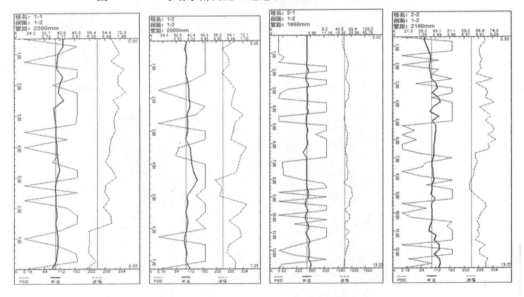

图 4-198　1-1、1-2、2-1、2-2 波速与振幅

表 4-35　检测结果

测点	孔位编号	声速平均值（km/s）	声速标准差（km/s）
1-1	1J−2P（8X）−3 1J−2P（8X）−4	1.963	0.106 1
1-2	1J−2P（5X）−3 1J−2P（5X）−4	1.800	0.191 1
2-1	2J−2P（8X）−4 2J−2P（8X）−5	2.384	0.593 2
2-2	2J−2P（4X）−4 2J−2P（4X）−5	2.343	0.336 1

(四)灌浆后探测结果

1.一号塔探测结果

(1)测线1、2为回填堆石体灌浆后的地质雷达检测图像,检测结果显示,灌浆后的回填堆石体基本密实,雷达波同相轴连续好、分布均匀,没有明显的同相轴畸变或紊乱区域存在,说明回填堆石体灌浆后密实性变好,具体如图4-199所示。

(2)测线3、4是灌浆后一号塔围塔内外测线,检测结果显示堆石料密实性显著改善,振幅较强的蓝、红波雷达波组基本消失,表明灌浆后塔周边的回填堆石体密实性变好,没有明显的不密实区域存在,具体如图4-200和图4-201所示。

(3)测线5、6、7、8探测成果显示灌浆后回填堆石体密实性良好,渗漏区域的不密实异常基本消失,也无明显脱空缺陷存在,具体如图4-202和图4-203所示。

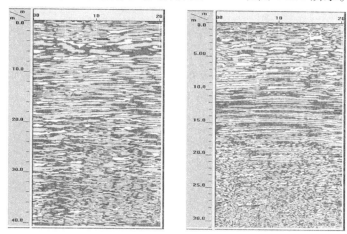

图4-199　测线1、2探地雷达检测成果

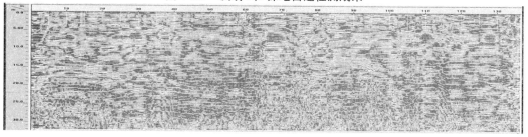

图4-200　测线3灌浆后探地雷达检测成果

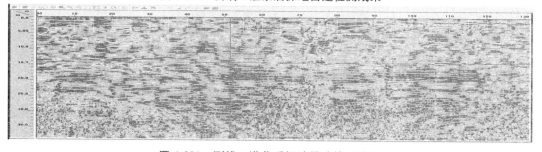

图4-201　测线4灌浆后探地雷达检测成果

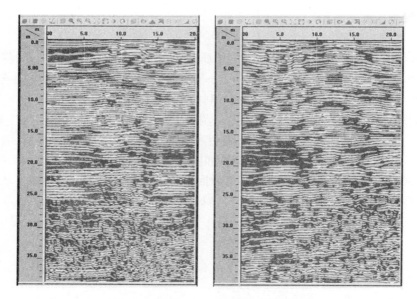

图 4-202　测线 5、6 探地雷达检测成果

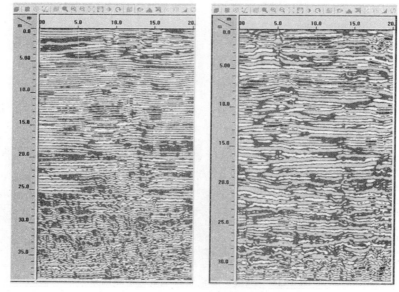

图 4-203　测线 7、8 探地雷达检测成果

2.二号塔探测结果

（1）测线 9、10、11、12 探测成果显示灌浆后堆石体密实性良好，无明显不密实或脱空缺陷存在，具体如图 4-204 和图 4-205 所示。

（2）测线 13 和 14 是围二号塔的测线灌浆后的探地雷达检测剖面图像，检测结果显示雷达波同相轴连续性好、振幅与波向一致性均较好、细腻、均匀，表明堆石体内部无脱空，回填堆石体密实性变好，基本无明显的规模较大不密实现象存在，灌浆后堆石体密实性显著改善，具体如图 4-206 和图 4-207 所示。

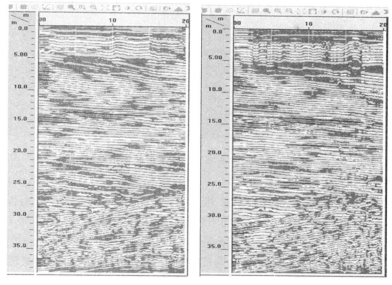

图 4-204　测线 9、10 探地雷达检测成果

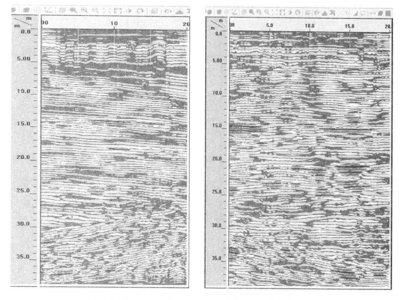

图 4-205　测线 11、12 探地雷达检测成果

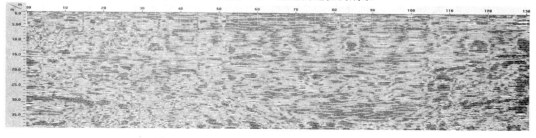

图 4-206　测线 13 灌浆后探地雷达检测成果

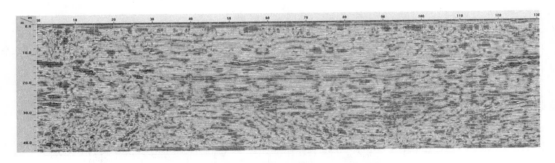

图 4-207　测线 14 灌浆后探地雷达检测成果

3.斜孔探测结果

灌浆后对一、二号塔塔基周边堆石体进行了声波测试,在一号塔塔基布设了 2 组测孔,检测编号分别为 11-1 和 11-2;在二号塔塔基周边布设 1 组测孔,编号为 22-1。检测结果见表 4-36。主要采用波速分析,具体结果如图 4-208 和表 4-36 所示。3 组测孔波速在 2.544～2.687 km/s。对比灌浆前后的波速变化,可以看出,灌浆后,波速有较为明显的增加,其中一号塔塔基周边所测孔位波速增加约 37.5%;二号塔塔基周边所测孔位波速增加约 14%。说明堆石体经灌浆后,密实性大为提高。

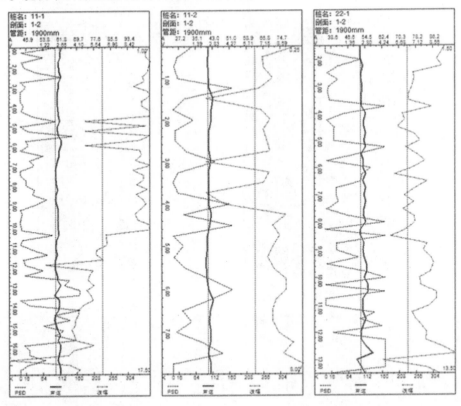

图 4-208　11-1、11-2 、22-1 波速与振幅

表 4-36　检测结果

测点	孔位编号	修正后声速平均值（km/s）	声速标准差（km/s）
11-1	1J-2P（4X）-4-1 1J-2P（4X）-5-1	2.544	0.137
11-2	1J-2P（7X）-4-1 1J-2P（7X）-5-1	2.626	0.092
22-1	2J-2P（6X）-3-1 2J-2P（6X）-4-1	2.687	0.163

4.竖井内验证探测

在探测过程中,在进、出水塔竖井内进行了灌浆后探地雷达试验性检测,一号塔、二号塔分别随机选取了两扇闸门处,从闸门后竖井内对塔基倒坡段进行了探测,总体检测结果叙述如下:

在一号塔塔基 4# 和 6# 闸门内侧各布置 2 条垂直向测线,所检测部位结果显示,4# 闸门处离开闸门流道闸门底坎以下 3.5~5.0 m 深堆石体处局部可能欠密实,6# 闸门处离开闸门流道在后方 3.5~5.0 m 深堆石体处局部略有欠密实;在二号塔塔基 4# 和 6# 闸门内侧各布置 2 条垂直向测线,所检测部位结果显示,6# 闸门处离开闸门流道在后方 1.5~4.0 m 深堆石体处局部略有欠密实。其余所检测部位灌浆后密实情况良好。

（五）探测结果综合分析

1.不密实区的选择原则

1）电磁波典型参数与被测体异常的解译方法

雷达检测图像的异常分析主要是利用直接解释法。通过对雷达剖面图像反射电磁波进行波相特征的识别,赋予异常信号的地质属性的内涵,包括富水区、空洞、不密实区分布形态和范围。基于探地雷达技术的原理,其异常判定的主要依据为:①反射波形的相似性;②反射波的同相性;③不同波组间的差异性;④波组特征与地下介电性分布特征对应性;⑤地下介质的电性特征与地质属性的相关性。本次检测介质的电磁波速度差异大,当堆石体密实时,雷达波同相轴连续,各反射波组特征相似,振幅一致,衰减均匀,电磁波速度变化小,表示介质分布均匀,无缺陷区。当堆石体存在不密实区域,雷达反射波组将出现扭折、振幅变强、同相轴错断、紊乱等特征,电磁波传播速度在不密实区域发生改变,与四周密实均匀区域存在明显差异。灌浆后的堆石体雷达电磁波传播速度变大,根据电磁传播理论,雷达反射波波长变短,能量强,衰减变弱,雷达检测剖面图像上表现为反射波组间距变小,振幅均匀,波组特征一致,表示堆石体密实性变好。

2）声波 CT 典型参数与被测体异常的解译方法

由超声脉冲发射源向介质发射高频弹性脉冲波,并用接收系统记录该脉冲波在介质内传播过程中表现的波动特性;当介质内存在不连续或破损界面时,缺陷面形成波阻抗界面,波到达该界面时,产生波的透射和反射,使接收到的透射波能量明显降低。根据波的初至到达时间和波的能量衰减特性、频率变化及波形畸变程度等特征,可以获得测区范围内介质的密实性。声速为检测分析的主要指标,岩体越完整、越坚硬,波速越高;反之,孔隙、节理裂隙发育,密实性差,波速越低。

3) 密实性判别原则

图 4-209 是二号塔围塔线局部灌浆区雷达探测剖面,提取灌浆区和未灌浆区且不密实堆石体的电磁波子波(见图 4-210 和图 4-211),分析电磁波子波的特征后可知,灌浆后的堆石体电磁波子波振幅变化小,平均振幅值 $AMP = 5\,000$,未灌浆区且不密实的堆石体电磁波子波振幅变化大,最大振幅值 $AMP = 10\,690$,振幅比 1∶2.318。因此,以良好灌浆区的电磁波子波为参照,灌浆后电磁波最大振幅值与参照值之比理论上接近 1∶1,受探测精度、灌浆施工和地层含水率变化的影响,同等检测条件下,允许误差 15%,灌浆后电磁波最大振幅值与参照值之比总体应该控制在 1∶1.15 的范围内,表示灌浆后堆石体基本密实。

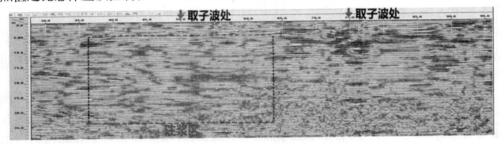

图 4-209　二号塔围塔线的灌浆区雷达探测图像

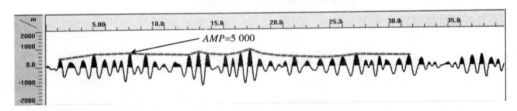

图 4-210　二号塔堆石体灌浆区雷达子波

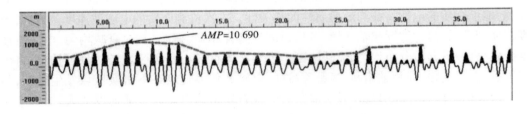

图 4-211　二号塔堆石体不密实区雷达子波

根据设计要求,在一号进/出水塔在 1J-1P-47 号孔和 1J-1P-48 号孔中间增设 1 个 12.5 m 注水检查孔,在 1J-4P-10 号孔和 1J-5P-5 号孔中间增设 1 个 29.5 m 注水检查孔,二号进/出水塔在 2J-1P-35 号孔和 2J-1P-36 号孔中间增设 1 个 12.5 m 注水检查孔(直孔),2J-4P-6 号孔和 2J-5P-7 号孔中间增设 1 个 25.5 m 注水检查孔。经计算,注水试验结果见表 4-37。

表 4-37　注水试验检测结果统计

孔位编号	灌前渗透系数值（cm/s）	灌后渗透系数值（cm/s）
1J-1P-47-1 （6#闸门处）		1.07×10^{-2}
1J-4P-10-1 （5#闸门处）	$i\times10^{-2}\sim i\times10^{-1}$cm/s（$i=1.0\sim9.9$）	3.18×10^{-3}
2J-1P-35-1 （5#闸门处）		2.69×10^{-2}
2J-4P-6-1 （4#闸门处）		7.61×10^{-3}

注:水试验结果表明,灌浆后堆石体所抽检孔位渗透系数提升明显,与电磁波振幅比下降或跨孔 CT 波速提高保持一致,验证了电磁波参数密实性判别原则的有效性。

2.检测结果与分析

检测灌浆前后岩土体力学性能、完整程度和防渗能力可选用探地雷达、跨孔声波 CT 法等对比分析,将在同一位置灌前和灌后的检测数据对比,探地雷达法可计算密实性的提高率或提高量,跨孔声波 CT 可描述灌浆前后低强区的变化情况、统计分析成像单元的波速变化情况。

1）塔基周边

在一号塔塔基布置 2 条环形测线,所检测部位结果显示（具体如图 4-212 所示）,灌浆前不密实区平均面积占总测线面积的 16.7%,灌浆后不存在明显缺陷部位。

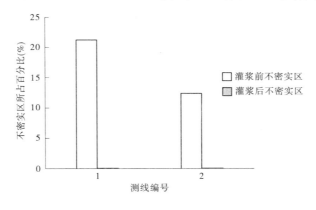

图 4-212　一号塔塔基周边灌浆前后不密实区统计

在二号塔塔基布置 2 条环形测线,所检测部位结果显示（具体如图 4-213 所示）,灌浆前不密实区平均面积占总测线面积的 18.0%,灌浆后不存在明显缺陷部位。

2）斜孔

一号塔塔基周边波速增加约 37.5%;二号塔塔基周边波速增加约 14%,且振幅正常,依次衰减,说明堆石体经灌浆后,密实性大为提高,具体如图 4-214 所示。

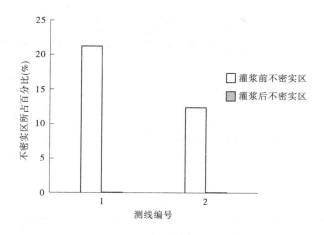

图 4-213　二号塔塔基周边灌浆前后不密实区统计

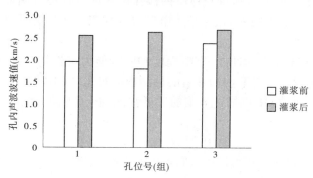

图 4-214　斜孔内灌浆前后不密实区统计

3）竖井验证性探测

在一号塔、二号塔分别随机选取了两扇闸门处，从闸门后竖井内对塔基倒坡段进行了探测，探测结果显示钢筋混凝土与堆石料交界面仅个别部位存在强反射信号、介质局部分布不均匀，总体上一号塔、二号塔的塔基倒坡钢筋混凝土与堆石料交界面已较为密实。

通过选用探地雷达、跨孔声波法进行灌浆前后对比分析，主要结论如下：

（1）塔基周边。一号塔塔基所检测部位结果显示，灌浆前的不密实区平均面积占总测线面积的 16.7%，灌浆后不存在明显缺陷部位；二号塔塔基所检测部位结果显示，灌浆前的不密实区平均面积占总测线面积的 18.0%，灌浆后不存在明显缺陷部位。

（2）斜孔。一号塔塔基所测孔位周边声波波速增加约 37.5%；二号塔塔基周边所测孔位声波波速增加约 14%，且振幅正常，依次衰减，说明堆石体经灌浆后，密实性大为提高。

（3）竖井验证性探测总体上一、二号塔的塔基倒坡混凝土与堆石料交界面基本密实，与斜孔探测结果一致。

（4）注水试验结果表明，灌浆后堆石体所抽检部位渗透系数降低明显，堆石体防渗能力明显提高，与无损检测结果一致。

第七节　土体裂缝深度探测方法与分析

针对病险水闸两岸堤防土体裂缝特征尤其是裂缝深度难以准确探测的难题,研发了基于电磁波法的土体裂缝深度示踪法检测技术,准确给出了裂缝的物理特征、分布规律及发展规律,为准确分析堤顶裂缝对水闸结构的影响和堤防结构稳定性分析提供重要的技术支撑。同时,研究成果可为水闸上下游翼墙、护坡裂缝深度的判定提供新的检测思路,为翼墙及护坡的稳定性分析提供基础数据。

一、问题提出

某水闸堤顶 9+080~9+300 段的沥青路面表层,出现了平行坝轴线的纵向裂缝(见图 4-215),局部裂缝段发育宽,目视深度深,从堤坝安全角度考虑,需要对堤顶出现的裂缝及裂缝发育段的坝体进行检测。

堤顶裂缝主要分布在堤顶沥青路面上,分布范围在里程桩号 9+080~9+300 段,裂缝走向主要平行坝轴线(见图 4-216),局部存在垂直裂缝,并伴随不均匀沉降现象存在,经过调查(见图 4-217、图 4-218),裂缝的详细特征为:

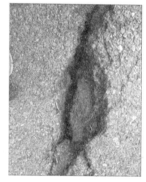

图 4-215　堤顶裂缝现场调查照片

图 4-216　堤防裂缝整体面貌

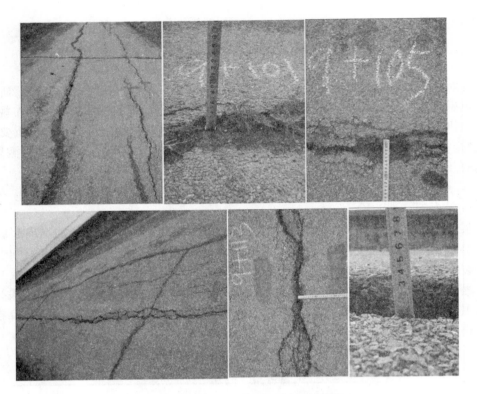

图 4-217　堤顶(9+085~9+120)裂缝照片

图 4-218　堤顶(9+145~9+160)裂缝照片

(1)桩号 9+085~9+120 段。

桩号 9+085~9+120 里程段堤顶裂缝较发育,主要为纵向发育 2 条裂缝,垂向发育 1 条裂缝,在桩号 9+101 位置裂缝两侧错台 2.0~2.5 cm。

桩号 9+105 位置靠近防浪墙的裂缝最大宽度达 4.0~4.5 cm,外侧裂缝宽 2.5 cm 左右;桩号 9+113 位置外侧裂缝宽度 3.0~4.0 cm,裂缝两侧错台约 3.0 cm,裂缝长度约 11.0 m,同时存在横向裂缝。

(2)桩号 9+145~9+160 段。

桩号 9+145~9+160 里程段堤顶纵向主要发育 1 条裂缝,裂缝整体长约 15.0 m,桩号

9+148 位置裂缝发育宽度约 3.0 cm,桩号 9+155 位置裂缝发育宽度约 2.5 cm,裂缝两侧略微错台。

二、关键技术

堤坝裂缝可分为土坝裂缝、土石坝裂缝和混凝土坝裂缝。对于土坝和土石坝裂缝,目前尚无有效的无损检测技术,还只能采用坑探的方法。该方法不仅对被检大坝有明显损害,而且在裂缝深度较大时,坑探难以实施。混凝土坝裂缝常采用超声法检测,该方法对于裂缝内没有填充物时是有效的,但裂缝内往往都积有灰尘或杂物,因此超声法就无能为力,原因是裂缝中积聚的灰尘杂物会使超声波传播的路径短路,使得检测者无法辨别裂缝底部的具体位置。这种情况下,一般只能采用取芯法。取芯法有时会取不到裂缝的底部,也就无法判断裂缝的深度,并且该法对结构有明显的损伤。

目前雷达法也有用于检测裂缝,但只能用于十分宏观的裂缝检测,对于宽度小于 5 mm 的裂缝,在雷达上就难以分辨了。探地雷达的探测精度和深度受到主观条件和客观条件的限制,前者主要为仪器设备的工作频率、发射功率、收射灵敏度、抗干扰能力和天线与大地的匹配耦合效应;后者则为地电条件,特别是介质导电性。当仪器设备条件一定,决定探测深度的主要因素为地层导电率和检测天线的工作频率,基于导电介质中电磁波的衰减系数与工作频率成正比,因此对于一定工作频率 f 而言,其探测深度与地表导电率 σ 成反比。

堤坝裂缝深度示踪法检测技术是将示踪剂灌入裂缝,示踪剂为对雷达波具有强烈反射性能的液体,其对雷达波的反应与其周围介质相比具有数量级的差异。在重力或者灌入压力的作用下,示踪剂向裂缝底部流动,待示踪剂到达裂缝底部时,采用雷达对裂缝部位进行扫描检测。积存在裂缝底部的示踪剂在雷达扫描影像上有明显的显示,由此可确定裂缝底部的位置,从而得出裂缝的深度。

根据本次检测的任务,并结合堤坝表面裂缝的发育特征,选择了 8 处裂缝宽度大,垂向发育深度的位置,进行示踪法检测,每个测试断面的位置根据坝面标识的里程桩号来标记(见表 4-38)。

表 4-38　示踪法测试断面位置

测试断面编号	里程(m)	说明
1	9+105	内侧裂缝
2	9+113	外侧裂缝
3	9+148	外侧裂缝
4	9+177	外侧裂缝
5	9+180	外侧裂缝
6	9+188	外侧裂缝
7	9+220	外侧裂缝
8	9+278	外侧裂缝

注:测试断面里程根据坝体标识的里程桩号确定。

每个测试断面的测线布置为灌浆前和灌浆后。灌浆前,根据堤坝裂缝的外部表征,在最具有代表性的裂缝位置作为示踪剂灌入点。灌浆后,在灌浆孔附近垂直裂缝走向布置测线(见图4-219),以追踪示踪剂的流向和渗入深度,根据探地雷达的检测结果分析并确定裂缝的实际深度。

图4-219　示踪法测线布置示意图和示踪剂灌入裂缝照片

　　为了调查裂缝发育段堤坝的坝体地层地质特征,从而分析大浪淀水库堤坝路面裂缝形成的原因,在里程桩号9+080~9+300段堤顶路面上平行坝轴线布置了3条纵向探地雷达测线,其中测线46和48采用100 MHz天线进行了检测,测线47采用低频组合天线(80 MHz)进行了检测;同时垂直坝轴线布置45条探地雷达测线,测线间隔5m,采用100 MHz天线进行了检测。

三、资料处理与分析

　　本次雷达数据处理是采用GSSI公司提供的在Windows界面下运行的WINRAD专用雷达数据处理软件,界面方便易用,直观明了。处理流程如下:

　　原始数据→传输到计算机→原始数据编缉→水平均衡→零漂校正→反褶积或带通滤波,消除背景干扰信号→频率、振幅分析,偏移绕射处理→增益处理→标定剖面坐标桩号→编辑、打印输出探地雷达检测图像剖面图。

　　在探地雷达野外测量中,为了保留尽可能多的信息,常采用全通的记录方式,这样有效波和干扰波就被同时记录下来,为了去除数据中的干扰信号,需要采用数字滤波的方法,数字滤波是根据数据中的有效信号和干扰信号频谱范围的不同来消除干扰。本次处理采用FIR带通滤波的方法,对检测到的干扰波进行压制,在不损害有效波的前提下,有效去除干扰波。

　　图4-220是堤坝无裂缝段的探地雷达检测剖面图像,经过数据处理,堤坝路基料层与堤坝本体材料分层界面明显,路基料层与堤坝本体材料层的介质分布均匀,探测结果显示,良好堤坝的路基料层和堤坝本体材料层的雷达反射波同相轴连续性好,波向一致性良

好,电磁波能量衰减均匀,没有明显的畸变雷达反射波同相轴存在。以此检测剖面图像为参照,能反映出裂缝检测剖面图像与正常无裂缝检测剖面图像的不同,进而对全区检测剖面图像进行解释。

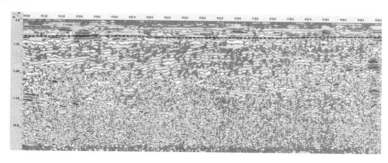

图 4-220　平行于裂缝的堤坝探地雷达检测成果

图 4-221 是堤坝裂缝段灌浆前后探地雷达检测剖面对比图像。检测结果显示,灌浆前裂缝在探地雷达检测剖面图像上显示裂缝深度较浅,主要表现在雷达波同相轴错断、不连续,不能反映裂缝的实际深度;灌浆后,在重力作用下,示踪剂沿裂缝面向下流动,浆液流动所经之处,在裂缝面上均有残留,形成的流动轨迹就是裂缝面的发育形态。示踪剂到达裂缝底部后,在裂缝底部逐渐富积,同时向两侧流动,再采用探地雷达对裂缝部位进行扫描检测。图 4-221 中裂缝灌浆后的探地雷达检测结果显示,示踪剂在裂缝中的渗流路径反映明显,表现为醒目的红蓝交替的强振幅反射波序列,渗流路径并不是垂直向下的,反映了裂缝的垂向发育形态,因为积存在裂缝底部的示踪剂浆液量大,在雷达扫描影像上反映更明显,由此可确定裂缝底部的位置,从而得出裂缝的深度。

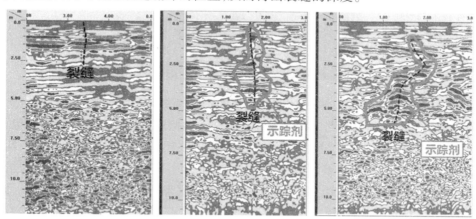

图 4-221　裂缝灌浆前后探地雷达检测图像

(一) 资料总体解释

由于探地雷达的检测原理是根据物体的电性差异、吸收和反射电磁波的性能来确定被测物体的性质和位置,所以其检测深度和精度是成反比的。对于土体这类非均匀材料,探地雷达只能检测到浅部裂缝或脱空区域,深部裂缝由于裂缝随深度加大而逐渐变窄以及回填颗粒物的填充,雷达探测深度和水平分辨率达不到检测要求。示踪剂与坝体介质存在非常大的电性差异,待其积存到裂缝底部后,应用雷达电磁波对示踪剂的强烈敏感性来确定坝体裂缝的底部位置。

(二)检测结果与分析

以上述检测理论分析为指导,结合现场堤坝裂缝发育的实际状况,对各测试断面的雷达检测成果资料进行综合解释,各测试断面灌浆前后的雷达图像如图 4-222~图 4-237 所示。

(1)桩号 9+105 示踪点检测结果。

图 4-222 为桩号 9+105 测试断面灌浆前堤坝内部裂缝的实际位置。裂缝宽度较窄,不完全垂直向下,裂缝发育面是弯曲向下的,随着裂缝深度的增加,裂缝面宽度逐渐变窄,深处裂缝面被颗粒物填充,裂缝底层实为比较松软的一个松散带,探地雷达探测剖面图像显示裂缝的深度在 4.5 m 左右,表现为在该深度上雷达反射波同相轴明显错断,由于探地雷达检测分辨率的原因,其下方松散带的准确深度无法确定,裂缝底部的位置也无法确定。

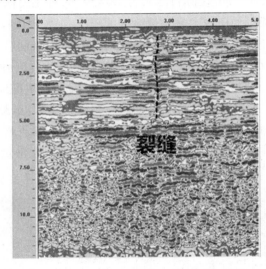

图 4-222 桩号 9+105 测试断面灌浆前裂缝雷达伪彩图

图 4-223 为桩号 9+105 测试断面加注示踪剂后的探地雷达检测成果剖面图像,检测结果表明,示踪剂沿着裂缝的缝隙已经渗透到裂缝的底层(见图 4-223(a)、(b)),两条测线相距约 0.5 m,其中测线 A 是注浆中心线,示踪剂在向下渗流过程中,有一定的量残留在裂缝面上,贯穿松散带后,到达裂缝底层,并在裂缝底部富集,同时向两侧扩展。因此,裂缝底部的示踪剂的量相对较多,电磁波对裂缝底部示踪剂的信号响应强烈,与没有示踪剂的周围介质形成鲜明的对比,较好地反映了裂缝底部的位置,从而确定了裂缝发育的深度。同理,对其他测试断面的 7 处裂缝灌浆前后的探地雷达检测成果图也进行了分析。

根据裂缝底部浆液富积程度的不同,可了解示踪剂在裂缝底部向两侧流动的情况,图 4-224~图 4-237 的探地雷达检测图像显示,9+113 位置示踪剂向两侧流动量少;9+148 位置向两侧一般流动;9+177 位置向两侧明显流动;9+180 位置向两侧明显流动;9+188

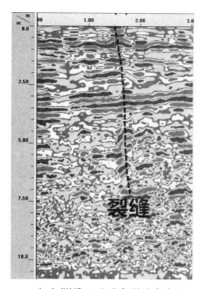 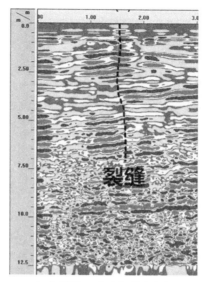

（a）测线 A（垂直裂缝走向）　　　　（b）测线 B（垂直裂缝走向）

图 4-223　桩号 9+105 测试断面灌浆后裂缝雷达伪彩图

位置向两侧明显流动;9+220 位置向两侧明显流动,流动量大;9+278 置流向两侧明显流动,流动量大,裂缝底部浆液富积。

（2）桩号 9+113 示踪点检测结果。

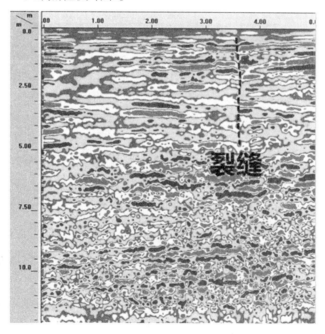

图 4-224　桩号 9+113 测试断面灌浆前裂缝雷达伪彩图

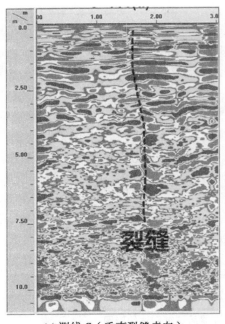 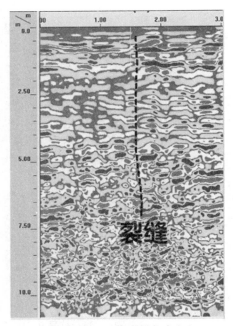

(a) 测线 C（垂直裂缝走向）　　　　　　　(b) 测线 D（垂直裂缝走向）

图 4-225　桩号 9+113 测试断面灌浆后裂缝雷达伪彩图

（3）桩号 9+148 示踪点检测结果。

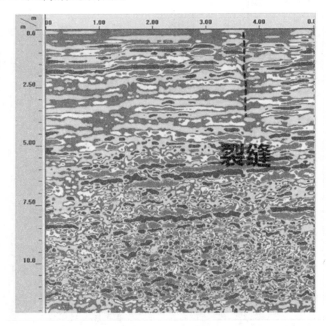

图 4-226　桩号 9+148 测试断面灌浆前裂缝雷达伪彩图

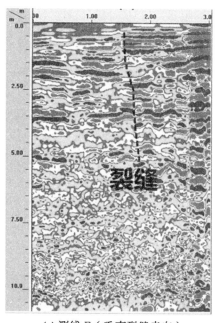
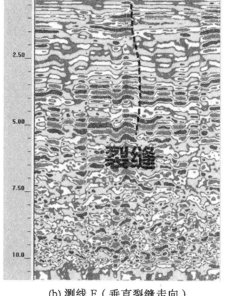

(a) 测线 E（垂直裂缝走向）　　　　　　　　　(b) 测线 F（垂直裂缝走向）

图 4-227　桩号 9+148 测试断面灌浆后裂缝雷达伪彩图

（4）桩号 9+177 示踪点检测结果。

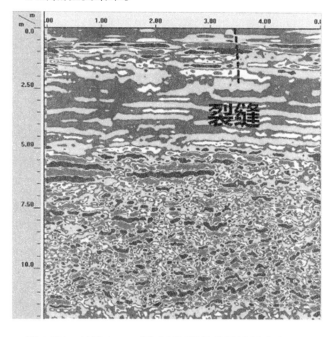

图 4-228　桩号 9+177 测试断面灌浆前裂缝雷达伪彩图

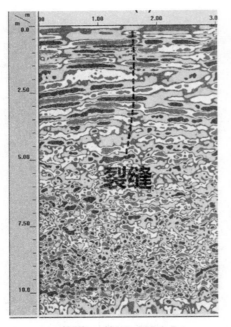

(a) 测线 G（垂直裂缝走向）　　　　　　　　(b) 测线 H（垂直裂缝走向）

图 4-229　桩号 9+177 测试断面灌浆后裂缝雷达伪彩图

（5）桩号 9+180 示踪点检测结果。

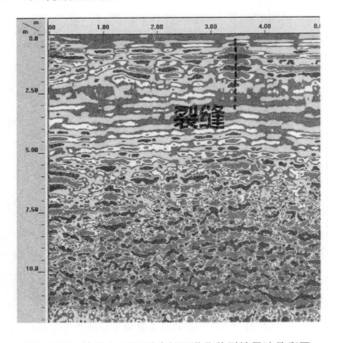

图 4-230　桩号 9+180 测试断面灌浆前裂缝雷达伪彩图

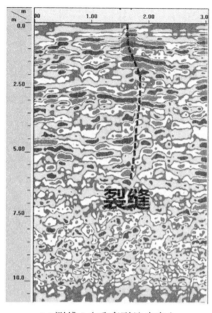 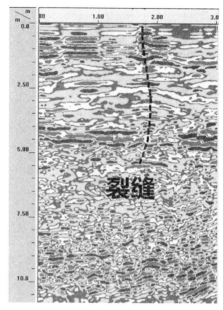

(a) 测线 I（垂直裂缝走向）　　　　　　　　　(b) 测线 J（垂直裂缝走向）

图 4-231　桩号 9+180 测试断面灌浆后裂缝雷达伪彩图

（6）桩号 9+188 示踪点检测结果。

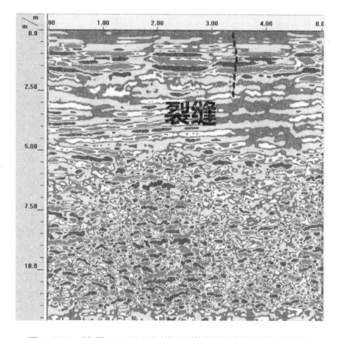

图 4-232　桩号 9+188 测试断面灌浆前裂缝雷达伪彩图

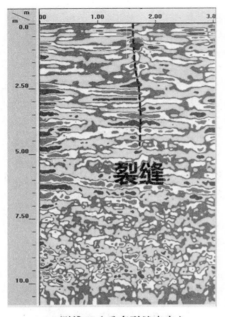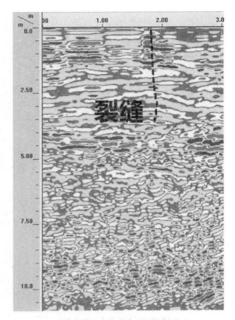

(a)测线 K（垂直裂缝走向）　　　　　　　　(b)测线 L（垂直裂缝走向）

图 4-233　桩号 9+188 测试断面灌浆后裂缝雷达伪彩图

（7）桩号 9+220 示踪点检测结果。

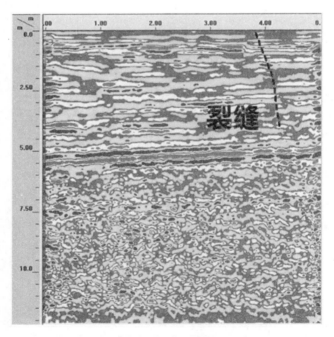

图 4-234　桩号 9+220 测试断面灌浆前裂缝雷达伪彩图

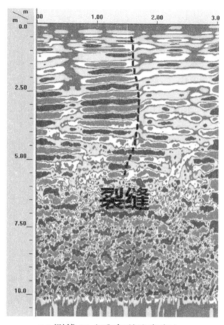

(a) 测线 M（垂直裂缝走向）	(b) 测线 N（垂直裂缝走向）

图 4-235　桩号 9+220 测试断面灌浆后裂缝雷达伪彩图

（8）桩号 9+278 示踪点检测结果。

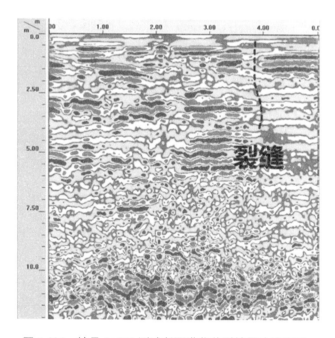

图 4-236　桩号 9+278 测试断面灌浆前裂缝雷达伪彩图

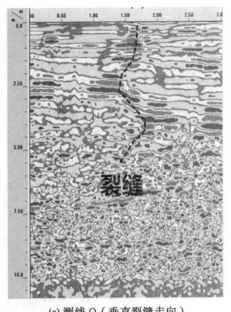

| (a) 测线 O（垂直裂缝走向） | (b) 测线 P（垂直裂缝走向） |

图 4-237　桩号 9+278 测试断面灌浆后裂缝雷达伪彩图

（三）表层纵向裂缝深度统计

综上所述，对堤坝表层纵向裂缝底部的信号进行识别、计算，得出大浪淀水库堤坝表层纵向裂缝深度的统计表，如表 4-39 所示。从表 4-39 中可以看出，检测段裂缝的最大深度为 7.5 m。

表 4-39　堤坝表层纵向裂缝深度检测成果统计　　　　　　　　（单位:m）

检测编号	里程桩号	测线	裂缝深度	裂缝平均深度	裂缝最大深度
1	9+105	测线 A	7.2	7.1	7.2
		测线 B	7.0		
2	9+133	测线 C	7.5	7.25	7.5
		测线 D	7.0		
3	9+148	测线 E	5.2	5.25	5.3
		测线 F	5.3		
4	9+177	测线 G	4.8	4.75	4.8
		测线 H	4.7		
5	9+180	测线 I	6.0	5.75	6.0
		测线 J	5.5		
6	9+188	测线 K	4.7	4.1	4.7
		测线 L	3.5		
7	9+220	测线 M	5.5	5.15	5.5
		测线 N	4.8		
8	9+278	测线 O	5.5	5.45	5.5
		测线 P	5.4		

（四）裂缝段堤身检测结果

在堤坝裂缝深度检测结果的基础上，开展了裂缝段坝体的地层地质特征调查。堤坝良好时，堤坝路基料层与堤坝本体材料层是稳定密实的，路基料层与堤坝本体材料层的介质分布均匀，在探地雷达检测剖面图像上显示为反射波同相轴连续性好，振幅和波向一致性良好，电磁波能量衰减均匀，没有明显的畸变雷达反射波同相轴存在。

图 4-238、图 4-239 是测线 46、48（里程 9+080～9+114）探地雷达检测剖面图像，检测结果显示，堤坝路基料层与堤坝本体材料层间存在脱空，堤坝本体材料出现松散现象，松散区水平分布范围广，深度主要在 4～8 m；图 4-240 是测线 47（里程 9+080～9+130）低频组合天线雷达检测剖面，检测结果显示，在桩号 9+080～9+100 段堤坝本体材料层出现剪切分层的异常特征信号，该段异常区与测线 46、48 的雷达检测获得的松散区部分重合，说明这些异常不是孤立的，而是相互联系的。

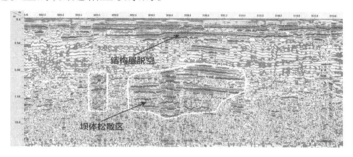

图 4-238　测线 46（9+080～9+114）探地雷达检测成果图像（100 MHz）

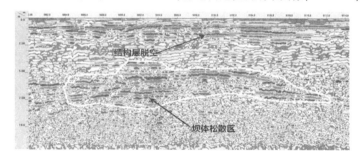

图 4-239　测线 48（9+080～9+114）探地雷达检测成果图像（100 MHz）

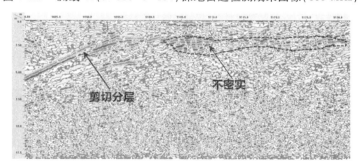

图 4-240　测线 47（9+080～9+130）探地雷达检测成果图像（80 MHz）

图 4-241、图 4-242 是垂直坝轴线的 6 条探地雷达检测剖面图像,检测结果显示,探地雷达对堤坝裂缝的检测效果明显,在裂缝处雷达波同相轴明显错断,堤坝沥青路面下方局部脱空,坝体内局部存在沉降现象,外在表现为裂缝两侧出现明显错台,方向由迎水面向背水面。

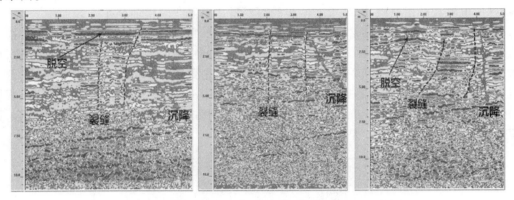

图 4-241　垂直坝轴线 1、2、3 测线探地雷达检测成果图像

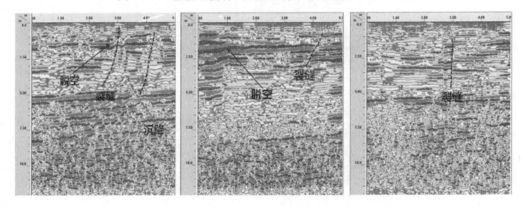

图 4-242　垂直坝轴线 4、5、6 测线探地雷达检测成果图像

　　综上所述,对堤坝的全检测段的雷达检测剖面进行对比分析,综合分析纵、横向测线的检测成果,对所检测得到的异常雷达信号进行判别、计算、解译、合并,归纳出 9+080~9+300 段堤坝坝体检测统计表,如表 4-40 所示。

表 4-40　大浪淀水库堤坝坝体探地雷达检测成果统计

检测编号	里程桩号	深度(m)	检测结果	说明
1	9+084~9+048	4~9	坝体内部介质松散,路基料层局部脱空,坝体存在沉降,沉降方向由内向外	存在剪切分层现象
2	9+148~9+180	3.5~6.5	坝体内部介质分布不均匀,欠密实,局部出现扰动	存在剪切分层现象
3	9+180~9+210	3.5~6.5	坝体内部介质松散,分布不均匀,整体范围大,高富水	存在剪切分层现象

检测编号	里程桩号	深度（m）	检测结果	说明
4	9+214~9+220	3.5~6.5	坝体内部介质不密实，局部扰动	主要在路面的中间部位
5	9+236~9+254	3.0~7.5	坝体内部介质不密实，局部扰动	主要在路面的中间部位
6	9+262~9+270	3.0~7.5	坝体内部介质不密实，分布不均匀	主要在路面的中间部位

通过采用示踪法对大浪淀水库堤坝表层纵向裂缝的探测，利用电磁波对示踪剂的高度灵敏反应的特点，基本上查明了各测试断面裂缝发育面的弯曲形态，成功地探测到堤坝裂缝的底部，获得了裂缝发育的真实深度，具体如下：

（1）9+105 测试断面，裂缝平均深度为 7.1 m，最大深度 7.2 m；

（2）9+113 测试断面，裂缝平均深度为 7.25 m，最大深度 7.5 m；

（3）9+148 测试断面，裂缝平均深度为 5.25 m，最大深度 5.3 m；

（4）9+177 测试断面，裂缝平均深度为 4.75 m，最大深度 4.8 m；

（5）9+180 测试断面，裂缝平均深度为 5.75 m；最大深度 6.0 m；

（6）9+188 测试断面，裂缝平均深度为 4.1 m；最大深度 4.7 m；

（7）9+220 测试断面，裂缝平均深度为 5.15 m；最大深度 5.5 m；

（8）9+278 测试断面，裂缝平均深度为 5.45 m；最大深度 5.5 m。

所测 8 个断面裂缝最大深度为 7.5 m。

裂缝发育段堤坝路基料层与堤坝本体材料层已不稳定密实，路基料层与堤坝本体材料层的存在介质分布不均匀区，路基料层局部不密实、扰动，堤坝本体材料层存在松散层，主要分布在堤坝的中间部位。在桩号 9+084~9+048、9+148~9+210、9+180~9+210 段，坝体内部存在松散体，路基料层局部脱空，坝体存在因沉降导致的剪切分层现象。9+214~9+220、9+236~9+254、9+262~9+270 段，坝体内部介质不密实，局部扰动。大浪淀水库堤顶路面表层纵向裂缝形成的原因，推测与坝体内这些不稳定的松散地层有关，软弱松散地层的存在，导致坝体局部易出现沉降，从而导致堤顶出现了纵向裂缝。

第八节　防渗与消能防冲完整性和有效性检测方法与分析

水闸工程防渗与消能设施的完整性和有效性检测，目前大多采用人工探视方法，内部病险容易漏查漏报，是水闸安全评价容易忽视的问题。此外，防渗体系是否完整影响渗流安全，《水闸安全评价导则》（SL 214—2015）将消能防冲设施并入结构安全，因此其准确评价对三四类水闸的判定至关重要。本成果提出了基于综合物探技术的防渗与消能设施下方质量进行无损检测技术，通过电磁波与弹性波的联合解译，达到了准确、快速的检测目的，并对止水失效检测问题进行了分析。

一、防渗及消能设施完整性检测与分析

(一) 问题提出

某大型水闸在竣工蓄水前发现防渗、消能设施底板有渗漏现场,具体如表 4-41 所示,依据《水闸安全评价导则》(SL 214—2015)的要求,在水闸安全评价中需要对防渗、消能设施完整性进行检测,通过无损检测技术排查水闸的闸室、排水泵室和上下游连接段底板下方是否存在的缺陷(空洞、扰动、不密实等),同时检测搅拌桩的施工质量,为水闸安全评价提供技术支撑。

表 4-41 水闸内河侧闸基渗漏情况记录

序号	部位	渗漏性质	大小与位置
1	内河侧斜坡	严重点渗	渗水面积约为 10 cm×10 cm,距西翼墙 0.40 m,距斜坡底分缝 3.50 m
2	内河侧 西泵室护坦 底板排水孔	轻微渗水	排水孔,冒水冒砂,距西翼墙 2.34 m,距内河侧底板分缝 1.99 m
3		严重渗水	排水孔,冒水冒砂,距西翼墙 2.40 m,距河侧底板分缝 4.98 m
4		轻微渗水	排水孔,冒水冒砂,距西导流墙 3.18 m,距河侧底板分缝 3.43 m
5		严重渗水	排水孔,冒水冒砂,距西导流墙 2.50 m,距河侧底板分缝 4.94 m
6		轻微渗水	排水孔,冒水冒砂,距西导流墙 2.40 m,距河侧底板分缝 1.89 m
7	内河侧 西泵室 护坦底板	轻微线渗	距内河侧闸底板分缝 5.28 m 有一处长约 0.90 m 的渗水缝
8		轻微线渗	距西导流墙 1.40 m 的底板伸缩缝处有不同程度渗水(该缝设水平止水)
9		轻微线渗	距内河侧底板分缝 13.40 m 的西翼墙与泵室隔墙相交处根部,有竖向渗水缝 0.30 m、水平向渗水缝 0.90 m(该处设竖向止水和水平止水)
10	内河侧西泵室底板	轻微多点渗	底板上有多点渗水点,面积约为 26 cm×50 cm,距导流墙 1.96 m,距泵室隔墙 2.34 m
11	内河侧 铺盖底板	较严重线缝	消力池底板与铺盖间伸缩缝有不同程度渗漏
12		严重线缝	铺盖与斜坡间底板伸缩缝有不同程度渗漏
13		严重点渗	一处 8 cm×8 cm 的渗水点,位于河侧斜坡分缝中部
14		轻微点渗	中部底板上有约 4 cm×4 cm 的渗水点,距西导流墙 3.48 m,距离斜坡分缝 2.85 m
15		较严重点渗	中部底板上有约 4 cm×4 cm 的渗水点,距离东导流墙 4.60 m,距离斜坡分缝 1.63 m
16		轻微点渗	东侧底板上有约 4 cm×4 cm 的渗水点,距离东导流墙 2.45 m,距离斜坡分缝 1.76 m
17		较严重点渗	东侧底板上有约 4 cm×4 cm 的渗水点,距离东导流墙 4.32 m,距离斜坡分缝 1.66 m

续表 4-41

序号	部位	渗漏性质	大小与位置
18	内河侧东泵室护坦排水孔	严重渗水	排水孔,冒水冒砂,距东导流墙 3.54 m,距内河侧底板分缝 2.43 m
19		严重渗水	排水孔,冒水冒砂,距东导流墙 4.00 m,内河侧底板分缝 5.08 m
20		轻微渗水	排水孔,冒水冒砂,距东翼墙 2.00 m,距内河侧底板分缝 1.98 m
21		严重渗水	排水孔,冒水,距东翼墙 3.85 m,距内河侧底板分缝 3.42 m
22		严重渗水	排水孔,冒水冒砂,距东翼墙 2.43 m,距内河侧底板分缝 5.00 m
23	内河侧东泵室护坦	严重点渗	渗水面积约 4 cm×4 cm,距东翼墙 1.40 m,距内河侧底板分缝 9.44 m
24		严重多点渗	底板上多处渗水 134 cm×6 cm,距离东翼墙 1.32 m,距内河侧底板分缝 12.06 m
25		轻微线渗	距东导流墙 1.40 m 的泵室顺水流向伸缩缝各处有不同程度渗漏(该缝有水平止水)
26		较严重线渗	距东翼墙 1.40 m 的泵室顺水流向伸缩缝各处有不同程度渗漏(该缝有水平止水)

(二)探测结果与分析

1.内河侧西护坦

内河侧西护坦布置了 10 条地质雷达测线(见图 4-243),测线间距 0.5 m。图 4-244~图 4-253 是测线 1~10 的探测成果剖面图。

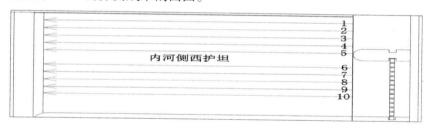

图 4-243 内河侧西护坦 400 MHz 测线布置图

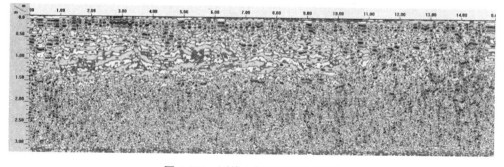

图 4-244 测线 1 探测成果剖面图

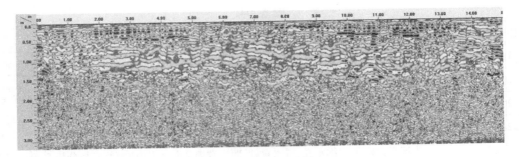

图 4-245　测线 2 探测成果剖面图

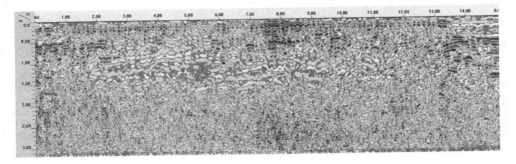

图 4-246　测线 3 探测成果剖面图

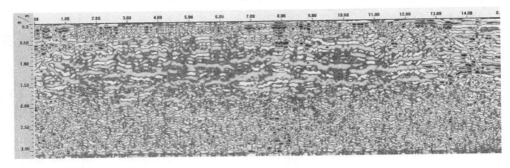

图 4-247　测线 4 探测成果剖面图

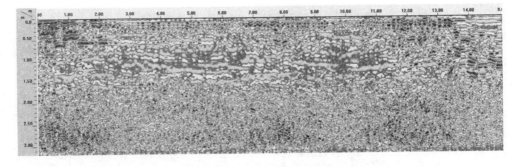

图 4-248　测线 5 探测成果剖面图

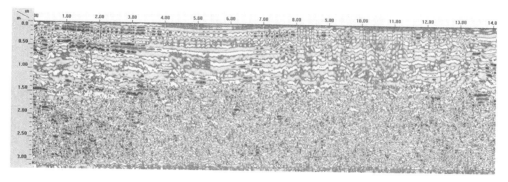

图 4-249　测线 6 探测成果剖面图

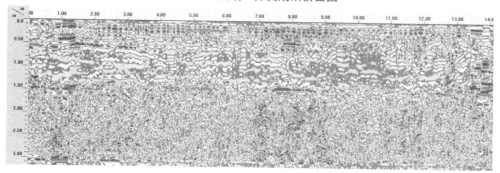

图 4-250　测线 7 探测成果剖面图

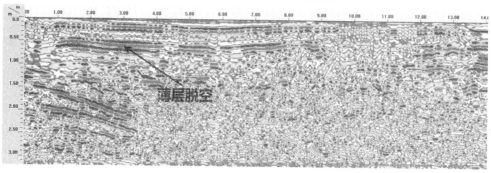

薄层脱空

图 4-251　测线 8 探测成果剖面图

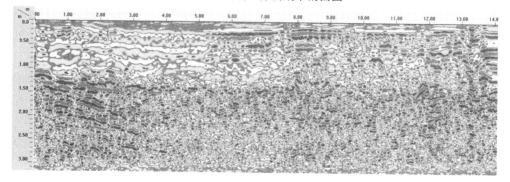

图 4-252　测线 9 探测成果剖面图

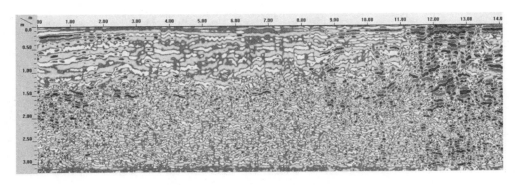

图 4-253　测线 10 探测成果剖面图

图 4-244～图 4-253 地质雷达探测结果显示,内河侧西护坦混凝土面板下方基本没有脱空、扰动或不密实缺陷现象存在,在测线 8 的 1～4 m 的范围混凝土面板下方存在强振幅雷达波组,推断混凝土面板下底界面接触不充分,存在薄层脱空现象;相邻的测线 7 和测线 9 没有类似异常特征存在,说明测线 8 上的薄层脱空现象的横向规模不大,为小范围的脱空区域。

2. 内河侧铺盖(400 MHz)

内河侧铺盖布置了 3 条地质雷达测线(图 4-254),测线间距 0.5 m。图 4-255～图 4-257 是测线 11～13 的探测成果剖面图。

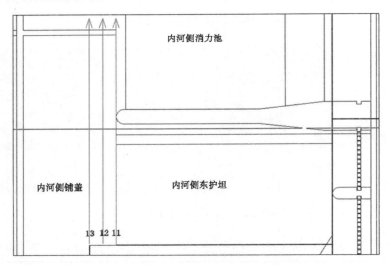

图 4-254　内河侧铺盖 400 MHz 测线布置图

图 4-255～图 4-257 地质雷达探测结果显示内河侧铺盖混凝土面板下方没有明显的脱空、扰动或不密实等雷达波异常特征存在,表明内河侧铺盖面板下方无缺陷。

3. 内河侧斜坡、海漫(400 MHz)

内河侧斜坡、海漫共布置了 12 条地质雷达测线(见图 4-258),测线间距 0.5 m。图 4-259～图 4-270 是测线 14～19 和 36～41 的探测成果剖面图。

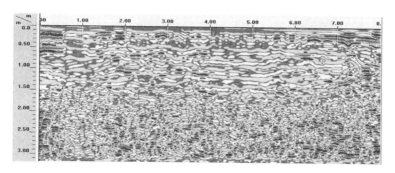

图 4-255　测线 11 探测成果剖面图

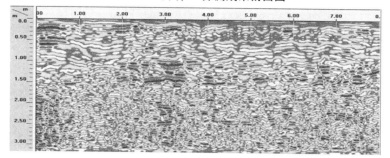

图 4-256　测线 12 探测成果剖面图

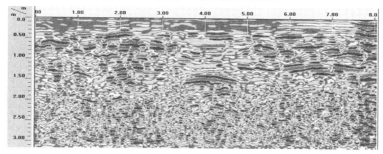

图 4-257　测线 13 探测成果剖面图

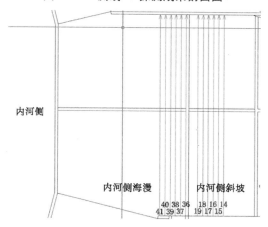

图 4-258　内河侧斜坡、海漫 400 MHz 测线布置图

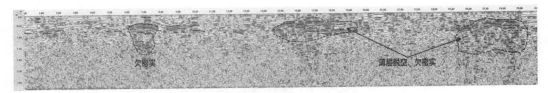

图 4-259　测线 14 探测成果剖面图

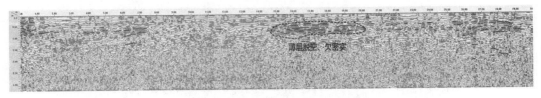

图 4-260　测线 15 探测成果剖面图

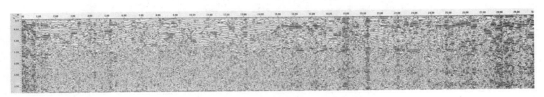

图 4-261　测线 16 探测成果剖面图

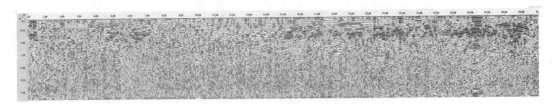

图 4-262　测线 17 探测成果剖面图

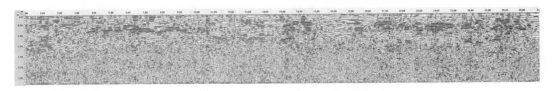

图 4-263　测线 18 探测成果剖面图

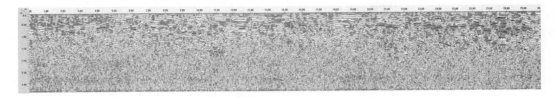

图 4-264　测线 19 探测成果剖面图

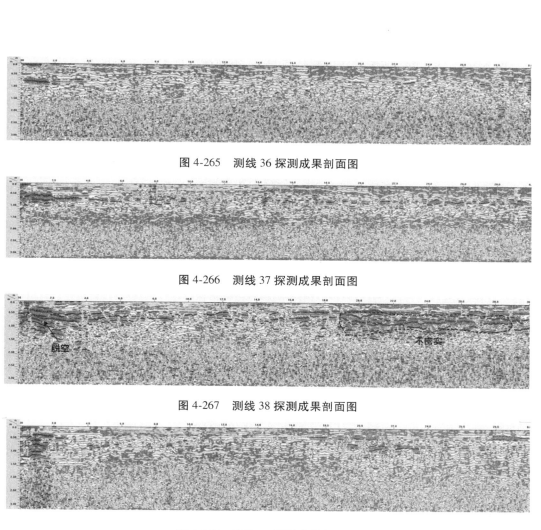

图 4-265　测线 36 探测成果剖面图

图 4-266　测线 37 探测成果剖面图

图 4-267　测线 38 探测成果剖面图

图 4-268　测线 39 探测成果剖面图

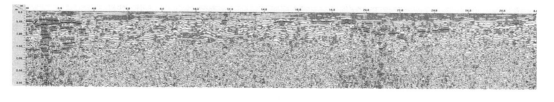

图 4-269　测线 40 探测成果剖面图

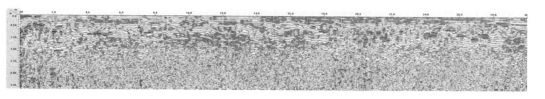

图 4-270　测线 41 探测成果剖面图

图 4-259～图 4-264 地质雷达探测结果显示,内河侧斜坡混凝土面板下方总体良好,在测线 14 的 6～8 m、26～29 m 的范围,测线 15 的 15～20 m 的范围,混凝土面板下方存在雷达波组中断、振幅强、不连续特征,推断混凝土面板下方存在脱空或不密实缺陷,主要分布在测线 14 和 15 之间的区间。

图 4-265～图 4-270 地质雷达探测结果显示,内河侧海漫混凝土面板下方总体良好,在测线 38 的 0～4 m 和 19～29 m 的范围,混凝土面板下方存在异常强振幅雷达波组,同相轴中断,连续性差,波形紊乱,推断混凝土面板下方存在脱空现象,填充介质不密实,其中测线 38 的 0～4 m 的缺陷异常向两侧发展约 1 m 的范围。

通过对水闸内河侧和江侧混凝土面板的地质雷达检测,基本查明了混凝土面板下存在的缺陷范围和规模,查明了混凝土面板下方搅拌桩的分布状态,探测结果可靠,满足本次检测任务和要求,探测结论如下:水闸内河侧和江侧混凝土面板下方大多没有脱空、扰动或不密实缺陷存在,局部区域混凝土面板下方存在薄层脱空现象,并伴随填充介质欠密实现象,具体为:

(1)测线 8 的 1～4 m 的范围混凝土面板下方存在薄层脱空现象,为小范围的脱空区域。

(2)测线 14 的 6～8 m、26～29 m 的范围,测线 15 的 15～20 m 的范围,混凝土面板下方存在脱空和不密实现象。

(3)测线 38 的 0～4 m 和 19～29 m 的范围,混凝土面板下方存在脱空现象,填充介质不密实,其中测线 38 的 0～4 m 的缺陷异常向两侧发展约 1 m 的范围。

(4)测线 25 的 31～35 m 的范围,混凝土面板下方填充介质不密实,为小范围的填充介质欠密实区。

底板下方异常区统计见表 4-42。

表 4-42   底板下方异常区统计

部位	测线号	缺陷水平位置	缺陷深度(cm)	异常判断	缺陷性质
	2	距起点 2～9 m	140～150	垫层下方不密实、富含水	3
	4	距起点 7～9 m	60～70	顶部有冒水孔,垫层扰动、不密实	2
	8	距起点 11～13 m	60～70	顶部有冒水孔,垫层扰动、不密实	2
	9	距起点 11～13 m	15～45	底板混凝土不密实	1
3#孔上游底板 (1～13)					

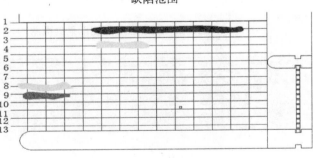

缺陷范围

续表 4-42

部位	测线号	缺陷水平位置	缺陷深度(cm)	异常判断	缺陷性质
3#泵站上游底板（14~18）			底板、垫层及垫层下方未见明显缺陷		
1#孔上游底板（19~24）	22	距起点 2~6 m	140~150	垫层下方不密实、富含水	3
	23	距起点 2~7 m	140~150	垫层下方不密实、富含水	3
	24	距起点 2~6 m	130~150	垫层下方不密实、富含水	3

缺陷范围

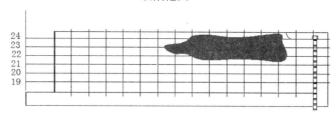

部位	测线号	缺陷水平位置	缺陷深度(cm)	异常判断	缺陷性质
2#孔上游底板（25~26，45~49）	45	距起点 2~5 m	60~70	垫层扰动	2
	46	距起点 4~5 m	60~75	垫层扰动	2
	49	距起点 1~2 m	60~70	垫层扰动	2

缺陷范围

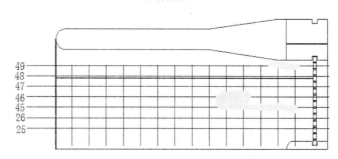

部位	测线号	缺陷水平位置	缺陷深度(cm)	异常判断	缺陷性质
上游连接段护坦一层平台底板(27~32)	28	距起点 1~2 m	40~50	垫层不密实、富含水	2
	29	距起点 17~28 m	40~47	垫层不密实、富含水	2
	30	距起点 17~28 m	35~42	垫层不密实、富含水	2
	31	距起点 12~14 m	33~44	底板下方垫层扰动	3

缺陷范围

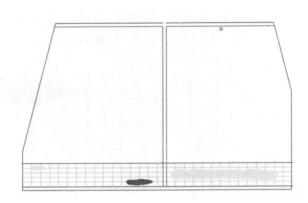

上游连接段护坦斜坡段底板(33~44)	36	距起点 7~12 m	32~41	垫层不密实、富含水	2
	37	距起点 16~18 m	32~47	垫层不密实、富含水	2

缺陷范围

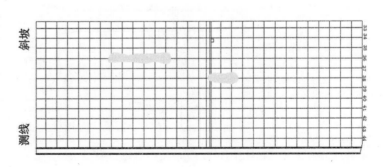

部位	测线号	缺陷水平位置	缺陷深度(cm)	异常判断	缺陷性质
	56	距起点 4～8 m	80～100	垫层不密实,垫层下方富含水	2
上游连接段护坦二层平台底板(50～56)				缺陷范围 	
主闸室底板和上游消力池(57～63)			底板、垫层及垫层下方未见明显缺陷		
3#孔下游连底板(64～75)			底板、垫层及垫层下方未见明显缺陷		
1#孔下游底板(76～81)			底板、垫层及垫层下方未见明显缺陷		
2#孔下游底板(82～87)	82	距起点 2～3 m 9～10 m	15～31 15～30	底板混凝土不密实	1

二、止水失效检测方法

涵闸止水工程遭破坏,在高水位时就会使有效渗径得不到保证,进而导致渗径减小,使渗流比降加大,当超过允许渗流比降时,便会产生渗流破坏。因此,止水失效及其影响程度直接关乎水闸渗透稳定性。且目前大部分水闸由于运行及管理不善等,存在伸缩缝止水老化、脱落、压橡皮钢板锈蚀等问题。然而在现有的止水检测工作中,对止水失效的检测采用较多的仍是人工排查的手段,即外观检查止水有无损坏,是否老化龟裂、翘曲变形,有无弹性及渗水情况等。实际检测工作中,可采用以下方法提高止水失效的判定准确度:一是利用测压管观测数据分析渗压有无异常、有无渗漏,进而对止水是否失效进行预判。二是变检测为监测,利用现有监测手段,如预埋分布式光纤、反滤监测一体布等,定位渗漏通道走向及初判渗漏大小,进而判定止水是否完好。三是对止水材料性能进行试验检测。由前述可知,止水失效因橡胶材料老化导致的现象比较多,因此可重点对橡胶止水带性能进行室内试验,并估算其使用寿命,可进行拉伸试验(GB/T 528)、撕裂试验(GB/T 529)、压缩永久变形试验(GB 1683)、老化试验(GB/T 3512)等。

第九节　水闸水下结构质量缺陷检测方法与分析

针对在役水闸工程水下结构的检测与分析问题,提出了基于电磁法的水下结构无损检测技术,通过水上机动设备搭载不同频率的雷达天线,利用静止水面作为良好的电磁波耦合体,达到了检测水闸闸底板下方脱空或冲刷等缺陷的目的;同时,利用水下淤泥反射电磁波的特性,快速测量闸下淤积的深度和范围,为水闸安全评价的复核计算提供基础数据。

一、问题描述

某大型水闸闸底板存在一定程度的冲刷和质量缺陷,在水闸安全评价中需要对闸底板的完整性进行检测,通过无损检测技术排查闸底板是否存在损坏、淤积和冲刷现象,为水闸安全评价提供技术支撑。

二、水下地形与闸底板基础检测

探地雷达现场探测时检测天线贴近水面,采用连续探测工作模式,采集时速度保持匀速,并按动标记开关,以便准确地控制剖面位置。本次检测对茨河铺分洪闸上、下游河道段开展水下地形测量见图4-271、图4-272。

图4-271　闸底板现场检测照片

图4-272　河道现场检测照片

三、测线布置图

根据本次水上雷达检测的任务,水面共布置测线9条,闸底板共布置测线6条,如图4-273所示。

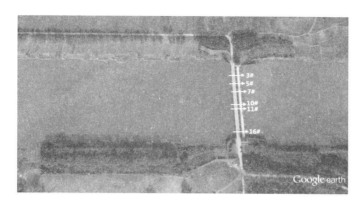

图 4-273　茨河铺分洪闸测线布置图

四、地板下方缺陷探测结果

图 4-274～图 4-276 是闸底板雷达探测成果剖面图像,探测结果显示闸底板面的缺陷在雷达剖面图上显示清晰。

通过对闸底板雷达探测资料的分析可知,检测时闸底板的水深在 4 m 左右,5#、7#、10#和 11#的闸室上游底板下方存在轻微淘刷现象,表现为雷达波发生散射,同相轴错断、扭折和不连续,说明闸底板下方介质均匀性差,推测闸底板下方存在轻微淘刷。5#、7#闸室下游闸底板存在明显的淤积现象,淤积程度大概 30 cm 左右,表现在淤积段闸底板雷达波反射强烈,电磁波衰减快、吸收强。

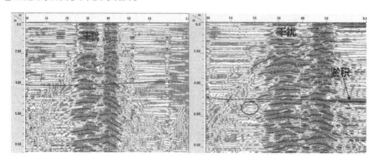

图 4-274　3#和 5#闸底板雷达探测成果剖面

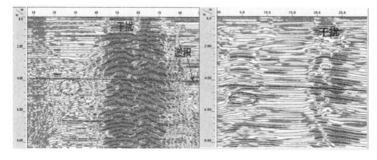

图 4-275　7#和 10#闸底板雷达探测成果剖面

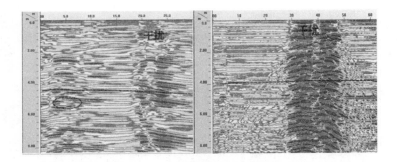

图 4-276　11#和 16#闸底板雷达探测成果剖面

图 4-277~图 4-279 是下游三条雷达探测成果剖面图像。

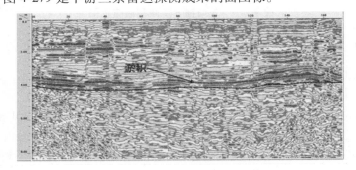

图 4-277　下游测线 1 雷达探测成果剖面

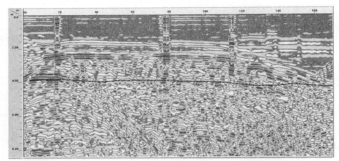

图 4-278　下游测线 2 雷达探测成果剖面

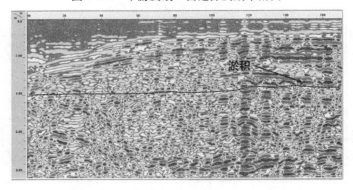

图 4-279　下游测线 3 雷达探测成果剖面

图 4-280~图 4-282 是上游垂直于河道的三条雷达探测成果剖面图像,探测结果显示,上游河道水深大约 5 m,河底均存在淤积现象,测线 4 的淤积厚度超过 1 m,测线 5 的淤积厚度 1 m 左右,测线 6 的淤积厚度小于 1 m,表明越靠近水闸,淤积厚度越薄。

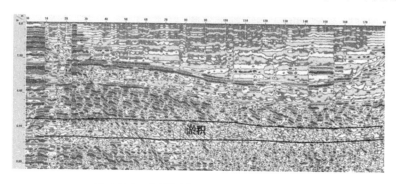

图 4-280 上游测线 4 雷达探测成果剖面

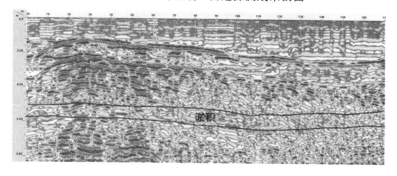

图 4-281 上游测线 5 雷达探测成果剖面

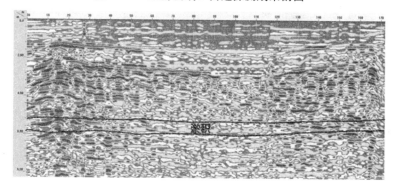

图 4-282 上游测线 6 雷达探测成果剖面

图 4-283~图 4-285 是上游顺河道的三条雷达探测剖面成果图像,探测结果显示,上游河道水深大约 5.5 m,河底均存在淤积现象,淤积厚度都超过 1 m,最大淤积约 1.5 m。

由无损检测结果表明,闸底板下方存在轻微淘刷现象;上游河道存在淤积现象,淤积厚度都超过 1 m,最大淤积约 1.5 m。

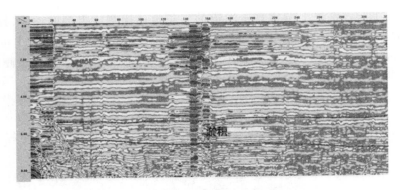

图 4-283　上游测线 7 雷达探测成果剖面

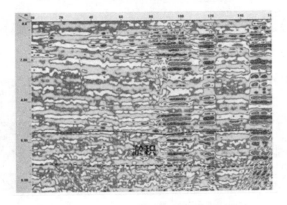

图 4-284　上游测线 8 雷达探测成果剖面

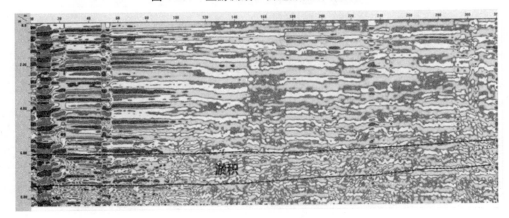

图 4-285　上游测线 9 雷达探测成果剖面

第五章 工程复核计算

第一节 一般规定

一、依据规范

(1)《水闸安全评价导则》(SL 214—2015);

(2)《水闸设计规范》(SL 265—2016);

(3)《水闸技术管理规程》(SL 75—2014);

(4)《水利水电工程等级划分及洪水标准》(SL 252—2017);

(5)《水工建筑物荷载设计规范》(SL 744—2016);

(6)《水工混凝土结构设计规范》(SL 191—2008);

(7)《水电工程水工建筑物抗震设计规范》(NB 35047—2015);

(8)《水利水电工程钢闸门设计规范》(SL 74—2013);

(9)《水工钢闸门和启闭机安全检测技术规程》(SL 101—2014)等。

二、基本资料

(一)设计资料

设计资料主要包括以下内容:

(1)规划资料,主要包括水闸的最新规划数据,设计、改造时规划对水闸的任务和要求,规划条件,规划设计图等,规划资料是水闸复核计算的主要依据之一。

(2)水文气象资料,主要包括水文分析、水利计算、当地气象资料三个方面的内容。

(3)工程地质与水文地质资料,主要包括工程地质勘察报告,如地质剖面图、柱状图、地基土的物理力学指标、水文地质各项指标、工程地点地震烈度等。

(4)水闸施工图,主要包括水闸设计所依据的规程规范,地形、地质、水流、挡水、泄水和运行要求等设计依据,设计计算方法,工程施工图纸等。

(二)施工资料

施工资料主要包括以下内容:

(1)工程施工依据的技术标准、规范规程,施工组织设计。

(2)材料的品种和数量、出厂合格证和质量检测报告等,砂石料的来源及质量检测报告。

(3)混凝土配合比和试块试验报告,砂浆的配合比与试块试验报告,焊接试验或检验报告等。

(4)地基承载力试验报告。

(5)地基开挖记录,施工日志,隐蔽工程验收报告,安装工程验收报告,工程分项、分部和单元工程质量评定验收报告,与施工有关的其他技术资料如施工期间发现的质量问题和处理措施及其效果的详细记录等。

(6)施工期间的沉降观测记录。

(三)运行管理资料

运行管理资料主要包括水闸控制运用、检查观测、维修维护资料等。

三、基本要求

水闸安全复核应符合下列要求:

(1)根据相关标准、设计资料、施工资料、运行管理资料、安全检测成果等进行安全复核。

(2)在对基本资料核查的基础上,根据现状调查、安全检测和计算分析等进行专项复核。

(3)应重点分析现场检查发现的问题、运行中的异常情况、运行中发生的事故或险情的处理效果。

(4)复核计算有关的荷载、参数,应根据观测试验或安全检测的结构确定;缺乏实测资料或检测资料时,可参考设计资料确定,并应分析对复核计算结果的影响。

(5)评价范围包括其他挡水建筑物时,应分别进行复核。

第二节　复核计算内容

依照《水闸安全评价导则》(SL 214—2015),水闸工程复核计算主要包括六个主要方面的内容,即防洪标准安全复核、渗流安全复核、结构安全复核、抗震安全复核、金属结构安全复核和机电设备安全复核。

(1)防洪标准安全复核主要依据最新规划数据复核防洪标准是否满足要求、闸顶高程是否大于设防水位以及过流能力是否满足要求。

(2)渗流安全复核主要依据过闸水位差和渗径长度,结合防渗布置的现状对渗流破坏形式进行判断,计算闸基出口段渗透坡降并将其与规范允许值进行对比判别。

(3)结构安全复核主要依据水闸渗透压力和外部作用,根据水闸结构形式对岸墙和翼墙的基底应力、抗滑稳定和抗倾覆稳定进行判别,对闸室的基底应力、抗滑稳定和抗浮稳定进行判别,对构件的强度、变形和裂缝分别进行承载能力极限状态与正常使用极限状态的判别,对消能防冲设施的运行条件和运行方式进行判别。

(4)抗震安全复核主要依据现有地质勘察资料和水闸结构形式,对水闸地基和上部结构在设防烈度情况下的抗震性能进行判别。

(5)金属结构安全复核主要依据闸门布置、选型等资料复核闸门结构的强度、刚度和稳定性;依据启闭机选型、运用条件等资料复核启闭机是否满足工程需要。

(6)机电设备安全复核主要依据电动机、柴油发电机等设备的选型和运行条件复核机电设备是否满足工程需求。

第三节 防洪标准安全复核

防洪标准是水闸安全鉴定中的重要环节,早期建成的水闸一般存在着防洪标准偏低和过流能力不足等问题,按照《中华人民共和国工程建设标准强制性条文》中水利工程部分的要求,对水闸防洪标准进行复核属于强制性内容。

一、基本资料

(1)水闸最新规划数据,特别是水闸所处位置的防洪标准或相邻桩位的防洪标准。

(2)水闸改扩建资料,如水闸所处堤防位置进行加高加固的相关资料。

(3)水闸沉降观测资料。

(4)水闸设计文件中的设计洪水的计算,确定设计过流能力。

(5)工程运行资料,如运行期的最高水位等。

(6)水闸验收及前次安全鉴定资料。

(7)水闸结构有关资料,如结构尺寸参数等。

(8)最新规划数据,包括以下主要内容:

①流域最新规划数据,如防洪标准等;

②运用期流域内相关水文(位)站历年实测洪水资料及人类活动(如调水调沙)对水文参数的影响资料;

③引渠高程等。

二、复核计算

一般来说,水闸安全鉴定中,各类有设防要求的水闸均需要进行防洪标准复核,复核的步骤和方法如下。

(一)设防水位

设防水位可通过查询流域或河流规划数据查得,对于没有对应规划数据的水闸,可按照《水利工程水利计算规范》(SL 104—2015)和《水利水电工程设计洪水计算规范》(SL 44—2006)中规定的计算方法,依据相关资料进行设防水位的推求;防洪规划已有调整的,应按新的规划数据复核。

水闸洪水标准应按照《水利水电工程等级划分及洪水标准》(SL 252—2017)和《水闸设计规范》(SL 265—2016)的规定并兼顾流域规划确定。

(二)闸顶高程

闸顶高程可满足防洪标准的高度计算方法如下。

挡水:闸顶高程等于正常蓄水位(或最高挡水位)与相应安全超高值之和。

泄水:闸顶高程等于设计洪水位(校核洪水位)与相应安全超高之和。

(三)过流能力

1.需要复核计算的情况

(1)水闸规划数据改变。

（2）水闸上、下游河道发生严重淤积或冲刷而引起上、下游水位发生变化。

2. 复核方法和步骤

1）开敞式水闸

（1）根据闸门在闸室的位置及闸门运用方式，判定过闸水流是堰流还是孔流状态。

（2）根据防洪标准及水闸设计相关资料，确定过闸水位差。

（3）堰流状态可分为平底堰流、高淹没度堰流、有坎宽顶堰流，结合水闸结构布置，平底堰流、高淹没度堰流按本章第九节式（5-3）计算过闸流量 Q，有坎宽顶堰流按本章第九节式（5-13）计算过闸流量 Q。

（4）孔流状态按本章第九节式（5-13），计算过闸流量 Q。

2）涵洞式水闸

分闸室段和涵洞段分别计算：

（1）闸室段计算方法同开敞式水闸。

（2）根据闸室段计算出的下游水位高度，作为涵洞入口处水位高度，判别涵洞的流态。

（3）当涵洞处于半有压流和有压流之间时，应判别涵洞底坡陡、缓，分别计算对应的界限值，并判断涵洞流态，涵洞按流态可分为无压涵洞、半有压涵洞和有压涵洞三种流态。

（4）对无压涵洞，按本章第九节方法判断长短洞。

（5）分别按照不同情况，计算涵洞过流量、上部净空。

无压涵洞先按本章第九节表 5-12 确定最小净空高度，然后按本章第九节式（5-18）计算涵洞过流量 Q；

半有压涵洞按本章第九节式（5-19）计算涵洞过流量 Q；

有压涵洞根据非淹没压力流涵洞和淹没压力流涵洞分别按本章第九节式（5-20）和式（5-25）计算涵洞过流量 Q。

三、成果判别与分析

（1）水闸防洪标准复核应根据水闸不同类型，区分挡水闸和泄水闸，对比分析闸顶高程与对应水位的关系进行判断。对于过流能力而言，设 Q 为根据水闸现有条件进行复核之后得到的过流量（m^3/s），Q' 为水闸原设计过流量（m^3/s），则：

①$Q > Q'$，过流量满足设计要求；

②$Q < Q'$，过流量不满足设计要求。

（2）防洪标准安全分级。

参照《水闸安全评价导则》（SL 214—2015），防洪标准安全应按下列标准进行分级：

①满足标准要求，且满足近期规划要求的，评定为 A 级；

②满足标准要求，但不满足近期规划要求或水闸过流能力不足，能通过工程措施解决的，可评定为 B 级；

③不满足标准要求的，评定为 C 级。

第四节　渗流安全复核

由于裂缝、散浸、沼泽化、流土、管涌等而造成的水闸安全和水资源浪费属于渗流排水方面的问题。应根据水闸渗控工程的实际效果、渗流条件的变化（如止水带破坏等）等现场检测成果对防渗排水的布置（排水孔、永久缝止水）、渗透压力和抗渗稳定性等方面进行复核。

一、基本资料

（1）水闸设计资料，如设计洪水计算部分的上下游水位、地质勘探资料、结构尺寸布置等。

（2）工程运行管理资料，如水闸中出现渗漏的部位和发生过的险情等。

（3）水闸验收及前次安全鉴定资料。

（4）最新规划数据，如防洪标准等。

（5）水文观测资料，如运用期流域内相关水文（位）站历年实测洪水资料及人类活动（如调水调沙）对水文参数的影响资料。

（6）现场安全检测成果，重点为止水带的损坏及水闸实际渗径长度的测量，如有闸底板下脱空区的成果则应进行分析绘出脱空区分布。

二、复核计算

（一）需要进行渗流复核的情况

（1）因规划数据的改变而影响安全运行的，应对水闸抗渗稳定性进行复核计算；

（2）闸室或岸墙、翼墙的地基出现异常渗流，应进行抗渗稳定性验算。

（二）复核方法和步骤

1. 防渗排水布置

按照本章第九节式（5-29）计算水闸渗径长度 L，包括闸基轮廓线防渗部分水平段和垂直段长度。

2. 渗透压力

当水闸地基为岩基，可采用全截面等直线分布法按本章第九节式（5-30）或式（5-31）计算渗透压力；当水闸地基为土基，可采用改进阻力系数法按本章第九节式（5-32）、式（5-33）计算渗透压力。

3. 抗渗稳定性

水闸抗渗稳定性主要是对出口段渗流坡降值 J 进行判断，计算公式见本章第九节式（5-48）。

三、成果判别与分析

（一）防渗排水布置

依据现行规程规范，从渗径长度、水平排水和垂直排水等方面对防渗布置及设施进行分析判别。

(二)渗流允许坡降值

(1)水闸地基为土基时,水平段和出口段允许坡降值[J]见表 5-1。

表 5-1　水平段和出口段允许渗流坡降值[J]

地基类别	允许坡降		地基类别	允许坡降	
	水平段	出口垂直段		水平段	出口垂直段
粉砂	0.05~0.07	0.25~0.30	砂壤土	0.15~0.25	0.40~0.50
细砂	0.07~0.10	0.30~0.35	壤土	0.25~0.35	0.50~0.60
中砂	0.10~0.13	0.35~0.40	软黏土	0.30~0.40	0.60~0.70
粗砂	0.13~0.17	0.40~0.45	坚硬黏土	0.40~0.50	0.70~0.80
中砾、细砾	0.17~0.22	0.45~0.50	极坚硬黏土	0.50~0.60	0.80~0.90
粗砾夹卵石	0.22~0.28	0.50~0.55			

当渗流出口设滤层时,表列数值可加大 30%。

(2)水闸地基为砂砾石基时,应首先判断可能发生的渗流破坏形式是流土破坏还是管涌破坏,判断方法如下:

当 $4P_f(1-n) > 1.0$ 时,发生流土破坏;当 $4P_f(1-n) \leqslant 1.0$ 时,发生管涌破坏。

流土破坏时渗流允许坡降值[J]仍采用表 5-1,管涌破坏渗流允许坡降值[J]按式(5-1)、式(5-2)计算。

$$[J] = \frac{7d_5}{Kd_f}\left[4P_f(1-n)\right]^2 \tag{5-1}$$

$$d_f = 1.3\sqrt{d_{15}d_{85}} \tag{5-2}$$

式中:[J]为防止管涌破坏的允许渗流坡降值;d_f 为闸基土的粗细颗粒分界粒径,mm;P_f 为小于 d_f 土粒的百分数含量(%);n 为闸基土的孔隙率;d_5、d_{15}、d_{85} 为闸基颗粒级配曲线上小于含量 5%、15%、85% 的颗粒;K 为防止管涌破坏的安全系数,可采用 1.5~2.0。

(三)判断方法

当 $J \leqslant [J]$ 时,水闸抗渗稳定性满足规范要求;当 $J > [J]$ 时,水闸抗渗稳定性不满足规范要求。

(四)渗流安全分级

参照《水闸安全评价导则》(SL 214—2015),渗流安全应按下列标准进行分级:

(1)满足标准要求,运行正常,评定为 A 级;

(2)满足标准要求,防渗设施存在质量缺陷尚不影响总体安全,可评定为 B 级;

(3)不满足标准要求,不能正常运行,评定为 C 级。

第五节 结构安全复核

水闸结构安全复核应包括闸室、岸墙、翼墙的稳定与结构应力复核,以及消能防冲复核。

一、结构稳定复核

水闸闸室或岸墙和翼墙发生异常沉降、倾斜、滑移等病险是由结构不稳定造成的,对结构在防洪排涝时的影响非常大。因此,应根据水闸上下游水位、结构布置、外部荷载、地基和填料土、渗流等方面对闸室、岸墙和翼墙结构在正常运行情况和防洪情况下的稳定性进行复核。

(一)基本资料

(1)水闸设计资料,如设计洪水计算部分的上下游水位、地质勘探报告及地基土和填料土设计采用的基本工程性质指标、结构尺寸布置等。

(2)工程运行管理资料,如水闸异常变形的观测资料和发生过的险情等。

(3)水闸验收及前次安全鉴定资料。

(4)最新规划数据,如防洪标准等。

(5)现场安全检测成果,重点为水闸变形的测量,如针对地基土和填料土进行了取样或现场试验,则应以其基本工程性质试验结果作为计算基本资料。

(二)复核计算

水闸结构稳定复核一般包括闸室地基承载力、抗滑和抗浮复核,岸墙地基承载力和抗滑复核,翼墙地基承载力、抗滑和抗倾复核。水闸结构稳定计算采用单一安全系数法,荷载采用标准值。

1. 需要进行复核计算的情况

(1)规划数据改变影响结构稳定的。

(2)闸室或岸墙和翼墙发生异常沉降、倾斜、滑移变形的。

2. 复核方法和步骤

1)荷载计算

作用在水闸上的荷载一般有结构及其上部填料的自重、水重及静水压力、扬压力、土压力、淤沙压力、风压力、浪压力和地震惯性力等,各种荷载计算方法参见本章第九节式(5-51)~式(5-68)。

2)荷载组合

水闸在设计时的荷载组合思想是:将可能同时作用的各种荷载进行组合,荷载组合可分为基本组合和特殊组合两类,基本组合由基本荷载组成,特殊组合由基本荷载和一种或几种特殊荷载组成,但地震荷载只应与正常蓄水位情况下的相应荷载组合。设计时对应的荷载组合见表5-2。

综合起来,依据最新的规划数据,在水闸设计荷载组合的基础上,从充分反映水闸存在的病险问题角度出发,应最少将以下三种情况作为水闸荷载组合的最不利情况,并进行对应的核算:

表 5-2 荷载组合表

荷载组合	计算情况	荷载												说明
		自重	水重	静水压力	扬压力	土压力	淤沙压力	风压力	浪压力	冰压力	土的冻胀力	地震荷载	其他	
基本组合	完建情况	√	—	—	—	√	—	—	—	—	—	—	√	必要时,可考虑地下水产生的扬压力
	正常蓄水位情况	√	√	√	√	√	√	√	√	—	—	—	√	按正常蓄水位组合计算水重、静水压力、扬压力及浪压力
	设计洪水位情况	√	√	√	√	√	√	√	√	—	—	—	—	按设计洪水位组合计算水重、静水压力、扬压力及浪压力
	冰冻情况	√	√	√	√	√	√	√	—	√	√	—	√	按正常蓄水位组合计算水重、静水压力、扬压力及冰压力
特殊组合	施工情况	√	—	—	—	√	—	—	—	—	—	—	√	应考虑施工过程中各个阶段的临时荷载
	检修情况	√	—	√	√	√	√	√	√	—	—	—	√	按正常蓄水位组合(必要时可按设计洪水位组合或冬季低水位条件)计算静水压力、扬压力及浪压力
	校核洪水位情况	√	√	√	√	√	√	√	√	—	—	—	—	按校核洪水位组合计算水重、静水压力、扬压力及浪压力
	地震情况	√	√	√	√	√	√	√	√	—	—	√	—	按正常蓄水位组合计算水重、静水压力、扬压力及浪压力

(1)检修情况,要注意考虑水闸防渗排水的破坏并在计算扬压力时对其进行反映;

(2)设计水位时期,闸上游为设计水位,下游为相应低水位,闸室的荷载除自重、水重和扬压力外,还要考虑风浪压力;

(3)校核洪水位时期,闸上游为非常挡水位,下游则为相应最低水位,闸室荷载与正常蓄水时期种类相同,具体数值不同。

需要说明的是,在原设计未考虑抗震设防或地震设防烈度发生改变时,尚需对水闸进行抗震能力复核。

荷载组合可参考表5-2。

3．计算步骤

水闸结构稳定计算方法的具体步骤如下。

1）根据水闸结构形式，划分合理的计算单元

（1）闸室。闸室稳定计算的计算单元应根据水闸结构布置特点确定，一般来说，闸室稳定计算宜取两相邻顺水流向永久缝之间的闸段作为计算单元。对于未设顺水流向永久缝的单孔、双孔或多孔水闸，则以未设缝的单孔、双孔或多孔水闸作为一个计算单元；对于顺水流向永久缝进行分段的多孔水闸，一般情况下，由于边孔闸段和中孔闸段的结构边界条件及受力状况有所不同，因此应将边闸孔段和中孔闸段分别作为计算单元。闸室稳定计算示意图见图5-1。

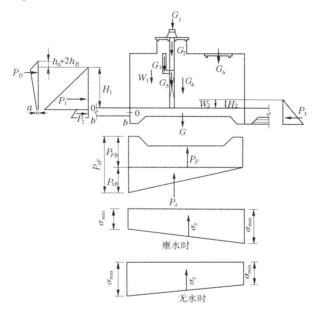

P_1、P_2、P_3—水压力；P_F—浮托力；P_B—浪压力；P_s—渗透扬压力；G—底板重；G_1—启闭机重；
G_2—工作桥重；G_3—胸墙重；G_4—闸墩重；G_5—闸门重；G_6—公路桥重；σ_s—地基反力；W_1、W_2—水重

图 5-1　闸室稳定计算示意图

（2）岸墙、翼墙。对于未设横向永久缝的重力式岸墙、翼墙结构，应取单位长度墙体作为稳定计算单元，对于设有横向永久缝的重力式、扶壁式或空箱式岸墙、翼墙结构，取分段长度墙体作为稳定计算单元。

2）基底应力的计算

闸室、岸墙和翼墙基底应力应根据结构布置及受力情况，分结构对称和结构不对称两种情况分别进行复核。

3）稳定性的计算

水闸稳定性计算主要分为抗滑稳定性和抗倾覆稳定性两个主要内容，根据国内水闸的建设情况，还应针对地基和基础的不同情况进行划分，分不同情况复核。

地基和基础的划分一般分为：土基，包括土基上采用钻孔灌注桩、木板桩等型式基础

的水闸;黏性土地基;岩基。

二、结构强度和变形复核

水闸钢筋锈蚀、混凝土强度减小、结构体系破坏等病险会改变混凝土结构的强度和变形。规划数据的改变、堤防加高加固、运用方式的改变会超出水闸承受的设计荷载值,改变结构产生的内力,打破原有水闸结构效力—抗力的平衡关系。因此,应充分考虑结构本身特性的改变和外部荷载的变化,根据现场检测成果及观测资料等对水闸混凝土结构的强度和变形进行复核。

(一)基本资料

(1)最新规划数据:主要包括校核洪水位、设计洪水位,水闸由单向改为双向运用的资料。

(2)作用荷载变化:堤防加高加固后与原来相比的高差,公路交通荷载设计标准的提高等级,增建的管理设施相关图纸和资料如桥头堡、新增的启闭机房等。

(3)水闸原施工图、竣工图及改建图。

(4)水闸地质勘探报告及地基土和填料土设计采用的基本工程性质指标。

(5)水闸管理运行中的沉降观测和异常观测资料。

(二)复核计算

1.需要进行复核的情况

(1)规划数据改变从而影响结构强度和变形的。

(2)结构荷载标准提高而影响工程安全的。

2.复核方法和步骤

1)荷载计算

荷载标准值计算见本章第九节。

2)荷载组合

荷载组合采用分项系数法,所涉及的九类荷载分项系数取值如下:

(1)自重分项系数。水闸结构和永久设备自重作用分项系数,当作用效应对结构不利时采用1.05,对结构有利时采用0.95。

(2)静水压力。静水压力(包括外水压力)的作用分项系数取1.0。

(3)扬压力。扬压力的作用分项系数,对于浮托力应采用1.0,渗透压力可采用1.2。

(4)浪压力。浪压力的作用分项系数采用1.2。

(5)土压力和淤沙压力。主动土压力和静止土压力的作用分项系数应采用1.2,埋管上垂直土压力、侧向土压力的作用分项系数,当起作用效应对结构不利时采用1.1,有利时采用0.9。

(6)风压力。风荷载的作用分项系数应采用1.3。

(7)冰压力和土的冻胀力。冰压力(包括静冰压力和动冰压力)的作用分项系数应采用1.1,土的冻胀力的作用分项系数应采用1.1。

(8)地震荷载。地震荷载的作用分项系数应采用1.0。

(9)其他荷载。应按照相关荷载规范或设计规范选取。

3）内力计算

水闸结构依据不同的水闸可以划分为不同的计算单元和构件,如闸底板、闸墩、涵洞、工作桥、交通桥、启闭机房等,各构件的计算方法可以按照《水闸设计规范》(SL 265—2001)及相关规程规范复合计算,本部分着重对闸底板内力计算方法的选用进行说明。

（1）内力计算方法。

水闸结构内力计算分为闸室、机架桥、引水涵洞等部分内容。引水涵洞计算可采用地基反力为等值线分布假设,按照刚架模型利用结构力学位移法求解;机架桥属于底部固支的刚架模型,可采用结构力学位移法进行求解;闸室段一般可分为闸底板和闸墩的内力计算两部分内容,其中闸墩可按照底部固支的悬臂梁(也可按照底部固支上部具有水平单向约束)模型进行求解,闸底板内力计算较为复杂,要考虑地基的不同情况分别采用不同的地基反力假设进行对应的计算。

闸底板计算的核心问题是地基反力的确定,地基反力的分布形式和大小确定之后,问题便转化为材料力学中梁已知荷载分布求内力函数的问题。闸底板内力的计算也根据地基反力假设的不同,分为反力直线分布法、弹性地基梁法和基床系数法三种,对于小型水闸还可使用倒置梁法进行计算。

（2）选择原则。

①土基上水闸闸室底板的应力分析可采用反力直线分布法或弹性地基梁法。

相对密度小于或等于 0.5 的砂性地基,可采用直线反力分布法;对黏性土地基或相对密度大于 0.5 的砂性土地基,应采用弹性地基梁法。

②当采用弹性地基梁法分析水闸闸室底板应力时,应考虑可压缩土层厚度与弹性地基梁半长之比值的影响。

当比值小于 0.25 时,可按基床系数法(文克尔假定)计算;当比值大于 2.0 时,可按半无限深的弹性地基梁法计算;当比值为 0.25～2.0 时,可按有限深的弹性地基梁法计算。

③岩基上水闸闸室底板的应力分析可采用基床系数法计算。

④小型水闸可采用倒置梁法进行内力计算。

4）承载能力计算

考虑钢筋锈蚀的构件承载能力计算方法见本章第九节式(5-77)、式(5-78)。

5）裂缝和挠度计算

考虑钢筋锈蚀的构件裂缝开展宽度计算方法见本章第九节式(5-80)。

构件挠度一般情况下取现场测量值。

三、消能防冲复核

水闸的消能防冲设施是保证水闸下游河(渠)道不被严重冲刷破坏的重要设施,对水闸安全具有重要的影响。因此,应根据水闸运用要求、上下游水位、过闸流量及泄流方式等,核算其在最不利水力条件下是否能够满足消散动能与均匀扩散水流等方面的要求。

（一）基本资料

（1）水闸设计资料,如设计洪水计算部分的上下游水位、地质勘探资料等。

（2）工程运行管理资料,如水闸正常运用方式等。

（3）水闸验收及前次安全鉴定资料。

（4）水闸消能防冲设施设计资料，如消力池尺寸等。

（5）最新规划数据，如防洪标准及对水闸运用的具体要求等。

（6）引渠相关资料，高程、淤积情况等。

（7）现场安全检测成果，重点为消能防冲设施的冲刷磨损情况，以及与河（渠）道连接部位的损坏情况，设置防冲槽的深度等。

（二）复核计算

1. 需要复核计算的情况

（1）规划数据改变。

（2）消能防冲设施出现病险问题。

2. 复核方法和步骤

水闸常用消能形式较多，如挑流消能、底流消能和戽流消能等，对应的消能设施也较多，如消力池、消力坎、综合消力池和消力齿、消力墩、消力梁等辅助消能工程，平原软基上建闸一般采用消力池。

以下主要介绍水闸工程中使用较多的挖深式底流消能矩形消力池的复核计算，同时简要介绍海漫长度和河（渠）道冲刷深度的复核方法。

1）消力池

消力池深度、长度按以下步骤复核：

（1）根据上游水深及收缩断面水深、单宽流量等参数按照本章第九节式（5-81）~式（5-84），试算出满足水闸消能的消力池深度。

（2）根据弗汝德数按本章第九节式（5-86）或式（5-87）计算并区分不同情况分别计算自由水跃长度。

（3）按本章第九节式（5-85）计算消力池长度。

2）海漫

根据不同土质确定土的抗冲系数，按本章第九节式（5-88）计算海漫长度。

3）河床冲刷深度

分别按本章第九节式（5-89）和式（5-90）计算海漫末端河床冲刷深度和上游护底首端河床冲刷深度。

4）跌坎高度

将现场实测的跌坎坎顶仰角、跌坎反弧半径、跌坎长度等代入本章第九节式（5-91）~式（5-93）中，计算跌坎的高度范围。

四、成果判别与分析

（一）结构稳定成果判别与分析

按照上述计算方法，各种计算结果的判定标准分别如下。

1. 基底应力

（1）土基情况。各种荷载组合下平均基底应力不大于地基允许承载力，最大基底应力不大于地基允许承载力的 1.2 倍；基底应力的最大值与最小值之比不大于表 5-3 的规定。

表 5-3　闸室、岸墙、翼墙基底应力和抗倾覆稳定安全性分级

荷载组合	土基					岩基		抗倾覆稳定安全	
	允许应力		基底应力比			允许应力			
	A	C	地基土质	A	C	A	C	A	C
基本组合	$\sigma_{ave} \leq [\sigma]$且 $\sigma_{max} \leq 1.2[\sigma]$	$\sigma_{ave} > [\sigma]$且 $\sigma_{max} > 1.2[\sigma]$	松软	≤1.50	>1.50	1.$\sigma_{max} \leq [\sigma]$；2.非地震条件 $\sigma_{min} \geq 0$；3.地震条件 $\sigma_{min} \geq -100$ kPa	1.$\sigma_{max} > [\sigma]$；2.非地震条件 $\sigma_{min} < 0$；3.地震条件 $\sigma_{min} < -100$ kPa	≥1.50	<1.50
			中等坚实	≤2.00	>2.00				
			坚实	≤2.50	>2.50				
特殊组合			松软	≤2.00	>2.00			≥1.30	<1.30
			中等坚实	≤2.50	>2.50				
			坚实	≤3.00	>3.00				

（2）岩基情况。在各种计算情况下闸室最大基底应力不大于地基允许承载力；在非地震情况下，闸室基底不出现拉应力，在地震情况下，闸室基底拉应力不大于 100 kPa。

2. 抗倾覆稳定

不论水闸级别和地基条件，在基本荷载组合条件下，闸室、岸墙和翼墙抗倾覆稳定安全系数不应小于 1.50；在特殊荷载组合条件下，闸室、岸墙和翼墙抗倾覆稳定安全系数不应小于 1.30。具体参照表 5-3。

3. 抗滑稳定

闸室、岸墙和翼墙沿基底面抗滑稳定要求具体参照表 5-4。

表 5-4　闸室、岸墙、翼墙沿基底面抗滑稳定安全性分级

级别	荷载组合		稳定计算安全系数					
			抗剪强度公式				抗剪断强度公式	
			土基		岩基		岩基	
			A	C	A	C	A	C
1	基本组合		≥1.35	<1.35	≥1.10	<1.10	≥3.00	<3.00
	特殊组合	Ⅰ	≥1.20	<1.20	≥1.05	<1.05	≥2.50	<2.50
		Ⅱ	≥1.10	<1.10	≥1.00	<1.00	≥2.30	<2.30
2	基本组合		≥1.30	<1.30	≥1.08	<1.08	≥3.00	<3.00
	特殊组合	Ⅰ	≥1.15	<1.15	≥1.03	<1.03	≥2.50	<2.50
		Ⅱ	≥1.05	<1.05	≥1.00	<1.00	≥2.30	<2.30
3	基本组合		≥1.25	<1.25	≥1.08	<1.08	≥3.00	<3.00
	特殊组合	Ⅰ	≥1.10	<1.10	≥1.03	<1.03	≥2.50	<2.50
		Ⅱ	≥1.05	<1.05	≥1.00	<1.00	≥2.30	<2.30
4	基本组合		≥1.20	<1.20	≥1.05	<1.05	≥3.00	<3.00
	特殊组合	Ⅰ	≥1.05	<1.05	≥1.00	<1.00	≥2.50	<2.50
		Ⅱ	≥1.00	<1.00	≥1.00	<1.00	≥2.30	<2.30

4. 抗浮稳定

基本荷载组合条件下，闸室抗浮稳定安全系数不应小于 1.10；特殊荷载组合条件下，闸室抗浮稳定安全系数不应小于 1.05。具体如表 5-5 所示。

表 5-5　闸室抗浮稳定安全性分级

荷载组合	A	C
基本组合	≥1.10	<1.10
特殊组合	≥1.05	<1.05

（二）结构强度和变形成果判别与分析

水闸结构的评价主要分为结构的强度、裂缝开展宽度和挠度变形三个方面，分述如下。

1. 结构的强度

混凝土梁、板、柱结构的极限承载力安全系数要求具体参照表 5-6。

表 5-6　混凝土梁、板、柱结构安全性分级

级别	荷载组合	承载力安全系数						构造要求
		钢筋混凝土、预应力混凝土		素混凝土				
				按受压承载力计算的受压构件、局部承压		按受拉承载力计算的受压、受弯构件		
		A	C	A	C	A	C	
1	基本	≥1.35	<1.35	≥1.45	<1.45	≥2.20	<2.20	满足以下要求为 A，基本满足为 B，否则为 C： （1）纵向受力钢筋保护层厚度满足最小厚度要求。 （2）钢筋锚固长度满足最小锚固长度要求。 （3）纵向受力钢筋配筋率满足最小配筋率要求，预埋件钢筋满足构造要求
	偶然	≥1.15	<1.15	≥1.25	<1.25	≥1.90	<1.90	
2、3	基本	≥1.20	<1.20	≥1.30	<1.30	≥2.00	<2.00	
	偶然	≥1.10	<1.10	≥1.10	<1.10	≥1.70	<1.70	
4、5	基本	≥1.15	<1.15	≥1.25	<1.25	≥1.90	<1.90	
	偶然	≥1.00	<1.00	≥1.05	<1.05	≥1.60	<1.60	

注：基本组合适用于使用、检修期计算，偶然组合适用于地震与校核洪水位复核；当荷载效应组合有永久荷载控制时，安全系数再增加 0.05。

2. 裂缝宽度

根据不同使用环境条件下不同构件的最大允许裂缝宽度，对比现场检测或经复核计算核算出的裂缝宽度判断，裂缝宽度大于最大允许裂缝宽度要求者为不满足，反之为满足。

3. 结构挠度

一般情况下根据测量成果，依据规范规定的允许最大挠度比对构件挠度检测值进行判断，构件挠度检测值小于允许值为满足，否则为不满足。

（三）消能防冲成果判别与分析

1. 消力池

将复核出的消力池深度、长度分别与现场检测测得的对应尺寸进行对比，如小于现场测得的尺寸，则满足规范要求，否则为不满足。

2. 海漫长度

将复核出的海漫长度与现场检测测得的海漫长度进行对比，如小于现场测得的尺寸，

则满足规范要求,否则为不满足。

3.河床冲刷深度

将复核出的海漫末端河床冲刷深度和上游护底首端河床冲刷深度分别与现场检测测得的下游防冲槽和上游防冲槽的深度进行对比,如小于现场测得的尺寸 则满足规范要求,否则为不满足。

4.跌坎高度

现场实测的跌坎高度在本章第九节式(5-91)～式(5-93)计算的高度范围内,为满足;反之为不满足。

5.消能防冲设施安全性分级

具体分级参照表5-7。

表 5-7　消能防冲设施安全性分级

指标分级	A	B	C
描述	满足标准要求的	不满足标准要求,但冲刷对邻近水工建筑物安全影响不大的	不满足标准要求,冲刷影响邻近水工建筑物工程安全的

(四)结构安全分级

参照《水闸安全评价导则》(SL 214—2015),结构安全分级如下:

(1)满足标准要求,运行正常,单项评价指标均为 A 分级,评定为 A 级;

(2)满足标准要求,结构存在质量缺陷尚不影响总体安全,单向评价指标中存在 B 分级,可评定为 B 级;

(3)不满足标准要求,单项评价指标中存在 C 分级,评定为 C 级。

第六节　抗震安全复核

水闸抗震性能复核主要依据现有地质勘察资料和水闸结构形式,对水闸地基和上部结构在设防烈度情况下的抗震性能进行判别。

水闸抗震设防烈度应根据场地地震基本烈度来确定,场地地震基本烈度应根据地震动峰值加速度与地震动反应谱特征周期确定。

水闸抗震复核计算应包括抗震稳定和结构强度计算复核。对于一般的水闸,可采用拟静力法对水闸进行抗震复核计算,具体做法为:在静力荷载的基础上考虑地震荷载,然后对水闸进行静力作用下的结构稳定和内力复核,参照表5-3～表5-6进行判别。其中地震荷载采用本章第九节式(5-64)计算,动态加速度分布系数可参照本章第九节表5-20。

参照《水闸安全评价导则》(SL 214—2015),抗震安全分级如下:

(1)满足标准要求,抗震措施有效,评定为 A 级;

(2)满足标准要求,抗震措施存在缺陷尚不影响总体安全,可评定为 B 级;

(3)不满足标准要求,评定为 C 级。

第七节　金属结构安全复核

金属结构安全复核应包括闸门安全复核与启闭机安全复核。

闸门安全复核应包括如下内容：

（1）闸门布置、选型、运用条件能否满足需要；

（2）闸门与埋件的制造和安装质量是否符合设计与标准的要求；

（3）闸门锁定等装置、检修门配置能否满足需要。

启闭机安全复核应包括下列内容：

（1）启闭机选型、运用条件能否满足工程需要；

（2）启闭机制造与安装的质量是否满足复核设计与标准的要求；

（3）启闭机的安全保护装置与环境防护措施是否完备，运行是否可靠。

参照《水闸安全评价导则》（SL 214—2015），金属结构安全分级如下：

（1）满足标准要求，运行状态良好，评定为 A 级；

（2）满足标准要求，存在质量缺陷尚不影响安全运行，可评定为 B 级；

（3）不满足标准要求，或不能正常运行，评定为 C 级。

第八节　机电设备安全复核

机电设备安全复核主要是评价机电设备能否满足安全运行的要求。

机电设备安全复核应包括如下内容：

（1）电动机、柴油发电机等设备的选型、运用条件能否满足工程需要；

（2）机电设备的制造与安装是否符合设计与标准的要求；

（3）变配电设备、控制设备和辅助设备是否符合设计与标准要求。

参照《水闸安全评价导则》（SL 214—2015），机电设备安全分级如下：

（1）满足标准要求，运行状态良好，评定为 A 级；

（2）满足标准要求，存在质量缺陷尚不影响安全运行，可评定为 B 级；

（3）不满足标准要求，或不能正常运行，评定为 C 级。

第九节　工程复核计算方法

一、过流能力

（一）闸室段

1. 水闸过闸流态及判定

水闸过闸流态分为堰流和孔流两种状态。

堰流状态是水闸泄流时自由水面不受任何阻挡，此时水流受到堰墙或两侧墩墙约束，上游水位壅高，水流经堰顶下泄，其溢流水面上缘不受任何约束而为连续的自由降落水面;孔流状态水闸泄流时水面受到闸门(局部开启)或胸墙的阻挡,此时水流受到约束,闸前水位壅高,水流由闸门底缘和闸底板之间的闸孔出流,过水断面受到闸孔开启尺寸的限制,其自由水面不连续。

堰流和孔流两种状态存在相互转化的可能,水闸在运用过程中可能某一时刻为堰流,但随着闸门的提高,堰流可能转化为孔流,转化的关键因素在于堰坎的形式、闸孔堰上总水头 H_0、堰顶以上开门高度 a,其判别方法如下:

(1)宽顶堰式的平底水闸:$\frac{a}{H_0} > 0.65$ 时为堰流,$\frac{a}{H_0} \leq 0.65$ 时为孔流。

(2)实用堰式水闸:$\frac{a}{H_0} > 0.75$ 时为堰流,$\frac{a}{H_0} \leq 0.75$ 时为孔流。

需要说明的是,上述界限值还与闸门在闸室的位置有关。闸门位置偏在闸室中游侧,界限值偏小;反之,界限值偏大。

2.计算条件的确定

水闸过流能力的计算条件,一般是指其设计工况下的上下游水位。上游水位是指闸前的来水水位,当直接由水库、湖泊引水时,应考虑引渠的水头损失;当直接从河道侧面引水时,应考虑因分流而引起取水口处河道的水面跌落。

水闸的下游水位,一般根据过闸流量,由闸后渠道的均流公式计算求得,若有下游水位—流量关系曲线,可查关系曲线的图表得到。

3.堰流计算

堰流的常见形式有经过叠梁闸门顶的薄壁堰流、经过折线形或曲线形溢流坝的实用堰流及流经水闸和明流隧洞、涵管等进口的宽顶堰流等。

1)平底堰流

水闸闸前铺盖与闸底板顶面同高时称为平底水闸,此时闸墩或翼墙引起水流的侧向收缩,使水流成为宽顶堰流(见图5-2),过闸流量 $Q(\text{m}^3/\text{s})$ 按式(5-3)计算。

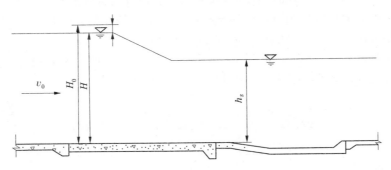

图 5-2　平底宽顶堰流计算示意图

$$Q = \sigma \varepsilon m B_0 \sqrt{2g} H_0^{1.5} \tag{5-3}$$

式中:σ 为堰流淹没系数,按式(5-4)计算或由表5-8查取;ε 为堰流侧收缩系数,单孔闸按式(5-5)计算或由表5-9查得,多孔闸按式(5-5)～式(5-8)计算;m 为堰流流量系数,可采

· 226 ·

用 0.385;B_0 为闸孔总净宽,m;g 为重力加速度;H_0 为计入行进流速水头的堰上水深,m。

$$\sigma = 2.31 \frac{h_s}{H_0} \left(1 - \frac{h_s}{H_0} \right)^{0.4} \tag{5-4}$$

式中:h_s 为由堰顶算起的下游水深,m。

表 5-8　宽顶堰淹没系数

h_s/H_0	≤0.72	0.75	0.78	0.80	0.82	0.84	0.86	0.88	0.90	0.91
σ	1.00	0.99	0.98	0.97	0.95	0.93	0.90	0.87	0.83	0.80
h_s/H_0	0.92	0.93	0.94	0.95	0.96	0.97	0.98	0.99	0.995	0.998
σ	0.77	0.74	0.70	0.66	0.61	0.55	0.47	0.36	0.28	0.19

ε 的计算方法如下:

(1)对于单孔闸,有:

$$\varepsilon = 1 - 0.171 \left(1 - \frac{b_0}{b_s} \right) \sqrt[4]{\frac{b_0}{b_s}} \tag{5-5}$$

(2)对于多孔闸且闸墩墩头为圆弧形时,有:

$$\varepsilon = \frac{\varepsilon_z (N-1) + \varepsilon_b}{N} \tag{5-6}$$

$$\varepsilon_z = 1 - 0.171 \left(1 - \frac{b_0}{b_0 + d_z} \right) \sqrt[4]{\frac{b_0}{b_0 + d_z}} \tag{5-7}$$

$$\varepsilon_b = 1 - 0.171 \left(1 - \frac{b_0}{b_0 + \frac{d_z}{2} + b_b} \right) \sqrt[4]{\frac{b_0}{b_0 + \frac{d_z}{2} + b_b}} \tag{5-8}$$

式中:ε_z 为中闸孔侧收缩系数,按式(5-7)计算或由表 5-9 查取,表中的 $b_s = b_0 + d_z$;b_s 为上游河道一半水深处的宽度,m;N 为闸孔数;b_0 为闸孔净宽,m;ε_b 为闸孔侧边收缩系数,可按式(5-8)计算求得或由表 5-9 查得,但表中的 $b_s = b_0 + \frac{d_z}{2} + b_b$;$b_b$ 为边墩顺水流向边缘线至上游河道水边线之间的距离,m;d_z 为中闸墩厚度,m。

表 5-9　堰流侧收缩系数

b_0/b_s	≤0.2	0.3	0.4	0.5	0.6	0.7	0.8	0.9	1.0
ε	0.909	0.911	0.918	0.928	0.940	0.953	0.968	0.983	1.000

2)有坎宽顶堰流

当闸底板比闸前铺盖顶面高时,称为有坎宽顶堰。有坎宽顶堰流的计算除过流量系数 m 外,与平底宽顶堰流相同。

过流量系数 m 主要受坎的影响,如图 5-3、图 5-4 所示,其与坎的相对高度 $\frac{P}{H}$ 之间的关系,根据坎的进口形状,可按式(5-9)、式(5-10)计算。

对于矩形直角前沿进口的宽顶堰,如图 5-3 所示,m 按式(5-9)计算:

$$m = 0.32 + 0.01 \frac{3 - P/H}{0.46 + 0.75P/H} \tag{5-9}$$

对于矩形圆角前沿进口的宽顶堰,如图 5-4 所示,m 按式(5-10)计算。

$$m = 0.36 + 0.01 \frac{3 - P/H}{1.2 + 1.5P/H} \tag{5-10}$$

式中:$\dfrac{P}{H} > 3$ 时按 $\dfrac{P}{H} = 3$ 考虑,$m_{max} = 0.385$。

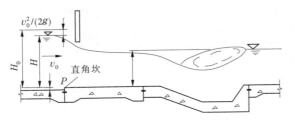

图 5-3　有坎直角坎宽顶堰过流量计算　　　图 5-4　有坎圆角坎宽顶堰过流量计算

3)高淹没度堰流

平底宽顶堰水闸,$h_s/H_0 \geqslant 0.9$ 时称为高淹没度堰流,如图 5-5 所示,过流量按式(5-11)计算。

$$Q = \mu_0 h_s B_0 \sqrt{2g(H_0 - h_s)} \tag{5-11}$$

式中:μ_0 为淹没堰流的综合流量系数,按式(5-12)计算或由表 5-10 查得。

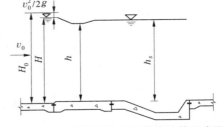

图 5-5　平底堰高淹没度过流量计算示意图

$$\mu_0 = 0.877 + \left(\frac{h_s}{H_0} - 0.65\right)^2 \tag{5-12}$$

表 5-10　淹没堰流的综合流量系数 μ_0

h_s/H_0	0.90	0.91	0.92	0.93	0.94	0.95	0.96	0.97	0.98	0.99	0.995	0.998
μ_0	0.940	0.945	0.950	0.955	0.961	0.967	0.973	0.979	0.986	0.993	0.996	0.998

4. 孔流计算

平底堰闸孔流过流量计算示意图见图 5-6。

平底宽顶堰闸孔出流流量可按式(5-13)计算。

$$Q = \sigma' \mu h_e B_0 \sqrt{2gH_0} \tag{5-13}$$

$$\mu = \varphi \varepsilon' \sqrt{1 - \frac{\varepsilon' h_e}{H}} \tag{5-14}$$

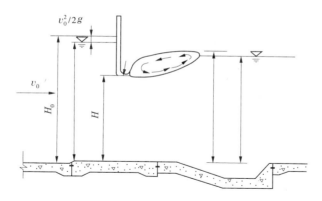

图5-6 平底堰闸孔流过流量计算示意图

$$\varepsilon' = \cfrac{1}{1 + \sqrt{\lambda \left[1 - \left(\cfrac{h_e}{H} \right)^2 \right]}} \tag{5-15}$$

$$\lambda = \frac{0.4}{2.718^{16\frac{r}{h_e}}} \tag{5-16}$$

式中:σ'为孔流淹没系数,可由表5-11查得;μ为孔流流量系数,按式(5-14)计算或由表5-12查得;φ为孔流流速系数,一般采用0.95~1.00;ε'为孔流垂直收缩系数,按式(5-15)计算;λ为计算系数,按式(5-16)计算,其中$\frac{r}{h_e}$范围为0~0.25,其中r为胸墙圆弧半径,m;h_e为孔口高度,m。

(二)涵洞段计算

涵洞分为无压涵洞、有压涵洞和半有压涵洞三类。

1. 涵洞流态的判定

无压涵洞:在各种水位条件下涵洞水流形态均为无压流,同时还应满足预留幅和预留净空面积的要求。

有压涵洞和无压涵洞:随着上游水位的上升,当洞口处水深贴顶,水流即由无压流转变为半有压流;当上游水位继续升高,水流贴顶部分自洞口处开始向洞内不断延伸,洞身前段部分断面为水流充满,成为有压流,后段仍为有自由水面的无压流,即为半有压流的长洞情况。当上游水位继续升高使水流充满全洞时,洞中水流由半有压流转变为有压流。若上游水位由高至低下降,则洞中流态相反,将由有压流过渡到半有压流,再到无压流。

涵洞半有压流态和有压流态之间的界限值,与其进口形式、洞身长度、断面形状、尺寸、涵洞底坡和出流条件等因素有关,可按以下方法判别。

1)涵洞底坡陡、缓的判别

先设无压均匀流水深h_0趋于洞高a,求此时的流量,再以此流量求出临界水深h_k,若$h_0 > h_k$为缓坡;反之为陡坡。

2)缓坡洞($i < i_k$)半有压流至有压流的界限值(K_{2h})

$$K_{2h} = 1 + \left(1 + \sum \zeta + \frac{2gl}{C^2 R} \right) \frac{v^2}{2ga} - i \frac{L}{a} \tag{5-17}$$

表 5-11 孔流淹没系数 σ'值

$\frac{h_t - h_c''}{H - h_c''}$	≤0	0.1	0.2	0.3	0.4	0.5	0.6	0.7	0.8	0.9	0.92	0.94	0.96	0.98	0.99	0.995
σ'	1.00	0.86	0.78	0.71	0.66	0.59	0.52	0.45	0.36	0.23	0.19	0.16	0.12	0.07	0.04	0.02

表 5-12 孔流流量系数 μ值

r/h_e	h_e/H													
	0.00	0.05	0.10	0.15	0.20	0.25	0.30	0.35	0.40	0.45	0.50	0.55	0.60	0.65
0.00	0.582	0.573	0.565	0.557	0.549	0.542	0.534	0.527	0.520	0.512	0.505	0.497	0.489	0.481
0.05	0.667	0.656	0.644	0.633	0.622	0.611	0.600	0.589	0.577	0.566	0.553	0.541	0.527	0.512
0.10	0.740	0.725	0.711	0.697	0.682	0.668	0.653	0.638	0.623	0.607	0.590	0.572	0.553	0.533
0.15	0.798	0.781	0.764	0.747	0.730	0.712	0.694	0.676	0.657	0.637	0.616	0.594	0.571	0.546
0.20	0.842	0.824	0.805	0.785	0.766	0.745	0.725	0.703	0.681	0.658	0.634	0.609	0.582	0.553
0.25	0.875	0.855	0.834	0.813	0.791	0.769	0.747	0.723	0.699	0.673	0.647	0.619	0.589	0.557

式中:$\Sigma\zeta$为自进口上游渐变流断面到出断面前的局部水头损失系数之和;R、C分别为满流时的水力半径和谢才系数;i、L、a分别为涵洞的底坡、洞长和洞高;$\dfrac{v^2}{ga}$为出口断面弗汝德数的平方,当出口断面周边为大气时,由试验得$\dfrac{v^2}{ga}=1.62$,当出口断面下游有底板时,$\dfrac{v^2}{ga}=1.0$。

对有压流:
$$\frac{H}{a}>K_{2h}$$

对半有压流:
$$K_{2h}>\frac{H}{a}>1.2$$

式中:H为从进口洞底算起的进口(上游)水深,m;a为进口洞深,m。

3)陡坡洞($i>i_k$)半有压流至有压流的界限值(K_{2d})

K_{2d}值比K_{2h}更易受洞口立面形式、洞长和涵前水深等因素影响,一般由试验确定,使用时应注意其适用条件。工程中常用$K_{2d}=1.5$,故:

有压流:
$$K_{2d}=\frac{H}{a}>1.5$$

半有压流:
$$1.5>\frac{H}{a}>1.2$$

上述涵洞水流形态的判别方法是在自由出流(即在下游水位不淹没洞口或虽淹没洞口但壅水影响未达到涵洞进口收缩断面)的条件下建立的,否则涵洞的水流形态就可能发生变化。对半有压流,当洞口淹没($i<i_k$)或发生淹没水跃($i>i_k$)时,将变为有压流态。

2.无压涵洞长短洞的判断

关于无压涵洞长洞和短洞的判定标准,国内出现较大争议,主要集中在《水工设计手册》和《灌溉与排水工程设计规范》中的判定方法与《水工手册》和《水力计算手册》中的判定方法针对同一涵洞所计算出的短洞极限长度相差甚大,在此不详细叙述。根据熊启均教授的推荐和从事水闸安全鉴定的工程经验,推荐采用如下判定标准:当$L>8H$,为短洞,反之为长洞。

3.无压涵洞

无压涵洞过水能力的复核步骤及方法如下:

(1)判断涵洞进口的流态。

(2)判断涵洞为自由出流或淹没出流。

(3)按式(5-18)计算过流量。

$$Q=\sigma\varepsilon mB\sqrt{2g}H_0^{1.5} \tag{5-18}$$

式中:σ为淹没系数,可参考SL 265—2001中的计算公式及查表取值;ε为侧向收缩系数,可采用0.95;m为流量系数,对于规模较小的涵洞段可近似取$m=0.36$;B为洞宽,m;H_0为包括行进流速水头在内的进口水深,m。

(4)洞内净空高度应满足表5-13的规定值,净空面积应不小于涵洞面积的10%~30%。

表 5-13　无压涵洞内顶点至最高水面的净空

涵洞类型 进口净高(m)	圆涵	拱涵	方涵
≤3	≥$a/4$	≥$a/4$	≥$a/6$
>3	≥0.75	≥0.75	≥0.50

注：a 为涵洞高度，m。

4. 半压力流涵洞

半压力流涵洞的流量计算方法较多，综合起来，可按式(5-19)计算。

$$Q = m_1 A \sqrt{2g(H_0 + iL - \beta_1 D)} \tag{5-19}$$

式中：m_1 为流量系数，由表 5-14 查取；A 为洞身断面面积，m^2；β_1 为修正系数，由表 5-14 查取；D 为洞身净高，m；i 为洞底坡降；其余符号含义同前。

表 5-14　流量系数 m_1 及修正系数 β_1 值表

进口形式	m_1	β_1
圆锥形护坡	0.625	0.735
八字形、扭曲面翼墙	0.670	0.740
走廊式翼墙	0.576	0.715

5. 压力流涵洞

压力流涵洞分为非淹没压力流涵洞和淹没压力流涵洞两种情况，复核方法分别如下。

1）非淹没压力流涵洞

$$Q = m_2 A \sqrt{2g(H_0 + iL - \beta_2 D)} \tag{5-20}$$

$$m_2 = \frac{1}{\sqrt{1 + \sum \xi + \dfrac{2gL}{C^2 R}}} \tag{5-21}$$

$$R = A/\chi \tag{5-22}$$

$$C = \frac{1}{n} R^{\frac{1}{6}} \tag{5-23}$$

$$\sum \xi = \xi_1 + \xi_2 + \xi_3 + \xi_5 + \xi_6 \tag{5-24}$$

式中：m_2 为流量系数；β_2 为修正系数，一般可采用 0.85；R 为水力半径，m；χ 为湿周，m；C 为谢才系数，$m^{0.5}/s$；n 为粗糙率，混凝土材料洞一般采用 0.014；$\sum \xi$ 为除出口损失系数外的局部水头损失系数总和；ξ_1 为进口损失系数；ξ_2 为拦污栅损失系数；ξ_3 为闸门槽损失系数；ξ_5 为进口渐变段损失系数；ξ_6 为出口渐变段损失系数；其中 ξ_5、ξ_6 可由布置形式查表 5-15 选取，拦污栅损失系数 ξ_2 与栅条形状尺寸及间距有关，一般可采用 0.2 ~ 0.3，闸门门槽损失系数一般可采用 0.05 ~ 0.1，顶部修圆的进口损失系数一般可采用 0.1 ~ 0.2。

表 5-15　渐变段水头损失系数

渐变段形式	进口	出口
扭曲面	0.1～0.2	0.3～0.5
八字墙	0.2	0.5
圆弧直墙	0.2	0.5

2）淹没压力流涵洞

$$Q = m_3 A \sqrt{2g(H_0 + iL - h)} \tag{5-25}$$

$$m_3 = \frac{1}{\sqrt{\sum \xi + \dfrac{2gL}{C^2 R}}} \tag{5-26}$$

$$\sum \xi = \xi_1 + \xi_2 + \xi_3 + \xi_4 + \xi_5 + \xi_6 \tag{5-27}$$

式中：m_3 为流量系数；h 为出口水深，m；$\sum \xi$ 为局部水头损失系数总和；ξ_4 为出口损失系数，按式（5-28）计算，一般来说，淹没压力流的下游过水断面均较洞身断面大得多，可近似取为 1.0。

$$\xi_4 = \left(1 - \frac{A}{A_下}\right)^2 \tag{5-28}$$

式中：A 为洞身断面面积，m^2；$A_下$ 为出口后下游过水断面面积，m^2。

二、渗径长度

土质闸基防渗长度（又称渗径长度）常采用勃莱系数法按式（5-29）复核。

$$L = c\Delta H \tag{5-29}$$

式中：L 为闸基防渗长度，即闸基轮廓线防渗部分水平段和垂直段长度总和，m；c 为勃莱渗径系数，取值见表 5-16，当闸基设板桩时可采用表中所列规定值的最小值；ΔH 为水闸承受的最大上下游水位差，m。

表 5-16　允许渗径系数值

排水条件	地基类别									
	粉砂	细砂	中砂	粗砂	中砾、细砾	粗砾、夹卵石	轻粉质砂壤土	轻粉壤土	壤土	黏土
有滤层	13～9	9～7	7～5	5～4	4～3	3～2.5	11～7	9～5	5～3	3～2
无滤层									7～4	4～3

需要说明的是，许多水闸实际采用的水平地下轮廓线长度大于上述经验公式的计算值。

三、防渗排水

(一)排水设施

水闸排水设施一般都布置在紧靠闸室下游的部位,主要作用是导渗,水闸排水设施有水平排水和垂直排水。水平排水位于闸基表层,比较浅,通常需要有一定的宽度,功能是把上游渗入闸基的地下水汇集起来,通过反滤层过滤,然后引出地表,其目的是降低地下渗水压力。垂直排水通常是由一排或数排滤水井组成,目的是消除闸基深部的渗透压力,增加闸基的稳定性。

排水设施复核要根据水闸运行情况,根据安全检测对排水孔的堵塞情况的调查结果,分析闸基渗透压力,复核排水设施的排水能力。

(二)渗透压力

地基的渗流分析根据拉普拉斯方程,具有不同的计算方法和理论。而实际工作中为了简化计算,多采用《水闸设计规范》(SL 265—2001)中规定的全截面直线分布法或改进阻力系数法进行计算。《水闸安全鉴定技术指南》主要针对以上两种方法进行说明,其他数值计算方法可参考相关资料。

1. 全截面等直线分布法

1)适用范围

水闸地基为岩基,使用时应考虑设置防渗帷幕和排水孔时对降低渗透压力的作用与效果。

2)计算方法

当岩基上水闸闸基设有水泥灌浆帷幕和排水孔时,闸底板底面上游端的渗透压力为 $H - h_s$,排水孔中心线处为 $\alpha(H - h_s)$,下游端为零,其间各段依次以直线连接,如图 5-7 所示,作用于闸底板底面上的渗透压力可按式(5-30)计算。

$$U = \frac{1}{2}\gamma(H - h_s)(L_1 + \alpha L) \tag{5-30}$$

式中:U 为作用于闸底板底面上的渗透压力,kN/m;L_1 为排水孔中心线与闸底板底面上游端的水平距离,m;α 为渗透压力强度系数,可采用0.25;L 为闸底板底面的水平投影长度,m。

当岩基上水闸闸基未设水泥灌浆帷幕和排水孔时,闸底板底面上游端的渗透作用水头为 $H - h_s$,下游端为零,其间以直线连接,如图 5-8 所示,作用于闸底板底面上的渗透压力可按式(5-31)计算。

$$U = \frac{1}{2}\gamma(H - h_s)L \tag{5-31}$$

2. 改进阻力系数法

1)适用范围

水闸地基为土基。

2)计算方法

地基有效深度可按式(5-32)或式(5-33)计算。

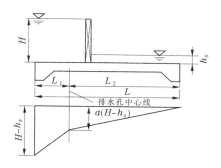

图 5-7　考虑排水孔情况　　　　　　图 5-8　未考虑排水孔情况

当 $\dfrac{L_0}{S_0} \geqslant 5$ 时

$$T_e = 0.5 L_0 \tag{5-32}$$

当 $\dfrac{L_0}{S_0} < 5$ 时

$$T_e = \frac{5 L_0}{1.6 \dfrac{L_0}{S_0} + 2} \tag{5-33}$$

式中：T_e 为土基上水闸的地基有效深度，m；L_0 为地下轮廓的水平投影长度，m；S_0 为地下轮廓的垂直投影长度，m。

当计算的 T_e 值大于地基实际深度时，T_e 值应按地基实际深度采用。

分段阻力系数计算公式如下：

（1）进、出口段，见图 5-9。

$$\xi_0 = 1.5 \left(\frac{S}{T} \right)^{\frac{3}{2}} + 0.441 \tag{5-34}$$

式中：ξ_0 为进、出口段的阻力系数；S 为板桩或齿墙的入土深度，m；T 为地基透水层深度，m。

（2）内部垂直段，见图 5-10。

$$\xi_y = \frac{2}{\pi} \ln \cot \left[\frac{\pi}{4} \left(1 - \frac{S}{T} \right) \right] \tag{5-35}$$

式中：ξ_y 为内部垂直段的阻力系数。

（3）水平段，见图 5-11。

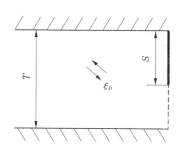

图 5-9　进、出口段

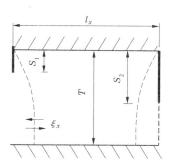

图 5-10　内部垂直段　　　　图 5-11　水平段

$$\xi_x = \frac{L_x - 0.7(S_1 + S_2)}{T} \qquad (5\text{-}36)$$

式中:ξ_x 为水平段的阻力系数;L_x 为水平段长度,m;S_1、S_2 为进、出口段板桩或齿墙的入土深度,m。

(4)各分段水头损失值。

按式(5-37)计算。

$$h_i = \xi_i \frac{\Delta H}{\sum\limits_{i=1}^{n} \xi_i} \qquad (5\text{-}37)$$

式中:h_i 为各分段水头损失值,m;ξ_i 为各分段的阻力系数;n 为总分段数。

以直线连接各分段计算点的水头值,即得渗透压力的分布图形。

3)进、出口段水头损失值和渗透压力分布图的局部修正方法

(1)进、出口段修正后的水头损失值按式(5-38)~式(5-40)计算,见图5-12。

$$h'_0 = \beta' h_0 \qquad (5\text{-}38)$$

$$h_0 = \sum_{i=1}^{n} h_i \qquad (5\text{-}39)$$

$$\beta' = 1.21 - \frac{1}{\left[12\left(\dfrac{T'}{T}\right)^2 + 2\right]\left(\dfrac{S'}{T} + 0.059\right)}$$
$$\qquad (5\text{-}40)$$

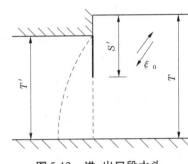

图5-12　进、出口段水头损失修正图

式中:h'_0 为进、出口段修正后的水头损失值,m;h_0 为进、出口段水头损失值,m;β' 为阻力修正系数,当计算的 $\beta' \geqslant 1.0$ 时,采用 $\beta' = 1.0$;S' 为地板埋深与板桩入土深度之和,m;T' 为板桩另一侧的地基透水层深度,m。

(2)修正后水头损失的减小值按式(5-41)计算。

$$\Delta h = (1 - \beta') h_0 \qquad (5\text{-}41)$$

式中:Δh 为修正后水头损失的减小值,m。

(3)水力坡降呈急变形式的长度按式(5-42)计算。

$$L'_x = \frac{\Delta h}{\dfrac{\Delta H}{\sum\limits_{i=1}^{n} \xi_i}} \qquad (5\text{-}42)$$

式中:L'_x 为水力坡降呈急变形式的长度,m。

(4)出口段渗透压力分布图形修正方法。

如图5-13所示,其中图5-13(a)为原有水力坡降线,根据式(5-41)和式(5-42)计算的 Δh 和 L'_x 值,分别定出 P 点和 O 点,连接 QOP 即为修正后的水力坡降线。

4)进、出口段齿墙不规则部位修正方法

进、出口段齿墙不规则部位修正方法可按下列方法进行修正,见图5-13(b)和

图 5-13(c)。

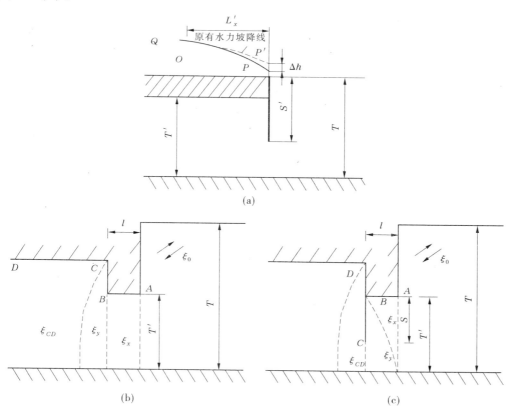

图 5-13　出口段渗透压力分布修正图

（1）当 $h_x \geqslant \Delta h$ 时，按式（5-43）进行修正：

$$h'_x = h_x + \Delta h \tag{5-43}$$

式中：h_x 为水平段的水头损失值，m；h'_x 为修正后的水平段水头损失值，m。

（2）当 $h_x < \Delta h$ 时，分两种情况进行修正。

当 $h_x + h_y \geqslant \Delta h$ 时，按式（5-44）和式（5-45）进行修正：

$$h'_x = 2h_x \tag{5-44}$$

$$h'_y = h_y + \Delta h - h_x \tag{5-45}$$

式中：h_y 为内部垂直段的水头损失，m；h'_y 为修正后的内部垂直段水头损失值，m。

当 $h_x + h_y < \Delta h$ 时，按式（5-46）和式（5-47）进行修正：

$$h'_y = 2h_y \tag{5-46}$$

$$h'_{CD} = h_{CD} + \Delta h - (h_x + h_y) \tag{5-47}$$

式中：h_{CD} 为图 5-13（b）和图 5-13（c）中 CD 段的水头损失值，m；h'_{CD} 为修正后 CD 段的水头损失值，m。

以直线连接修正后的各分段计算点的水头值，即得修正后的渗透压力分布图形。

（三）出口段渗流坡降值

水闸出口段渗流坡降值按式（5-48）计算：

$$J = \frac{h'_0}{S'} \tag{5-48}$$

式中:J 为出口段渗流坡降值。

四、结构稳定

(一)荷载计算

1. 水闸结构及其上部填料的自重

水闸结构及其上部填料的自重按其几何尺寸及材料重度计算确定。大体积混凝土结构的材料重度可采用 $23.5 \sim 24.0$ kN/m³;上部填料重度采用新测定的填料土的重度;闸门、启闭机及其他永久设备,闸门尽量采用实际重量,启闭机设备重量在出厂时均有铭牌重量;若无,可参考类似启闭机确定或查询相关资料进行估算。

2. 水重及静水压力

作用在水闸底板上的水重应按其实际体积及水的重度计算确定。水的重度一般采用 9.81 kN/m³,多泥沙河流上的水闸,应进行测定,若无可采用 11.0 kN/m³。

3. 扬压力

扬压力是渗透水作用于闸室底面的垂直分力。它由两部分组成,一部分是下游水头的浮托力,一部分是上下游水头差所造成的渗透压力。渗透压力要根据各点的渗透水头确定,计算方法可采用前面介绍的方法。

4. 土压力计算

作用在水闸上的土压力应根据填土性质、挡土高度、填土内的地下水位、填土顶面坡角及超荷载等计算确定。对于向外侧移动或转动的挡土结构,可按主动土压力计算;对于保持静止不动的挡土结构,可按静止土压力计算,计算方法如下。

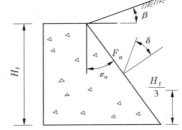

图 5-14 主动土压力计算示意图

1) 主动土压力计算

(1) 对于重力式挡土结构,当墙后填土为均质无黏性土时,主动土压力宜按库仑公式即式(5-49)和式(5-50)计算,计算示意图见图 5-14。

$$F_a = \frac{1}{2}\gamma_t H_t^2 K_a \tag{5-49}$$

$$K_a = \frac{\cos^2(\varphi_1 - \varepsilon)}{\cos^2\varepsilon\cos(\varepsilon + \delta)\left[1 + \sqrt{\dfrac{\sin(\varphi_t + \delta)\sin(\varphi_t - \beta)}{\cos(\varepsilon + \delta)\cos(\varepsilon - \beta)}}\right]^2} \tag{5-50}$$

式中:F_a 为作用在水闸挡土结构上的主动土压力,kN/m,其作用点距墙底为墙高的 $1/3$ 处,作用方向与水平面呈 $(\varepsilon + \delta)$ 夹角;γ_t 为挡土结构墙后填土重度,kN/m³,地下水位以下取浮容重;H_t 为挡土结构高度,m;K_a 为主动土压力系数;φ_t 为挡土结构墙后填土的内摩擦角,(°);ε 为挡土结构墙背面与铅直面的夹角,(°);δ 为挡土结构墙后填土对墙背的外摩擦角,(°),按表 5-17 取值;β 为挡土结构墙后填土表面坡角,(°)。

表 5-17　δ 值

挡土结构墙背面排水状况	δ 值	挡土结构墙背面排水状况	δ 值
墙背光滑，排水不良	$(0 \sim 0.33)\varphi_t$	墙背很粗糙，排水良好	$(0.33 \sim 0.50)\varphi_t$
墙背粗糙，排水良好	$(0.33 \sim 0.50)\varphi_t$	墙背与填土之间不可能滑动	$(0.67 \sim 1.00)\varphi_t$

（2）对于扶壁式或空箱式挡土结构，当墙后填土为砂性土时，主动土压力按朗肯公式即式（5-49）和式（5-51）计算，计算示意图见图5-15。其中主动土压力 F_a 的作用方向与水平面呈 β 夹角，即与填土表面平行。

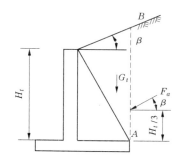

$$K_a = \cos\beta \frac{\cos\beta - \sqrt{\cos^2\beta - \cos^2\varphi_t}}{\cos\beta + \sqrt{\cos^2\beta - \cos^2\varphi_t}} \quad (5\text{-}51)$$

（3）对于扶壁式或空箱式挡土结构，当墙后填土为砂性土，且填土为水平时，主动土压力按式（5-49）和式（5-52）计算

图 5-15　重力式挡土墙结构示意图

$$K_a = \tan^2\left(45° - \frac{\varphi_t}{2}\right) \quad (5\text{-}52)$$

（4）当挡土结构墙后填土为黏性土时，可采用等值内摩擦角法计算作用于墙背或 AB 面上的主动土压力。

等值内摩擦角可根据挡土结构的高度、墙后所填黏性土性质及其浸水情况等因素，参照已建工程实践经验确定，挡土结构高度在 6 m 以下者，墙后所填黏性土水上部分等值内摩擦角可采用 28°～30°，水下部分等值内摩擦角可采用 25°～28°；挡土结构高度在 6 m 以上者，墙后所填黏性土采用的等值内摩擦角随挡土结构高度的增大而相应降低。

（5）当挡土结构后填土表面有均布荷载或车辆荷载作用时，可将均布荷载换算成等效填土高度，计算作用在墙背或 AB 面上的主动土压力。此种情况下，作用墙背或 AB 面上的主动土压力应按梯形分布计算。

（6）当挡土结构墙后填土表面有车辆荷载作用时，可将车辆荷载近似地按均布荷载换算成等效的填土高度，计算作用于墙背或 AB 面上的主动土压力。

2）静止土压力计算

对于墙背铅直、墙后填土表面水平的水闸挡土结构，静止土压力可按式（5-53）和式（5-54）计算，计算示意图见图5-16。

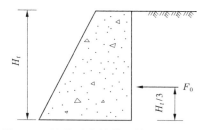

图 5-16　墙背垂直的挡土墙结构示意图

$$F_0 = \frac{1}{2}\gamma_t H_t^2 K_0 \quad (5\text{-}53)$$

$$K_0 = 1 - \sin\varphi_t'$$ (5-54)

式中:F_0 为作用在水闸挡土结构上的静止土压力,kN/m;K_0 为静止土压力系数,应通过试验确定,没有试验资料时参考表5-18取值;φ_t' 为墙后填土的有效内摩擦角,(°)。

表5-18 K_0 值

墙后填土类别	K_0 值	墙后填土类别	K_0 值
碎石土	0.22~0.40	壤土	0.60~0.62
砂土	0.36~0.42	黏土	0.70~0.75

5. 淤沙压力

作用在水闸上的淤沙压力应根据上、下游可能淤积的厚度及泥沙重度等计算确定。泥沙淤积厚度应根据河流水文泥沙特性和枢纽布置情况经计算确定;对于多泥沙河流上的工程宜通过物理模型试验或数学模型计算并结合已建类似工程的实测资料综合分析确定。淤沙的浮重度和内摩擦角一般可参照类似工程的实测资料分析确定,对于淤沙严重的工程宜通过试验确定。作用在水闸上的水平淤沙压力按式(5-55)计算确定。

$$P_{sk} = \frac{1}{2}\gamma_{sb}h_s^t\tan^2\left(45° - \frac{\varphi_s}{2}\right)$$ (5-55)

式中:P_{sk} 为淤沙压力,kN/m;γ_{sb} 为淤沙的浮容重,kN/m³,$\gamma_{sb} = \gamma_{sd} - (1-n)\gamma_w$;$\gamma_w$ 为水容重,kN/m³;γ_{sd} 为淤沙的干重度,kN/m³;n 为淤沙的孔隙率;h_s 为挡水建筑物前泥沙淤积厚度,m;φ_s 为淤沙的内摩擦角,(°)。

6. 风压力

水闸上的风压力应根据当地气象站提供的风向、风速和水闸受风面积等计算确定。计算风压力时应考虑水闸周围地形、地貌及附近建筑物的影响。垂直作用于建筑物表面上的风荷载值,按式(5-56)计算。

$$w_k = \beta_z\mu_z\mu_s w_0$$ (5-56)

式中:w_k 为风荷载,kN/m²;β_z 为 z 高度处的风振系数,可参考《建筑结构荷载规范》(GB 50009—2001)或进行专门研究后确定;μ_z 为风压高度变化系数,依照规范查表确定;μ_s 为风荷载体形系数,可参考《建筑结构荷载规范》(GB 50009—2001)确定;w_0 为基本风压,kN/m²,查询《建筑结构荷载规范》(GB 50009—2001)全国基本风压图采用。

7. 浪压力

水闸上的浪压力应根据波浪要素(波高、波长等)分不同情况的波态按照下列方法计算而得。作用于铅直迎水面建筑物上的浪压力,根据建筑物迎水面前的水深,常呈现三种波态,分别如图5-17(a)、(b)、(c)所示。

(1)当 $H \geqslant H_{cr}$ 和 $H \geqslant \frac{L_m}{2}$ 时,浪压力分布图如图5-17(a)所示,单位长度上浪压力标准值按式(5-57)计算:

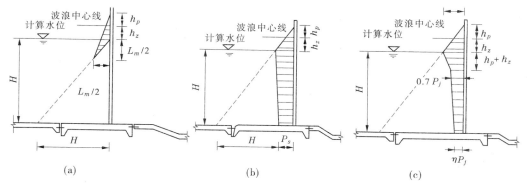

图 5-17　浪压力计算示意图

$$P_{wk} = \frac{1}{4}\gamma_w L_m(h_p + h_z) \tag{5-57}$$

式中：P_{wk} 为单位长度迎水面上的浪压力标准值，kN/m；γ_w 为水的重度，kN/m^3；L_m 为平均波长，m；h_p 为累积频率为 1% 的波高，m；h_z 为波浪中心线至计算水位的高度，m，按式(5-58)计算；H_{cr} 为使波浪破碎的临界水深，m，按式(5-59)计算；H 为挡水建筑物迎水面前的水深，m。

$$h_z = \frac{\pi h_p}{L_m}\mathrm{cth}\frac{2\pi H}{L_m} \tag{5-58}$$

$$H_{cr} = \frac{L_m}{4\pi}\ln\frac{L_m + 2\pi H}{L_m - 2\pi h_p} \tag{5-59}$$

(2)当 $H \geqslant H_{cr}$ 和 $H < \dfrac{L_m}{2}$ 时，浪压力分布图如图 5-17(b)所示，单位长度上浪压力标准值按式(5-60)计算：

$$P_{wk} = \frac{1}{2}\big[(h_p + h_z)(\gamma_w H + p_s) + Hp_s\big] \tag{5-60}$$

式中：p_s 为建筑物底面处的剩余浪压力强度，kN/m^2，按式(5-61)计算：

$$p_s = \gamma_w h_p \mathrm{sech}\frac{2\pi H}{L_m} \tag{5-61}$$

(3)当 $H < H_{cr}$ 时，浪压力分布图如图 5-17(c)所示，单位长度上浪压力标准值按式(5-62)计算：

$$P_{wk} = \frac{1}{2}p_0\big[(1.5 - 0.5\eta)h_p + (0.7 + \eta)H\big] \tag{5-62}$$

式中：η 为底面处(闸墩或闸门等)的浪压力强度折减系数，当 $H \leqslant 1.7(h_p + h_z)$ 时，取 0.6，当 $H > 1.7(h_p + h_z)$ 时，取 0.5；p_0 为计算水位处的浪压力强度，kN/m^2，按式(5-63)计算：

$$p_0 = K_i \gamma_w h_p \tag{5-63}$$

式中：K_i 为底坡(闸前河底处)影响系数，按表 5-19 取值。

表 5-19　底坡影响系数

底坡 i	1/10	1/20	1/30	1/40	1/50	1/60	1/80	≤1/100
K_i	1.89	1.61	1.48	1.41	1.36	1.33	1.29	1.25

注:底坡 i 一般取闸前河底护底的平均坡度。

8. 地震惯性力

地震惯性力仅适用于拟静力法计算地震作用效应中,当设计烈度为 8、9 度的 1 级和 2 级水闸,或地基为可液化土的 1、2 级水闸,应采用动力法进行专门的抗震复核。

拟静力法计算地震作用效应时,沿建筑物高度作用于质点的水平向和竖直向地震惯性力应分别按式(5-64)和式(5-65)计算。

$$F_i = \alpha_h \xi G_{Ei} \alpha_i / g \tag{5-64}$$

式中:F_i 为作用在质点 i 的水平地震惯性力,kN;ξ 为地震作用的效应折减系数,除另有规定外,一般取 0.25;G_{Ei} 为集中在质点 i 的重力作用标准值,kN;α_h 为水平向地震加速度代表值;α_i 为质点 i 的动态分布系数,按表 5-20 取值;g 为重力加速度,m/s^2。

$$Q_i = \alpha_v \xi G_{Ei} \alpha_i / g \tag{5-65}$$

式中:α_v 为地震竖向加速度,一般取 $\alpha_v = \dfrac{2}{3} \alpha_h$。

表 5-20　水闸动态分布系数 α_i

水闸闸墩		闸顶机架桥		岸墙、翼墙	
竖直及顺河流方向地震		顺河流方向地震		顺河流方向地震	
垂直河流方向地震		垂直河流方向地震		垂直河流方向地震	

注:水闸闸墩以下 α_i 取 1.0,H 为建筑物高度。

需要说明的是,当同时计算互相正交方向地震的作用效应时,总的地震作用效应可取各方向地震作用效应平方总和的方根值;当同时计算水平向和竖向地震作用效应时,总地震作用效应也可将竖向地震作用效应乘以 0.5 的耦合系数后与水平向地震作用效应直接相加。

9. 地震动水压力

单位宽度水闸面的总地震动水压力作用在水面以下 $0.54H_0$ 处,代表值 F_0 按式(5-66)计算:

$$F_0 = 0.65\alpha_h\xi\rho_w H_0^2 \tag{5-66}$$

式中:F_0 为单位宽度水闸面的总地震动水压力代表值,kN/m;ρ_w 为水的重度代表值,kN/m³;H_0 为单位宽度水闸面的总地震动水压力代表值作用水深,m。

(二)基底应力计算

闸室、岸墙和翼墙基底应力应根据结构布置及受力情况,分结构对称和结构不对称两种情况分别进行复核。

当结构布置及受力对称时,基底应力按式(5-67)计算:

$$P_{\substack{max\\min}} = \frac{\sum G}{A} \pm \frac{\sum M}{W} \tag{5-67}$$

式中:$P_{\substack{max\\min}}$ 为闸室基底应力的最大值或最小值,kN/m²;$\sum G$ 为作用在闸室上的全部竖向荷载,包括基础底面扬压力,kN;$\sum M$ 为作用在闸室上的全部竖向和水平向荷载对于基础底面垂直水流方向的形心轴的力矩,kN·m;A 为闸室基底面面积,m²,如果闸墩上分缝的闸室,或者采用接搭式分缝的闸室取一个分段或一个闸室底板的总面积,如果是分离式底板,则取墩基底面积;W 为闸室基底面对于该底面垂直水流方向的形心轴的截面矩,m³。

当结构布置及受力不对称时,基底应力按式(2-80)计算:

$$P_{\substack{max\\min}} = \frac{\sum G}{A} \pm \frac{\sum M_x}{W_x} + \frac{\sum M_y}{W_y} \tag{5-68}$$

式中:$\sum M_x$、$\sum M_y$ 为作用在闸室上的全部竖向和水平向荷载对于基础底面形心 x、y 的力矩,kN·m;W_x、W_y 为闸室基底面对于该底面形心轴 x、y 的截面矩,m³。

(三)稳定性计算

水闸稳定性计算主要分为抗滑稳定性、抗倾覆稳定性和抗浮稳定性三个主要内容,根据国内水闸的建设情况,还应针对地基与基础的不同情况进行划分,分不同情况复核。地基与基础的划分一般分为:土基,包括土基上采用钻孔灌注桩、木板桩等形式基础的水闸;黏性土地基和岩基。

1. 抗滑稳定性

(1)土基上未设钻孔灌注桩、木板桩等形式基础的水闸闸室、岸墙和翼墙基底面的抗滑稳定安全系数按式(5-69)或式(5-70)计算:

$$K_c = \frac{f\sum G}{\sum H} \tag{5-69}$$

$$K_c = \frac{\tan\varphi_0 \sum G + C_0 A}{\sum H} \tag{5-70}$$

式中:K_c 为沿基底面的抗滑稳定安全系数;f 为基底面与地基之间的摩擦系数,按表5-21取值;$\sum H$ 为作用在闸室上的全部水平向荷载,kN;φ_0 为基础底面与土质地基之间的摩擦角,(°),按表5-22取值;C_0为基底面与土质地基之间的黏结力,kPa,按表5-22取值。

表5-21　不同土质的f值

地基类别		f
黏土	软弱	0.20~0.25
	中等坚硬	0.25~0.35
	坚硬	0.35~0.45
壤土、粉质壤土		0.25~0.40
砂壤土、粉砂土		0.35~0.40
细砂、极细砂		0.40~0.45
中砂、粗砂		0.45~0.50
砂砾石		0.40~0.50
砾石、卵石		0.50~0.55
碎石土		0.40~0.50
较软岩石	极软	0.40~0.45
	软	0.45~0.55
	较软	0.55~0.60
硬质岩石	较坚硬	0.60~0.65
	坚硬	0.65~0.70

表5-22　φ_0、C_0值(土质地基)

土质地基类别	φ_0	C_0
黏性土	0.9φ	$(0.2~0.3)C$
砂性土	$(0.85~0.9)\varphi$	0

注:φ为室内饱和固结快剪(黏性土)或饱和快剪(砂性土)试验测得的内摩擦角,(°);C为室内饱和固结快剪试验测得的黏结力,kPa。

（2）岩基上水闸闸室、岸墙和翼墙基底面的抗滑稳定安全系数按式(5-71)计算:

$$K_c = \frac{f' \sum G + C'A}{\sum H} \tag{5-71}$$

式中:f'为基底面与岩石地基之间的抗剪断摩擦系数;C'为基底面与岩石地基之间的抗剪断黏结力,kPa。

f'、C'取值方法:闸室基底面与岩石地基之间的抗剪断摩擦系数值f'及抗剪断黏结力C值可根据室内岩石抗剪断试验成果,并参照类似工程实践经验及表5-23所列数值选用,但选用的值不应超过闸室基础混凝土本身的抗剪断参数值。

表 5-23　f'、C' 值（岩石地基）

岩石地基类别		f'	C'
硬质岩石	坚硬	1.5～1.3	1.5～1.3
	较坚硬	1.3～1.1	1.3～1.1
软质岩石	较软	1.1～0.9	1.1～0.7
	软	0.9～0.7	0.7～0.3
	极软	0.7～0.4	0.3～0.05

当闸室、岸墙和翼墙承受双向水平向荷载作用时，应验算其合力方向的抗滑稳定性。

水闸闸室是否会发生沿地基表面的水平滑动，取决于阻止闸室滑动的力（阻滑力）是否大于促使闸室滑动的力（滑动力），因此式（5-69）和式（5-70）的本质是相同的。

对于不同情况的地基与基础，闸室滑动破坏形式是不同的。一般情况下滑动破坏形式是沿闸室与地基的接触面水平滑动，此时按式（5-69）计算是合理的，但对于设有钻孔灌注桩、木板桩等形式基础，显然阻滑力忽略桩的抗剪断能力是不正确的，因此这种情况下应在阻滑力部分将桩的抗阻力计算进去；对于黏性土基、岩基上的闸室，试验表明其滑动破坏形式并不是严格在闸室与地基接触的界面处发生滑动，而是沿着混凝土板底面附近带动一薄层土壤一起滑动，这时阻滑力不仅与闸室与地基的摩阻力有关，而且还与底面与地基土之间的黏结力有关，因此滑阻力按照式（5-70）或式（5-71）计算显然更加合理；涵洞式水闸闸室段，阻滑力的计算除根据地基和基础形式选择合适的计算公式外，还需要将涵洞段滑动时的阻滑力考虑进去，涵洞段阻滑力可按照涵洞底板、侧墙和顶板等不同部分，参照闸室段阻滑力的计算方法并充分考虑其滑动破坏形式，分别计算出之后进行求和，而实际上由于涵洞式水闸涵洞段的阻滑力远远大于闸室段的滑动力，故一般情况下，闸室段是满足抗滑稳定性要求的。

2. 闸室抗浮稳定

当闸室设有两道检修闸门或只设一道检修闸门，利用工作闸门与检修闸门进行检修时，应按式（5-72）进行抗浮稳定计算：

$$K_f = \frac{\sum V}{\sum U} \tag{5-72}$$

式中：K_f 为闸室抗浮稳定安全系数；$\sum V$ 为作用在闸室上全部向下的铅直力之和，kN；$\sum U$ 为作用在闸室基底面上的扬压力，kN，其中扬压力的计算应该充分考虑到止水破坏和排水堵塞所造成的影响。

闸室的抗浮稳定性通常是控制在闸室检修情况下，式（5-72）是计算闸室抗浮稳定安全系数的唯一计算公式。

3. 翼墙抗倾覆稳定

岩基上翼墙的抗倾覆稳定安全系数，按式（5-73）计算：

$$K_0 = \frac{\sum M_V}{\sum M_H} \tag{5-73}$$

式中:K_0 为翼墙抗倾覆稳定安全系数;$\sum M_V$ 为对翼墙前趾的抗倾覆力矩,kN·m;$\sum M_H$ 为对翼墙前趾的倾覆力矩,kN·m。

岩基上翼墙抗倾覆稳定安全系数允许值的确定以在各种荷载作用下不倾倒为原则,但应有一定的安全储备。

五、结构内力计算

(一)内力计算

水闸工程包含结构构件种类较多,各类构件的计算方法可参照《水闸设计规范》(SL 265—2001)及相关规程规范进行复核计算;闸底板内力计算较为复杂,要考虑地基的不同情况分别采用不同的地基反力假设进行计算分析,本部分重点采用反力直线分布法对闸底板内力的计算方法进行说明。

1. 基本假设

底板下的地基反力沿顺水流方向呈梯形分布,在垂直水流方向呈均匀分布。

2. 优缺点

优点是计算简单,对于小型水闸方便易调;缺点是未考虑底板与地基的变形协调,不计边荷载对底板内力的影响,不适宜于大中型水闸。

3. 计算步骤

1)确定荷载组合

一般情况下,确定检修情况、设计洪水位情况和校核洪水位情况作为复核计算的荷载组合情况。

2)计算闸基的地基反力

可按照结构稳定计算中的公式进行计算。

3)计算不平衡剪力并分配

不平衡剪力的产生是由于截取单宽后,基底上的荷载与地基反力之间存在着差值。不平衡剪力的平衡是由脱离体两侧闸墩和底板截面上的剪力差来平衡,剪应力之和的差值即为不平衡剪力,见图5-18。

不平衡剪力的分配可以按照图5-19的 $S \sim y$ 剪力曲线的方法进行分配,但这种方法比较麻烦,一般的情况下,多按照水闸闸室底板分配的不平衡剪力为10%～15%,闸墩分配的不平衡剪力为85%～90%的比例关系对不平衡剪力进行直接分配。在具体计算时,一般以闸门门槛作为上、下游分界比较实用且基本不影响底板的抗力计算。

4)确定作用于板条上的荷载

如图5-20所示,沿门槛上、下截取的单宽板条上的作用荷载有地基反力、扬压力、底板重力、水重等,分为均布荷载 q 和集中荷载 P 及弯矩 M 等。单宽板条上的均布荷载 q 按式(5-74)进行:

$$q = q_{地} + q_{扬} - q_{底} - q_{水} + \frac{\Delta Q_{底}}{2l} \qquad (5-74)$$

$$P = P_{墩、墙} + \Delta Q_{墩} \qquad (5-75)$$

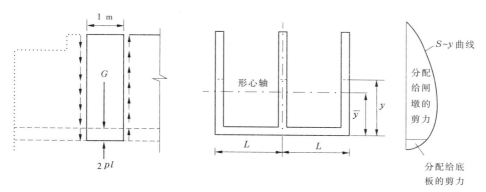

图 5-18　不平衡剪力　　　　　图 5-19　不平衡剪力分配示意图

式中:$q_{地}$、$q_{扬}$、$q_{底}$、$q_{水}$为单宽板条上的地基反力、扬压力、底板自身重力及水重;$P_{墩、墙}$为墩、墙重力和上部结构传给墩、墙的重力,边墩直接挡土时,应包括土的重力;M为作用于边墙上的荷载(主要是土压力和水压力)对底板水平中心线的力矩之和。

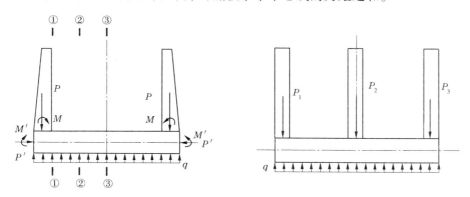

图 5-20　单宽板条上的荷载

5)计算内力

按照上述荷载图,考虑荷载作用分项系数及设计状况系数,按照材料力学的办法对特定截面求解内力。在求解内力前,宜按照力的叠加原理绘出弯矩、剪力、轴力图并确定控制截面。计算的内力宜根据具体情况分别计算承载能力极限状态和正常使用极限状态两种效力函数。

(二)极限承载力计算

1. 基本假定

关于带缺陷结构的承载力计算,国内外开展了大量的相关研究,但目前为止并没有得到普遍认可和列入规范的计算方法及假定,本指南结合(SL/T 191—96)的基本假定,根据《水闸安全鉴定规定》中的指导思想和原则,采用如下基本假定:

(1)平截面假定:截面应变保持平面。

(2)不考虑混凝土的抗拉强度。

(3)混凝土轴心受压的应力—应变关系曲线为抛物线,其极限应变值取 0.002,相应的压应力取混凝土轴心抗压强度设计值 f_c。

对非均匀受压构件,当压应变 $\varepsilon_c \leq 0.002$,应力—应变关系曲线为抛物线;当压应变 $\varepsilon_c > 0.002$,应力—应变关系呈水平线,其极限压应变取 $\varepsilon_{cu} = 0.003\,3$,相应的最大压应力取混凝土轴心抗压强度设计值 f_c。

(4)钢筋应力取等于钢筋应变与其弹性模量的乘积,但不大于设计强度值,受拉钢筋的允许极限拉应变为 0.01。

(5)锈蚀钢筋与未锈蚀前相比,钢筋首先在锈蚀最严重处发生屈服,钢筋应力—应变仍为理想弹塑性关系,即钢筋屈服前应力和应变成正比,屈服后,钢筋应力保持不变。

2. 判定公式

$$\gamma_0 \psi S(\gamma_G G_k, \gamma_Q Q_k, a_k) \leq \frac{1}{\gamma_d} R(f_d, a_k) \qquad (5\text{-}76)$$

式中:γ_0 为结构重要性系数,对结构安全级别分别为 Ⅰ、Ⅱ、Ⅲ 级的结构及构件,可分别取 1.1、1.0、0.9;ψ 为设计状况系数,对应于持久状况、短暂状况、偶然状况,可分别取 1.0、0.95、0.85;$S(\cdot)$ 为作用效应函数;$R(\cdot)$ 为结构构件抗力函数;γ_d 为结构系数,对钢筋和预应力钢筋混凝土构件取 1.2;γ_G 为永久作用分项系数;γ_Q 为可变作用分项系数;G_k 为永久作用标准值;Q_k 为可变作用标准值;f_d 为材料强度设计值,强度保证率不低于 95% 的混凝土强度,可按照现场检测结果确定出混凝土强度等级后查 SL/T 191—96 确定;a_k 为结构构件几何参数的标准值。

3. 抗力 R 的计算

根据规范规定,依据现有混凝土结构设计规范,钢筋锈蚀后构件承载能力的计算可采用如下公式。

1)轴心受拉构件

$$N_u = \frac{A_s' f_y}{\gamma_d} \qquad (5\text{-}77)$$

式中:N_u 为构件抗拉承载力,N;A_s' 为构件钢筋锈蚀后横断面面积最小处的钢筋面积,mm^2;f_y 为钢筋的屈服强度,如截取钢筋做试验,则以钢筋的级别为准按照规范规定取值,MPa。

2)轴心受压构件

$$N_{u,2} = f_c A_c' + f_y A_s' \qquad (5\text{-}78)$$

式中:$N_{u,2}$ 为构件受压承载力,N;A_s' 为构件钢筋锈蚀后横断面面积最小处的钢筋面积,mm^2;f_y 为钢筋的屈服强度,如截取钢筋做试验,则以钢筋的级别为准按照规范规定取值,MPa;A_c' 为混凝土构件由于钢筋锈蚀导致的剥落之后剩余的横截面面积最小处的构件断面面积,mm^2;f_c 为混凝土的抗压强度,依据检测时给出的混凝土强度推定值并按照规范取值,MPa。

3)受弯构件

$$M_u = f_y A_s' \left(h_0 - \frac{x}{2} \right) \qquad (5\text{-}79)$$

式中:M_u 为构件抗弯极限承载力,N·m;A_s' 为构件钢筋锈蚀后横断面面积最小处的钢筋面积,mm^2;f_y 为钢筋的屈服强度,如截取钢筋做试验,则以钢筋的级别为准按照规范规定取值，MPa；h_0 为截面有效高度，mm；x 为截面受压区等效高度，mm。

4）偏心受压构件

可参考上述计算公式，考虑钢筋截面的减小与混凝土强度的变化即可。

（三）结构变形计算

1. 基本假定

基本假定与构件极限承载能力计算的基本假定相同。

2. 基本公式

$$\omega_{max} = a_1 a_2 a_3 \frac{\sigma_{ss}}{E_s}\left(3c + 0.10\frac{d}{\rho_{te}}\right) \tag{5-80}$$

式中：a_1 为对受弯构件，取 $a_1 = 1.0$；a_2 为对本工程钢筋，取 $a_2 = 1.0$；a_3 为对荷载短期组合，取 $a_3 = 1.5$，对长期荷载组合，取 $a_3 = 1.6$；c 为最外层纵向受拉筋外边缘到受拉区底边的距离，mm；d 为钢筋锈蚀后的平均直径，mm；ρ_{te} 为纵向受拉钢筋的有效配筋率，$\rho_{te} = \dfrac{A_s}{A_{te}}$；$A_{te}$ 为有效受拉混凝土截面面积；A_s' 为构件钢筋锈蚀后横断面面积最小处的钢筋面积；σ_{ss} 为纵向受拉钢筋应力。

六、消能防冲

（一）水闸消能形式及设施

消能形式：挑流消能、底流消能和戽流消能等。

消能设施：消力池、消力坎、综合消力池和消力齿、消力墩、消力梁等辅助消能工，平原软基上建闸一般采用消力池。

《水闸安全鉴定技术指南》介绍水闸工程中使用较多的挖深式底流消能的矩形消力池的复核计算，挖深式底流消能的梯形消力池和尾坎式、综合式消能的复核计算可参照进行。

（二）消力池

消力池复核计算主要包括池深、长度两项主要内容，分述如下。

1. 消力池深度

消力池深度计算示意图见图 5-21。

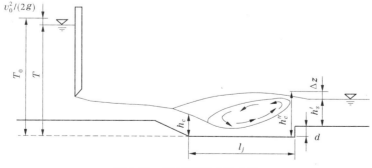

图 5-21　矩形挖深式消力池

$$T_0 = h_c + \frac{q_c^2}{2g\varphi^2 h_c^2} \qquad (5\text{-}81)$$

$$h_c'' = \frac{h_c}{2}\left[\sqrt{1 + \frac{8aq_c^2}{gh_c^3}} - 1\right]\left(\frac{b_1}{b_2}\right)^{0.25} = \frac{h_c}{2}\left(\sqrt{1 + 8Fr_c^2} - 1\right)\left(\frac{b_1}{b_2}\right)^{0.25} \qquad (5\text{-}82)$$

$$\Delta z = \frac{\alpha q_c^2}{2g\varphi^2 h_t^2} - \frac{\alpha q_c^2}{2g h_T^2} \qquad (5\text{-}83)$$

$$d \geqslant \sigma h_c'' - (h_t + \Delta z) \qquad (5\text{-}84)$$

式中:T_0 为上游总水头,m;h_0 为收缩断面水深,m;q_c 为 h_c 断面的单宽流量,m³/(s·m);φ 为流速系数,一般取 0.95;h_c'' 为跃后水深,m;Fr_c 为跃前断面水流的弗汝德数,$Fr_c = \frac{v}{\sqrt{gh_c}}$;$b_1$ 为消力池首端宽度,m;b_2 为消力池末端宽度,m;Δz 为消力池出口处的水面落差,m;α 为水流动能修正系数,可采用 1.0~1.05;h_t 为下游水深,m;h_T 为消力池末端(池坎前)水深,m;d 为消力池深度,m;σ 为顶水深的淹没安全系数,采用 1.05~1.10。

其中在计算 h_c 时,须试算或借助有关图标。在计算中,如可满足式(5-84),说明消力池深度满足要求,否则需重新假定新的池深,按上述四式试算直到满足式(5-84),即可求出能够满足水闸消能的池深。

2. 消力池长度

消力池除应具有一定的深度外,还应有一定的长度,以保证稍有淹没的水跃发生在池内,而不冲出池外。消力池的长度主要与水跃的长度有关。消力池坎的作用是将强迫水跃在池内产生,此时的水跃比自由水跃的长度有所缩短,也比较稳定,消力池长度 L_k 按式(5-85)计算。

$$L_k = (0.7 \sim 0.8)L_j \qquad (5\text{-}85)$$

式中:L_j 为自由水跃长度。

对于矩形断面扩散式水跃,当 $Fr_c > 4$ 时,按式(5-86)计算,当 $Fr_c \leqslant 4$ 时,按式(5-87)计算。

$$L_j = 5.0 h_c'' \qquad (5\text{-}86)$$

$$L_j = 3h_c''\left[\sqrt{1 + Fr_c^2\left(1 - \frac{F_{rc}^2}{23}\right)} - 1\right] \qquad (5\text{-}87)$$

(三)海漫长度

海漫是保证下游河渠不受冲刷的重要消能防冲设施之一,如果海漫长度过短,会造成渠道冲刷严重。海漫长度的复核计算可按式(5-88)计算。

$$L_p = k\sqrt{q\sqrt{\Delta H}} \qquad (5\text{-}88)$$

式中:q 为消力池出口处的单宽流量;H 为上下游水位差;k 为反映土质抗冲能力的系数,粉砂、细砂河渠床可用 14~13,粗砂、中砂及粉质壤土可用 12~11,粉质黏土可用 10~9,坚硬黏土可用 8~7。

上式的适用范围为 $\sqrt{q\sqrt{\Delta H}} = 1 \sim 9$。

（四）河床冲刷深度

海漫末端河床的冲刷深度 d_1（m）可按式（5-89）计算：

$$d_1 = 1.1 \frac{q_1}{[v_0]} - h_t \qquad (5\text{-}89)$$

式中：q_1 为海漫末端的单宽流量，$\mathrm{m^2/s}$；h_t 为海漫末端的河床水深，m；$[v_0]$ 为河床土质的允许不冲刷流速，m/s。

上游护底首端河床的冲刷深度 d_2（m）可按式（5-90）计算：

$$d_2 = 0.8 \frac{q_2}{[v_0]} - h_1 \qquad (5\text{-}90)$$

式中：q_1 为上游护底首端的单宽流量，$\mathrm{m^2/s}$；h_1 为上游护底首端的河床水深，m。

（五）跌坎高度

跌坎计算见图 5-22。跌坎高度的计算可按式（5-91）~式（5-93）进行。

$$P \geqslant 0.186 \frac{h_k^{2.75}}{h_{dc}^{1.75}} \qquad (5\text{-}91)$$

$$P < \frac{2.24 h_k - h_{ds}}{1.48 \dfrac{h_k}{P_d} - 0.84} \qquad (5\text{-}92)$$

$$P > \frac{2.38 h_k - h_{ds}}{1.81 \dfrac{h_k}{P_d} - 1.16} \qquad (5\text{-}93)$$

式中：P 为跌坎高度，m；h_{dc} 为跌坎上的收缩水深，m；h_{ds} 为跌坎后的河床水深，m；h_k 为跌坎上的临界水深，m；P_d 为跌坎顶面与下游河底的高差，m；θ 为跌坎坎顶仰角，取值范围在 $0° \sim 10°$；R 为跌坎反弧半径，不宜小于跌坎上收缩水深的 2.5 倍；L_m 为跌坎长度，不小于跌坎上收缩水深的 1.5 倍。

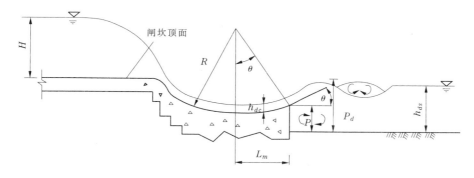

图 5-22 跌坎高度计算示意图

第六章 水闸安全类别评定方法

我国虽然颁布了众多与水闸设计、管理、鉴定以及加固等相关的规范规程,为水闸的运行管理、检测鉴定、加固维修提供了依据,但在目前的水闸安全鉴定过程中,由于现有技术水平等的制约,不易准确实现安全鉴定规程所提出的基本思想和原则,致使鉴定成果在实际工作中时有偏差。特别是现有技术标准中对水闸安全类别是三类还是四类的判别,一直不够明确。在新颁布的《水闸安全评价导则》(SL 214—2015)中,制约三四类水闸判别的问题仍未得到实质性解决。因此,有必要对可操作的水闸安全评价指标体系进行深入研究,以期建立可操作的水闸安全评价指标体系。

本章采用导则规定的分级评定法、层次分析法、模糊可靠度理论以及人工神经网络系统,分别对病害水闸进行了安全评价分析研究,建立了可操作的水闸安全评价指标体系,提出了三四类水闸判别方法细则及降等报废划分原则,并针对水闸安全导则,提出了相关修改建议。

第一节 导则规定的分级评定法

《水闸安全评价导则》(SL 214—2015)规定,水闸安全类别应划分为四类,水闸安全类别应根据安全检测评价的工程质量和安全复核分析的安全性分析结果综合确定。

水闸安全类别应划分为下列四类:

一类闸:运用指标能达到设计标准,无影响正常运行的缺陷,按常规维修养护即可保证正常运行。

二类闸:运用指标基本达到设计标准,工程存在一定损坏,经大修后,可达到正常运行。

三类闸:运用指标达不到设计标准,工程存在严重损坏,经除险加固后,才能达到正常运行。

四类闸:运用指标无法达到设计标准,工程存在严重安全问题,需降低标准运用或报废重建。

水闸安全类别应主要根据安全检测评价的工程质量和安全复核分析的安全性分级结果,并按照下列标准综合确定:

(1)工程质量与各项安全性分级均为 A 级,评定为一类闸。

(2)工程质量与各项安全性分级有一项为 B 级(为(A 级 + B 级)或全部为 B 级,不含 C 级),可评定为二类闸。

(3)工程质量与抗震、金属结构、机电设备三项安全性分级有一项为 C 级,可评定为三类闸。

(4)防洪标准、渗流、结构安全性分级中有一项为 C 级,可评定为四类闸。

第二节　基于层次分析法的水闸安全评价方法

　　水闸的安全评价工作目前来说是由工程现状调查、现场安全检测、工程复核计算等工作的结论作为安全评价的基本信息,再通过合理的综合分析得出水闸的安全状况。

　　目前,对水闸进行安全评价的方法主要有专家评估法、专家系统法、标准比照评价法、层次分析法、模糊综合评判法以及物元法(模糊可拓)等,本小节在综合比较上述几种水闸安全评价方法及各自优缺点的基础上,结合本课题的研究特点,选取基于层次分析法的水闸评估指标层次结构,并采用基于SQP法的主客观组合赋权法确定评价指标的权重;在基于模糊综合评价法的基础上,提出两套方案(方案一:基于精确定量分析的考虑变权分项总和法;方案二:基于数据支撑定性分析的权重隶属度函数法),分别建立安全评估模型,以实现对水闸工程进行安全评估的目的,并针对典型工程进行示范应用。

一、水闸安全评价体系构建过程

　　水闸工程的工作条件受各种自然和人为的不确定性因素的影响而十分复杂。仅仅对单项或部分监测、检测以及计算效应量(如变形、渗流、应力等)进行分析、评估存在一定的不足:各个效应量之间的关系从表面上看是相互独立的,实际上则存在一定的联系(如变形、应力和裂缝开度等之间互有影响),这就导致单项分析有时难以准确评估水闸工程的安全状况。因此,水闸工程安全评估不但要考虑单个或部分效应量所反映的局部安全状况,还要综合考虑多个效应量所联合反映的整体安全情况。

　　水闸工程安全评估是一个多层次、多项目的递阶分析问题。首先应研究水闸安全影响因素内在的物理和逻辑关系,合理地构造其安全评估体系,使安全评估层次化;然后根据组成评估体系的各评估指标的特性,建立各指标的度量方法与赋权方法,将各层次评估指标特征数量化;最后根据上述层次化的评估体系和数量化的指标特征,采用一定的综合评估方法(递归运算方法)建立安全评估模型,以实现对水闸工程进行安全评估的目的。概括而言,对水闸工程安全评估的研究可分为综合评估体系、评估指标的度量和赋权、综合评估方法三个方面,安全综合评估流程见图6-1。

二、安全评估指标体系构建原则

　　评估指标是研究水闸工程安全状况的基础,拟定的评估指标是否恰当,直接关系到最终的评估结果是否合理、可靠。因此,构建安全评估体系时,拟定评估指标需要遵循一定原则。结合黄河流域水闸工程安全评估特点,制定黄河流域水闸安全评估指标体系构建原则如下:

　　(1)目的性原则。

　　评估体系的构成必须紧紧围绕着系统评估目的层层展开,使最后的评估结论正确反映评估主体的评估意图。

　　(2)系统全面性原则。

　　指标体系应能全面地反映被评估对象的综合情况,从中抓住主要因素,既能反映直接

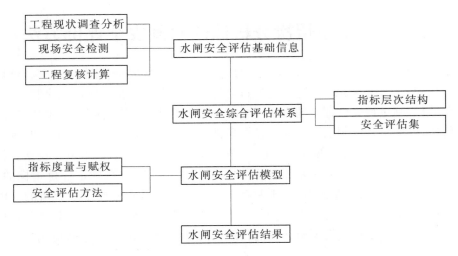

图 6-1　安全综合评估流程框图

效果,又要反映间接效果,以保证系统评估的全面性和可信度。

(3)可操作性原则。

一个评估方案的真正价值只有在付诸实现后才能够体现出来,即要求指标体系中的每一个指标都必须是可操作的,指标含义明确,计算简单,易于掌握。

(4)定量指标与定性指标结合使用原则。

既可以使评估具有客观性,便于数学模型的处理,又可以弥补单纯定量评估的不足及数据本身存在的某些缺陷。

(5)指标之间应尽可能避免显见的包含关系。

对于隐含的相关关系,要在模型中以适当的方法消除。

(6)兼容性原则。

兼容性原则指水闸安全评估指标的确定要与水利部出台的《水闸安全鉴定规定》(SL 214—98)兼容。

(7)可比性原则。

指标的选择要保持同趋势化,以保证可比性,即指标体系中不能包括一些有明显"倾向性"的指标。

(8)指标要有层次性。

建立的评估指标体系应该具有层次性,这样可为衡量评估效果和确定指标的权重提供方便。

三、水闸安全评估指标

根据《水闸安全评价导则》(SL 214—2015),在水闸工程安全评估前需进行工程现状的调查分析、现场安全检测和工程复核计算等。考虑到独立性和可操作性等评估指标构建原则,根据水闸工程不安全因素和病害识别分析成果,将水闸安全评估指标分为六大类,即防洪能力、结构安全、渗流安全、工程质量、金属结构及电气设备和运行管理,见图6-2。

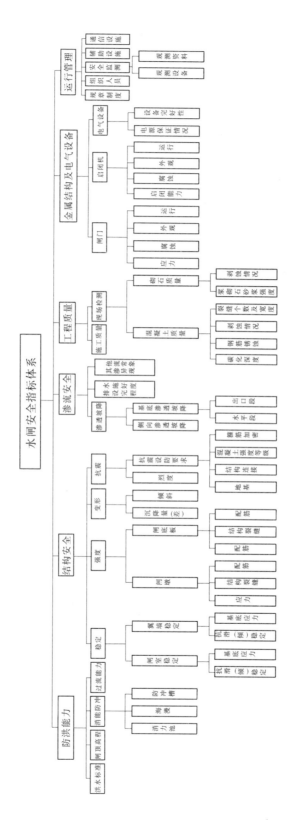

图 6-2　安全综合评估流程

（一）防洪能力

防洪能力可以由洪（潮）水标准、闸顶与堤顶高程、过流能力、消能防冲的状况体现，即对洪（潮）水标准、水闸过流能力、消能防冲和闸顶高程通过复核计算来判断是否满足规范要求。其中，洪（潮）水标准主要为水闸的现有防洪标准与防洪规划和流域规划的复核；过流能力方面，根据水闸上下游河床发生冲淤变化或潮水位变化、现行规范和流域规划以及相关规定进行复核；消能防冲主要评估消力池、海漫、防冲槽等设施的尺寸和完好性等。

（二）结构安全

对于结构安全，可以通过稳定、强度、变形、抗震这4个指标进行评估。其中稳定包括了抗滑稳定、抗倾覆稳定、地基承载能力等；强度主要通过配筋、应力和结构裂缝情况进行评估；变形主要考察沉降和沉降差以及挠度变形。抗震能力方面，除了在相应荷载工况的结构复核计算中考虑，根据《水闸安全评价导则》（SL 214—2015），还需复核结构构件抗震构造、混凝土强度等级、箍筋是否加密、地基抗震承载力等。

（三）渗流安全

对于渗流安全，一般根据《水闸设计规范》（SL 265—2016）和《水闸安全评价导则》（SL 214—2015）进行渗透坡降复核。当有渗流观测资料时，可根据观测数据对渗流异常进行判断，并根据现场检测对防渗排水设施完整性进行检查等。因此，渗流安全包括了渗透坡降、防渗排水设施的完好程度和渗流异常等3个指标。渗透坡降可通过改进阻力系数法或有限元法计算水平段和出口段的渗透坡降，得到的结果与土质允许坡降进行复核；防渗设施的完好程度和渗流异常可通过现场巡查与检测进行评价。

（四）工程质量

工程质量包括了施工质量、现场巡查和检测情况2个三级指标，其中，我国大部分水闸都建于20世纪50~70年代，受当时技术、经济等条件的限制，水闸的施工不尽合理，对水闸工程的安全有很大影响，虽然水闸鉴定规范中没有明确规定，但是根据工程实践，施工期质量和运行期质量均对水闸工程的安全有重要影响。对于施工质量可通过设计资料和现场检测资料复核评价。工程现状的检测，包括混凝土工程质量和砌石工程质量，混凝土工程主要考察强度、抗渗、抗冻指标、碳化深度或氯离子渗透等级和保护层厚度以及混凝土裂缝、剥蚀等。砌石工程主要是胶结材料强度、砌体强度、砌体容重及孔隙率、密实度等指标以及砂浆勾缝开裂、块石剥落等。

（五）金属结构及电气设备

金属结构及电气设备安全状况，分解为闸门、启闭机和电气设备3个指标进行评估。其中，闸门和启闭机主要评估闸门应力、变形、稳定性、启闭能力是否满足要求以及腐蚀、外观破损锈蚀和运行状况等。电气设备主要包括电源保证情况和电气设备完好性等是否满足要求。

（六）运行管理

工程运行管理也是水闸工程安全综合评估的一个重要部分，可以考察规章制度、组织结构与人员、安全监测、辅助设施、通信设施等5个指标的情况，评估运行管理的水平。

四、评估指标层次结构

评估指标体系的建立,是从被评估对象的构成要素出发,确定一级评估指标、二级指标,并进行逐级指标细化,最后通过各个要素之间的结果关联建立评估指标体系。由于构成要素之间的关联都具有主观性,因此从哪个方面入手,确定什么指标,主观性都比较强,须对各指标有清晰的理解,以做到将不合理的主观因素的影响降到最小。

根据水闸的特点,通过对黄河流域现有水闸工程病害分布及成因的分析,结合水闸鉴定规范要求,参考国内外类似工程安全评估指标的建立方法,并参照上述分析,根据层次分析法的基本原理建立了水闸安全评估的层次化指标体系,从以下 6 个方面入手,具体如下:

（1）防洪能力;

（2）结构安全;

（3）渗流安全;

（4）工程质量;

（5）金属结构及电气设备;

（6）运行管理。

其中,水闸工程安全的综合评估作为第一层;防洪能力、结构安全、渗流安全、工程质量、金属结构及电气设备和运行管理作为第二层的 6 个一级评估指标,体现评估目标的评估准则;其他层为便于量化和描述的直接评估指标,是工程资料中数据信息的具体反映。

五、水闸安全综合评价指标度量选择

（一）评价指标度量方法

在确定各种影响水闸工程安全因素的评估指标后,需要解决这些评估指标的量化问题,以实现水闸工程安全的量化综合评估。水闸工程安全影响因素和评估指标是以不同的形式存在的,根据其性质可分为两类:一类是定量因子,可根据统计资料查出或者计算出指标值;另外一类是定性指标,这类指标较难量化,在评估中如何克服主观因素是一大难题。定量因子可以通过一定的数学处理方法,比如线性方法、指数方法把现有数据进行无量纲化处理,得到一个处于一定范围内,可以比较的数据。定性因子的定量化,通常的做法是结合具体技术参数等情况,由不同专家对同一指标进行分别量化,然后进行数据处理,得到一个标准化的定量数据,使各评估指标之间具有可比性。

1. 水闸安全综合评价等级及其标准

《水闸安全评价导则》(SL 214—2015),从运用指标、维修要求和运行状况三方面划分水闸安全类别评定标准如下:

一类闸:运用指标能达到设计标准,无影响正常运行的缺陷,按常规维修养护即可保证正常运行。

二类闸:运用指标基本达到设计标准,工程存在一定损坏,经大修后,可达到正常运行。

三类闸:运用指标达不到设计标准,工程存在严重损坏,经除险加固后,才能达到正常运行。

四类闸:运用指标无法达到设计标准,工程存在严重安全问题,需降低标准运用或报废重建。

将水闸安全评价各层指标安全状况划分为"非常安全""较安全""较不安全""非常不安全"四个等级,分别用字母a、b、c、d来表示,其中非常安全对应于一类水闸,较安全对应于二类水闸,较不安全对应于三类水闸,非常不安全对应于四类水闸。

2. 水闸评价指标的度量规则

将所有的水闸安全评价指标定量化,即采用合理的方法将现场检测数据、复核数据、专家评价等原始评价信息转化到一定的数值范围内,并用无量纲的数值表示,量化得到的结果为评价指标的安全值。安全值是水闸安全评价指标安全状况的最直观的表达,是安全状况的性能值。规定安全值为闭区间[0,1]之间的实数值,且安全值越大,评价指标的安全状况就越好。

3. 定性评价指标的量化方法

定性指标的指标值具有模糊性和非定量化的特点,很难用精确的数学值来表示,只能采用模糊数学的方法对模糊信息进行量化处理。目前,较为实用的定性信息量化的方法有模糊统计法、带确信度的专家调查法、区间平均法等。

在工程界许多定性问题的处理中,专家打分以其操作简单、适用性强等特点而得到广泛的应用。当采用专家打分处理时,如果专家选择合适、经验丰富,则可取得较高的精度,具体操作为:

邀请 n 个专家对定性指标打分,专家 $i(i=1,2,\cdots,n)$ 对定性评估指标 j 的评分记为 a_{ij},则定性评估指标的最终专家评分 a_j,可通过对 n 位专家的评分进行综合而得到。目前常用的综合方法有:①完全平均法,即不考虑专家在认识上的差异,直接将所有专家的评分进行平均;②中间平均法,即当专家评分之间出现较大分歧时,舍弃两头取中间进行平均的方法;③加权平均法,即考虑认识水平越高的专家(或者说是越有权威的专家)对指标的评分应该越接近实际,因而他们对定性评估指标 j 的评分在最终专家评分 a_j 中所占的比重也应该越大,即采用加权平均法,并对权威专家赋予较大的权系数。

专家打分法充分利用专家知识,对一个定性问题给出数据判断,利于问题的量化处理,使用简单。如果专家选择合适,专家的经验较为丰富,则精度较高。针对水闸工程安全综合评价指标体系中,抗震二级指标因素,渗流安全一级指标下的排水设施完好程度、其他渗流异常现象这两个二级指标,工程质量、运行管理一级指标下的二级指标因素等都是定性指标,先收集它们的现场检测资料,采用专家打分法,对各个定性指标进行量化分析,获取各个评价指标的安全值,见表6-1。

表 6-1　水闸安全评价指标打分标注及安全值范围

安全等级	专家打分标准	安全值范围
非常安全(a)	[80,100]	[0.8,1.0]
较安全(b)	[60,80]	[0.6,0.8]
较不安全(c)	[30,60]	[0.3,0.6]
非常不安全(d)	[0,30]	[0.0,0.3]

4. 定量评价指标的量化方法

1) 中间层评估指标初始数据的标准化

水闸工程安全评估结构体系中位于中间层的元素具有双重身份,它们一方面是上一层元素的评估指标,另一方面也是下一层元素的研究对象。经过对它们的下一层评估指标的综合评估,判别出它们的安全等级,同时也得出一个对应的初始数据,即等级安全值。例如,防洪能力可以通过对闸顶高程、过流能力、消能防冲等指标的综合评估得出其安全等级,同时得到相应的等级安全值。

2) 底层定量评估指标初始数据的标准化(指标及标准对应处理方式)

底层定量评估指标的评估方法是建立在对各评估指标进行了单指标单项分析的基础之上的,采用下面的方法进行初始数据的标准化。

可以看出,对某个指标安全状况的评估,可通过下一层次的评估指标进行刻画。根据安全评估集的分析,将各评估指标非常安全、较安全、较不安全、非常不安全分为四个区域,见图6-3、图6-4。应该指出,在水闸工程安全评估指标中,有些指标,如渗透坡降、沉降差等,只有在数值偏大时才会有问题,这时分区宜只做偏大的单边情况来考虑。

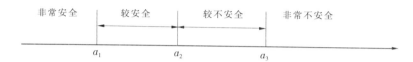

图6-3　评估指标分区示意图(单边情况)

$$\Delta y_{it} = y_{it} - \hat{y}_{it} \leqslant a_1 \qquad \text{非常安全区}$$

$$a_1 < \Delta y_{it} = y_{it} - \hat{y}_{it} \leqslant a_2 \qquad \text{较安全区}$$

$$a_2 < \Delta y_{it} = y_{it} - \hat{y}_{it} \leqslant a_3 \qquad \text{较不安全区}$$

$$\Delta y_{it} = y_{it} - \hat{y}_{it} > a_3 \qquad \text{非常不安全区}$$

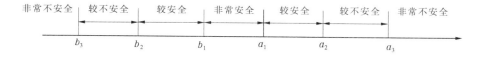

图6-4　评估指标分区示意图(双边情况)

$$b_1 < \Delta y_{it} = y_{it} - \hat{y}_{it} \leqslant a_1 \qquad \text{非常安全区}$$

$$a_1 < \Delta y_{it} = y_{it} - \hat{y}_{it} \leqslant a_2 \text{ 或 } b_2 < \Delta y_{it} = y_{it} - \hat{y}_{it} \leqslant b_1 \qquad \text{较安全区}$$

$$a_2 < \Delta y_{it} = y_{it} - \hat{y}_{it} \leqslant a_3 \text{ 或 } b_3 < \Delta y_{it} = y_{it} - \hat{y}_{it} \leqslant b_2 \qquad \text{较不安全区}$$

$$\Delta y_{it} = y_{it} - \hat{y}_{it} > a_3 \text{ 或 } \Delta y_{it} = y_{it} - \hat{y}_{it} < b_3 \qquad \text{非常不安全区}$$

分标准见表6-2。

表 6-2　底层指标初始隶属度值等级划分标准

级别		安全值范围
1 级	非常安全	[0.8,1.0]
2 级	较安全	[0.6,0.8]
3 级	较不安全	[0.3,0.6]
4 级	非常不安全	[0.0,0.3]

（二）水闸安全评价指标量化细则

1. 水闸安全评价指标量化依据

水闸的安全状态主要通过防洪能力、结构安全、渗流安全、工程质量、闸门及金属电气设备和运行管理这 6 个分目标来实现。现对 6 个分目标下的底层评价指标进行研究。根据《水闸设计规范》（SL 265—2016）、《水闸安全评价导则》（SL 214—2015）、《水工混凝土结构设计规范》（SL 191—2008）、《水利水电工程金属结构报废标准》（SL 226—98）等规范和有关资料，参考了相关的文献，制定如下水闸工程评价指标量化细则。

2. 防洪能力

1）洪（潮）水标准

根据现行规范《水闸设计规范》（SL 265—2016），防洪堤上的水闸，其防洪标准不得低于防洪堤的防洪标准。该指标为偏小的单边指标。

采用水闸实际设计洪水位 $h_闸$ 和防洪堤的防洪标准 $h_堤$ 之比作为评价指数 $h = h_闸/h_堤$。当安全值大于 1.0 时，取 1.0。量化标准如下：

（1）$h \geqslant 1.00$ 安全值 $0.8 + \dfrac{h - 1.00}{1.5 - 1.00} \times 0.2$。

（2）$0.98 \leqslant h < 1.00$ 安全值 $0.6 + \dfrac{h - 0.98}{1.00 - 0.98} \times 0.2$。

（3）$0.95 \leqslant h < 0.98$ 安全值 $0.3 + \dfrac{h - 0.95}{0.98 - 0.95} \times 0.3$。

（4）$h < 0.95$ 安全值 $\dfrac{h}{0.95} \times 0.3$。

2）过流能力

将复核得到水闸现有的过流量为 $Q_现$ 和设计的设计（校核）过水流量 $Q_设$ 之比作为评价指数 $Q = Q_现/Q_设$。当安全值大于 1.0 时，取 1.0。量化标准如下：

（1）$Q \geqslant 1.00$ 安全值 $0.8 + \dfrac{Q - 1.00}{1.5 - 1.00} \times 0.2$。

（2）$0.98 \leqslant Q < 1.00$ 安全值 $0.6 + \dfrac{Q - 0.98}{1.00 - 0.98} \times 0.2$。

（3）$0.80 \leqslant Q < 0.98$ 安全值 $0.3 + \dfrac{Q - 0.80}{0.98 - 0.80} \times 0.3$。

（4）$Q < 0.80$ 安全值 $\dfrac{Q}{0.80} \times 0.3$。

3)消能防冲

《水闸安全评价导则》(SL 214—2015)中对消能防冲的安全性分级为:满足标准要求的为 A 级,不满足标准要求但冲刷对邻近水工建筑物安全影响不大的评为 B 级,不满足标准要求且冲刷影响邻近水工建筑物工程安全的评为 C 级。

对上述等级标准细化,将消力池、海漫、防冲槽结构尺寸 $L_{现}$ 和设计要求的尺寸 $L_{设}$ 之比作为评价指数 $L = L_{现}/L_{设}$。量化标准如下:

(1)$L \geqslant 1.00$ 安全值 $0.8 + \dfrac{L - 1.00}{1.5 - 1.00} \times 0.2$。

(2)$0.98 \leqslant L < 1.00$ 安全值 $0.6 + \dfrac{L - 0.98}{1.00 - 0.98} \times 0.2$。

(3)$0.80 \leqslant L < 0.98$ 安全值 $0.3 + \dfrac{L - 0.80}{0.98 - 0.80} \times 0.3$。

(4)$L < 0.80$ 安全值 $\dfrac{L}{0.80} \times 0.3$。

4)闸顶高程

根据现行规范《水闸设计规范》(SL 265—2016),水闸闸顶高程应根据挡水和泄水两种工况确定。挡水时,闸顶高程 $h_{闸}$ 不应低于正常蓄水位或最高挡水位 + 波浪计算高度 + 相应安全超高,泄水时,闸顶高程 $h_{闸}$ 不应低于设计(校核)水位 $h_{设(校)}$ + 相应安全超高 $h_{超高}$。

对上述标准细化,将闸顶高程与最高挡水位 + 波浪计算高度 + 相应安全超高之差 $h = h_{闸} - (h_{设(校)} + h_{波浪} + h_{安全超高})$ 作为评价指数。当安全值大于 1.0 时,取 1.0。量化标准如下:

(1)$h \geqslant 0.00$ 安全值 $0.8 + \dfrac{h - 0.00}{1.5 - 0.00} \times 0.2$。

(2)$-0.05h_{波浪} \leqslant h < 0.00$ 安全值 $0.6 + \dfrac{h + 0.05h_{波浪}}{0.05h_{波浪}} \times 0.2$。

(3)$-h_{波浪} \leqslant h < -0.05h_{波浪}$ 安全值 $0.3 + \dfrac{h + h_{波浪}}{0.95h_{波浪}} \times 0.3$。

(4)$h < -(h_{超高} + h_{波浪})$ 安全值 $\dfrac{h}{-(h_{超高} + h_{波浪})} \times 0.3$。

3. 结构安全

水闸的结构安全包括闸室、岸墙、翼墙的稳定复核和结构应力复核。对于有涵洞的涵闸结构,还要进行涵洞的结构安全评价指标。

1)稳定

a. 抗滑稳定

根据《水闸安全评价导则》(SL 214—2015),闸室、岸墙、翼墙的抗滑稳定指标为抗滑稳定安全系数。对于基本组合和特殊组合下的抗滑稳定安全系数,导则的要求也不同。

对上述标准细化,将抗滑稳定安全系数 k 作为评价指数。当安全值大于 1.0 时,取 1.0。量化标准如下:

（1）基本组合。

①$k \geq k_0$ 安全值 $0.8 + \dfrac{k - k_0}{1.2 k_0 - k_0} \times 0.2$。

②$0.98 k_0 \leq k < k_0$ 安全值 $0.6 + \dfrac{k - 0.98 k_0}{k_0 - 0.98 k_0} \times 0.2$。

③$0.90 k_0 \leq k < 0.98 k_0$ 安全值 $0.3 + \dfrac{k - 0.90 k_0}{0.98 k_0 - 0.90 k_0} \times 0.3$。

④$k < 0.90 k_0$ 安全值 $\dfrac{k}{0.90 k_0} \times 0.3$。

（2）特殊组合（适用于施工、检修、校核洪水、地震工况）。

①$k \geq k_0$ 安全值 $0.8 + \dfrac{k - k_0}{1.2 k_0 - k_0} \times 0.2$。

②$0.98 k_0 \leq k < k_0$ 安全值 $0.6 + \dfrac{k - 0.98 k_0}{k_0 - 0.98 k_0} \times 0.2$。

③$1.00 \leq k < 0.98 k_0$ 安全值 $0.3 + \dfrac{k - 1.00}{0.98 k_0 - 1.00} \times 0.3$。

④$k < 1.00$ 安全值 $\dfrac{k}{1.00} \times 0.3$。

对于不同组合得到的安全值，取安全值最小即安全裕度最小的工况作为抗滑稳定指标的量化值。

b. 基底应力

根据《水闸安全评价导则》（SL 214—2015），闸室、岸墙、翼墙的基底应力指标为地基应力不均匀系数、地基应力最大值、地基应力平均值。对于地基为土质的水闸，基本组合和特殊组合下的允许应力应满足 $\sigma_{\max} \leq 1.2 [\sigma]$ 且 $\sigma_{\mathrm{ave}} \leq [\sigma]$。对于岩基上的水闸，基本组合和特殊组合下的允许应力应满足 $\sigma_{\mathrm{ave}} \leq [\sigma]$、非地震条件下 $\sigma_{\min} \geq 0$，地震条件下 $\sigma_{\min} \geq -100 \ \mathrm{kPa}$。

（1）地基平均承载力。

对上述标准细化，以地基允许承载力 $[\sigma]$ 和地基承载力的复核数据 σ_{ave} 之比 $\sigma = [\sigma] / \sigma_{\mathrm{ave}}$ 为评定指数。当安全值大于 1.0 时，取 1.0。量化标准如下：

①$\eta \geq 1.00$ 安全值 $0.8 + \dfrac{\eta - 1.00}{1.5 - 1.00} \times 0.2$。

②$0.98 \leq \eta < 1.00$ 安全值 $0.6 + \dfrac{\eta - 0.98}{1.00 - 0.98} \times 0.2$。

③$0.85 \leq \eta < 0.98$ 安全值 $0.3 + \dfrac{\eta - 0.85}{0.98 - 0.85} \times 0.3$。

④$\eta < 0.85$ 安全值 $\dfrac{\eta}{0.85} \times 0.3$。

对于不同组合得到的安全值，取安全值最小即安全裕度最小的工况作为地基平均承载力指标的量化值。

（2）地基应力最大值。

对上述标准细化,以地基允许承载力$[\sigma]$和地基承载力的复核数据σ_{max}之比$\sigma=1.2[\sigma]/\sigma_{max}$为评定指数。当安全值大于1.0时,取1.0。量化标准如下:

① $\sigma \geqslant 1.00$ 安全值$0.8+\dfrac{\sigma-1.00}{1.5-1.00}\times0.2$。

② $0.98 \leqslant \sigma < 1.00$ 安全值$0.6+\dfrac{\sigma-0.98}{1.00-0.98}\times0.2$。

③ $0.85 \leqslant \sigma < 0.98$ 安全值$0.3+\dfrac{\sigma-0.85}{0.98-0.85}\times0.3$。

④ $\sigma < 0.85$ 安全值$\dfrac{\sigma}{0.85}\times0.3$。

对于不同组合得到的安全值,取安全值最小即安全裕度最小的工况作为地基应力最大值指标的量化值。

(3)地基应力不匀系数。

根据《水闸安全评价导则》(SL 214—2015),不同地基土质上的水闸结构在各工况组合下,复核得到的地基均匀系数η_1应小于等于地基应力不均匀系数允许值η_0。

对上述标准细化,以$\eta=\eta_0/\eta_1$作为评定指数。当安全值大于1.0时,取1.0。量化标准如下:

① $\eta \geqslant 1.00$ 安全值$0.8+\dfrac{\eta-1.00}{1.5-1.00}\times0.2$。

② $0.95 \leqslant \eta < 1.00$ 安全值$0.6+\dfrac{\eta-0.95}{1.00-0.95}\times0.2$。

③ $0.85 \leqslant \eta < 0.95$ 安全值$0.3+\dfrac{\eta-0.85}{0.95-0.85}\times0.3$。

④ $\eta < 0.85$ 安全值$\dfrac{\eta}{0.85}\times0.3$。

对于不同组合得到的安全值,取安全值最小即安全裕度最小的工况作为地基不均匀系数指标的量化值。

2)强度

强度主要指结构的承载力,若结构为钢筋混凝土,则复核其配筋是否满足实际使用要求;若结构为素混凝土或为浆砌块石,则复核其应力是否满足实际使用要求。

3)应力

采用计算应力$\sigma_{实}$和容许应力$[\sigma]$之比作为评价指数$\sigma=\sigma_{实}/[\sigma]$。当安全值大于1.0时,取1.0。量化标准如下:

(1)$\sigma \geqslant 1.00$ 安全值$0.8+\dfrac{\sigma-1.00}{1.5-1.00}\times0.2$

(2)$0.95 \leqslant \sigma < 1.00$ 安全值$0.6+\dfrac{\sigma-0.95}{1.00-0.95}\times0.2$

(3)$0.85 \leqslant \sigma < 0.95$ 安全值$0.3+\dfrac{\sigma-0.85}{0.95-0.85}\times0.3$

(4)$\sigma < 0.85$ 安全值$\dfrac{\sigma}{0.85}\times0.3$。

4)结构裂缝

采用计算裂缝 $c_实$ 和规范允许裂缝 c_0 之比作为评价指数 $c = c_0/c_实$。当安全值大于 1.0 时,取 1.0。量化标准如下:

(1) $c \geqslant 1.00$ 安全值 $0.8 + \dfrac{c - 1.00}{1.5 - 1.00} \times 0.2$

(2) $0.95 \leqslant c < 1.00$ 安全值 $0.6 + \dfrac{c - 0.95}{1.00 - 0.95} \times 0.2$

(3) $0.85 \leqslant c < 0.95$ 安全值 $0.3 + \dfrac{c - 0.85}{0.95 - 0.85} \times 0.3$

(4) $c < 0.85$ 安全值 $\dfrac{c}{0.85} \times 0.3$。

5)配筋

采用实际配筋量 $A_{s实}$ 和计算所需配筋量 $A_{s计}$ 之比作为评价指数 $A = A_{s实}/A_{s计}$。当安全值大于 1.0 时,取 1.0。量化标准如下:

(1) $A \geqslant 1.00$ 安全值 $0.8 + \dfrac{A - 1.00}{1.5 - 1.00} \times 0.2$。

(2) $0.95 \leqslant A < 1.00$ 安全值 $0.6 + \dfrac{A - 0.95}{1.00 - 0.95} \times 0.2$。

(3) $0.85 \leqslant A < 0.95$ 安全值 $0.3 + \dfrac{A - 0.85}{0.95 - 0.85} \times 0.3$。

(4) $A < 0.85$ 安全值 $\dfrac{A}{0.85} \times 0.3$。

对于不同组合、不同流向得到的配筋安全值,取安全值最小即安全裕度最小的工况作为配筋指标的量化值。

6)变形

a.沉降量(差)

根据《水闸设计规范》(SL 265—2016)规定,土质地基允许最大沉降量和最大沉降差应以保证水闸安全和正常使用为原则,并根据具体情况确定。天然土基上水闸地基最大沉降量不宜超过 15 cm,相邻部位的最大沉降差不宜超过 5 cm。

采用沉降量(差) $U_实$ 和规范允许沉降量(差) U_0 之比作为评价指数 $U = U_0/U_实$。当安全值大于 1.0 时,取 1.0。量化标准如下:

(1) $U \geqslant 0.9$。安全值 $0.8 + \dfrac{U - 0.90}{1.5 - 0.90} \times 0.2$。

(2) $0.85 \leqslant U < 0.90$ 安全值 $0.6 + \dfrac{U - 0.85}{0.90 - 0.85} \times 0.2$。

(3) $0.80 \leqslant U < 0.85$ 安全值 $0.3 + \dfrac{U - 0.80}{0.90 - 0.80} \times 0.3$。

(4) $U < 0.80$ 安全值 $\dfrac{U}{0.80} \times 0.3$。

b.倾斜(定性指标统一处理办法)

该指标为定性指标,量化标准如下:

(1)未产生明显倾斜。评分安全值0.80~1.00。

(2)稍微倾斜,但未明显影响工程使用或造成危害。评分安全值0.6~0.8。

(3)产生明显倾斜,但未明显影响工程使用或造成危害。评分安全值0.3~0.6。

(4)产生明显倾斜,影响工程使用或造成危害。评分安全值0~0.3。

7)抗震

根据《水闸安全评价导则》(SL 214—2015),抗震指标应包括抗震设防烈度、抗震设防要求两个指标。抗震设防要求包括地基是否存在软弱土等、结构连接、混凝土强度等级、箍筋是否加密这几个指标。

该指标为定性指标,量化标准如下:

(1)满足标准要求,且抗震措施有效。安全值0.80~1.00。

(2)基本满足标准要求,抗震措施存在缺陷但不影响总体安全。安全值0.6~0.8。

(3)基本不满足要求,抗震措施存在明显缺陷。安全值0.3~0.6。

(4)不满足要求,曾在地震中水闸受到破坏。安全值0~0.3。

4.渗流安全

根据《水闸安全评价导则》(SL 214—2015),水闸渗流安全复核包括水闸基底渗流稳定、侧向渗流稳定。除此之外,渗流安全还包括排水设施完好程度指标和其他渗流异常现象指标。

1)侧向渗流稳定

若有复核数据,该指标的判定方法与地基渗流稳定指标相同。

若有现状调查数据,该指标为定性指标,量化标准如下:

(1)满足标准要求,渗流无异常。安全值0.80~1.00。

(2)存在质量缺陷尚不影响总体安全,渗流无异常。安全值0.6~0.8。

(3)基本不满足要求,存在明显缺陷,渗流无异常或局部渗流异常。安全值0.3~0.6。

(4)不满足要求,基本不满足要求,存在明显缺陷,渗流出现严重异常。安全值0~0.3。

2)水闸地基渗流稳定

根据《水闸设计规范》(SL 265—2016),当闸基为土基时,水平段和出口段的渗流坡降应小于表6.0.4规定的允许值,当渗流出口处设滤层时,表6.0.4所列数值可加大30%。

采用水平段或出口段计算坡降值 J 作为评价指数,允许渗流坡降值的下限为 J_0,上限为 J_1。当安全值大于1.0时,取1.0。量化标准如下:

(1)$J < J_0$ 安全值 $0.8 + \dfrac{J_0 - J}{J_0 - 0.01} \times 0.2$。

(2)$J_0 \leq J < J_1$ 安全值 $0.6 + \dfrac{J_1 - J}{J_1 - J_0} \times 0.2$。

(3)$J_1 \leq J < 1.1 J_1$ 安全值 $0.3 + \dfrac{1.1 J_1 - J}{1.1 J_1 - J_0} \times 0.3$。

（4）$J \geqslant 1.1 J_1$ 安全值 $\dfrac{1.1 J_1}{J} \times 0.3$。

3）排水设施完好程度及渗流异常

该指标为定性指标，量化标准如下：

（1）满足标准要求，止水完好，排水孔完好。安全值 0.80~1.00。

（2）基本满足标准要求，设施存在质量缺陷尚不影响总体安全，渗流无异常。安全值 0.6~0.8。

（3）基本不满足要求，工程防渗和排水设施不完善存在明显缺陷，渗流无异常或局部渗流异常。安全值 0.3~0.6。

（4）不满足要求，工程防渗和排水设施不完善存在明显缺陷，渗流出现严重异常。安全值 0~0.3。

5. 工程质量

我国水闸大多建于 20 世纪 50~70 年代，服役期大多超过了 30 年，工程质量、材料老化破损方面是水闸病险的普遍现象。工程质量主要包括施工质量和现场检测两方面。施工质量指标主要通过设计资料获得；现场检测指标主要通过现状调查和现场检测资料获得。

1）施工质量

（1）工程施工质量较好或工程施工中存在质量缺陷但处理效果较好，运行中未发现质量问题，且现状性态满足运行要求。安全值 0.80~1.00。

（2）工程施工质量一般或工程施工中存在质量缺陷但处理效果一般，运行中发现某些质量缺陷，但不影响工程安全及运行要求。安全值 0.6~0.8。

（3）工程施工质量较差或工程施工中存在质量缺陷但处理效果较差，运行中发现质量问题，工程运行存在安全隐患的。安全值 0.3~0.6。

（4）工程施工质量较差或工程施工中存在质量缺陷但处理效果较差，运行中发现质量问题，工程运行存在重大安全隐患的。安全值 0~0.3。

2）现场检测

a. 混凝土质量

混凝土质量主要指混凝土结构的质量，包括闸室底板、闸墩、胸墙、闸门、挡土墙、工作桥、检修便桥、交通桥等。该指标数据主要通过现场检测和现状调查资料获得。由于水闸的混凝土结构很多，在现场检测时选取的测点也很多，可选取典型的测点位置代表水闸的整体工程质量。

b. 混凝土性能

混凝土的性能主要指强度、抗渗、抗冻性能等。混凝土强度的评定以现场检测数据 f_x 与《水工混凝土结构设计规范》规定的混凝土强度 f_c 之比 F 为评定指数，$F = f_x / f_c$。当安全值大于 1.0 时，取 1.0。量化标准如下：

（1）$F \geqslant 0.98$ 安全值 $0.8 + \dfrac{F - 0.98}{1.5 - 0.98} \times 0.2$。

（2）$0.85 \leqslant F < 0.98$ 安全值 $0.6 + \dfrac{F - 0.85}{0.98 - 0.85} \times 0.2$。

（3）$0.80 \leqslant F < 0.85$ 安全值 $0.3 + \dfrac{F - 0.80}{0.90 - 0.80} \times 0.3$。

（4）$F < 0.80$ 安全值 $\dfrac{F}{0.80} \times 0.3$。

c. 碳化深度

混凝土碳化程度以实测碳化深度 d 与保护层厚度 c 之比 C 作为评价指标。当安全值大于 1.0 时，取 1.0。量化标准如下：

（1）$C \leqslant 0.2$ 安全值 $0.8 + \dfrac{0.2 - C}{0.2 - 0} \times 0.2$。

（2）$0.2 \leqslant C < 0.6$ 安全值 $0.6 + \dfrac{0.6 - C}{0.6 - 0.2} \times 0.2$。

（3）$0.6 \leqslant C < 0.9$ 安全值 $0.3 + \dfrac{0.9 - C}{0.9 - 0.6} \times 0.3$。

（4）$C > 0.9$ 安全值 $\dfrac{0.9}{C} \times 0.3$。

d. 钢筋锈蚀程度

该指标为定性指标。当安全值大于 1.0 时，取 1.0。量化标准如下：

（1）符合规范要求。安全值 $0.80 \sim 1.00$。

（2）钢筋轻微锈蚀，但不影响整体安全。安全值 $0.6 \sim 0.8$。

（3）钢筋锈蚀较严重。安全值 $0.3 \sim 0.6$。

（4）钢筋锈蚀严重。安全值 $0 \sim 0.3$。

e. 裂缝及剥蚀情况

根据《水闸管理技术规程》(SL 75—94)、《危险房屋鉴定标准》(JGJ 125—99)确定裂缝及剥蚀状况。该指标为定性指标。当安全值大于 1.0 时，取 1.0。量化标准如下：

（1）外观完好或仅有收缩缝。安全值 $0.80 \sim 1.00$。

（2）表面分布有较细裂缝或出现局部剥落。安全值 $0.6 \sim 0.8$。

（3）表面出现中等程度裂缝或出现有小范围成片剥落。安全值 $0.3 \sim 0.6$。

（4）裂缝或剥蚀现象严重、钢筋外露。安全值 $0 \sim 0.3$。

f. 砌石质量

该指标为定性指标，当安全值大于 1.0 时，取 1.0。量化标准如下：

（1）胶结材料强度、砌体强度、砌体容重及空隙率、砌体密实性符合规范要求。安全值 $0.80 \sim 1.00$。

（2）胶结材料强度、砌体强度、砌体容重及空隙率、砌体密实性不符合规范要求，但不影响整体安全。安全值 $0.6 \sim 0.8$。

（3）胶结材料强度、砌体强度、砌体容重及空隙率、砌体密实性不符合规范要求，对整体安全产生影响。安全值 $0.3 \sim 0.6$。

（4）胶结材料强度、砌体强度、砌体容重及空隙率、砌体密实性不符合规范要求，砌石部位很不安全。安全值 $0 \sim 0.3$。

6. 闸门及电气设备

钢闸门及电气设备包括钢闸门、启闭机、电气设备三个指标。

1)闸门

钢闸门指标应根据现场检测资料,对闸门的应力、焊缝探伤资料、腐蚀、锈蚀程度、焊缝质量等进行评价。该指标为定性指标,当安全值大于1.0时,取1.0。

对于钢闸门,量化标准如下:

(1)外表涂层良好、用材规范、变形满足设计要求。安全值0.80~1.00。

(2)变形满足设计要求,涂层出现片状脱落、有斑状腐蚀,但不影响整体安全。安全值0.6~0.8。

(3)变形小范围超标,外表有大面积锈蚀,局部出现蚀坑,对整体安全产生影响。安全值0.3~0.6。

(4)外表锈蚀严重、局部断面明显减小,变形严重。安全值0~0.3。

对于混凝土闸门,量化标准如下:

(1)整体外观很好,混凝土抗压强度、碳化深度满足要求。安全值0.80~1.00。

(2)混凝土抗压强度、碳化深度满足要求。整体外观有瑕疵但不影响整体安全。安全值0.6~0.8。

(3)混凝土抗压强度、碳化深度不满足要求。门槽埋件锈蚀严重,止水有脱落现象,对整体安全产生影响。安全值0.3~0.6。

(4)混凝土抗压强度、碳化深度不满足要求。门槽埋件锈蚀严重,止水有脱落现象,闸门振动或漏水,无法运行。安全值0~0.3。

2)启闭机设备

该指标为定性指标,当安全值大于1.0时,取1.0。量化标准如下:

(1)启闭机(含开度和荷重显示设备)能正常工作,启闭力、扬程和速度的选取满足闸门运行要求,腐蚀轻微,安全检测满足有关规程规范要求。安全值0.80~1.00。

(2)启闭机(含开度和荷重显示设备)能正常工作,启闭力、扬程和速度的选取满足闸门运行要求,存在承重构件腐蚀导致截面削弱;启闭机振动或噪声偏大;双吊点不同步;启闭机零部件变形、锈蚀、磨损、裂纹、漏油(包括钢丝绳、活塞杆)等问题。安全值0.6~0.8。

(3)安全检测结论或计算分析的成果不满足有关规程规范要求;启闭设备容量不足;主要构件锈蚀、磨损、振动,导致有安全隐患。安全值0.3~0.6。

(4)完全不能使用,只能报废。安全值0~0.3。

3)电气设备

该指标为定性指标,当安全值大于1.0时,取1.0。量化标准如下:

(1)供电电源(含备用电源)、主要电气设备、控制系统、接地装置总体上技术状态完好,零部件齐全,虽存在一定缺陷,但不影响安全运行,可靠性及安全性符合国家现行标准要求;且主要电气设备中不得出现三类及以下的单位设备。安全值0.80~1.00。

(2)供电电源(含备用电源)、主要电气设备、控制系统、接地装置总体上技术状态一般,设备的主要部件有损坏,存在影响运行的缺陷或事故隐患,可靠性及安全性基本符合国家现行标准要求,经对设备进行大修或更换部分元器件后能保证安全运行;且主要电气设备中不得出现四类单位设备。安全值0.6~0.8。

（3）供电电源（含备用电源）、主要电气设备、控制系统、接地装置总体上技术状态差，设备严重损坏和老化，主要电气设备属于报废或淘汰产品且达不到三类设备标准，可靠性及安全性不符合国家现行标准要求。安全值 0.3 ~ 0.6。

（4）存在影响安全运行的重大缺陷或事故隐患，经大修或更换元器件也不能保证安全运行。安全值 0 ~ 0.3。

7. 运行管理

运行管理包括规章制度、组织人员、安全监测、辅助设施等。该指标为定性指标，当安全值大于 1.0 时，取 1.0。量化标准如下：

（1）监测设备稳定或完好，仪器观测精度满足设计或规范要求，制定相应的管理制度并明确执行，管理用房（含桥头堡启闭机房）满足使用要求，齐全完好等。安全值 0.80 ~ 1.00。

（2）检测设备正常工作的数量占总数的 90% 以上，规章制度、组织人员、安全监测、辅助设施满足规范要求。安全值 0.6 ~ 0.8。

（3）检测设备正常工作的数量占总数的 70% 以上，管理用房破旧。安全值 0.3 ~ 0.6。

（4）无安全监测设施，管理用房急需拆建等。安全值 0 ~ 0.3。

8. 评价指标的普适性

水闸安全指标量化的目的是将各指标划分为安全、较安全、较不安全、不安全四类安全值。对于上述定量指标安全值的普适性和科学性，可通过已经鉴定过的水闸安全评价数据对量化细节进行修正。对于定性指标的普适性和科学性，除上述量化细则外，还需组织专家确定安全值。

六、水闸安全评价指标赋权方法研究

要做出综合评价，需要全面考虑各个影响因素，用某种方法确定出不同影响因素的权重，从而给每个评价对象得出一个综合评价值，据此对评价对象做出一个优劣顺序。

在评价对象和评价因素确定的情况下，权重的分配不同，综合评价的结果也就不同，因此权重的确定对于综合评价的结果来讲是非常重要的。权重确定的方法即为层次分析法。

（一）层次分析法（AHP 法）

1. 基本思路

层次分析法基本思路为：首先将一个系统进行条例化、层次化，根据问题的性质将问题分解为不同的组成因素，并分解为不同的层次组合，从而构成一个具有递阶层次结构的分析模型。通过两两比较的判断方式确定层次中各个元素的相对重要性，然后综合决策者的判断，确定决策方案相对重要性的总排序。

2. 基本步骤

层次分析法的整个过程体现了人们处理问题由分解、判断到综合的决策思维过程的基本特征。应用层次分析法分析问题大致可以分为四个基本步骤，如图 6-5 所示。

本书选用常用的 1 ~ 9 标度法，如表 6-3 所示。

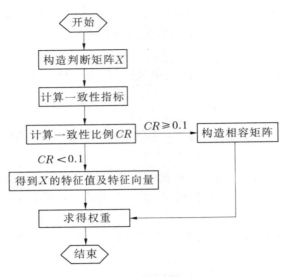

图 6-5　层次分析法步骤

表 6-3　标度法

序号	重要等级	重要性程度
1	i,j 两元素同等重要	1
2	i 比 j 元素稍重要	3
3	i 比 j 元素明显重要	5
4	i 比 j 元素强烈重要	7
5	i 比 j 元素极端重要	9
6	i 比 j 元素稍不重要	1/3
7	i 比 j 元素明显不重要	1/5
8	i 比 j 元素强烈不重要	1/7
9	i 比 j 元素极端不重要	1/9

（二）SQP 法

由于判别矩阵不满足一致性条件的情况在实际应用中客观存在、无法完全消除,所以修正不具有满意一致性的判别矩阵,是目前 AHP 理论研究的热点和难点。最原始的调整方法,就是通过专家去一一核查指标两两比较判别指标,去发现不合理的部分,凭借经验和技巧进行修正。这种方法费时费力,缺乏相应的科学依据。对此,国内外学者提出了下列几种方法:经验估计法、最优传递矩阵法、向量夹角余弦法、诱导矩阵法等。这些方法存在的主要问题是主观性强、修正标准对原判别矩阵而言不能保证最优,或只对判别矩阵的个别因素进行局部修正,并没有一个统一的修正模式。目前的权重确定方法有内点法、遗传算法、SQP 法等。本小节着重研究基于 SQP 法的水闸安全综合评价的赋权方法,其技术路线如图 6-6 所示。

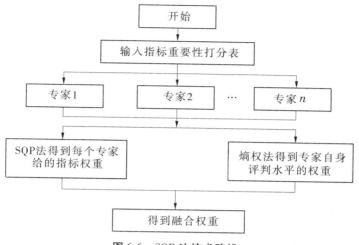

图 6-6　SQP 法技术路线

1. 基本原理

序列二次规划 SQP 算法基本思想是将一般的非线性规划问题,最早是由 Wilson 在 1963 年提出的,直到 20 世纪 70 年代中期才逐渐发展起来的。从数值效果和稳定性方面来讲,SQP 方法是目前求解约束优化问题的最有效的方法之一。

SQP 方法的基本思想是建立原问题(P)的近似二次规划子问题,形如:

$$\min \nabla f(x)^{\mathrm{T}} d + \frac{1}{2} d^{\mathrm{T}} H(x,\lambda) d$$

$$\text{s. t. } c_j(x) + \nabla c_j(x)^{\mathrm{T}} d \geqslant 0, j \in I \qquad (QP(x,H))$$

$$c_j(x) + \nabla c_j(x)^{\mathrm{T}} d = 0, j \in E$$

（6-1）

其中,$H(x,\lambda) := \nabla_{xx} L(x,\lambda)$ 是原问题(P)的 Langrange 函数的 Hesse 阵,求解该问题得到搜索方向 d,再通过某种步长规则得到合适的迭代步长,求出下一个迭代点,进入下一次迭代。

在二次规划问题(QP)求解过程中,Hesse 阵 $H(x,\lambda)$ 的不正定性影响了算法的稳定性,借鉴无约束化问题的拟 Newton 方法,用 $H(x,\lambda)$ 的近似阵代替,并用 BEGS 等公式校正。

2. 基本框架

SQP 法的基本框架如下:

（1）给定初始点 $x_0 \in R^n$,正定矩阵 B_0,令 $k = 0$。

（2）求解:

$$\min \quad \nabla f(x_k)^{\mathrm{T}} d + \frac{1}{2} d^{\mathrm{T}} B_k d$$

$$\text{s. t.} \quad c_j(x_k) + \nabla c_j(x_k)^{\mathrm{T}} d \geqslant 0, j \in I \qquad (QP(x_k,B_k))$$

$$c_j(x_k) + \nabla c_j(x_k)^{\mathrm{T}} d = 0, j \in E$$

（6-2）

得到 d_k。

（3）若 $d_k = 0$，算法终止，x_k 即为原问题（P）的 KKT 点，否则，根据某种步长规则确定步长 $\alpha_k \geq 0$，令 $x_{k+1} = x_k + \alpha_k d_k$。

（4）校正 B_k，得到正定矩阵 B_{k+1}，令 $k = k+1$，重复第二步。

在 SQP 法的每一步迭代中，需要求解一个二次规划子问题（$QP(x_k, B_k)$），但如果当前迭代点 x_k 不是原问题（P）的可行点时，则（$QP(x_k, B_k)$）的可行域为空集，无解。该算法引入罚函数 $\pi : R^n \times R \rightarrow R$。

$$\pi(x, \rho) := f(x) + \rho \psi(x) \tag{6-3}$$

其中，$\psi : R^n \rightarrow R$。

$$\psi(x) := \max\{0; -c_j(x), j \in I; |c_j(x)|, j \in E\} \tag{6-4}$$

显然，通过对 $\min\{\psi(x) \mid x \in R^n\}$ 的求解可得到原问题（P）的一个可行点，当 x_k 不可行时，需要寻找合适的搜索方向得到可行点。

$\pi(x, \rho)$ 及 $\psi(x)$ 的一阶估计分别为：

$$\begin{cases} \hat{\pi}(x, d, \rho) = f(x) + \nabla f(x)^T d + \rho \hat{\psi}(x, d) \\ \hat{\psi}(x, d) = \max\{0; -c_j(x) - \nabla c_j(x)^T d, j \in I; |c_j(x) + \nabla c_j(x)^T d|, j \in E\} \end{cases} \tag{6-5}$$

若 $\hat{\pi}(x, d, \rho) < \pi(x, \rho)$，则 d 是 $\pi(x, \rho)$ 的下降方向。令：

$$\theta(x, d, p) = \hat{\pi}(x, d, \rho) - \pi(x, \rho) = \nabla f(x)^T d + \rho(\hat{\psi}(x, d) - \psi(x)) \tag{6-6}$$

由此，当（$QP(x_k, B_k)$）无解时，求解如下子问题及可得到 $\pi(x, \rho)$ 的一个下降方向。ζ 为给定的一个正常数。

$$\hat{\theta}(x, \rho) = \min_d \left\{ \frac{\zeta}{2} \| d \|^2 + \theta(x, d, p) \right\} \tag{6-7}$$

（三）检验判断矩阵一致性的 SQP - AHP

层次分析法中各层次要素的权重确定，就是要确定同一层次各要素对上一层次某要素的相对重要性的排序权重值，并检验判断矩阵的一致性。判断矩阵的一致性检验的问题可归结为一种非线性优化问题，用 SQP 法检验判断一致性并同时计算排序权值的方法称之为 SQP 层次分析法（SQP - AHP）。具体操作方法如下：

设 B 层各要素的单排序权重值为 $w_k(k = 1 \sim m)$，该权重值满足：

$$w_k > 0 \qquad \sum_{k=1}^m w_k = 1 \tag{6-8}$$

根据一次性矩阵的定义，理论上有：

$$b_{ij} = w_i / w_j \quad (i, j = 1, 2, \cdots, m) \tag{6-9}$$

若此判断矩阵具有完全一致性，则有：

$$\sum_{k=1}^m c_{ik} w_k = \sum_{k=1}^m (w_i / w_k) w_k = m w_i \quad (i = 1, 2, \cdots, m) \tag{6-10}$$

$$\frac{1}{m} \sum_{i=1}^m \left| \sum_{k=1}^m c_{ik} w_k - n w_i \right| = 0 \tag{6-11}$$

判断矩阵的一致性程度主要取决于对系统各要素的认识程度,对各要素重要性认识得越清楚,一致性程度就越高。上述绝对值等式左端的值越小,则判断矩阵的一致性程度就越高,当该等式成立时,该矩阵具有完全的一致性。对于一般情况下该等式不可能完全成立,定义等式左项为 CIF 函数,变量为各指标权重系数。当 CIF 函数值足够小,$CIF < 0.1$,可认为此判断矩阵满足一致性要求。此时,可通过 SQP 法求解某个判断矩阵的权重系数可转化为以下非线性约束优化问题:

$$\min CIF(w) = \frac{1}{n} \sum_{i=1}^{m} \left| \sum_{j=1}^{m} (c_{ij} w_j) - m w_i \right|$$

$$s.t. \quad w_i > 0, i = 1, 2, \cdots, m, \sum_{i=1}^{m} w_i = 1 \qquad (6-12)$$

MATLAB 中的 SQP 工具箱可实现该算法在一致性检验中的应用。

(四)SQP - AHP 优越性分析

如前所述,目前判断矩阵权值计算的常用方法有特征向量法、最小二乘法、几何平均法、算数平均法等。特征向量法是目前最常用的方法,它把判断矩阵的最大特征根对应的归一化特征向量作为权值,该方法在权重计算时将权重计算和判断矩阵的一致性检验是分开的,判断矩阵一旦确定权值和一致性指标就确定无法改善。最小二乘法无此缺陷,但在权重计算过程中权重系数会出现在分母,对计算的精度带来误差,计算结果不稳定。

SQP - AHP 法直接根据判断矩阵的定义导出一致性指标函数,可解决权值计算与一致性检验独立的问题,且计算结果稳定,一致性好。

现用 SQP 法、最小二乘法、特征向量法这三种方法对如下 2 个判断矩阵的权重计算比较:

$$A_1 = \begin{bmatrix} 1 & 1 & 3 & 5 & 7 \\ 1 & 1 & 3 & 5 & 7 \\ 1/3 & 1/3 & 1 & 3 & 5 \\ 1/5 & 1/5 & 1/3 & 1 & 3 \\ 1/7 & 1/7 & 1/5 & 1/3 & 1 \end{bmatrix} \quad A_2 = \begin{bmatrix} 1 & 3 & 3 & 9 & 9 & 9 \\ 1/3 & 1 & 1 & 3 & 5 & 7 \\ 1/3 & 1 & 1 & 3 & 5 & 7 \\ 1/9 & 1/3 & 1/3 & 1 & 3 & 5 \\ 1/9 & 1/5 & 1/5 & 1/3 & 1 & 3 \\ 1/9 & 1/7 & 1/7 & 1/5 & 1/3 & 1 \end{bmatrix}$$

特征向量法、最小二乘法、SQP 法权重计算结果对比如表6-4所示。

(五)基于 SQP 算法的主客观组合赋权法

由于水闸工程的特殊性和复杂性,往往需要多个专家去确定判断矩阵,来保证指标权重的科学性、准确性。然而各个专家因自身专业能力、自身偏好等,对决策问题的判断可能产生分歧,因此需要将专家的评判水平反映于评价过程中去。基于专家自身权重的熵模型,可以用熵表示专家结果的不确定性和各专家与理想专家的水平差异,得到各专家对评价指标权重确定的贡献度,该方法称为熵权法。上节的 SQP - AHP 法为基于 1 ~ 9 标度的主观赋权法,本节将熵权法和 SQP - AHP 法相结合,得到一种主客观组合赋权法。

1. 基于 SQP 法的主客观组合赋权法

记 $S_1, S_2, \cdots, S_m$ 个专家,判断 n 个评价指标 $B_1, B_2, \cdots, B_n$ 的权值排序,构成判断矩阵组 G,x_{ij} 是第 i 个专家对第 j 个目标的重要性判断值。向量 $x_i = (x_{i1}, x_{i2}, \cdots, x_{in})^T \in E^n$ 为第

i 个专家给出的权值排序。

表 6-4 计算结果对比

计算方法	判断矩阵	权重						CIF 值
		w_1	w_2	w_3	w_4	w_5	w_6	
特征向量法	A_1	0.362 1	0.362 1	0.160 7	0.076 2	0.038 9		0.049 9
最小二乘法	A_1	0.373 3	0.373 3	0.135 4	0.071 6	0.046 4		0.058 2
SQP 法	A_1	0.365 2	0.365 2	0.160 0	0.075 4	0.034 1		0.005 0
特征向量法	A_2	0.471 9	0.187 7	0.187 7	0.082 8	0.044 0	0.025 9	0.049 8
最小二乘法	A_2	0.492 4	0.183 4	0.183 4	0.058 9	0.046 8	0.035 1	0.087 8
SQP 法	A_2	0.481 9	0.187 7	0.187 7	0.080 6	0.042 7	0.019 3	0.006 9

专家 S_i 对评价指标 $B_1, B_2, \cdots, B_n$ 做的重要性判断水平可由 E_i 表示:

$$e_{ik} = 1 - |x_{ik} - \bar{x}_{ik}|/\max x_{ik} \quad i = 1,2,\cdots,m; k = 1,2,\cdots,j \quad (6-13)$$

$$E_i = (e_{i1}, e_{i2}, \cdots, e_{in}) \quad (6-14)$$

至此可建立如下基于专家自身权重的熵模型:

$$H_i = \sum_{j=1}^{n} h_{ij} \quad (6-15)$$

其中: $h_{ij} = \begin{cases} -e_{ij}\ln e_{ij}, 1/e \leqslant e_{ij} \leqslant 1 \\ 2/e - e_{ij}|e_{ij}|, 0 < e_{ij} < 1/e \end{cases} \quad i = 1,2,\cdots,m; j = 1,2,\cdots,n$

熵值 H_i 的大小表示了不确定性的程度,熵值越大的专家给出的权重判断矩阵可信度越低,反之亦然。可采用 c_i 表示各评价指标中专家对应的权重:

$$c_i = \frac{1/H_i}{\sum 1/H_i} \quad i = 1,2,\cdots,m \quad (6-16)$$

c_i 值越大,专家 S_i 的意见在指标权重中占的比例越大。

2. 主客观加权融合权重

为了得到真实有效的评价指标权重,需要对指标主观权重和专家自身权重进行融合。具体融合过程如下:

设 n 个评价指标, m 个专家。

(1)由 SQP – AHP 法得到第 j 个专家给出的主观权重向量:

$$W'_j = [w'_{j1}, w'_{j2}, \cdots, w'_{jn}]^T \quad (6-17)$$

(2)由熵权法得到专家的自身权重向量:

$$S = [S_1, S_2, \cdots, S_m]^T \quad (6-18)$$

(3)将第一步得到的主观权重和第二步得到的专家自身权重进行组合,得到指标的融合权重:

$$W = \sum_{j=1}^{m} w'_j \times S_j \quad j = 1, 2, \cdots, m \tag{6-19}$$

七、水闸安全综合评价方法研究

水闸工程安全综合评估是一个多层次、多项目的复杂递归分析问题,对水闸工程安全状况的综合评估不仅要对单个项目的安全状况进行分析,而且还要对不同项目的安全状况采用一定的评估方法进行综合分析。多指标多层次综合评价法是对多种因素影响的事物做出全面评价的一种十分有效的有因素评价方法。

(一)水闸多指标多层次评估(模糊综合评价法)

水闸安全评估要考虑的因素很多,每个因素又包含多个层次,建立的安全评估层次结构可能是三级或以上的层次结构。解决这种多层次的水闸安全评估方法是,首先对最低层次的各个指标进行模糊评估,然后不断地对上一层次的各指标进行模糊评估,直到得出水闸的安全评估结果。

设第一层指标集为 $U = \{u_1, u_2, \cdots, u_n\}$;再细划分其中的 $u_i(i = 1, 2, \cdots, n)$,得第二层指标集为 $U_i = \{u_{i1}, u_{i2}, \cdots, u_{im}\}$;再细划分其中的 $u_{ij}(i = 1, 2, \cdots, n; j = 1, 2, \cdots, m)$,得第三层指标集为 $U_{ij} = \{u_{ij1}, u_{ij2}, \cdots, u_{ijl}\}$,依次再细化,直至最底层指标。

设水闸按第 i 个指标下属的第 j 个指标 u_{ij} 评估,评估对象隶属于评估集中第 k 个元素的隶属度为 $r_{ijk}(i = 1, 2, \cdots, n; j = 1, 2, \cdots, m; k = 1, 2, \cdots, p)$。

设水闸安全模糊评估中,对第 i 类指标进行安全评估时,对评估集中第 k 个元素的隶属度为 b_{ik};设水闸二级模糊评估中,对二级各指标评估时,对评估集中第 k 个元素的隶属度为 b_k。

依据模糊理论,安全评估的第 i 个指标的评估集为:

$$B_i = A_i \cdot R_i = A_i \cdot \begin{bmatrix} r_{i11} & r_{i12} & \cdots & r_{i1p} \\ r_{i21} & r_{i22} & \cdots & r_{i2p} \\ \vdots & \vdots & & \vdots \\ r_{im1} & r_{im2} & \cdots & r_{imp} \end{bmatrix} = (b_{i1}, b_{i2}, \cdots, b_{ip}) \tag{6-20}$$

式中:B_i 为底层第 i 个指标的模糊安全评估集;R_i 为模糊安全评估的单指标评估矩阵;A_i 为底层第 i 个指标的权重集,具体为:

$$A_i = (\omega_{i1}, \omega_{i2}, \cdots, \omega_{im}) \tag{6-21}$$

进一步考虑各指标的综合影响,向上一层综合,即可得到二级安全评估的评估集,即为:

$$B = A \cdot R = A \cdot \begin{bmatrix} A_1 \cdot R_1 \\ A_2 \cdot R_2 \\ \vdots \\ A_n \cdot R_n \end{bmatrix} = (b_1, b_2, \cdots, b_p) \tag{6-22}$$

式中:B 为二级模糊安全评估集;A 为水闸二级模糊安全评估指标的权重集,满足:

$$A = (\omega_1, \omega_2, \cdots, \omega_n) \tag{6-23}$$

$\underset{\sim}{R}$ 为二级模糊安全评估的评估矩阵,具体为:

$$\underset{\sim}{R} = \begin{bmatrix} \underset{\sim}{B_1} \\ \underset{\sim}{B_2} \\ \vdots \\ \underset{\sim}{B_m} \end{bmatrix} = \begin{bmatrix} \underset{\sim}{A_1} \cdot \underset{\sim}{R_1} \\ \underset{\sim}{A_2} \cdot \underset{\sim}{R_2} \\ \vdots \\ \underset{\sim}{A_n} \cdot \underset{\sim}{R_n} \end{bmatrix} = \begin{bmatrix} r_{ij} \end{bmatrix}_{n \times p} \tag{6-24}$$

其中, $r_{ik} = b_{ik}, i = 1, 2, \cdots, n; k = 1, 2, \cdots, p$。

三级安全评估的评估模型示意如下:

$$\underset{\sim}{B'} = \underset{\sim}{A'} \cdot \underset{\sim}{R'} = \underset{\sim}{A'} \cdot \begin{bmatrix} \underset{\sim}{A_1} \cdot \begin{bmatrix} \underset{\sim}{A_{11}} \cdot \underset{\sim}{R_{11}} \\ \underset{\sim}{A_{12}} \cdot \underset{\sim}{R_{12}} \\ \vdots \\ \underset{\sim}{A_{1m}} \cdot \underset{\sim}{R_{1m}} \end{bmatrix} \\ \underset{\sim}{A_2} \cdot \begin{bmatrix} \underset{\sim}{A_{21}} \cdot \underset{\sim}{R_{21}} \\ \underset{\sim}{A_{22}} \cdot \underset{\sim}{R_{22}} \\ \vdots \\ \underset{\sim}{A_{2m}} \cdot \underset{\sim}{R_{2m}} \end{bmatrix} \\ \vdots \\ \underset{\sim}{A_n} \cdot \begin{bmatrix} \underset{\sim}{A_{n1}} \cdot \underset{\sim}{R_{n1}} \\ \underset{\sim}{A_{n2}} \cdot \underset{\sim}{R_{n2}} \\ \vdots \\ \underset{\sim}{A_{nm}} \cdot \underset{\sim}{R_{nm}} \end{bmatrix} \end{bmatrix} \tag{6-25}$$

式中:$\underset{\sim}{B'}$ 为三级模糊安全评估集;$\underset{\sim}{A'}$ 为三级模糊安全评估指标的权重集;$\underset{\sim}{R'}$ 为三级模糊评估的评估矩阵,由二级模糊安全评估的评估矩阵综合而成,三级以上模糊综合评判数学模型依次类推。

(二)技术路线

本课题提出两套水闸安全类别划分方案(见图6-7)。方案一:考虑变权分项总和法(精确定量分析);方案二:考虑权重隶属度函数法(基于数据支撑的定性分析)。本章研究的两套模糊综合评价模型是基于 SQP – AHP 和熵权法计算指标权重的基础上对水闸进行模糊综合评价的过程。

(三)方案一:考虑变权分项总和法(精确定量分析)

在常规的综合评估模型中,各个层次的权重都是固定的,不会随着各因素评估指标的评估值的变化而变化。然而,许多复杂系统的安全状况是随着时间的推移而不断变化的动态过程。在动态过程中,随着各个评估指标状况本身的变化及其他影响状况的改变,这必将使得各个评估指标对水工建筑物的安全状态的影响程度发生一定的改变,因而各个

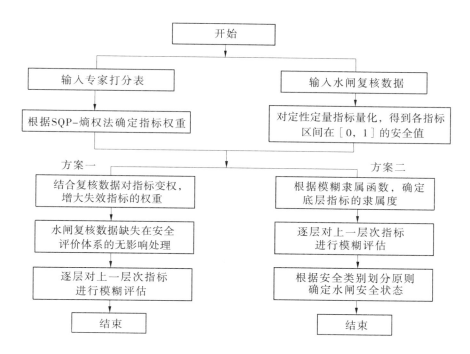

图 6-7　两套水闸安全类别划分方案技术路线图

评估指标间权重的分配也将不断变化,是个动态过程。水闸工程是由一系列既相互联系又相互独立工作的设施部件组成的综合体,其安全状态的恶化经常是从某局部地方开始而最终导致整个工程的失事,安全状况的恶化则经常可以被部分指标所反映,在此情况下,假如按常规的权重确定方法,极有可能掩盖水闸的真实安全状况。

因此,为了保证评估结果的合理性,在水闸工程安全综合评估中,由于存在状态发展的不均衡性,这就需要动态地增大或减小某指标的权重,这就是变权的基本原理。

1. 变权法理论

设某系统的某一评估目标共有 $A_1, A_2, \cdots, A_n$ 共 n 个评估指标,对应的评估指标评估值为 $u_1, u_2, \cdots, u_n$,且都是无量纲或具有相同单位的统一有界闭区间,即 $u_1 \in [0, u_m]$,u_m 一般是 1、10 或 100,并约定 u_i 越大表示评估指标 A_i 越好。$u_i = 0$ 表示评估指标 A_i 已失效。记 A_i 相对于评估目标而言的经过变权处理后的总体权重为:

$$w_i = w_i(u_1, u_2, \cdots, u_n) \quad i = 1, 2, \cdots, n \tag{6-26}$$

即 A_i 权重依赖于各评估指标的评估值,$w_i \in [0, 1]$,$\sum_{i=1}^{n} w_i = 1$。并约定:

（1）$w_{mi} = w_i(u_m, u_m, \cdots, u_m)$,$i = 1, 2, \cdots, n$,$w_{mi} \in [0, 1]$,$\sum_{i=1}^{n} w_i = 1$,$w_{mi}$ 称为基础权重,也就是总体功能完善时 A_i 所占的权重,通过层次分析法得到的权重。

（2）$w_{0i} = w_i(u_m, u_m, \cdots, 0, u_m, \cdots, u_m)$,$i = 1, 2, \cdots, n$,$w_{0i} \in [0, 1]$ 表示 A_i 功能丧失时,但其他功能还较为完善时 A_i 所占的权重,可以由专家给出。在专家不容易评定且 $n \geqslant 3$ 时,w_{0i} 的表达式可取:

$$w_{0i} = \frac{w_{mi}}{\min\limits_{1 \le j \le n} w_{mj} + \max\limits_{1 \le j \le n} w_{mj}} \qquad i = 1, 2, \cdots, n \qquad (6\text{-}27)$$

为了便于得到 $w_i = w_i(u_1, u_2, \cdots, u_n)$，引入函数 $\lambda_i(u)$ $(i = 1, 2, \cdots, n)$，并满足：① $\lambda_i \in (0, u_m]$；② $\lambda_i(u)$ 上 $(0, u_m]$ 是不增函数；③ 记 $\lambda_i(0) = \lambda_{0i}$、$\lambda_i(u_m) = \lambda_{mi}$ 分别为 $\lambda_i(u)$ 在 $(0, u_m]$ 上的最大值与最小值。

对于给定的一组单指标评估值 $u_1, u_2, \cdots, u_n$，若已找到了 $\lambda_t(u)$，则变权数为：

$$w_i(u_1, u_2, \cdots, u_n) = \frac{\lambda_i(u_i)}{\sum\limits_{j=1}^{n} \lambda_j(u_j)} \qquad i = 1, 2, \cdots, n \qquad (6\text{-}28)$$

对于给出基础权重 w_{mi} 和 w_{0i} 的评估体系可通过下列公式计算 $\lambda_i(u)$：

$$\lambda_i(u) = \frac{\lambda_{\cdot i}^{*} \lambda_{0i}}{\lambda^{*} \exp\left(\frac{1}{1-k_i}\left(\frac{u}{u_m}\right)^{1-k_i}\right)} \qquad i = 1, 2, \cdots, n \qquad (6\text{-}29)$$

其中：

$$\lambda_{0i} = \frac{w_{0i} \sum\limits_{j \ne i} w_{mj}}{1 - w_{0i}} \qquad i = 1, 2, \cdots, n$$

$$\lambda^{*} = \sum\limits_{i=1}^{n} \lambda_{0j}$$

$$\lambda_{\cdot i}^{*} = \sum\limits_{j \ne i} \lambda_{0j} \qquad i = 1, 2, \cdots, n$$

$$k_i = 1 - \frac{1}{\ln \dfrac{\lambda_{0i}(\lambda_{\cdot i}^{*} + w_{mi})}{\lambda^{*} w_{mi}}}$$

2. 水闸复核数据缺失的无影响处理方法

目前在水闸安全评价过程中,底层评价指标主要通过参考、归纳水闸现状调查、现场检测、复核计算的基本数据获取,但鉴于水闸系统的复杂性,个体情况差异巨大,《水闸安全评价导则》(SL 214—2015)没能明确给出所有底层指标的统计要求,这就有可能造成在水闸评价过程中某些底层评价指标处于缺失状态,导致水闸评价的数学模型无法正常运行。

处理这种问题可以有多种数学方法,如归零对应权重系数、最劣化考虑或最优化考虑缺失的底层指标等,但在应用过程中发现诸多问题,如最劣化处理会使模型计算总得分降低,在判断病险类别时会出现评价安全等级较低的可能性;反之,最优化处理会使评价对象的安全等级偏高,而忽略不明确或无资料底层指标(归零对应权重系数)会使最终评价结论不确定性增加,故选择合理的数学方法处理不明确或缺失的底层指标是保证数学评价模型客观性的前提。

本研究中创新性地提出了依据最终评价得分构造底层平衡评价指标的方式来解决这一问题,在实际评价应用中得到了较为理想的评价结论,具体步骤如图6-8所示。

采用该处理方法可以将通用指标体系中的底层未知指标赋值,并通过合适的迭代算法将其与体系的最终综合安全得分无限逼近,从数学角度来看;可以使不确定因素影响最

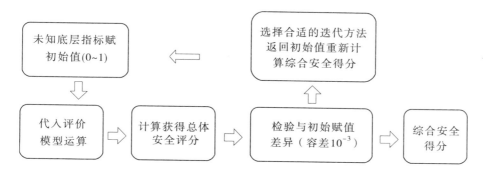

图 6-8 方案一无数据处理流程图

小化。经过在示范工程中的实践,并将评价结论与其他常用评价方法进行对比,发现该方法计算结论是较为客观的。

3. 水闸安全类别划分原则

采用该评价方法可以精确得到水闸综合安全评分,虽然此分值可以线性地显示水闸的整体安全程度,但获得该水闸所属的病险类别还需对此分值结合客观的评价标准进行进一步评估。

通常情况下评价标准在本方案中可以借鉴"方案二"所介绍的隶属度函数法,也可直接专家赋值,或根据大数据统计结果赋值;但目前暂定的评价标准以区间方式可表示为 $[1,0.7,0.4,0]$(见表6-5),分别对应于《水闸安全评价导则》(SL 214—2015)中所定义的一类、二类、三类、四类病险闸。

表6-5　水闸安全各评价等级标准

评价等级	评价等级标准值
安全 V_1	1.00
较安全 V_2	0.70
较不安全 V_3	0.40
不安全 V_4	0.00

(四)方案二:隶属度函数确定方法研究

1. 隶属度理论

隶属度是刻画模糊集合中每一个因素对评价集合的隶属程度,一般表示隶属函数的形式。之前已经将评价指标量化,下面将根据水闸安全各评价等级标准确定隶属函数。

当第 i 个指标值 u_i 介于其对应的第 j 级和第 $j+1$ 级评价等级标准值 V_j 与 V_{j+1} 之间时,它对第 j 级评价等级的隶属度为:

$$r_{ij} = \frac{V_j - x_i}{V_j - V_{j+1}} \qquad (6\text{-}30)$$

对第 $j+1$ 级评价等级的隶属度为:

$$r_{i(j+1)} = 1 - r_{ij} \qquad j = 1,2,3 \qquad (6\text{-}31)$$

对其他级别的隶属度均为0。

2.水闸安全类别划分

1)隶属度函数水闸安全类别划分细则

根据现行规范《水闸安全评价导则》(SL 214—2015)给出的水闸安全类别划分如下：

一类闸：运用指标能达到设计标准,无影响正常运行的缺陷,按常规维修养护即可保证正常运行。

二类闸：运用指标基本达到设计标准,工程存在一定损坏,经大修后,可达到正常运行。

三类闸：运用指标达不到设计标准,工程存在严重损坏,经除险加固,才能达到正常运行。

四类闸：运用指标无法达到设计标准,工程有严重安全问题,需降低标准运用或报废重建。

可以看出,一类闸的评判标准没有较不安全和不安全因素,且能正常运行,在水闸综合隶属度上可以体现为：较不安全和不安全因素的可能性为0,即水闸在各项指标加权计算后处于较不安全和不安全状态的可能性为0;二类闸的评判标准是,工程虽然存在一定损坏,但是经大修之后能够达到正常运行,在本课题的水闸综合隶属度上可以体现为：较不安全和不安全因素的可能性小于0.15,即水闸在各项指标加权计算后处于较不安全和不安全状态的可能性小于15%;三类闸的评判标准是,工程存在严重损坏,经除险加固,才能达到正常运行。在隶属度上可以体现为：较不安全和不安全因素的可能性大于0.15,即15%,即水闸在各项指标加权计算后处于较不安全和不安全状态的可能性大于等于15%;四类闸的评判标准是,工程有严重安全问题,需降低标准运用或报废重建。可以解读为四类闸的不安全因素很高。在隶属度上可以体现为：不安全因素的可能性大于0.15,即水闸在各项指标加权计算后处于安全状态的可能性大于等于15%。

2)水闸安全类别划分步骤

对于示范水闸在通过模糊综合评价计算后,得到的综合隶属度为[A,B,C,D]:(A + B + C + D = 1)(见表6-6、图6-9)。

表6-6　水闸安全各评价等级标准

水闸综合评价	评价等级	安全	较安全	较不安全	不安全
	隶属度	A	B	C	D

3)评价模型的普适性

对于上述水闸安全类别确定方法的普适性和科学性,可通过已经鉴定过的水闸安全评价数据对量化细节进行修正,见图6-10。

例如：三四类水闸的区分标准：不安全因素的可能性是否大于0.15,即D > 0.15。可通过已经鉴定过的三类水闸、四类水闸对D > 0.15这个划分值进行修正。

二三类水闸的区分标准：较不安全因素和不安全因素的可能性是否大于0.15,即C + D > 0.3.可通过已经鉴定过的二类水闸、三类水闸对C + D > 0.15这个划分值进行修正。

八、评价体系软件开发与应用

本小节基于隶属度函数确定方法,在指标体系、赋权方法以及评价方法等已有成果的

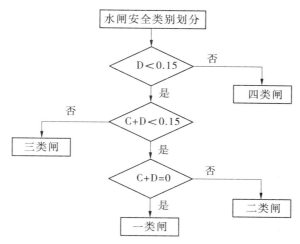

图 6-9　方案二水闸安全类别划分步骤

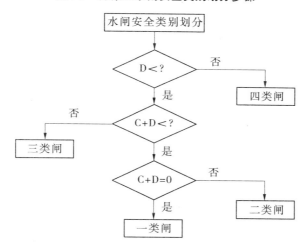

图 6-10　方案二水闸安全类别划分步骤普适性研究

基础之上,开发了水闸工程安全综合评价系统,旨在对水闸工程的安全程度进行科学而合理的评价,为水闸管理单位开展安全鉴定提供参考依据。

（一）程序功能介绍

程序的功能主要包括输入数据与计算两部分。输入的数据主要包括各指标的复核数据和各层次指标的专家打分表,计算包括指标的安全值计算、指标的权重计算、专家自身的权重计算、主客观权重的加权融合、指标隶属度计算、变权计算等。通过 vb. net 语言开发人机友好的界面,可以方便地输入各种数据,同时计算结果也即时输出在界面的文本框内。操作过程中可随意修改输入的数据,选择指标安全值的计算方式,指定参与计算的指标,设定专家的人数。考虑到很多水闸的复核数据存在部分缺失的情况,对此类指标可选择参照赋值标准主观赋值,也可选择在计算过程中不考虑这些指标。对于指标安全值计算中某一工况或某一计算项数据缺失的情况,则依据剩余工况及计算项的数据计算,取计算结果的较小值。

在利用专家打分表计算指标权重时,使用的 SQP 法需调用 Matlab 中的工具箱,通过 Matlab 生成的动态链接库文件实现此调用。两者间的数据传递通过文本文件来传递,以保证数据传递的稳定,不受软件的版本、操作系统的类型等因数的影响。

整个操作流程存在两个方向,一个方向是由下层指标逐层向上计算,另一个方向是同一个指标由初步的复核数据计算得到安全值、权重、隶属度等数据。这两个方向存在一定的联系,应用程序时可灵活选择计算顺序。程序的左界面是指标的树状图,可以通过命令按钮便捷地显示指标当前的计算进度,以不同的背景颜色显示不同的情况。通过此项功能可方便地查询需要补充的复核数据、未完成的计算步骤。总体来说,整个程序操作简单灵活、稳定便捷。

(二)程序运行流程图

程序运行流程图如图 6-11 所示。

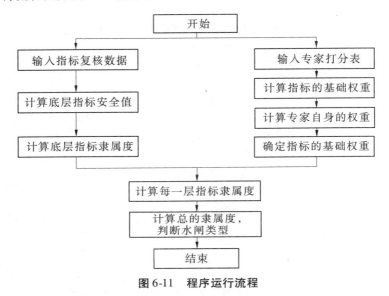

图 6-11　程序运行流程

(三)输入界面

程序的主界面如图 6-12 所示。

输入包括两方面,一个是指标复核数据的输入,另一个是专家打分表的输入。数据的输入在文本框中进行,配合选择框、命令按钮等完成操作。图 6-13、图 6-14 为指标复核数据及专家打分表的输入界面。

(四)开发方式及代码

程序的开发方式为混合编程,界面及简单的计算使用 vb. net 语言编写代码,开发环境为 Visual Studio,而指标权重计算中涉及的 SQP 法则利用 Matlab 中的工具箱进行计算。在 Matlab 中编写好相应的函数,在 vb. net 中进行调用,使用动态链接库文件连接两种语言。

代码主要分为两部分,主要是界面及运算控制代码,其次是公共函数和公共参数代码。前者放在窗体文件中,后者放在公共模块中。部分代码见图 6-15。

(五)输出结果

程序的计算从底层指标开始,逐层向上计算。每一指标又分为多个计算步骤,每一步

图 6-12　程序的总体界面

计算安全值方式

○ 计算取值　　　　　　　　○ 直接赋值　　　　　　　　○ 无此项资料

计算取值

实际防洪水位：　[　　　　　]　m

防洪堤标准水位：[　　　　　]　m

安全值：[　　　　]　[计算]

直接赋值

安全值：[　　　　]　[确定]

当前指标的安全值为：[　　　　　]　[清除当前值]

图 6-13　指标复核数据的输入界面

一级指标	防洪能力	结构安全	渗流安全	工程质量	机电设备	运行管理	权重值
防洪能力	1						
结构安全		1					
渗流安全			1				
工程质量				1			
机电设备					1		
运行管理						1	

[输入完毕]　[清除输入]　[计算权重]　[结束]

图 6-14　专家打分表的输入界面

```
0 个引用
Private Sub RadioButtons2320r2_CheckedChanged(sender As Object, e As EventArgs) Handles RadioButtons2320r2.
    GroupBoxs2320g2.Enabled = False
    Call textclear(GroupBoxs2320g2, GroupBoxs2320g3)
    zhibiaojz(19).cyjs = False
    Form5.Hide()
End Sub

0 个引用
Private Sub Buttons2320b1_Click(sender As Object, e As EventArgs) Handles Buttons2320b1.Click
    If Not textboxcheck3(TextBoxs2320t1.Text) Then
        TextBoxs2320t1.Clear()
        Exit Sub
    End If
    zhibiaojz(19).anquanzhi = CType(TextBoxs2320t1.Text, Double)
    TextBoxs2320t2.Text = Math.Round((zhibiaojz(19).anquanzhi), 4).ToString
End Sub

0 个引用
Private Sub Buttons2320b2_Click(sender As Object, e As EventArgs) Handles Buttons2320b2.Click
    '使用environment.newline可以转入下一行，可以避免跨平台的bug。 空格使用3个比较合适。
    Form5.RichTextBoxfzbz.Text = "该指标为定性指标，量化标准如下：" + Environment.NewLine + "a、未产生明显(
    "b、稍微倾斜，但未明显影响工程使用或造成危害。" + Environment.NewLine + "   " + "安全值：0.6~0.8" + Er
    Environment.NewLine + "d、产生明显倾斜，影响工程使用或造成危害评分。" + Environment.NewLine + "   " + "

    Form5.Show()
End Sub
0 个引用
```

图 6-15 部分代码示例

骤的计算结果显示在当前界面的文本框内，包括指标安全值、指标权重值、专家权重值、融合后的指标权重、变权后的指标权重、指标的隶属度等。计算的最终结果为水闸的最终安全值。计算过程需遵循一定的顺序，后一个数值的计算需要前一个数据的计算结果。逐步计算，得到水闸的最终评价结论。

九、张菜园典型工程示范应用

（一）工程概况

张菜园引黄闸是人民胜利渠穿堤引黄涵闸，位于武陟县张菜园村西南，黄河北岸大堤桩号 86 +620 处。该闸于 1975 年 3 月开工兴建，于 1977 年 10 月竣工，主要向人民胜利渠灌区供水，年均引水量 6.0 亿 m^3，灌溉面积达 60 余万亩，补源面积 30 余万亩，增产效益显著，对焦作、新乡两市的农业生产发挥了巨大的推动作用，同时兼顾城市居民生活用水和工业用水，社会经济效益显著。

该闸按 1 级建筑物设计，为 5 孔钢筋混凝土箱涵式水闸。每孔净高 3.6 m、净宽 3.4 m；建筑物总长为 171.0 m，其中涵洞和闸室共长 96.0 m。闸前有 15.0 m 长浆砌石铺盖和 15.0 m 长混凝土铺盖，闸下游设 20.0 m 长消力池和 25.0 m 长海漫。闸墩上设钢筋混凝土机架桥，上游翼墙为圆形连拱空箱挡土墙，下游翼墙为浆砌石扭曲面挡土墙；设钢筋混凝土梁板式平板闸门，2 ×25 t 移动式启闭机。

该闸设计流量 100 m^3/s（相应闸前渠道水深 2.65 m，闸前水位 90.87 m（黄海高程，下同），闸后水位 90.42 m），加大流量 130 m^3/s；设计防洪水位 99.00 m，校核防洪水位 100.00 m。闸底板高程 88.22 m，地震设计烈度为 7 度。

该闸由新乡革命委员会人民胜利渠张菜园闸施工指挥部组织设计及施工。该闸建成后，原由武陟县第一黄河修防段管理，1982 年由张菜园引黄闸管理段（现为张菜园引黄闸管理处）管理运用。目前，该闸主要存在以下几方面的问题：

（1）上下游连接段工程。

上游浆砌石铺盖段，砌石结构部分有损坏；闸前混凝土铺盖段，左右侧混凝土表层存在剥蚀现象;孔四闸前混凝土铺盖段沿水流方向有裂缝;消力池斜坡段有 2 条裂缝,消力池水平段存在 3 条裂缝。

（2）混凝土结构。

孔四闸室底板存在裂缝,缝长 8.85 m,距左侧底部八字角 70.00 cm;胸墙外侧面存在多处裂缝;闸门吊架侧吊耳摩擦闸门槽,造成闸门启闭困难。

（3）金属结构。

闸门两侧导向轮只有一侧紧贴轨道行走,两边孔最为严重;门槽埋件有锈蚀现象;启闭机使用年限超过折旧年限;电气控制系统及设备陈旧老化、技术落后;电动机属淘汰型号。

（4）观测设施。

测压管共 12 个,其中 8 个可正常使用;50 个沉降观测点均可正常使用。

（5）其他。

由于小浪底水库拦沙运行,河南段河床平均冲刷下切了 1.5～2.5 m。在黄河 600 m³/s 的情况下,张菜园引黄闸引水困难;引水能力尚不足设计引水能力的 10%,为满足用水需求,人民胜利渠渠首采用修建泵站的方式取水。

根据规划资料和该闸原有的设计及竣工资料,通过综合分析评价,张菜园水闸被评为四类闸,该闸的安全复核结论如下:

（1）闸防洪标准:过流能力不满足要求,该闸防洪标准复核综合评定为 C 级。

（2）渗流满足标准要求,防渗措施存在质量缺陷尚不影响总体安全,通过分析计算结合现场检测结果,该闸渗流安全综合评定为 B 级。

（3）闸墩中墩抗剪不满足要求,该闸结构安全综合评定为 C 级。

（4）该闸抗震构造措施存在缺陷,该闸抗震安全复核综合评定为 B 级。

（5）闸门可以满足正常使用要求,但是启闭机不能正常运行,综合评定为 C 级。

（6）根据现场检测情况,无电源,已不能正常启闭闸门,机电设备评定为 C 级。

（7）工程质量被评为 C 级。

（二）基于层次分析法的安全评价分析

1. 指标化

1）防洪能力

（1）洪水标准。

实际防洪水位为 99 m,要求防洪水位 97.18 m。

采用水闸实际设计洪水位 $h_{闸}$ 和防洪堤的防洪标准 $h_{堤}$ 之比作为评价指数 $h = h_{闸}/h_{堤}$。

量化值为:$0.8 + \dfrac{99/97.18 - 1.00}{1.5 - 1.00} \times 0.2 = 0.8$。所以,洪水标准的安全值为 0.8。

（2）过流能力。

现过流能力 3 m³/s,原设计过流能力 100 m³/s。

将复核得到水闸现有的过流量为 $Q_{现}$ 和设计的设计（校核）过水流量 $Q_{设}$ 之比作为评价指数 $Q = Q_{现}/Q_{设}$。量化值为:$\dfrac{3/100}{0.8} \times 0.3 = 0.01$。过流能力的安全值为 0.01。

（3）消能防冲。

海漫长度安全值：$0.8 + \dfrac{25/25 - 1.00}{1.5 - 1.00} \times 0.2 = 0.8$。

安全值为0.8。

(4)闸顶高程。

无数据。

2)结构安全

a. 稳定

(1)闸室稳定。

抗滑稳定安全值：

基本组合：抗滑稳定系数为1.35，超过了规范要求系数1.35，所以该安全值取0.8。

特殊组合：校核组合抗滑稳定系数为1.22，超过了规范要求系数1.2；地震组合抗滑稳定系数为9.28，超过了规范要求系数1.1，所以该安全值取1。

所以闸室的抗滑稳定安全值取1。

(2)基底应力。

最大地基承载力安全值：

基本组合：复核得到的地基承载力为90.21 N/m^2，允许的最大应力为150 N/m^2，小于规范要求最大应力的1.2倍，所以该安全值取1。

特殊组合：复核得到的地基承载力为88.98 N/m^2，允许的最大应力为150 N/m^2，小于规范要求最大应力的1.2倍，所以该安全值取1。

所以最大地基承载力安全值取1。

(3)地基不均匀系数安全值。

基本组合：复核得到的地基不均匀系数为1.69，小于规范要求的2.5倍，所以该安全值取1。

特殊组合：复核得到的地基不均匀系数为1.49，小于规范要求的2.5倍，所以该安全值取1。

所以，地基不均匀系数安全值取1。

所以，基底应力安全值取1。

(4)翼墙稳定。

无数据。

b. 强度

(1)边墩。

裂缝宽度：计算裂缝0.04 mm，规范允许裂缝0.3 mm，安全值为1。

剪力：计算应力284.4 kN，承载能力539.07 kN。

安全值为1。

轴力：计算应力264.74 kN，在各工况下都满足要求。

安全值为1。

(2)中墩。

剪力：计算应力2 682.97 kN，承载能力1 496.3 kN。

安全值为 $\dfrac{1\ 496.3/2\ 682.7}{0.8}\times 0.3=0.21$。

（3）底板。

裂缝宽度：计算裂缝 0.12 mm，规范允许裂缝 0.3 mm，安全值为 1。

剪力：计算应力 296 kN，承载能力 85 kN。

安全值为 $\dfrac{85/296}{0.8}\times 0.3=0.11$。

正截面计算值：计算应力 229 kN，承载能力 331.86 kN。

安全值为 1。

（4）涵洞段。

裂缝宽度：

计算裂缝 0.12 mm，规范允许裂缝 0.3 mm。

安全值为 1。

剪力：计算应力 587.4 kN，承载能力 640 kN。

安全值为 1。

轴力：计算应力 414 kN，承载能力 660 kN。

安全值为 1。

c. 变形

无资料。

d. 抗震

该闸布置匀称，启闭机无构造柱，符合水闸抗震措施的要求该闸机架桥梁和柱的设计标号为 200$^{\#}$，不符合《水工混凝土结构设计规范》（SL 191—2008）中第 13.1.5 条规定的"设计烈度为 7 度、8 度时，混凝土强度等级不应低于 C25"的要求。排架柱上下端范围内箍筋没有加密、大梁两端范围内箍筋没有加密。

该闸抗震构造措施存在缺陷，安全值为 0.7。

3）渗流安全

（1）侧向渗流稳定。

无资料。

（2）水闸地基渗流稳定。

采用水平段或出口段计算坡降值 J 作为评价指数。出口段渗透坡降值 0.351，出口段允许坡降范围为 [0.4，0.5]，水平段渗透坡降值 0.071，水平段允许坡降范围为 [0.15，0.25]。

水平段安全值：$0.8+\dfrac{0.15-0.071}{0.15-0.01}\times 0.2=0.91$。

出口段安全值：$0.8+\dfrac{0.4-0.351}{0.4-0.01}\times 0.2=0.82$。

排水设施完好程度及渗流异常：

无数据，但由于水闸运行时间较长，止水老化，安全值取为 0.6。

4）工程质量

a. 施工质量

无资料。

b. 现场检测

（1）混凝土质量。

①混凝土性能：

抗压强度满足要求，安全值可取为1。

②碳化深度：

现场调查闸墩、交通桥、顶板、闸门及胸墙等混凝土建筑物碳化比较严重，安全取值为0.2。

③钢筋锈蚀程度：

闸墩保护层厚度不满足要求，闸墩钢筋间距合格率只有6%，顶板钢筋间距合格率0%，涵洞段、闸室的底板处均有露筋现象。

安全取值为0.3。

④裂缝及剥蚀情况：

右墩有渗水、中墩混凝土胀裂、左墩与下翼墙止水老化、有错台，闸门及胸墙混凝土整体外观较好，门槽埋件锈蚀严重，止水有脱落现象，胸墙外存在多处裂缝；机架桥整体良好，局部有脱落、露筋现象。

该指标为定性指标。安全取值为0.3。

（2）砌石质量。

无数据。

5）金属结构及电气设备

金属结构及电气设备包括钢闸门、启闭机、电气设备三个指标。

（1）闸门。

该闸闸门为混凝土结构，碳化深度较小，均值为1 mm，可以满足正常使用要求。该指标为定性指标，安全取值为0.7。

（2）启闭机设备。

启闭机大部分需要处理和更换。该指标为定性指标，安全取值为0.3。

（3）电气设备。

该指标为定性指标，安全取值为0.4。

6）运行管理

运行管理包括规章制度、组织人员、安全监测、辅助设施等。

（1）规章制度。

该指标为定性指标，安全取值为0.8。

（2）组织人员。

该指标为定性指标，安全取值为0.6。

（3）安全监测。

观测设施有损。该指标为定性指标，安全取值为0.5。

（4）辅助设施

该指标为定性指标，安全取值为0.4。

2. 指标权重确定

权重确定可通过编程获得,此处不做具体描述。

1)方案一:考虑变权分项总和法(定量分析)

2)方案二:考虑权重隶属度函数法(数据支撑的定性分析)

(1)指标隶属度确定。

表 6-7　考虑变权分项总和法安全评价

1 级	2 级	评估结果	二级对一级指标的权重	一级得分	一级权重	得分
防洪能力	过流能力	0.100	0.800	0.192	0.200	0.370
	消能防冲	0.750	0.100			
	闸顶高程	0.371	0.100			
结构安全	稳定	0.939	0.100	0.248	0.294	
	变形	0.738	0.100			
	强度	0.100	0.800			
渗流安全	渗透坡降	0.848	0.370	0.597	0.234	
	其他渗流异常	0.371	0.243			
	防渗排水设施完好程度	0.500	0.387			
工程质量	施工质量	0.500	0.500	0.400	0.093	
	现场巡查和检测情况	0.300	0.500			
金属结构及电气设备	闸门	0.615	0.353	0.368	0.139	
	启闭机	0.200	0.438			
	电气设备	0.300	0.209			
运行管理	规章制度	1.000	0.196	0.771	0.040	
	组织机构与人员	1.000	0.196			
	安全检测	0.500	0.407			
	辅助设备	0.750	0.101			
	通信	1.000	0.101			

根据前文描述的隶属度函数确定指标的隶属度,见表 6-8。

表 6-8　隶属度等级分类表

评价等级	评价等级标准值	评价等级	评价等级标准值
安全 V_1	1.00	较不安全 V_3	0.40
较安全 V_2	0.70	不安全 V_4	0.15

指标隶属度表格如表6-9所示。

表6-9　安全指标隶属度计算详表

安全指标				安全值	隶属度			
1级	2级	3级	4级		安全	较安全	较不安全	不安全
防洪能力	洪水标准			0.8	0.33	0.67	0.00	0.00
	过流能力			0.01	0.00	0.00	0.00	1.00
	消能防冲			0.8	0.33	0.67	0.00	0.00
	闸顶高程			无数据				
结构安全	稳定	闸室	抗滑稳定	1	1.00	0.00	0.00	0.00
			地基承载力	1	1.00	0.00	0.00	0.00
			基底应力不均匀系数	1	1.00	0.00	0.00	0.00
		翼墙		无数据				
	强度	边墩	裂缝宽度	1	1.00	0.00	0.00	0.00
			剪力	1	1.00	0.00	0.00	0.00
			轴力	1	1.00	0.00	0.00	0.00
		中墩	剪力	0.21	0.00	0.00	0.24	0.76
		底板	裂缝	1	1.00	0.00	0.00	0.00
			剪力	0.11	0.00	0.00	0.00	1.00
			正截面	1	1.00	0.00	0.00	0.00
		涵洞段	裂缝宽度	1	1.00	0.00	0.00	0.00
			剪力	1	1.00	0.00	0.00	0.00
			轴力	1	1.00	0.00	0.00	0.00
	变形			无资料				
	抗震			0.7	0	1.00	0	0
渗流安全	侧向渗流稳定			无资料				
	地基渗流稳定	渗透坡降	水平段渗流坡降	0.91	0.70	0.30	0.00	0.00
			出口段渗流坡降	0.82	0.40	0.60	0.00	0.00
		防渗排水设施完好程度及渗流异常		0.6	0.00	0.67	0.33	0.00

安全指标				安全值	隶属度			
1 级	2 级	3 级	4 级		安全	较安全	较不安全	不安全
工程质量	现场巡查和检测情况	施工质量		无资料				
		混凝土工程质量	混凝土性能	1	1.00	0.00	0.00	0.00
			碳化深度	0.2	0.00	0.00	0.20	0.80
			钢筋锈蚀	0.3	0.00	0.00	0.60	0.40
			裂缝及剥蚀情况	0.3	0.00	0.00	0.60	0.40
		砌石质量	砌体强度	无数据				
			剥蚀情况					
金属及电气设备	闸门			0.7	0.00	1.00	0.00	0.00
	启闭机			0.3	0.00	0.00	0.60	0.40
	电气设备			0.4	0.00	0.00	1.00	0.00
运行管理	规章制度			0.8	0.33	0.67	0.00	0.00
	组织人员			0.6	0.00	0.67	0.33	0.00
	安全监测			0.5	0.00	0.33	0.67	0.00
	辅助设施			0.4	0.00	0.00	1.00	0.00

（2）防洪能力安全指标评价。

对于该闸的防洪能力安全指标而言,防洪能力包括洪水标准、过流能力、消能防冲、闸顶高程等 4 个 2 级安全指标,其中闸顶高程没有具体的复核数据,所以在指标赋权的时候不对这个指标赋权。

对表 6-10 进行分析,1 级防洪能力安全指标处于安全、较安全、较不安全、不安全状态的比例为 0.22:0.44:0:0.33。

表 6-10　防洪能力隶属度计算详表

安全指标		隶属度				权重	1 级指标隶属度			
1 级	2 级	安全	较安全	较不安全	不安全		安全	较安全	较不安全	不安全
防洪能力	洪水标准	0.33	0.67	0.00	0.00	0.33	0.22	0.44	0.00	0.33
	过流能力	0.00	0.00	0.00	1.00	0.33				
	消能防冲	0.33	0.67	0.00	0.00	0.33				
	闸顶高程	无数据				0.00				

（3）结构安全指标评价。

结构安全指标包括强度、稳定、变形、抗震 4 个 2 级安全指标。其中变形没有复核数据，所以在指标赋权的时候不对这个指标赋权。2 级稳定安全指标包括闸室、翼墙 2 个 3 级安全指标，3 级闸室安全指标包括抗滑稳定、基地应力 2 个 4 级指标。2 级变形安全指标包括闸室和翼墙这两个 3 级安全指标；2 级强度安全指标包括边墩、中墩、底板、涵洞段 4 个 3 级指标。3 级边墩指标包括裂缝宽度、剪力、轴力 3 个 4 级指标。3 级底板安全指标包括裂缝、剪力、正截面 3 个 4 级指标。3 级涵洞段安全指标包括裂缝宽度、剪力、轴力 3 个 4 级指标。具体评价表格如表 6-11 ~ 表 6-17 所示。

表 6-11　闸室稳定隶属度计算详表

安全指标		隶属度				权重	3 级指标隶属度			
3 级	4 级	安全	较安全	较不安全	不安全		安全	较安全	较不安全	不安全
闸室	抗滑稳定	1.00	0.00	0.00	0.00	0.50	1.00	0.00	0.00	0.00
	基底应力	1.00	0.00	0.00	0.00	0.50				

表 6-12　稳定隶属度计算详表

安全指标		隶属度				权重	2 级指标隶属度			
2 级	3 级	安全	较安全	较不安全	不安全		安全	较安全	较不安全	不安全
稳定	闸室	1.00	0.00	0.00	0.00	1.00	1.00	0.00	0.00	0.00
	翼墙	0.00	0.00	0.00	0.00	0.00				

表 6-13　边墩强度隶属度计算详表

安全指标		隶属度				权重	3 级指标隶属度			
3 级	4 级	安全	较安全	较不安全	不安全		安全	较安全	较不安全	不安全
边墩	裂缝宽度	1.00	0.00	0.00	0.00	0.33	1.00	0.00	0.00	0.00
	剪力	1.00	0.00	0.00	0.00	0.33				
	轴力	1.00	0.00	0.00	0.00	0.34				

表 6-14　底板强度隶属度计算详表

安全指标		隶属度				权重	3 级指标隶属度			
3 级	4 级	安全	较安全	较不安全	不安全		安全	较安全	较不安全	不安全
底板	裂缝	1.00	0.00	0.00	0.00	0.33	0.66	0.00	0.00	0.33
	剪力	0.00	0.00	0.00	1.00	0.33				
	正截面	1.00	0.00	0.00	0.00	0.33				

表 6-15　涵洞段强度隶属度计算详表

安全指标		隶属度				权重	3级指标隶属度			
3级	4级	安全	较安全	较不安全	不安全		安全	较安全	较不安全	不安全
涵洞段	裂缝宽度	1.00	0.00	0.00	0.00	0.33	1.00	0.00	0.00	0.00
	剪力	1.00	0.00	0.00	0.00	0.33				
	轴力	1.00	0.00	0.00	0.00	0.34				

表 6-16　强度隶属度计算详表

安全指标		隶属度				权重	2级指标隶属度			
2级	3级	安全	较安全	较不安全	不安全		安全	较安全	较不安全	不安全
强度	边墩	1.00	0.00	0.00	0.00	0.25	0.67	0.00	0.06	0.27
	中墩	0.00	0.00	0.24	0.76	0.25				
	底板	0.66	0.00	0.33	0.00	0.25				
	涵洞段	1.00	0.00	0.00	0.00	0.25				

表 6-17　结构安全隶属度计算详表

安全指标		隶属度				权重	1级指标隶属度			
1级	2级	安全	较安全	较不安全	不安全		安全	较安全	较不安全	不安全
结构安全	稳定	1.00	0.00	0.00	0.00	0.33	0.55	0.33	0.02	0.09
	强度	0.67	0.00	0.06	0.27	0.33				
	变形	无数据				0.00				
	抗震	0.00	1.00	0.00	0.00	0.33				

对表 6-11～表 6-17 进行分析,1级结构安全指标处于安全、较安全、较不安全、不安全状态的比例为 0.55:0.33:0.02:0.09。综合上述分析,结构安全处于较安全状态。

(4)渗流安全指标评价。

渗流安全指标包括侧向渗流和地基渗流稳定两个 2 级安全指标。其中,侧向渗流安全指标没有复核数据,所以在指标赋权时不对该指标赋权。地基渗流稳定 2 级安全指标包括渗透坡降和防渗排水设施完好程度及渗流异常这两个 3 级安全指标。渗透坡降 3 级安全指标包括水平段渗流坡降和出口段渗流坡降两个 4 级安全指标。

对表 6-18～表 6-20 进行分析,1级渗流安全指标处于安全、较安全、较不安全、不安全状态的比例为 0.45:0.47:0.08:0,综合上述分析,结构安全处于安全状态。

表6-18　渗透坡降隶属度计算详表

安全指标		隶属度				权重	3级指标隶属度			
3级	4级	安全	较安全	较不安全	不安全		安全	较安全	较不安全	不安全
渗透坡降	水平段渗流坡降	0.70	0.30	0.00	0.00	0.67	0.60	0.40	0.00	0.00
	出口段渗流坡降	0.40	0.60	0.00	0.00	0.33				

表6-19　地基渗流稳定隶属度计算详表

安全指标		隶属度				权重	2级指标隶属度			
2级	3级	安全	较安全	较不安全	不安全		安全	较安全	较不安全	不安全
地基渗流稳定	渗透坡降	0.60	0.40	0.00	0.00	0.75	0.45	0.47	0.08	0.00
	防渗排水设施完好程度及渗流异常	0.00	0.67	0.33	0.00	0.25				

表6-20　渗流安全隶属度计算详表

安全指标		隶属度				权重	1级指标隶属度			
1级	2级	安全	较安全	较不安全	不安全		安全	较安全	较不安全	不安全
渗流安全	侧向渗流	无数据				0.00	0.45	0.47	0.08	0.00
	地基渗流稳定	0.45	0.47	0.08	0.00	1.00				

（5）工程质量安全指标评价。

工程质量包括施工质量和现场巡查及检测情况这两个2级安全指标，其中施工质量安全指标没有复核数据，所以在指标赋权时不对该指标赋权。现场巡查和检测情况2级安全指标包括钢筋混凝土质量和砌石质量这两个3级指标。其中砌石质量安全指标没有复核数据，所以在指标赋权的时候不对该指标赋权。混凝土工程质量3级安全指标包括混凝土性能、碳化深度、钢筋锈蚀、裂缝及剥蚀情况四个4级指标。

对表6-21～表6-23进行分析，1级工程质量安全指标处于安全、较安全、较不安全、不安全状态的比例为0:0:0.35:0.4。综合上述分析，结构安全处于不安全状态。

（6）闸门及电气设备安全指标评价。

闸门及电气设备包括闸门、启闭机、电气设备三个2级安全指标。

表 6-21 混凝土工程质量隶属度计算详表

安全指标		隶属度				权重	3 级指标隶属度			
3 级	4 级	安全	较安全	较不安全	不安全		安全	较安全	较不安全	不安全
混凝土工程质量	混凝土性能	1	0	0	0	0.25	0.25	0.00	0.35	0.40
	碳化深度	0	0	0.2	0.8	0.25				
	钢筋锈蚀	0	0	0.6	0.4	0.25				
	裂缝及剥蚀情况	0	0	0.6	0.4	0.25				

表 6-22 现场巡查和检测情况隶属度计算详表

安全指标		隶属度				权重	2 级指标隶属度			
2 级	3 级	安全	较安全	较不安全	不安全		安全	较安全	较不安全	不安全
现场巡查和检测情况	钢筋混凝土质量	0.25	0.00	0.35	0.40	1.00	0.00	0.00	0.35	0.40
	砌石质量	无数据				0.00				

表 6-23 工程质量隶属度计算详表

安全指标		隶属度				权重	1 级指标隶属度			
1 级	2 级	安全	较安全	较不安全	不安全		安全	较安全	较不安全	不安全
工程质量	施工质量	无数据				0.00	0.00	0.00	0.35	0.40
	现场巡查和检测情况	0.00	0.00	0.35	0.40	1.00				

对表 6-24 进行分析,1 级金属及电气设备安全指标处于安全、较安全、较不安全、不安全状态的比例为 0∶0.33∶0.53∶0.13。综合上述分析,结构安全处于较不安全状态。

表 6-24 金属及电气设备隶属度计算详表

安全指标		隶属度				权重	1 级指标隶属度			
1 级	2 级	安全	较安全	较不安全	不安全		安全	较安全	较不安全	不安全
金属及电气设备	闸门	0	1	0	0	0.33	0	0.33	0.53	0.13
	启闭机	0	0	0.6	0.4	0.33				
	电气设备	0	0	1	0	0.33				

(7)运行管理安全指标评价。

运行管理安全指标包括规章制度、组织人员、安全监测、辅助设施这 4 个 2 级指标。

对表 6-25 进行分析,1 级运行管理安全指标处于安全、较安全、较不安全、不安全状态的比例为 0.08∶0.42∶0.50∶0。综合上述分析,运行管理处于较不安全状态。

表 6-25　运行管理隶属度计算详表

安全指标		隶属度				权重	3 级指标隶属度			
1 级	2 级	安全	较安全	较不安全	不安全		安全	较安全	较不安全	不安全
运行管理	规章制度	0.33	0.67	0.00	0.00	0.25	0.08	0.42	0.50	0.00
	组织人员	0.00	0.67	0.33	0.00	0.25				
	安全监测	0.00	0.33	0.67	0.00	0.25				
	辅助设施	0.00	0.00	1.00	0.00	0.25				

(8)水闸安全类别划分。

对表 6-26 进行分析,该闸隶属度为[0.25∶0.32∶0.19∶0.18],不安全因素 D 的可能性为 0.18,大于 0.15,即水闸在各项指标加权计算后处于安全状态的可能性大于等于 15%,所以应用该方法张菜园工程被评为 4 类闸。

表 6-26　水闸安全评价计算详表

安全指标		隶属度				权重	水闸安全隶属度			
综合	1 级	安全	较安全	较不安全	不安全		安全	较安全	较不安全	不安全
水闸安全评价	防洪能力	0.22	0.44	0.00	0.33	0.20	0.25	0.32	0.19	0.18
	结构安全	0.55	0.33	0.02	0.09	0.20				
	渗流安全	0.45	0.47	0.08	0.00	0.20				
	工程质量	0.00	0.00	0.35	0.40	0.20				
	闸门及电气设备	0.00	0.33	0.53	0.13	0.10				
	运行管理	0.08	0.42	0.50	0.00	0.10				

(三)不同方法鉴定结果对比

由表 6-27 可知,不同方法的鉴定结果一致,张菜园工程均被鉴定为 4 类闸。这也从一定程度上说明本节所采用方法的正确性。

表 6-27　不同方法鉴定计算详表

评价方法	鉴定规范结论	《水闸安全评价导则》(SL 214—2015)		本次计算方法	
		工程质量	其他指标	方案一	方案二
评价情况	98 规范	C	2B4C	0.336	[0.25∶0.32∶0.19∶0.18]
水闸分类	4 类闸	4 类闸		4 类闸	4 类闸

第三节　基于模糊可靠度的水闸安全评价方法

前节研究了基于SQP法和熵权法的主客观赋权的水闸安全综合安全评价法,精确度高,算法稳定,在某种程度上降低了人为因素的影响。但由于水闸类型较多,特征及病险类型各异,指标较多且每个闸指标权重难以统一。此外,在水闸数据缺失较多情况下,并不能获得足够多的定性和定量指标,进而影响计算准确度。在这种情况下,采用模糊性对数据缺失较多的水闸安全类别进行分析尤为必要。且由于大部分水闸建设年代较早,较多水闸边设计、边施工,又疏于管理,工程基本资料、监测资料及运行管理资料等缺失现象较为严重,影响安全评价工作顺利开展及类别判定。对此,本节基于模糊可靠度理论,研究在水闸数据缺失较多情况下的安全评价方法。

一、模糊可靠度理论

随着对事物不确定性认知的深入,人们逐渐认识到现实世界中不仅存在随机不确定性,而且存在客观认识的模糊性和主观认识的未确知性。模糊可靠性理论目前分为三个分支:

(1)PROFUST可靠性理论,基于概率假设和模糊状态假设,即随机变量的统计参数确定,极限状态函数模糊。

(2)POSBIST可靠性理论,基于可能性假设与二值状态假设,即随机变量的统计参数模糊,极限状态函数确定。

(3)POSFUST可靠性理论,基于可能性假设与模糊状态假设,即随机变量的统计参数模糊,极限状态函数模糊。

对于事件 $Z = R - L$,PROFUST可靠性理论(考虑失效准则的模糊性)的模糊失效概率可表示为:

$$\overline{\underline{R}} = p\{Z < 0\} = \int_{-\infty}^{+\infty} \mu_Z(z) f(z) \, \mathrm{d}z \tag{6-32}$$

式中:$\mu_Z(z)$ 为状态变量 Z 的隶属度;$f(z)$ 为 Z 的概率密度分布函数。

POSBIST可靠性理论(考虑抗力、荷载的模糊性)的模糊概率事件可表示为:

$$\overline{\underline{R}} = p\{Z < 0\} = p\{R < L\} = \int_{-\infty}^{+\infty} \mu_L(l) f_L(l) \left[\int_{-\infty}^{l} \mu_R(r) f_R(r) \right] \mathrm{d}l \tag{6-33}$$

式中:$\mu_L(l)$ 为荷载 L 的隶属度;$f_L(l)$ 为 L 的概率密度分布函数;$\mu_R(r)$ 为抗力 R 的隶属度;$f_R(r)$ 为 R 的概率密度分布函数。

POSFUST可靠性理论(抗力、荷载及失效准则模糊)的模糊失效概率可表示为:

$$\overline{\underline{R}} = p\{Z < 0\} = p\{R < L\} = \int_{-\infty}^{+\infty} \mu_L(l) f_L(l) \left[\int_{-\infty}^{l} \mu_Z(r) \mu_R(r,l) f_R(r) \right] \mathrm{d}l \tag{6-34}$$

根据上述模糊失效概率公式可以看出,需要通过积分才能得到结果,这对于较多模糊变量的事件而言计算过程是相当复杂的,因此需寻找简便的方法代替。目前,在结构模糊可靠性理论方面的研究,以常规可靠性理论和Zadeh的模糊集理论为基础,存在两条途径:

（1）以模糊集合描述模糊随机现象，利用模糊事件的概率意义定义模糊可靠度。如赵国藩院士提出的结构模糊随机可靠性分析的统一模型，董玉革提出将模糊可靠性设计问题转化为常规可靠性设计问题求解。

（2）以模糊随机变量为基本变量描述模糊随机现象，应用截集法以模糊数定义结构的模糊可靠度。

概率可靠性模型在我们掌握了充分的统计数据且计算模型较精确时，是一种理性的安全评定模型，当处理的对象不具有统计特征信息时，概率可靠性模型在变量的概率密度函数确定、失效概率可接受水平的解释及失效概率计算精度上无法使人信服，基于此，越来越多的学者开始注重非概率方法的研究。

二、几种模糊可靠度方法

（一）基于点估计法的模糊可靠度

该方法采用基于可能性假设与二值状态假设的 POSBIST 可靠性理论，即随机变量的统计参数模糊，极限状态函数确定。该方法基本思路是：将参数的模糊性用隶属函数来描述，通过模糊截集理论对隶属函数取水平截集，得到参数的抽样值，将不同参数的抽样值进行组合，然后用矩估计法得到均值和方差，最后得到可靠度。目前这种方法多应用于边坡稳定模糊随机可靠度。谭晓慧等（2013）分析了岩土参数取 0.5、1.0、1.5 倍标准差时边坡的稳定模糊随机可靠度。

1. 正态分布函数

若参数模糊集合服从正态分布，隶属函数为正态分布（见图 6-16），可表示为：

$$\mu_{A(x)} = \exp\left(-\frac{x - \mu_x}{2\sigma_x^2}\right) \tag{6-35}$$

根据模糊数学理论，对随机变量 x 的正态分布隶属函数取水平截集，对应区间 $[x_{\alpha_i^-}, x_{\alpha_i^+}]$ 的左右端点分别为：

$$x_{\alpha_i^-} = \mu_x - \sigma_x \sqrt{-2\ln(\alpha_i)} \tag{6-36}$$

$$x_{\alpha_i^+} = \mu_x + \sigma_x \sqrt{-2\ln(\alpha_i)} \tag{6-37}$$

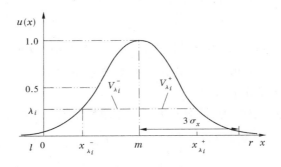

图 6-16　正态分布曲线

2. 拟正态分布函数

实际工程中参数取值具有界限性，往往为正值，正态分布函数取值界限为正负无穷大,与实际情况不相符。为此,在正态分布隶属函数的基础上,考虑参数界限性,构造拟正态分布函数(见图6-17)。

根据 POSBIST 可靠性理论,当考虑参数的模糊性时,假设参数服从拟正态分布,参数的模糊性可用拟正态分布隶属函数进行描述:

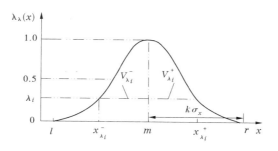

图6-17 拟正态分布曲线

$$\mu_{A(x)} = \frac{\exp\left(-\dfrac{x - \mu_x}{2\sigma_x^2}\right) - \exp(-0.5k^2)}{1 - \exp(-0.5k^2)} \tag{6-38}$$

式中:μ_x、σ_x 为 x 的均值、方差;k 为模糊隶属函数的取值界限,取值范围为 $0.5 \sim 3$。

对随机变量 x 的正态分布隶属函数取水平截集,对应区间 $[x_{\alpha_i-}, x_{\alpha_i+}]$ 的左右端点分别为:

$$x_{\alpha_i-} = \mu_x - \sigma_x \sqrt{-2\ln[\alpha_i + (1 - \alpha_i)\exp(-0.5k^2)]} \tag{6-39}$$

$$x_{\alpha_i+} = \mu_x + \sigma_x \sqrt{-2\ln[\alpha_i + (1 - \alpha_i)\exp(-0.5k^2)]} \tag{6-40}$$

将 x_{α_i-}、x_{α_i+} 作为 x 在 α_i 截集上的 2 个抽样值,对 l 个模糊随机变量在 α_i 截集上的抽样值进行组合,共 2^l 种参数组合。取 m 个不同水平的截集 α_i,共 $m \times 2^l$ 种参数组合。

3. 三角形分布隶属函数

三角形分布隶属函数可用三个变量表示,$A(x) = (l, m, r)$,l、r 表示水平截集为 0 时所对应的最小与最大取值界限,m 为变量的最可能取值(见图6-18)。对随机变量 x 的正态分布隶属函数取水平截集,对应区间 $[x_{\alpha_i-}, x_{\alpha_i+}]$ 的左右端点分别为:

$$x_{\alpha_i-} = \mu_x - \alpha_i(m - l) \tag{6-41}$$

$$x_{\alpha_i+} = \mu_x + \alpha_i(r - m) \tag{6-42}$$

r、l 与最可能值 m 可分别由参数的均值和方差确定,即

$$\left. \begin{aligned} r &= \mu_x + k_1\sigma_x \\ l &= \mu_x - k_2\sigma_x \\ m &= \mu_x \end{aligned} \right\} \tag{6-43}$$

k_1、k_2 为标准差的取值系数,用来表征参数取值的不确定性程度,取值参数越大,上下值取值界限越大,置信度越低,不确定性程度越高,反之亦然。

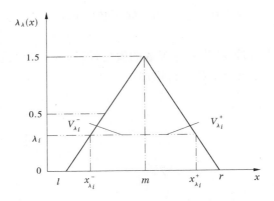

图 6-18　三角形分布隶属函数曲线

4. PEM 矩估计近似方法计算渗流模糊可靠度

对 α_i 截集上的 2^l 种参数组合进行功能函数计算,再按照 PEM 矩估计近似方法,得到 Z_i 的均值 $E(Z_i)$ 和方差 $\sigma^2(Z_i)$:

$$E(Z_i) = \sum_{j=1}^{2^l} P_j Z_j \tag{6-44}$$

$$\sigma^2(Z_i) \approx \sum_{j=1}^{2^l} P_j Z_j^2 - [E(Z_i)] \tag{6-45}$$

式中:Z_j 为截集 α_i 上第 j 种参数组合对应的功能函数值;P_j 为该参数组合的权重系数。

$$P_j = \frac{1}{2^l}\left(1 + \sum_{r=1}^{l-1} \sum_{t=r+1}^{l} e_r e_t \rho_{rt}\right) \tag{6-46}$$

式中:ρ_{rt} 为模糊随机变量 x_r 和 x_t 的相关系数;取 x_r 在 α_i 水平截集上区间右端点时,$e_r = 1$,否则 $e_r = -1$;e_t 的规定类似。

α_i 水平截集上的可靠度指标表示为

$$\beta_i = \frac{E(Z_i)}{\sigma(Z_i)} \tag{6-47}$$

对于 m 个截集 α_i 所对应的 $m2^l$ 个参数组合,利用普通加权平均法得到功能函数 Z 的总均值和总方差

$$E(Z) = \frac{\sum_{i=1}^{m} \alpha_i E(Z_i)}{\sum_{i=1}^{m} \alpha_i} \tag{6-48}$$

$$\sigma^2(Z) \approx \frac{\sum_{i=1}^{m} \alpha_i \sum_{j=1}^{2^l} P_j Z_j^2}{\sum_{i=1}^{m} \alpha_i} - [E(Z)]^2 \tag{6-49}$$

进而得到模糊可靠度指标 β 为

$$\beta = \frac{E(Z)}{\sigma(Z)} \tag{6-50}$$

5. 隶属函数取值界限的确定

若沿途参数服从标准正态分布,根据正态分布函数统计特性可知,参数在距离均值 $E \pm 2\sigma$ 范围内取值可能性为 95.45%,在距离均值 $E \pm 3\sigma$ 范围内取值可能性为 99.73%。基于此,很多学者对隶属函数的取值界限做了一定的研究。Juang 等(2011)分别采用 $k = 1$、3,即 $\pm\sigma$ 与 $\pm 3\sigma$ 界定参数取值界限,曹文贵等(2014)用 $\pm 3\sigma$ 界定岩土参数回归分析界限,谭晓慧等(2013)、Dodagoudar 等(2015)分别采用 $\pm 0.5\sigma$、$\pm 1.0\sigma$、$\pm 1.5\sigma$ 表征岩土参数隶属函数取值界限。由上述可知,不同学者对参数的取值界限差别较大。

(二)基于失效准则模糊的模糊可靠度

在传统结构可靠度分析中,功能函数 $Z > 0$ 时处于完全可靠状态,$Z < 0$ 时处于完全失效状态。当 $Z = 0.0001$ 和 $Z = -0.0001$ 时,两者处于完全不同的状态,这是说不通的。传统的可靠度分析中的功能函数没有考虑到可靠状态和失效状态的中间过渡区,即没有考虑到失效准则的模糊性。

张明在《结构可靠度分析——方法与程序》中认为,失效准则的模糊性,使得功能函数的值只是反映了结构适用性程度的大小,其变化表述了结构适用性的损益,$Z < 0$ 不意味着完全失效,$Z > 0$ 不表示完全处于可靠状态,$Z = 0$ 也不是结构可靠和失效状态的界限。

失效准则的模糊性可表示为:

$$p_f = \int_{-\infty}^{+\infty} \mu(Z) f_Z(Z) \, dZ \tag{6-51}$$

式中:$\mu(Z)$ 为功能函数的模糊隶属函数,应为 Z 的递减函数,以使失效程度随 Z 值减小而增大。

设基本随机变量 X 的联合概率密度函数为 $f_x(x)$,失效事件 Z 的概率可表示为

$$p_f = \int_{-\infty}^{+\infty} \mu[g_x(x)] f_x(x) \, dx \tag{6-52}$$

若 X 是独立随机变量,上式又可写成

$$p_f = \int_{-\infty}^{+\infty} \cdots \int_{-\infty}^{+\infty} \mu[g_x(x)] f_{x_1}(x_1) f_{x_2}(x_2) \cdots f_{x_n}(x_n) \, dx_1 dx_2 \cdots dx_n \tag{6-53}$$

对于上式积分通常比较困难,张明介绍了下面的处理方法。

因为隶属函数 $\mu(Z)$ 为递减函数且 $0 \leq \mu(Z) \leq 1$,因此将 $1 - \mu(Z)$ 看作某个随机变量,如 X_{n+1} 的累积分布函数 $F_{X_{n+1}}(x_{n+1})$,失效概率可表示为

$$\begin{aligned} p_f &= \int_{-\infty}^{+\infty} \cdots \int_{-\infty}^{+\infty} \{1 - F_{X_{n+1}}[g_x(x)]\} f_{x_1}(x_1) f_{x_2}(x_2) \cdots f_{x_n}(x_n) \, dx_1 dx_2 \cdots dx_n \\ &= \int_{-\infty}^{+\infty} \cdots \int_{-\infty}^{+\infty} \int_{g_X(x)}^{+\infty} f_{X_{n+1}}(x_{n+1}) f_{x_1}(x_1) f_{x_2}(x_2) \cdots f_{x_n}(x_n) \, dx_1 dx_2 \cdots dx_n dx_{n+1} \end{aligned} \tag{6-54}$$

其中,新的随机变量 X_{n+1} 的累积积分函数和概率密度函数分别为:

$$F_{X_{n+1}}(x_{n+1}) = 1 - \mu_Z(x_{n+1}) \tag{6-55}$$

$$f_{X_{n+1}}(x_{n+1}) = -\frac{\partial \mu_Z(x_{n+1})}{\partial x_{n+1}} \tag{6-56}$$

上述做法将隶属函数的补函数视为一个新的随机变量的累计积分函数,类似非正态

随机变量的当量化,具有一定的普遍性。

相应的等效功能函数为:

$$Z = g_X(X) - X_{n+1} \tag{6-57}$$

对于降半梯形分布的隶属函数,即

$$\mu(Z) = \begin{cases} 1, & Z \leqslant a \\ \dfrac{b - Z}{b - a}, & a \leqslant Z \leqslant b \\ 0, & Z > b \end{cases} \tag{6-58}$$

引入新的随机变量 X_{n+1},新的随机变量 X_{n+1} 的累积积分函数和概率密度函数分别为:

$$F_{X_{n+1}}(x_{n+1}) = 1 - \mu_Z(x_{n+1}) = \begin{cases} 0, & x_{n+1} < a \\ \dfrac{x_{n+1} - a}{b - a}, & a \leqslant x_{n+1} < b \\ 1, & x_{n+1} \geqslant b \end{cases} \tag{6-59}$$

$$f_{X_{n+1}}(x_{n+1}) = -\frac{\partial \mu_Z(x_{n+1})}{\partial x_{n+1}} = \frac{1}{b - a}, \quad a \leqslant x_{n+1} \leqslant b \tag{6-60}$$

则 X_{n+1} 的均值为 $\mu(X_{n+1}) = \dfrac{a + b}{2}$,标准差为 $\sigma(X_{n+1}) = \dfrac{b - a}{2\sqrt{3}}$。

相应的模糊等效功能函数为:

$$Z = g_X(X) - X_{n+1} \tag{6-61}$$

另外,可应用经典可靠度计算方法,如 JC 法对可靠度进行计算。

(三)模糊－随机数字特征代替随机参数的模糊可靠度

李胡生认为,从信息的观点上看,随机性只涉及信息的量,如果对同一母体反复抽样,进行大量试验就可以逼近母体特性;模糊性则关系到信息的意义,它反映了样本对模糊集合的隶属程度。李胡生应用模糊数学的原理在岩土力学参数中引入了模糊－随机数字特征代替随机参数。传统的随机统计参数的均值和方法为该方法的一种特例。李胡生将该方法应用于陡峭岩石边坡的可靠度计算中,确定岩土力学参数变量的概型和均值方差,进而求得边坡安全裕度的随机－模糊数字特征,并映入安全裕度的隶属函数,以此计算边坡可靠度。

李胡生认为,对岩土参数进行统计测定时,隶属函数需遵循以下原则:

样本值是真值融合随机误差和模糊误差在一起的综合效应,所以导出的随机－模糊统计公式必须同时融随机性和模糊性于一体而不能把它们单独分开处理。

隶属函数应是初步函数,以确保公式推导过程中进行数学计算的方便和所获得的统计公式的实用。

隶属函数所刻画的模糊集合必须能比较客观地反映所研究的模糊对象且与人们对所研究的模糊对象已有的经验认识相一致。

1. 随机 – 模糊参数均值的隶属函数确定

参数容量为 n 的样本值为 $(x_1, x_2, \cdots, x_n)$，则它们的随机 – 模糊平均值为

$$\bar{x} = \frac{\sum\limits_{i=1}^{n} \mu'_A(x_i) \cdot x_i}{\sum\limits_{i=1}^{n} \mu'_A(x_i)} = \frac{\sum\limits_{i=1}^{n} \exp[-2(x_i - \bar{x})/(d_{1\max} - d_{1\min})] \cdot x_i}{\sum\limits_{i=1}^{n} \exp[-2(x_i - \bar{x})/(d_{1\max} - d_{1\min})]} \tag{6-62}$$

其中，$\mu'_A(x_i) = \exp[-2(x_i - \bar{x})/(d_{1\max} - d_{1\min})]$ 为隶属函数。

样本值的随机 – 模糊方差为

$$\sigma^2 = \frac{n}{n+1} \frac{\sum\limits_{i=1}^{n} \exp[A_1/(d_{2\max} - d_{2\min})](x_i - \bar{x})^2}{\sum\limits_{i=1}^{n} \exp[A_1/(d_{2\max} - d_{2\min})]} \tag{6-63}$$

式中：$d_{1\max}$、$d_{1\min}$、$d_{2\max}$、$d_{2\min}$ 分别为 $(x_i - \bar{x})^2$、$[(x_i - \bar{x})^2 - \sigma^2]$ $(i = 1, 2, \cdots, n)$ 中的最大值和最小值，$A_1 = -2[(x_i - \bar{x})^2 - \sigma^2]^2$ $(i = 1, 2, \cdots, n)$。

显然，随机 – 模糊均值、方差为隐函数式，实际计算中采用迭代法。

2. 参数概率分布计算

确定参数的概率分布实际上是根据样本值来估计整体特性，参数概率信息测度可以采用 Shannon 熵，用最大熵原理来确定参数的概率分布，与估计随机概率不同的是，估计参数概率分布时，由于试验信息是随机 – 模糊样本值。所以，需将概率分布与可能性分布具有一致性。可能性低，相应的概率也低，概率分布和可能性的一致性的关系可表达如下：

如果变量 $x = (x_1, x_2, \cdots, x_n)$，可能性 $\Pi = (\pi_1, \pi_2, \cdots, \pi_n)$ 和概率 $P = (p_1, p_2, \cdots, p_n)$，那么概率分布和可能性分布的一致性可以近似表示为：

$$\alpha = \pi_1 p_1 + \pi_2 p_2 + \cdots + \pi_n p_n \tag{6-64}$$

参数的概率分布问题可归结为最优化问题，为了便于计算，目标函数可以表示为：

$$H = -\sum_{i=1}^{n} p_i \ln p_i = \max \tag{6-65}$$

可能性分布与隶属函数相同，即有：

$$\mu_A(x_i) = \pi(x_i) \tag{6-66}$$

约束条件：

$$\sum_{i=1}^{n} \mu_i p_i = \alpha$$

$$\sum_{i=1}^{n} p_i x_i = \bar{x}$$

$$\sum_{i=1}^{n} p_i = 1$$

$$p_i > 0$$

$$p(x_j) \leqslant p(x_i) \quad \text{当} \mu_A(x_j) \leqslant \mu_A(x_i)$$

对于上述线性规划问题，给定不同的 α 值，就可得到相应的 p 分布，但只有一个 α_0 能

满足上述的线性规划的一致性条件。在实际工作中可以先给定 α_1、α_2，计算得到 P_1、P_2，再根据 P_1、P_2 对约束条件满足程度的变化趋势来选定 α_3，这样逐步逼近。

(四)可靠指标为区间的模糊可靠度

1. 基本思想

董玉革提出将模糊可靠性设计问题转化为常规可靠性设计问题求解,引入水平截集进行模糊化处理,即通过水平截集将模糊量转化为非模糊量,模糊化处理体现在两个方面:一是对设计参数的模糊化处理,二是对失效准则的模糊化处理。

2. 随机参数模糊化

若随机参数的均值的取值范围为 $[a,b]$，一般用三角形分布隶属函数。

引入 α 水平截集后,令 $c = \dfrac{b-a}{2}$ 到随机参数的均值的模糊区间为

$$\mathop{U}_{\alpha \in [0,1]} \left[\frac{a+b}{2} + c(\alpha - 1), \frac{a+b}{2} + c(1 - \alpha) \right] \tag{6-67}$$

式中:c 反映随机变量均值的模糊边界范围,根据工程实际确定,一般取 0.1 倍的变量均值,即 $c = 0.1\dfrac{a+b}{2}$。

3. 失效准则的模糊化

失效准则的模糊性可通过模糊随机极限状态方程表示为:

$$Z = R - L = \in \tag{6-68}$$

$\in$ 为零点附近的一个有界模糊数,表示模糊极限状态,其隶属函数为

$$\mu_{\in}(z) = \begin{cases} \dfrac{1}{\delta}(z+\delta) & z \in [-\delta, 0] \\ -\dfrac{1}{\delta}(z-\delta) & z \in [0, +\delta] \\ 0 & z \in R - [-\delta, +\delta] \end{cases} \tag{6-69}$$

引入 α 水平截集后,得到失效准则的模糊区间为

$$\in = \mathop{U}_{\alpha \in [0,1]} \left[\delta(\alpha - 1), \delta(1 - \alpha) \right] \tag{6-70}$$

式中:δ 为极限状态的最大容差值,这需要根据实际的工程情况和管理情况确定,是一个主观值。

4. 模糊随机概率计算

引入 α 水平截集,$\forall \alpha \in [0,1]$，参数和失效准则模糊化后,有

$$Z_{\alpha} = [Z_{\alpha}^-, Z_{\alpha}^+]$$
$$R_{\alpha} = [R_{\alpha}^-, R_{\alpha}^+]$$
$$L_{\alpha} = [L_{\alpha}^-, L_{\alpha}^+]$$
$$\in_{\alpha} = [\in_{\alpha}^-, \in_{\alpha}^+]$$
$$(R - L)_{\alpha} = R_{\alpha} - L_{\alpha} = [R_{\alpha}^- - L_{\alpha}^+, R_{\alpha}^+ - L_{\alpha}^-]$$

模糊随机极限状态方程变为:

$$Z_{\alpha} = (R - L)_{\alpha} = \in_{\alpha}$$

即

$$Z_\alpha^- = R_\alpha^- - L_\alpha^+ = \in_\alpha^-$$

$$Z_\alpha^+ = R_\alpha^+ - L_\alpha^- = \in_\alpha^+$$

通过模糊化后,R_α^-、L_α^+、R_α^+、L_α^-、$\in_\alpha^-$、$\in_\alpha^+$ 的均值为确定值,这样就可转化为可靠度计算方法计算:

$$P_\alpha^- = P\left[R_\alpha^- < (L_\alpha^+ + \in_\alpha^-) \right] = \int_{-\infty}^{+\infty} f_{L_\alpha^+}(l)\,\mathrm{d}l \int_{-\infty}^{L_\alpha^+ + \in_\alpha^-} f_{R_\alpha^-}(r)\,\mathrm{d}r \tag{6-71}$$

$$P_\alpha^+ = P\left[R_\alpha^+ < (L_\alpha^- - \in_\alpha^+) \right] = \int_{-\infty}^{+\infty} f_{L_\alpha^-}(l)\,\mathrm{d}l \int_{-\infty}^{L_\alpha^- + \in_\alpha^+} f_{R_\alpha^+}(r)\,\mathrm{d}r \tag{6-72}$$

由此得到的失效概率区间为:

$$\widetilde{\overline{R}} = \mathop{U}_{\alpha \in [0,1]} \left[\overline{R}_\alpha^-, \overline{R}_\alpha^+ \right] \tag{6-73}$$

得到可靠指标区间

$$\beta = \mathop{\bigcup}_{\alpha \in [0,1]} \left[\beta_\alpha^-, \beta_\alpha^+ \right] \tag{6-74}$$

(五)几种模糊可靠性方法的优越性分析比较

上面介绍的 4 种方法在边坡、土石坝风险分析等领域有了充分的应用,在应用的过程中暴露了各方法的优劣性。

对于模糊点估计法,其本质是基于 POSBIST 可靠性理论,即考虑变量参数模糊、失效准则确定。该方法概念清晰,避免了积分,操作性强,计算量不大。目前,学者对隶属函数的选取、隶属函数取值界限的确定争议较大,对最终的可靠度结果也有很大的影响。目前比较认可的做法是,将隶属函数、取值界限的不同取值得到的可靠度,取与传统可靠度相近的值。该做法虽然保证了结果的准确性,但是一定程度上失去了模糊的意义。该方法目前在边坡稳定可靠度中比较热门。

对于基于失效准则模糊的可靠度方法,其本质是 PROFUST 可靠性理论。该方法将隶属函数转化成一个新的随机变量的累计积分函数,从而转化为传统可靠度。这种方法概念清晰、逻辑通顺,虽然没有完全避免积分,但是将思路从模糊可靠度成功过渡到成熟的传统可靠度,可操作性强,具有普遍性。该方法要求隶属函数为降半梯形分布,这样得到的模糊可靠度结果比传统可靠度结果保守,目前在水利工程中应用的不多。

对于模糊－随机数字特征代替随机参数的可靠度方法,其本质是基于 POSBIST 可靠性理论。其他方法都默认参数的样本服从某种概率分布,与其他的方法不同的是,该方法从小样本的角度出发,用最大熵原理来确定参数的概率分布,最终得到模糊随机概率。该方法概念清晰,也能适用于不服从概率分布的小样本参数变量,普遍性更强,客观性强,具有说服力。在确定模糊随机概率时,需要解决最优化问题,需要一定的计算量。

对于可靠指标为区间的模糊可靠度,其本质是 POSFUST 可靠性理论。该方法不用事先确定设计参数和失效准则的模糊隶属函数;避免了积分,概念清晰,但是计算结果依赖于水平截集的选值。水平截集选值不同对结果影响较大。目前水平截集选值都依赖于经验。该方法目前应用广泛,在水利工程中比较热门。

三、水闸安全可靠度研究

(一)水闸模糊可靠度方法选取

针对水闸失效模式多、随机变量多,功能函数复杂、随机变量样本数量少等特点,对前文介绍的 4 种模糊可靠度方法在水闸上的适用性进行分析比较。

模糊点估计法对随机变量的个数和功能函数的显隐式没有要求,但没有考虑到失效准则的模糊性;基于失效准则模糊的模糊可靠度方法没有考虑随机变量的模糊性,要求功能函数为显式;模糊 – 随机数字特征代替随机参数的模糊可靠度方法没有考虑失效准则的模糊性,能解决随机变量样本数量少的缺点,但随机变量越多,相应的工作量就越大,该方法对功能函数的显隐式没有要求;可靠指标为区间的模糊可靠度方法其本质为传统的可靠度分析方法,要求功能函数为显式,随机变量多对计算结果也有一定的影响。

综上所述,每种方法在水闸可靠性评估上都有缺陷,可根据不同的水闸失效模式选取不同的模糊可靠度方法。

(二)水闸失效模式

前文水闸安全评价体系的研究可以发现,水闸的安全评价指标繁且杂,水闸可靠性研究考虑所有的指标的失效模式是不现实的。该水闸的系统可靠度应建立在多种失效模式的串联系统可靠度的基础上。

由于现有的技术和人力物力的限制,水闸安全现状检测的项目包括混凝土抗压强度检测、碳化深度检测、保护层厚度检测等。根据检测报告提供的随机变量和指标的重要性程度,水闸系统的失效模式可简化为渗透稳定失效、结构稳定(抗滑稳定、地基承载力)失效、地震稳定失效、防洪能力失效、耐久性能失效等。

1. 防洪能力失效

1)随机变量选取

影响水闸防洪能力的主要因素有上游水位(正常蓄水位或最高挡水位)、浪高和闸顶高程。

(1)闸顶高程 h_0 在水闸建成后变化很小,按常量处理。

(2)上游水位 h,由于现有水闸在运行管理中很少留下闸前最高水位的记录,无法用实测资料进行分析,可选用水闸附近水文站点的年最高水位资料作为分析依据。查阅文献可知,上游水位总体上不拒绝正态、对数正态分布和极值Ⅰ型分布,并以极值Ⅰ型分布为优。

(3)波浪计算高度 h_p 研究表明浪高服从正态分布,变异系数为 0.69。

2)极限状态方程

根据现行规范《水闸设计规范》(SL 265—2016),防洪堤上的水闸,其防洪标准不得低于防洪堤的防洪标准。当闸前水位上涨或风浪大时的闸前水位高程达到闸顶高程时,闸前防洪能力已经发挥到极限,由此得到水闸防洪极限状态方程:

$$Z = h_0 - h - h_p = 0 \tag{6-75}$$

2. 结构稳定失效

水闸结构稳定计算是水闸设计和校核的重要内容之一。在承载能力极限状态下,水闸闸室结构的失效模式主要包括抗滑稳定失效、闸基承载能力失效和强度失效三种。

1）随机变量选取

查阅相关的文献，对于水闸结构稳定，相应的随机变量参数如表6-28所示。

表6-28　随机变量参数表

参数	分布类型
混凝土容重 γ_c	正态分布
上游水位 H_{up}	正态分布
地基黏聚力 c	正态分布
地基摩擦系数 f	对数正态分布
地基承载力 f_k	正态分布
混凝土抗压强度 f_c	正态分布
混凝土抗拉强度 f_t	正态分布
混凝土弹性模量 E_c	正态分布

2）极限状态方程

a. 闸室抗滑稳定

根据水闸设计规范中建议的材料力学公式，可建立闸室沿地基面的抗滑稳定极限状态方程：

$$f\sum G - \sum H = 0 \tag{6-76}$$

式中：f 为基础底面与地基之间的摩擦系数；$\sum G$ 为作用在闸室上的全部竖向荷载（包括基底面上的扬压力），kN；$\sum H$ 为作用在闸室上的全部水平向荷载，kN。

功能函数：

$$Z(\cdot) = R(\cdot) - S(\cdot) = Z(f,\gamma_c,H_{up}) \tag{6-77}$$

b. 闸室基底承载能力

闸基安全承载包括两方面：闸室基底应力的最大值不超过地基承载能力；基底应力的最大与最小值之比（基底应力不均匀系数）不大于允许值。根据规范中的材料力学公式，相应的极限状态方程如下：

（1）地基承载能力

$$f_k - \left(\frac{\sum G}{A} + \frac{\sum M}{W} \right) = 0 \tag{6-78}$$

式中：$\sum G$ 为作用在闸室底部所有铅直力的总和，kN；$\sum M$ 为所有外力对闸室底部中心点的力矩总和，以顺时针为正，kN·m；A 为闸室基底面的面积，m^2；W 为闸室基底面对于该底面垂直水流方向的形心轴的截面矩，m^2。

功能函数：

$$Z_1(\cdot) = R_1(\cdot) - S_1(\cdot) = Z_1(f_k,\gamma_c,H_{up}) \tag{6-79}$$

（2）基底应力不均匀系数

$$\left[\eta\right] - \frac{\dfrac{\sum G}{A} + \dfrac{\sum M}{W}}{\dfrac{\sum G}{A} - \dfrac{\sum M}{W}} = 0 \qquad (6\text{-}80)$$

式中:$[\eta]$为基底应力不均匀系数允许值;其余参数含义同前。

将相关随机变量和计算参数代入化简,得到:

$$R_2(\cdot) = [\eta] = 2.0 \qquad (6\text{-}81)$$

$$S_2(\cdot) = \frac{\dfrac{\sum G}{A} - \dfrac{\sum M}{W}}{\dfrac{\sum G}{A} + \dfrac{\sum M}{W}} = \frac{\text{分子}}{\text{分母}} \qquad (6\text{-}82)$$

功能函数:

$$Z_2(\cdot) = R_2(\cdot) - S_2(\cdot) = Z_2(\gamma_c, H_{up}) \qquad (6\text{-}83)$$

c.闸室结构应力

闸室是一空间结构,受力比较复杂。简化计算时,一般将其分解为底板、闸墩等若干构件分别计算,并考虑这些构件之间的相互作用,这样的方法较简便但不够精确。采用三维有限元方法可以较为精确地分析闸室的应力应变状态。闸室应力的极限状态是混凝土的拉、压应力 σ_t、σ_c 达到混凝土的抗拉、抗压强度 f_t、f_c。极限状态方程为:

$$f_t - \sigma_t = 0 \qquad (6\text{-}84)$$

$$f_c - \sigma_c = 0 \qquad (6\text{-}85)$$

3.渗透稳定失效

1)随机变量选取

临界渗透坡降 J_c 可按下式求得:

(1)流土临界坡降。

水闸渗流出口处若无反滤层或盖重,渗流方向自下而上时,流土临界坡降为:

$$J_c = (1 - n)\left(\frac{\gamma_s}{\gamma} - 1\right)\left(1 + \frac{1}{2}\xi\tan\varphi\right) + \frac{C}{\gamma} \qquad (6\text{-}86)$$

对于砂土,凝聚力 $C = 0$(kN/m^2),且使 $\tan\varphi = 0.6$,取侧压力系数 $\xi = 0.5$,则有:

$$J_c = 1.15(1 - n)\left(\frac{\gamma_s}{\gamma} - 1\right) \qquad (6\text{-}87)$$

式中:γ_s 为土颗粒重度,kN/m^3;γ 为水重度,10 kN/m^3;n 为土体孔隙率(%);φ 为内摩擦角(°)。

水闸渗流出口处若设有反滤层,则有

$$J_c = \left[(1 - n)\left(\frac{\gamma_s}{\gamma} - 1\right)t + (1 - n_1)\left(\frac{\gamma_{s1}}{\gamma} - 1\right)t_1 + (1 - n_2)\left(\frac{\gamma_{s2}}{\gamma} - 1\right)t_2\right]/t \qquad (6\text{-}88)$$

式中:n_1 为排水滤层土料空隙率;n_2 为排护坦或海漫空隙率;γ_{s1} 为排水滤层土料土颗粒重度;γ_{s2} 为护坦或海漫重度;t_1 为排水滤层土料厚度;t_2 为排水护坦或海漫厚度。

(2)管涌临界坡降。

管涌临界坡降计算公式如下：

$$J_c = \frac{7d_5}{d_f} \left[4P_f(1-n) \right]^2 \tag{6-89}$$

式中：$d_f = 1.3\sqrt{d_{85}d_{15}}$ 为闸基土最大粒径；P_f 为小于 d_f 的土粒百分数含量(%)；n 为闸基土的孔隙率；d_5、d_{15}、d_{85} 为闸基土颗粒级配曲线上小于含量 5%、15%、85% 的粒径，mm；d_5 为被冲动的土粒，可采用 0.2 mm。

2)极限状态方程

水闸设计规范要求水平段和出口段的渗透坡降必须小于容许的水平段和出口段的渗透坡降，则建立水闸闸基抗渗稳定性极限状态方程为：

$$Z = J_c - J = 0 \tag{6-90}$$

规范要求的改进阻力系数法计算水闸闸基渗流场的水平段和出口段的渗透坡降值时，需要的随机变量为上下游水位，则：

流土破坏时：

$$Z(\cdot) = J_c(\cdot) - J(\cdot) = Z(h_{上}, h_{下}, n, \gamma_s, \psi) \tag{6-91}$$

管涌破坏时：

$$Z(\cdot) = J_c(\cdot) - J(\cdot) = Z(h_{上}, h_{下}, n, p_f, d_f, d_5) \tag{6-92}$$

当渗流场较为复杂时，规范建议用有限元计算闸基渗流场的渗透坡降最大值，需要的随机变量为上下游水位、土层的渗透系数，则：

流土破坏时：

$$Z(\cdot) = J_c(\cdot) - J(\cdot) = Z(h_{上}, h_{下}, n, \gamma_s, \psi, k) \tag{6-93}$$

管涌破坏时：

$$Z(\cdot) = J_c(\cdot) - J(\cdot) = Z(h_{上}, h_{下}, n, p_f, d_f, d_5, k) \tag{6-94}$$

4.耐久性能失效

基于病害现象的结构耐久性极限状态应归为正常使用极限状态。我国现行的《水利水电工程结构可靠性设计统一标准》(GB 50199—2013)中也规定，既有结构耐久性评定中的耐久年数为结构在环境作用下达到相应正常使用状态限值的年数。其限值或标志应按下列原则确定：

(1)结构构件出现尚未明显影响承载力的表面损伤。

(2)结构构件材料的性能劣化，使其产生脆性破坏的可能性增大。

根据结构的类型、所处的环境以及使用的情况，不同的结构对耐久性的要求是不一样的，因而不同结构的耐久性极限准则也应是不同的。对于钢筋混凝土结构来说，耐久性极限状态可以从不允许钢筋锈蚀和允许钢筋发生有限的锈蚀两方面来考虑。不允许钢筋锈蚀可以将钢筋开始锈蚀作为耐久性极限状态；对于允许钢筋发生一定程度的锈蚀的结构，可将混凝土表面出现锈胀裂缝或锈胀裂缝宽度达到某个限值作为耐久性极限状态。

1)混凝土碳化

混凝土碳化对水闸最重要的危害主要体现在它会使钢筋钝化膜被破坏，导致钢筋锈蚀。因此，基于混凝土碳化的正常使用极限状态可以混凝土碳化深度恰好不使钢筋发生锈蚀为标志。大量的试验研究和工程实测资料表明，由于钢筋锈蚀的影响因素众多，在混凝土碳化发生到钢筋表面(碳化深度达到混凝土保护层厚度)时,钢筋可能不会立刻开始锈蚀,也可能在此之前就已开始锈蚀,在实际应用中很难准确界定钢筋开始锈蚀的标志,故通常的做法是将碳化深度达到混凝土保护层厚度的状态作为基于混凝土碳化的正常使用极限状态。

a. 随机变量选取

混凝土碳化是一个较为缓慢持久的过程,环境中的年平均温度和相对湿度值相对于碳化整个过程来说,其变异性很小,故可不考虑年平均温度和相对湿度值的随机性,将它们作为确定性变量处理。而其他一些系数的取值也多是经验性的,无法考虑随机性。故极限状态方程中考虑的随机变量为混凝土保护层厚度 c、计算模式不定性系数 K_{mc}、混凝土立方体抗压强度标准值 f_{cu}。

其中,计算模式不定性系数 $K_{mc} = \dfrac{x_{c实测}}{x_{c预测}}$,因此需要根据工程中的实测碳化深度来推求随机性,其分布规律、变异系数与实测碳化深度的分布规律、变异系数相同,均值取实测碳化深度均值与预测碳化深度的比值。

式中各随机变量的统计参数(见表 6-29)、分布类型根据安全检测资料,并参考相关文献来确定。

表 6-29　随机变量统计参数

参数		分布类型
实测混凝土保护层厚度 c		正态分布
实测碳化深度 $x_{c实测}$	底板	对数正态分布
	闸墩	对数正态分布
计算模式不定性系数 K_{mc}	底板	对数正态分布
	闸墩	对数正态分布
混凝土立方体抗压强度 f_{cu}		正态分布

b. 极限状态方程

当混凝土碳化深度较浅时,混凝土梁的极限承载能力就开始迅速降低,脆性增强,一旦出现损伤,极易发生突然性的开裂。一般钢筋混凝土结构构件的混凝土保护层厚度为 20~60 mm,当混凝土碳化深度达到该厚度时,由于本身性质的改变和钢筋的影响,碳化层和未碳化层之间的黏结力会被削弱,影响构件的整体性,受力性能会严重降低。

综合以上两点,认为将混凝土碳化深度等于保护层厚度作为基于碳化的耐久性极限状态是合理的,其极限状态方程为:

$$Z = c - x_c = 0 \tag{6-95}$$

式中:c 为混凝土保护层厚度,mm;x_c 为混凝土碳化深度,mm。

混凝土碳化深度是一个随着结构使用时间 t 变化的量值。考虑到实际工程中的应用,以及实测资料的修正,本章选用牛获涛提出的,以环境条件和混凝土质量影响为主,并考虑碳化位置、混凝土养护浇筑面、工作应力修正的碳化深度多系数模型。

$$x_c = 2.56 K_{mc} k_j k_{CO_2} k_p k_s \sqrt[4]{T}(1 - RH) RH \left(\frac{57.94}{f_{cu}} m_c - 0.76 \right) \sqrt{t} \qquad (6\text{-}96)$$

式中:K_{mc}为计算模式不定性随机变量,主要反映碳化模型计算结果与实测结果之间的差异,同时,也包含其他一些在计算模型中未能考虑的随机因素对混凝土碳化的影响;k_j为角部修正系数,角部取 1.4,非角部取 1.0;k_{CO_2}为 CO_2 浓度影响系数,可根据 CO_2 浓度测试结果计算,或根据建筑物所处环境及人群密集程度估计,对于水闸这类工业建筑室外环境可取 1.1~1.4;k_p 为浇筑面影响系数,对浇筑面取 1.2;k_s 为混凝土受压时取 1.0,受拉时取 1.1;T 为环境年平均温度,℃;RH 为环境年平均相对湿度(%);f_{cu} 为混凝土立方体抗压强度,MPa;m_c 为混凝土立方体抗压强度平均值与标准值之比;t 为碳化时间,a。

因此,极限状态方程可写为

$$Z(t) = c - 2.56 K_{mc} k_j k_{CO_2} k_p k_s \sqrt[4]{T}(1 - RH) RH \left(\frac{57.94}{f_{cu}} m_c - 0.76 \right) \sqrt{t} = 0 \qquad (6\text{-}97)$$

2)钢筋锈蚀

钢筋锈蚀对于钢筋混凝土结构的影响非常大,不但减弱结构的承载能力,更会引起混凝土开裂,产生顺筋裂缝,破坏结构的完整性。在现有的基于钢筋锈蚀的混凝土结构耐久性研究中,通常以混凝土保护层锈胀开裂或锈胀裂缝宽度达到一定的限值作为耐久性极限状态。

发生钢筋锈蚀的钢筋混凝土结构中,一旦出现锈胀裂缝,钢筋锈蚀的速度就会明显加快,这对于水闸这种处于自然环境中、常年与水密切接触的重要结构来说,会造成比较严重的后果。因此,将混凝土发生锈胀开裂作为基于钢筋锈蚀的正常使用极限状态。

a. 随机变量选取

随机变量参数如表 6-30 所示。

表 6-30　随机变量参数

参数		分布类型
实测混凝土保护层厚度 c		正态分布
计算模式不定性系数 K_{mc}	底板	对数正态分布
	闸墩	对数正态分布
混凝土立方体抗压强度 f_{cu}		正态分布
开裂前钢筋锈蚀深度计算模式不定性系数 K_{me1}		对数正态分布

b. 极限状态方程

研究混凝土结构的锈胀开裂需要知道锈胀开裂前钢筋锈蚀率的发展规律和锈胀开裂时的临界锈蚀率。由于结构质量、材料性能及使用环境的随机性,导致混凝土保护层开裂前的钢筋锈蚀率发展规律与开裂时的临界锈蚀率都具有一定的随机性。基于钢筋锈蚀的水闸结构正常使用极限状态方程为

$$Z = \rho_{cr} - \rho = 0 \qquad (6\text{-}98)$$

或

$$Z = \delta_{cr} - \delta \qquad (6\text{-}99)$$

式中:ρ_{cr}为混凝土保护层锈胀开裂时钢筋的临界锈蚀率(%);ρ为钢筋锈蚀率(%);δ_{cr}为混凝土保护层锈胀开裂时钢筋的临界锈蚀深度,mm;δ为钢筋锈蚀深度,mm。

锈胀开裂时的钢筋锈蚀深度计算式:

$$\delta_{cr} = k_{crs}(0.012c/d + 0.000\ 84f_{cu} + 0.022) \quad (\text{光圆钢筋}) \tag{6-100}$$

$$\delta_{cr} = k_{crs}(0.008c/d + 0.000\ 55f_{cu} + 0.022) \quad (\text{变形钢筋}) \tag{6-101}$$

$$\delta_{cr} = 0.026c/d + 0.002\ 5f_{cu} + 0.068 \quad (\text{箍筋及网状配筋}) \tag{6-102}$$

式中:c为混凝土保护层厚度,mm;d为钢筋直径,mm;k_{crs}为钢筋位置影响系数,角部取1.0,非角部取1.35;f_{cu}为混凝土标准立方体抗压强度,MPa。

在一般大气环境下,混凝土保护层锈胀开裂前,钢筋锈蚀深度的计算公式如下:

$$\delta(t) = K_{me1}46k_{cr}k_{ce}e^{0.04T}(RH - 0.45)^{\frac{2}{3}}c^{-1.36}f_{cu}^{-1.83}(t - t_1) \tag{6-103}$$

式中:K_{me1}为开裂前钢筋锈蚀深度计算模式不定性系数,可根据实测锈蚀深度求得;k_{cr}为钢筋位置修正系数,角部取1.6,中部取1.0;k_{ce}为局部环境修正系数,潮湿地区室外环境取3.0~4.0,潮湿地区室内环境取1.0~1.5,干燥地区室外环境取2.5~3.5,干燥地区室内环境取1.0;t为环境温度,℃;RH为环境湿度(%);t_1为钢筋开始锈蚀的时间,a;其余参数含义同前。

其中,钢筋锈蚀开始时间可由下式求得:

$$t_1 = \left(\frac{c - x_0}{k}\right)^2 \tag{6-104}$$

式中:k为上一节中的碳化系数;x_0为碳化残量,mm,定义为在钢筋开始锈蚀时用酚酞试剂测出的碳化前沿到钢筋表面的距离,可用下式计算:

$$x_0 = 4.86(-RH^2 + 1.5RH - 0.45)(c - 5)(\ln f_{cuk} - 2.30) \tag{6-105}$$

钢筋锈蚀深度与钢筋锈蚀率ρ之间的换算关系式如下:

$$\rho = 1 - \frac{(d - 2\delta)^2}{d^2} \tag{6-106}$$

(三)水闸体系模糊可靠度理论

水闸系统存在多个失效模式,系统的失效概率可能低于也可能高于其中某一个失效模式的失效概率,可以通过串联、并联结构将各失效模式关联,求出水闸体系的模糊可靠度。m个独立失效模式构成的串并联结构系统的模糊可靠概率可以分别表示为:

串联系统:
$$P_s = \prod_{h=1}^{m} P_{sh} \tag{6-107}$$

并联系统:
$$P_s = 1 - \prod_{h=1}^{m}(1 - P_{sh}) \tag{6-108}$$

式中:P_s为系统的模糊可靠概率;P_{sh}为第h个失效模式的可靠概率。

可以看出,对于并联结构,只有当结构系统的失效模式均发生时,系统失效,系统的可靠概率随着组成系统失效模式个数增加而增加;对于串联结构,结构系统的可靠概率随着组成系统失效模式个数增加而减少。

(四)体系失效概率计算

水闸失效模式的分析,可认为水闸体系为串联体系,失效模式之间并不互相独立,比如防洪能力与渗透稳定这两个失效模式都与随机变量水位相关,即失效模式 E_i 和 E_j 的相关系数 $\rho_{ij} > 0$。

体系可靠度由于结构的复杂性、失效模式之间的相关性,通常计算起来比较困难,可寻求可靠度的上下界值来代替实际的体系可靠度精确值,目前常用的方法有宽界限法(一阶界限)和窄界限法(二阶界限)。

对于串联体系来说,假设各失效模式正相关,宽界限法下限选取各失效模式完全相关情况下的体系失效概率,上限选取各失效模式相互独立情况下的体系失效概率。

体系可靠度概率可表示为:

$$\prod_{i=1}^{m} P_{ri} \leqslant P_r \leqslant \min_{1 \leqslant i \leqslant m} P_{ri} \tag{6-109}$$

相应的体系失效概率为:

$$\min_{1 \leqslant i \leqslant m} P_{fi} \leqslant P_f \leqslant 1 - \prod_{i=1}^{m} (1 - P_{fi}) \tag{6-110}$$

宽界限法理论清晰,计算简单,但是没有将失效模式之间的相关性系数纳入计算,只是粗略地估计了上下限,所以最终得到的体系可靠度的上下限较宽,只适用于粗略的结构失效概率的计算,不利于实际应用,对于水闸失效体系来说并不适用。

窄界限法(二阶界限)基于宽界限法进行了改进,考虑了模式之间的相关性,使最终可靠度结果的上下限变窄。相应的串联体系失效概率可表示为:

$$P_{f1} + \sum_{i=2}^{m} \max\left(P_{fi} - \sum_{j=1}^{i-1} P_{fij}, 0\right) \leqslant P_f \leqslant \sum_{i=2}^{m} P_{fi} - \sum_{i=2}^{m} \max_{j<i} P_{fij} \tag{6-111}$$

式中:P_{fij} 表示两个失效模式同时失效的概率,各个失效模式按失效概率 $P_{f1} \geqslant P_{f2} \geqslant \cdots \geqslant P_{fm}$ 的顺序排列使得上下界区间较窄。

四、海河流域某水闸工程示范应用

(一)防洪模糊可靠度

1. 随机变量及方法选取

影响水闸防洪能力以闸顶高程作为关键因素,主要变量有上游水位和闸顶高程。

(1)闸顶高程:43.5 m,在水闸建成后变化很小,按常量处理。

(2)上游水位,由于现有水闸在运行管理中很少留下闸前最高水位的记录,无法用实测资料进行分析,可选用水闸附近水文站点的年最高水位资料作为分析依据(见表6-31)。

由于防洪的极限状态方程为显式,模糊可靠度可采用本小节基于失效准则的模糊可靠度方法与常用的 JC 法编程计算。

相应的模糊等效功能函数为:

$$Z = g_X(X) - X_{n+1} \tag{6-112}$$

X_{n+1} 的均值为 $\mu(X_{n+1}) = \dfrac{a+b}{2}\overline{Z}$,标准差为 $\sigma(X_{n+1}) = \dfrac{b-a}{2\sqrt{3}}\overline{Z}$。

表 6-31 防洪随机参数

参数	均值	变异系数	分布类型
上游水位 H_{up}	42.50 m	0.01	正态分布
模糊因子 X_{n+1}	$\dfrac{a+b}{2}\overline{Z}$	$\dfrac{1}{\sqrt{3}}$	正态分布

2. 模糊可靠度计算

将相关随机变量和计算参数代入化简,得到功能函数:

$$Z = h_0 - H_{up} - X_{n+1} = 43.5 - H_{up} - X_{n+1} \tag{6-113}$$

功能函数对各随机变量的偏导数:

$$\frac{\partial Z}{\partial H_{up}} = -1 \tag{6-114}$$

$$\frac{\partial Z}{\partial X_{n+1}} = -1 \tag{6-115}$$

3. 计算结果

防洪模糊可靠度计算结果如表 6-32 所示。可发现,基于失效准则模糊的可靠度方法与传统可靠度的计算结果相比,更为保守,且模糊程度越高,失效概率越大。

表 6-32 防洪模糊可靠度计算结果

可靠度	模糊程度	防洪能力	
		可靠指标	失效概率(%)
传统可靠度	0	2.35	0.93
模糊可靠度 $a = -b$	0.01	2.32	0.99
	0.02	2.31	1.06
	0.03	2.28	1.12
	0.04	2.25	1.21
	0.05	2.23	1.29

(二)结构稳定模糊可靠度

1. 随机变量及方法选取

结构稳定随机变量统计参数如表 6-33 所示。

由于结构稳定的极限状态方程为显式,模糊可靠度可采用本小节基于失效准则的模糊可靠度方法。

表 6-33　结构稳定随机变量统计参数

参数	均值	变异系数	分布类型
混凝土容重 γ_c	24 kN/m³	0.03	正态分布
上游水位 H_{up}	42.50 m	0.01	正态分布
地基黏聚力 c	20.6 kPa	0.3	正态分布
地基摩擦系数 f	0.25	0.2	对数正态分布
地基承载力 f_k	140 kPa	0.21	正态分布
混凝土抗压强度 f_c	16.7 MPa	0.15	正态分布
混凝土抗拉强度 f_t	1.78 MPa	0.15	正态分布
混凝土弹性模量 E_c	28 GPa	0.10	正态分布
抗滑稳定模糊数 X_{n+1}	78.58	$\dfrac{1}{\sqrt{3}}$	正态分布
地基承载力模糊数 X_{n+1}	$\dfrac{a+b}{2}\overline{Z_1}$	$\dfrac{1}{\sqrt{3}}$	正态分布
地基不均匀模糊数 X_{n+1}	$\dfrac{a+b}{2}\overline{Z_2}$	$\dfrac{1}{\sqrt{3}}$	正态分布

2. 抗滑稳定

将相关随机变量和计算参数代入化简,得到功能函数:

$$Z(\cdot) = f\sum G - \sum H - X_{n+1}$$
$$= f[1\,354.97\gamma_c + 1\,859.49H_{up} - 68\,000] - 171.675(H_{up} - 38.3)^2 - X_{n+1}$$

$$(6-116)$$

功能函数对各随机变量的偏导数:

$$\frac{\partial Z}{\partial f} = 1\,354.97\gamma_c + 1\,859.49H_{up} - 68\,000 \tag{6-117}$$

$$\frac{\partial Z}{\partial \gamma_c} = 1\,354.97f \tag{6-118}$$

$$\frac{\partial Z}{\partial H_{up}} = 1\,859.49f - 343.35(H_{up} - 38.3) \tag{6-119}$$

$$\frac{\partial Z}{\partial X_{n+1}} = -1 \tag{6-120}$$

3. 闸室基底承载能力

闸基安全承载包括两方面:

(1)闸室基底应力的最大值不超过地基承载能力。

(2)基底应力的最大与最小值之比(基底应力不均匀系数)不大于允许值。

极限状态方程如下。

1）地基承载能力

$$f_k - \left(\frac{\sum G}{A} - \frac{\sum M}{W} \right) = 0 \tag{6-121}$$

式中：$\sum G$ 为作用在闸室底部所有铅直力的总和，kN；$\sum M$ 为所有外力对闸室底部中心点的力矩总和，以顺时针为正，kN·m；$\frac{\sum M}{W}$ 为逆时针；A 为闸室基底面的面积，m^2；W 为闸室基底面对于该底面垂直水流方向的形心轴的截面矩，m^2。

将相关随机变量和计算参数代入化简，得到功能函数：

$$
\begin{aligned}
Z_1(\cdot) &= f_k - \left(\frac{\sum G}{A} - \frac{\sum M}{W} \right) \\
&= f_k - \frac{1\,354.97\gamma_c + 1\,859.49H_{up} - 68\,003.147}{497.28} + \\
&\quad \frac{319.63\gamma_c + 57.225\,(H_{up} - 38.3)^3 - 3\,727.62(H_{up} - 38.3)}{994.56} - X_{n+1}
\end{aligned}
\tag{6-122}
$$

功能函数的偏导数：

$$\frac{\partial Z_1}{\partial f_k} = 1 \tag{6-123}$$

$$\frac{\partial Z_1}{\partial \gamma_c} = -2.403 \tag{6-124}$$

$$\frac{\partial Z_1}{\partial H_{up}} = 0.172\,6\,(H_{up} - 38.3)^2 - 7.487\,3 \tag{6-125}$$

$$\frac{\partial Z}{\partial X_{n+1}} = -1 \tag{6-126}$$

2）基底应力不均匀系数

$$[\eta] - \frac{\dfrac{\sum G}{A} - \dfrac{\sum M}{W}}{\dfrac{\sum G}{A} + \dfrac{\sum M}{W}} = 0 \tag{6-127}$$

式中：$[\eta]$ 为基底应力不均匀系数允许值；其余参数含义同前。

将相关随机变量和计算参数代入化简，得到：

$$R_2(\cdot) = [\eta] = 2.0 \tag{6-128}$$

$$S_2(\cdot) = \frac{\dfrac{\sum G}{A} - \dfrac{\sum M}{W}}{\dfrac{\sum G}{A} + \dfrac{\sum M}{W}} = \frac{分子}{分母} \tag{6-129}$$

其中，

$$分子 = \frac{1\,354.97\gamma_c + 1\,859.49H_{up} - 68\,003.147}{497.28} - $$
$$\frac{319.63\gamma_c + 57.225\,(H_{up} - 38.3)^3 - 3\,727.62\,(H_{up} - 38.3)}{994.56}$$

$$分母 = \frac{1\,354.97\gamma_c + 1\,859.49H_{up} - 68\,003.147}{497.28} + $$
$$\frac{319.63\gamma_c + 57.225\,(H_{up} - 38.3)^3 - 3\,727.62(H_{up} - 38.3)}{994.56}$$

功能函数:

$$Z_2(\cdot) = R_2(\cdot) - S_2(\cdot) - X_{n+1} = Z_2(\gamma_c, H_{up}, X_{n+1}) \tag{6-130}$$

功能函数的偏导数:

$$\frac{\partial Z_2}{\partial \gamma_c} = \frac{2.403}{分母} - \frac{3.043 \cdot 分子}{分母^2} \tag{6-131}$$

$$\frac{\partial Z_2}{\partial H_{up}} = \frac{[7.487\,3 - 0.172\,6\,(H_{up} - 38.3)^2]}{分母} - \tag{6-132}$$
$$\frac{[0.172\,6\,(H_{up} - 38.3)^2 - 0.008] \cdot 分子}{分母^2}$$

$$\frac{\partial Z}{\partial X_{n+1}} = -1 \tag{6-133}$$

4. 计算结果

结构可靠度计算结果如表 6-34 所示。可以发现,基于失效准则模糊的可靠度方法与常规可靠度的计算结果相比,更为保守,且模糊程度越高,失效概率越大。

表 6-34　结构可靠度计算结果

可靠度	模糊程度	抗滑稳定		闸室基底承载能力			
				地基承载能力		基底不均匀系数	
		可靠指标	失效概率（%）	可靠指标	失效概率（%）	可靠指标	失效概率（%）
常规可靠度	0	4.94	3.92	1.64	4.96	1 711	0
模糊可靠度 $a = -b$	0.01	4.87	5.54	1.63	5.13	1 698	0
	0.02	4.80	8.02	1.62	5.31	1 600	0
	0.03	4.72	1.20	1.59	5.49	1 464	0
	0.04	4.63	18.0	1.58	5.68	1 206	0
	0.05	4.54	27.60	1.56	5.88	1 042	0

（三）渗透稳定模糊可靠度

根据现场调查发现,该水闸破坏形式为流土破坏,土质为各向同性。对于流土型的临界渗透坡降的确定,可根据作用于单位土体上的渗透力与土体在水中的浮重、土体形状的

颗粒阻力相平衡的原理予以说明。当渗流的方向从下向上时,容许坡降为:

$$J_C = (G_s - 1)(1 - n)\eta \tag{6-134}$$

式中:G_s 为土粒比重;n 为孔隙率;η 为土体形状系数,取为 1.17。

规范要求水平段及出口段的渗透坡降必须小于允许坡降,为保证闸基的抗渗稳定性,建立水闸抗渗稳定的功能函数:

$$Z = J_C - J \tag{6-135}$$

式中:J_C 为土体的容许坡降;J 为水闸渗流场的坡降。

1. 随机变量及方法选取

对于水闸的渗流稳定计算,有限元计算方法相比于改进阻力系数法得到的结果更为直观和精确,所以本书用有限元得到该水闸渗流场的渗透坡降分布(见表6-35)。由于该功能函数为隐式,所以用模糊点估计法进行计算。

表6-35　渗透随机变量统计参数

参数		均值	变异系数	分布类型
上游水位 H_{up}		42.50 m	0.01	正态分布
第一层 (黏土)	土粒比重 G_s	2.88	0.015	正态分布
	孔隙率 n	0.435	0.087	正态分布
	渗透系数 k_1	3.89×10^{-7} m/s	0.216	正态分布
第二层(壤土) 渗透系数 k_2		4.46×10^{-7} m/s	0.112	正态分布
第三层(粉砂) 渗透系数 k_3		3.79×10^{-7} m/s	0.317	正态分布

2. 确定性分析

不考虑水闸渗流的模糊随机性,对水闸渗流稳定性进行确定性分析。考虑止水失效对水闸渗流场的影响,对闸基进行二维有限元渗流计算。水头边界条件为:水闸上游边界赋予4.2 m的水头,水闸下游边界赋予0 m的水头。每排排水孔渗流影响范围取0.4 m,即在排水孔赋予0.4 m宽的下游水头。当止水失效时,止水破坏时渗流影响范围取约15 cm,在止水位置赋予相应的水头。

止水完好时,入渗处和排水孔起始点处坡降值较大,坡降值最大处出现在排水孔起始点处(见图6-19)。闸基渗流稳定的安全系数(土质允许坡降和渗流场中坡降最大值的比值)为2.7,大于规范中要求的安全系数(数值为1.5),满足规范要求;由于止水位置离闸门较近,扬压力较大,当止水发生破坏时,止水破坏处相当于一个排水孔的角色,导致闸底板的扬压力变小,入渗处的坡降值没有产生明显的影响,止水位置的坡降值增幅较大(见图6-20),闸基渗流稳定的安全系数为0.98,不满足规范要求,且闸底板容易发生渗流破坏,产生闸底板淘空现象。计算结果见表6-36和表6-37。

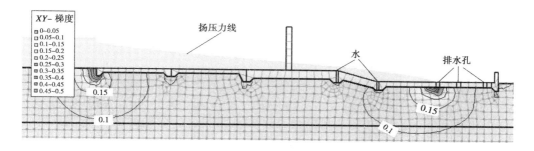

图6-19　闸基渗透坡降分布(止水完好)

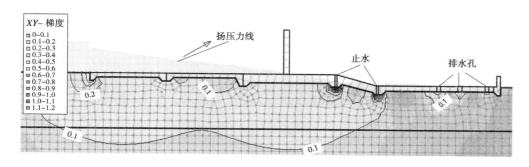

图6-20　闸基渗透坡降分布(止水破坏)

表6-36　水闸闸基扬压力

止水完好情况	扬压力(kPa)				
	入渗点	闸门底部	①号止水	②号止水	排水孔起始点③
止水完好	47.0	21.52	23.76	25.9	5.88
止水破坏	46.24	13.10	0.98	10.78	5.88

表6-37　水闸闸基渗透坡降

止水完好情况	坡降						
	入渗点	闸门底部	①号止水	②号止水	排水孔起始点③	允许坡降	功能函数
止水完好	0.39	0.08	0.11	0.14	0.46	1.24	0.78
止水破坏	0.42	0.14	1.26	0.88	0.26	1.24	−0.02

3. 模糊点估计法

考虑取值界限 $k=3$,即采用 $E\pm3\sigma$ 表征土质参数隶属函数拟正态分布取值界限。考虑9个水平截集,即 $\alpha_i=0.1\sim0.9$,用矩估计近似方法可得到不同水平截集下的渗流模糊可靠指标,结果见表6-38。

表6-38 不同水平截集模糊可靠度指标计算结果

α_i	止水完好			止水破坏		
	$E(Z)$	$\sigma(Z)$	β	$E(Z)$	$\sigma(Z)$	β
0.1	0.738	0.334	1.887	-0.079	0.505	-0.156
0.2	0.752	0.258	2.575	-0.055	0.391	-0.141
0.3	0.762	0.202	3.337	-0.037	0.307	-0.121
0.4	0.769	0.158	4.709	-0.026	0.240	-0.107
0.5	0.773	0.122	6.157	-0.036	0.183	-0.195
0.6	0.776	0.091	8.228	-0.031	0.137	-0.224
0.7	0.777	0.064	11.617	-0.027	0.096	-0.282
0.8	0.779	0.041	18.203	-0.025	0.061	-0.410
0.9	0.779	0.019	36.963	-0.008	0.029	-0.264

4. 计算结果

渗流模糊可靠度指标计算结果如表6-39所示。可以看出,基于模糊点估计法 ($k=3$),不同工况下的总均值、总方差、可靠指标与传统可靠度(LHS)结果相接近,说明模糊点估计法适用于水闸流可靠度计算。

表6-39 渗流模糊可靠度指标计算结果

计算方法	止水完好			止水破坏		
	$E(Z)$	$\sigma(Z)$	β	$E(Z)$	$\sigma(Z)$	β
LHS	0.775	0.131	5.939	-0.021	0.141	-0.149
模糊点估计法	0.773	0.119	5.597	-0.027	0.180	-0.151

(四)耐久性模糊可靠度

由于耐久性能的极限状态方程为显式,模糊可靠度可采用前述基于失效准则模糊的可靠度方法。

1. 随机变量及方法选取

混凝土碳化是一个较为缓慢持久的过程,环境中的年平均温度和相对湿度值相对于整个碳化过程来说,其变异性很小,故可不考虑年平均温度和相对湿度值的随机性,将它们作为确定性变量处理。而其他一些系数的取值也多是经验性的,无法考虑随机性。故极限状态方程中考虑的随机变量为混凝土保护层厚度 c、计算模式不定性系数 K_{mc}、混凝土立方体抗压强度标准值 f_{cu},见表6-40。

表 6-40　耐久性随机变量统计参数

参数	均值	变异系数	分布类型
实测混凝土保护层厚度 c	45 mm	0.2	正态分布
实测碳化深度 $x_{c实测}$	35 mm	0.36	对数正态分布
计算模式不定性系数 K_{mc}	1.574	0.36	对数正态分布
混凝土立方体抗压强度 f_{cu}	25 MPa	0.15	正态分布
X_{n+1}	$\dfrac{a+b}{2}$	$\dfrac{1}{\sqrt{3}}$	正态分布

其中,计算模式不定性系数 $K_{mc} = \dfrac{x_{c实测}}{x_{c预测}}$,因此需要根据工程中的实测碳化深度来推求随机性,其分布规律、变异系数与实测碳化深度的分布规律、变异系数相同,均值取实测碳化深度均值与预测碳化深度的比值。

2. 模糊可靠度计算

基于碳化深度的正常使用极限状态方程对应的功能函数为:

$$Z(\cdot) = R(\cdot) - S(\cdot) - X_{n+1} = c - 2.257 K_{mc} \left(\frac{57.94}{f_{cu}} - 0.76\right)\sqrt{t} - X_{n+1}$$
$$= Z(c, K_{mc}, f_{cu}, X_{n+1}) \tag{6-136}$$

功能函数的偏导数:

$$\frac{\partial Z}{\partial c} = 1 \tag{6-137}$$

$$\frac{\partial Z}{\partial K_{mc}} = -2.257 \left(\frac{57.94}{f_{cu}} - 0.76\right)\sqrt{t} \tag{6-138}$$

$$\frac{\partial Z}{\partial f_{cu}} = 130.77 K_{mc} f_{cu}^{-2} \sqrt{t} \tag{6-139}$$

$$\frac{\partial Z}{\partial X_{n+1}} = -1 \tag{6-140}$$

该水闸建于 1967 年,2008 年停止服役,服役时间 t 为 41 年。

3. 计算结果

耐久性模糊可靠度计算结果如表 6-41 所示。可以看出,基于失效准则模糊的可靠度方法与传统可靠度的计算结果相比,更为保守,且模糊程度越高,失效概率越大。

4. 混凝土碳化预测

对于混凝土碳化极限方程 $Z(\cdot) = R(\cdot) - S(\cdot) = c - 2.257 K_{mc}\left(\frac{57.94}{f_{cu}} - 0.76\right)\sqrt{t}$,当 $Z(\cdot) = 0$ 时,可推出碳化寿命为 66 年。

对于传统可靠度计算,即模糊程度 $a = -b = 0$,基于混凝土碳化的耐久性能随服役时间 t 的可靠指标和失效概率计算结果如表 6-42 所示。

表 6-41 耐久性模糊可靠度计算结果

可靠度	模糊程度	耐久性能	
		可靠指标	失效概率(%)
常规可靠度	0	0.608	27.13
模糊可靠度 $a = -b$	0.01	0.604	27.30
	0.02	0.599	27.46
	0.03	0.594	27.63
	0.04	0.589	27.79
	0.05	0.584	27.96

表 6-42 混凝土碳化可靠指标时效变化

服役时间 $t(a)$	耐久性能	
	可靠指标	失效概率(%)
41	0.608	27.13
42	0.583	28.00
43	0.556	28.87
44	0.532	29.72
45	0.508	30.57
46	0.484	31.41

选取模糊程度 $a = -b = 0.03$,基于混凝土碳化的耐久性能随服役时间 t 的可靠指标和失效概率计算结果如表 6-43 所示。

表 6-43 混凝土碳化模糊可靠指标时效变化

服役时间 $t(a)$	耐久性能	
	可靠指标	失效概率(%)
41	0.594	27.63
42	0.568	28.51
43	0.542	29.38
44	0.518	30.24
45	0.493	31.09

碳化耐久性最低可靠指标可取 0.5,所以该水闸的混凝土寿命推测如表 6-44 所示。

表 6-44　水闸混凝土碳化预测

计算方法	碳化预测（a）
极限方程	20
传统可靠度	4
模糊可靠度	3

（五）水闸体系模糊可靠度

1. 体系可靠度框架

根据上述防洪、结构稳定（抗滑稳定、地基承载力、基底不均匀系数）、渗透稳定、耐久性四个失效模式模糊可靠度计算过程，该水闸体系模糊可靠度的随机变量为：上游水位 H_{up}，防洪失效模式模糊因子 X_{n+1}，混凝土容重 γ_c，地基黏聚力 c，地基摩擦系数 f，地基承载力 f_k，混凝土抗压强度 f_c，混凝土抗拉强度 f_t，混凝土弹性模量 E_c，抗滑稳定模式模糊因子 X_{n+1}，基底承载能力稳定模式模糊因子 X_{n+1}，第一层（黏土）的土粒比重 G_s、孔隙率 n、渗透系数 k_1，第二层（壤土）渗透系数 k_2，第三层（粉砂）渗透系数 k_3，计算模式不定性系数 K_{mc}，混凝土立方体抗压强度 f_{cu}，耐久性失效模式模糊因子 X_{n+1}。

2. 相关系数

失效模式之间的相关系数计算见表 6-45。

表 6-45　失效模式之间的相关系数

项目		防洪	结构			渗透稳定	耐久性
			抗滑稳定	地基承载力	地基不均匀系数		
防洪		1	0.529	0.063	− 0.000 15	0.623	0
结构	抗滑稳定	0.529	1	0.028 1	− 0.090 2	0.331	0
	地基承载力	0.063	0.028	1	0.058 6	0.039 4	0
	基底不均匀系数	− 0.000 15	− 0.090 2	0.058 6	1	− 0.000 09	0
渗透稳定		0.623	0.331	0.039 4	− 0.000 09	1	0
耐久性		0	0	0	0	0	1

可以看出，防洪、抗滑稳定、渗透稳定这三种失效模式相关性较高，耐久性几乎与其他失效模式互相独立。

3. 计算结果

模糊体系可靠度（模糊程度 $a = -b = 0.03$ 服役时间 41 年）与常规体系可靠度的计算结果比较如表 6-46 所示。可以看出，该水闸用两种方法得到的失效概率结果数值相近，失效概率均在 30% 左右，且模糊体系可靠度的计算结果更为保守。

表 6-46　模糊体系可靠度（模糊程度 $a = -b = 0.03$ 服役时间 41 年）

失效模式		可靠指标	失效概率（%）
常规体系可靠度	上限	0.531	29.7
	下限	0.482	31.61
体系可靠度 窄界限法	上限	0.512	30.43
	下限	0.450	32.65

第四节　基于人工神经网络的水闸安全评价方法研究

一、人工神经网络技术简介

人工神经网络(Artificial Neural Network,ANN)简称神经网络,是一种集并行和分布于一体的处理结构,主要由处理单元和被称为联接的无向信号通道互联而成。这些处理单元(Processing Element,PE)具有局部内存,并可以完成局部操作。每个处理单元有一个单一的输出联接,这个输出联接可以根据需要被分支成希望个数且输出相同信号的并行联接,即对于处理单元的信号,信号的大小不因分支的多少而变化。处理单元的输出信号可以是任何需要的数学模型,每个处理单元中进行的操作必须是完全局部的。也就是说,它必须紧紧依赖于经过输入联接到达处理单元的所有输入信号的当前值和存储在处理单元局部内存中的值。

人工神经网络是人工智能领域中的一个重要分支,是对人类大脑系统一阶特性的一种描述,是从微观结构与功能上对人脑神经系统的抽象、简化与模拟而建立起来的一类计算模型,是模拟人工智能及进行人工智能研究的一种方法。人工神经网络可以用电子线路来实现,也可以用计算机程序来模拟,其特点主要是具有非线性特性、学习能力和自适应性。

人工神经网络在模拟生物神经系统上的表现为:

(1)神经元及其联接。从系统构成的形式上看,受生物神经系统的启发,人工神经网络从神经元本身到联接模式,基本上都是以与生物神经系统相似的方式工作。

(2)信息的存储与处理。从表现特征上来看,人工神经网络力求模拟生物神经系统的基本运行方式。例如,通过相应的学习/训练算法,将蕴含在一个较大数据集中的数据联系抽出来。就像人们可以不断地摸索规律、总结经验一样,可以从先前得到的例子按要求产生出新的实例,在一定程度上实现"举一反三"的功能。

人工神经网络可以根据所在的环境去改变它的行为。也就是说,人工神经网络可以接受样本集合,并依照系统给定的算法,不断地修正神经元之间联接的强度,进而达到确定系统行为的目的。在网络的基本构成确定之后,这种改变是根据其接受的样本集合自然地进行的。可以说,人工神经网络具有良好的学习功能。人工神经网络的这一特性被称为"自然具有的学习功能",与传统的人工智能系统形成鲜明对比。

（一）人工神经网络结构

人的大脑中大约含有 10^{11} 个生物神经元,它们通过 10^{15} 个联接被联成一个系统,每个神经元具有独立地接收、处理和传递电化学信号的能力,这种传递经由构成大脑通信系统的神经通路所完成。受此启发,人工神经网络与生物神经网络系统相似,具有如下六个基本特征:

（1）神经元及其联接;

（2）神经元之间的联接强度决定信号传递的强弱;

（3）神经元之间的联接强度是可以随训练而改变的;

（4）信号不仅可以起刺激作用,也可以起抑制作用;

（5）一个神经元接收信号的累积效果决定该神经元的状态;

（6）每个神经元均有一个"阈值"。

完整的人工神经网络采用某种拓扑结构将所有人工神经元联接为整体,并设置数据接口及输出。可以看出,人工神经元作为人工神经网络的基本单元,承担着人工神经网络中生物神经元的功能。

1. 人工神经元

神经元是构成神经网络的最基本单元(构件),构建满足上述六个特征的人工神经元模型是构造一个人工神经网络的首要任务。

1）人工神经元的构成

每个人工神经元需要接收一组来自输入或者其他人工神经元的输入信号,每个输入对应一个权值,设 n 个输入分别用 $x_1, x_2, \cdots, x_n$ 表示,它们对应的联接权值依次为 $w_1, w_2, \cdots, w_n$。所有的输入及对应的联接权值分别构成输入向量 X 和联接权向量 W:

$$X = (x_1, x_2, \cdots, x_n) \tag{6-141}$$

$$W = (w_1, w_2, \cdots, w_n)^{\mathrm{T}} \tag{6-142}$$

用 net 表示该神经元所获得的输入信号的累积效果,为简便起见,称之为该神经元的网络输入:

$$net = \sum x_i w_i \tag{6-143}$$

2）激活函数

神经元在获得网络输入后,每个神经元有一个阈值。当某神经元所获得的输入信号的累积效果超过阈值时,它就处于激发态,否则处于抑制态。在人工神经网络中,激活函数主要用来控制对神经元所获得网络输入的变换,也被称为激励函数、活化函数,通常用 f 表示:

$$o = f(net) \tag{6-144}$$

式中:o 为神经元的输出。

目前,典型的激活函数有线性函数、非线性斜面函数、阶跃函数和 S 型函数等四种。

（1）线性函数。线性函数是最基本的激活函数,主要对神经元所获得的网络输入进行适当的线性放大作用。它的一般形式为:

$$f(net) = k \cdot net + c \tag{6-145}$$

式中:k 为放大系数;c 为位移。二者均为常数。

（2）非线性斜面函数。非线性斜面函数是最简单的非线性函数,是一种分段线性函数。它将函数的值域限制在一个给定的范围内,具体如下:

$$f(net) = \begin{cases} \gamma, net \geqslant \theta \\ k \cdot net, |net| < \theta \\ -\gamma, net \leqslant -\theta \end{cases} \tag{6-146}$$

其中,γ 为常数,又称为饱和值,为该神经元的最大输出。

（3）阈值函数。阈值函数又叫阶跃函数。当激活函数仅用来实现判定神经元所获得的网络输入是否超过阈值时,可使用此函数,具体如下:

$$f(net) = \begin{cases} \beta, net > \theta \\ -\gamma, net \leqslant \theta \end{cases} \tag{6-147}$$

式中:θ 为阈值。

（4）S 型函数。S 型函数又称压缩函数或者逻辑斯特函数,应用较广泛。表达式为:

$$f(net) = a + \frac{b}{1 + \exp(-d \cdot net)} \tag{6-148}$$

其中 a,b,d 为常数。S 型函数处处可导且对信号有很好的增益控制。

2. 人工神经网络的拓扑结构

一般来说,单个神经元并不能满足实际应用的要求。在实际应用中,需要有多个并行操作的神经元。目前常用的人工神经网络拓扑结构有简单单层网、简单横向反馈网、多级网以及循环网。具体如下。

1）简单单层网

简单单层网是最简单的人工神经网络,该网络接收输入向量 X:

$$X = (x_1, x_2, \cdots, x_n) \tag{6-149}$$

经过网络的变换输出向量 O:

$$O = (y_1, y_2, \cdots, y_n) \tag{6-150}$$

设输入层的第 i 个神经元到输出层的第 j 个神经元的联接的强度为 w_{ij}。即 X 的第 i 个分量以权重 w_{ij} 输入输出层的第 j 个神经元中,取所有的权构成(输入)权矩阵 W:

$$W = (w_{ij}) \tag{6-151}$$

输出层的第 j 个神经元的网络输入记为 net_j:

$$net_j = x_1 w_{1j} + x_2 w_{2j} + \cdots + x_n w_{nj} \tag{6-152}$$

记作矩阵形式:

$$NET = (net_1, net_1, \cdots, net_m) = XW \tag{6-153}$$

根据信息在网络中的流向,称 W 为从输入层到输出层的联接权矩阵。

这种只有一级联接矩阵的网络叫作简单单级网。

2）简单横向反馈网

在简单单级网的基础上,在其输出层加上侧联接就构成单横向反馈网。

3）多级网

从拓扑结构上来看,多级网是由多个单级网联接而成的。如图 6-21 所示,该图为一个典型的多级前馈网(又称非循环多级网络)。在这种网络中,信号只被允许从较低层流向较高层。

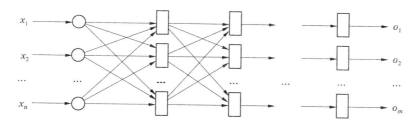

图 6-21   多层前馈网络示意图

层级划分为:

输入层:与单级网络一样,该层只起到输入信号的扇出作用,所以在计算网络的层数时不被记入。该层负责接收来自网络外部的信息,被记作第 0 层。

第 j 层:第 $j-1$ 层的直接后继层($j>0$),它直接接收第 $j-1$ 层的输出。

输出层:它是网络的最后一层,具有该网络的最大层号,负责输出网络的计算结果。

隐藏层:除输入层和输出层以外的其他各层叫隐藏层。隐藏层不直接接收外界的信号,也不直接向外界发送信号。

虽然增加网络层数可提高网络的计算能力,但如果使用线性激活函数,多级网的功能不会超过单级网的功能。因此,对于多级网络而言,其所采用激活函数均为非线性。

4)循环网

在非循环网络中,输出仅仅由当前的输入和权矩阵决定,而和较前的计算无关,因此存在输出无记忆问题。如果将输出信号反馈到输入端,就可构成一个多层的循环网络,进而可解决非循环网络对上一次的输出无记忆的问题。在循环网中,可以将输出送回输入端,从而使当前的输出受到上次输出的影响,同时又受到前一个输入的影响,如此形成一个迭代。在这个迭代过程中,输入的原始信号被逐步地"加强"、被"修复"。

这种反馈信号会引起网络输出的不断变化,如果这种变化逐渐减小直至最后消失,则称网络达到了平衡状态;如果这种变化不能消失,则称该网络是不稳定的。

(二)人工神经网络的训练

人工神经网络的学习过程是指在将由样本向量构成的样本集合(简称为样本集或训练集)输入人工神经网络的过程中,按照一定的方式去调整神经元之间的联接权,使得网络能将样本集的内涵以联接权矩阵的方式存储起来,从而使得在网络接收输入时可以给出适当的输出。

目前,常用的学习方式主要为无导师学习和有导师学习。

无导师训练方法不需要目标,其训练集中只含一些输入向量,训练算法致力于修改权矩阵,以使网络对一个输入能够给出相容的输出,即相似的输入向量可以得到相似的输出向量。主要的无导师训练方法有 Hebb 学习律、竞争与协同学习以及随机联接学习等,其中 Hebb 学习律是最早被提出的学习算法。目前的大多数算法都来源于此算法。

对于有导师训练而言，要求用户在给出输入向量的同时，还必须同时给出对应的理想输出向量，使输入向量与其对应的输出向量构成一个"训练对"。所以，采用这种训练方式训练的网络实现的是异相联映射。有导师学习的训练算法的主要步骤包括：

(1)从样本集合中取一个样本(A_i, B_i)；

(2)计算出网络的实际输出 O；

(3)求 $D = B_i - O$；

(4)根据 D 调整权矩阵 W；

(5)对每个样本重复上述过程，直到对整个样本集来说，误差不超过规定范围。

(三)常用的人工神经网络

现阶段，常用的人工神经网络主要为 BP 网络和对传网络。

1. BP 网络

BP 算法是非循环多级网络的训练算法。该算法的收敛速度较慢，但具有广泛的适用性，具有极强的数学基础，因而其联接权的修改令人信服。

依照 BP 算法的要求，其神经元所取用的激活函数必须处处可导，常取用的函数为 S 型函数，由前面可知，对于其中一神经元其网络输入为：

$$net_j = x_1 w_{1j} + x_2 w_{2j} + \cdots + x_n w_{nj} \tag{6-154}$$

该神经元的输出为：

$$O = f(net) = \frac{1}{1 + e^{-net}} \tag{6-155}$$

当 $net = 0$ 时，O 取值为 0.5，并且 net 落在区间 $(-0.6, 0.6)$ 中时，O 的变化率比较大，而在 $(-1, 1)$ 之外，O 的变化率就非常小。

BP 网络的训练过程是根据样本集对神经元之间的联接权进行调整的过程，这点与其他人工神经相同，但需要说明的是，BP 网络执行的是有导师训练，所以，其样本集是由输入向量和输出向量对构成的。同时，BP 网络不具有可塑性，即要求用户将所要学习的样本一次性输入系统。对于样本集：

$$S = (\{(X_1, Y_1), (X_2, Y_2), \cdots, (X_s, Y_s)\} \tag{6-156}$$

网络根据(X_1, Y_1)计算出实际输出 O_1 和误差测度 E_2，对 $W^{(1)}, W^{(2)}, \cdots, W^{(M)}$ 各做一次调整；在此基础上，再根据(X_2, Y_2)计算出实际输出 O_2 和误差测度 E_3，对 $W^{(1)}$，$W^{(2)}, \cdots, W^{(M)}$ 分别做第二次调整……如此下去。本次循环最后再根据(X_s, Y_s)计算出实际输出 O_s 和误差测度 E_s，对 $W^{(1)}, W^{(2)}, \cdots, W^{(M)}$ 分别做第 s 次调整。这个过程，相当于是对样本集中各个样本的一次循环处理。重复该循环，直至整个样本集的误差测度的总和满足系统的要求：

$$\sum E_p < \varepsilon \tag{6-157}$$

这里 ε 为精度控制参数。

2. 对传网络

对传网络(CPN)的训练速度相比较于 BP 网络快很多，但性能比较单一。CPN 为双层神经网络，每一层网络训练算法不同。以简单单向 CPN 网络拓扑结构为例进行说明，

图 6-22 给出了简单单向 CPN 结构示意图。

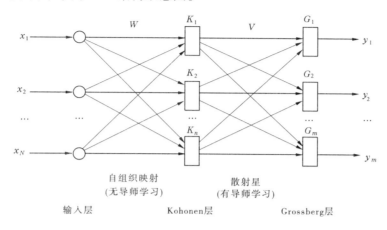

图 6-22　简单单向 CPN 结构

其中,Kohonen 层执行自组织映射,Grossberg 层执行散射星算法,将不同类型算法组合在一起而组成的网络为多级网络的训练问题提供了解决思路,性能上也是对单级网络的扩展。进一步地,CPN 将无导师训练与有导师训练结合了起来,用无导师训练解决网络隐藏层的理想输出未知的问题,用有导师训练解决输出层按系统的要求给出指定的输出结果的问题。

二、基于人工神经网络的水闸安全评估方法

20 世纪 80 年代末神经网络研究热潮兴起,人工神经网络具有较强的多维非线性映射能力。BP 反馈型神经网络是神经网络中最常见、目前也是应用最成熟的神经网络系统。在水闸安全评估中,由于影响水闸安全的因素复杂,具有模糊性、不确定性的特点,因而指标权重的选择往往受到主观因素的影响,是导致水闸评估识别结果缺乏一致性和客观性的主要原因。秦益平和何鲜峰等先后基于 BP 神经网络评估法对水闸建筑物的安全等级进行了评估,由于统计数量偏少,评估的精确程度略微偏低。

水闸安全综合评判是对水闸各种监测信息进行分析,找出荷载集与效应集、效应集与控制集之间的非确定关系,通过一定的理论和方法或凭借专家的知识及丰富的经验进行综合分析与推理,以评价水闸的安全性态。当水闸安全鉴定的统计数量足够多时,可将水闸安全评价中各荷载元素及影响因素的已知状态作为神经网络的输入,而将相应条件下领域专家对上述多种元素性态的综合评价结果作为期望输出,网络在训练中为降低其输出与期望输出间的误差而不断地调整各神经元的连接权值和阈值,直至误差小于最后的限值。这时,经过训练的网络在其输入输出的映射中,可吸收学习样本中的专家思维,体现专家的经验、知识、主观判断及对目标重要性的倾向,实现给定的学习样本输入输出的映射关系,应用这一网络对非样本集中的新输入进行映射时,就可在输出的评价结果中再现专家的思维和经验。

当统计数量足够多时,人工神经网络不仅可具有较高的求解效率、较好的抗噪声干扰

能力和一定的容错性,还能够较好地吸收专家的评价经验,再现专家的思维和经验。因此,基于人工神经网络的水闸安全评价方法对解决水闸安全评价问题具有较高的实际价值和良好的应用前景,但限于目前水闸安全评价的统计数量,该方法对于某一具体工程求解精度还略微偏低。

第五节　三类与四类水闸的具体划分方法建议

《水闸安全评价导则》(SL 214—2015)对安全类别的划分考虑了运行指标、病险程度、恢复措施等,但未考虑恢复运行指标及除险加固措施的经济性,而且在实际执行过程中,安全类别尤其是三四类闸的判定受政策导向、水闸效益及各方利益的影响,随意性较大。因此,建议对水闸安全类别进行判定时,应在对除险加固难易程度、可行性、经济性等问题综合考虑的基础上,确定安全类别。

结合安全评价工作现状及除险加固工程实际情况,对现行导则中水闸安全类别的判别方法做出适当补充及细化。在现有评价导则基础上,对三类和四类水闸的划分重点增加了恢复设计指标功能的经济性评价、除险加固措施的技术经济指标等判别措施。具体判别如下。

一、三类闸的判定标准

(1)工程质量与抗震、金属结构、机电设备三项分级有一项为 C 级的。

(2)防洪标准有一项为 C 级,且恢复设计指标所需要的经济成本小于移址重建或拆除重建、技术可行的。

(3)渗流安全为 C 级,且除险加固措施经济成本小于移址重建或拆除重建、技术可行的。

(4)结构安全分级中有一项为 C 级,且除险加固措施经济成本小于移址重建或拆除重建、技术可行的。

二、四类闸的判定标准

(1)防洪标准有一项为 C 级,且恢复设计指标所需要的经济成本大于移址重建或拆除重建,或技术不可行的。

(2)渗流安全为 C 级,且除险加固措施经济成本大于移址重建或拆除重建,或技术不可行的。

(3)渗流安全虽不为 C 级,但土石接合部存在严重缺陷,且技术经济指标不可行的。

(4)结构安全分级中有一项为 C 级,且除险加固措施经济成本大于移址重建或拆除重建,或技术不可行的。

第二篇　水闸病险加固
工程修复技术

第一章　防渗排水设施修复技术

水闸安全鉴定中,经过现场检测和复核计算,反映出来的渗流问题一般为水闸发生渗透破坏或渗流复核计算结果不满足规范要求。出现上述问题的原因很复杂,可能是一种或多种因素引起的。水闸除险加固中,要根据安全鉴定结果,针对不同情况采取相应的除险加固措施。

就水闸的渗流问题,按其对水闸的影响程度,大致可以归结为两类:

(1)因渗流而产生的地基变形值超出规范允许值。

(2)没有产生渗透变形或渗透变形值小于规范允许值。

按产生渗流问题的原因,大致可以归结为四类:

(1)因运用条件变化、缺少地质勘察步骤或勘察工作深度不够、水闸设计标准提高或设计考虑不周等原因造成水闸渗径长度不足。

(2)铺盖裂缝或冲刷破坏、防渗墙破坏、水闸结构永久缝止水破坏、闸室或涵洞结构裂缝、消力池裂缝或冲刷破坏、两岸防渗齿墙破坏等原因造成水闸渗径长度不足。

(3)排水和减压设施破坏或失效等原因造成渗透压力改变。

(4)闸基垫层或两岸填土达不到设计要求等原因产生渗透。

水闸加固设计中,对于变形值超出规范允许值的水闸,一般按安全鉴定结论采取拆除重建或降低标准使用。因此,本节主要针对没有产生渗透变形或渗透变形值小于规范允许值的水闸,阐述防渗排水设施的修复技术。

第一节　水平防渗设施修复

一、铺盖修复

铺盖一般分为柔性铺盖和刚性铺盖,主要有黏土及壤土铺盖、复合土工膜铺盖、混凝土及钢筋混凝土铺盖,黏土及壤土铺盖和复合土工膜铺盖属于柔性铺盖,混凝土及钢筋混凝土铺盖属于刚性铺盖。黏土及壤土铺盖和混凝土及钢筋混凝土铺盖在水闸中应用较多,也是水闸除险加固设计中经常遇到的铺盖类型,铺盖修复主要介绍上述两种铺盖的加固方法,同时对复合土工膜铺盖技术进行介绍。

水闸除险加固设计中,根据不同病险和不同铺盖类型,一般可采取接长、修复、拆除重建铺盖的处理措施。对于受条件限制水平防渗设施不能满足防渗要求的,可增加垂直防渗措施。对于黏土铺盖,无论是长度不够还是铺盖出现裂缝、冲刷破坏,由于黏土铺盖不允许有垂直施工缝存在,因此一般采取拆除重建。对于混凝土及钢筋混凝土铺盖可以采取接长、修复或拆除重建的处理措施,当铺盖出现裂缝、渗漏等缺陷而长度和结构强度都满足规范要求时,可以对混凝土的裂缝、渗漏等缺陷进行修复,修复技术见本篇第三章

"混凝土修复技术";当混凝土及钢筋混凝土铺盖长度不够而结构强度满足规范要求时,具备场地条件的可以进行铺盖接长设计,但应处理好新旧混凝土之间的施工缝,原铺盖存在裂缝、渗漏的,要同时对原铺盖进行修复;经过经济技术比较,混凝土及钢筋混凝土铺盖也可以拆除重建。

对于铺盖的拆除重建,不应受原铺盖的限制,设计单位可依据相关规范重新设计,或结合其他地基处理措施改设为垂直防渗。同时应尽可能采用成熟的新技术、新工艺,如复合土工膜铺盖等。黏土铺盖、混凝土及钢筋混凝土铺盖应用较多,不予介绍,以下着重就复合土工膜铺盖的施工工艺加以介绍。

(一)复合土工膜铺盖的施工工序

(1)基面找平。为了减少膜下的渗水,使土工膜与黏土结合良好,要求剔除表面的石子等坚硬尖状物,以防刺破复合土工膜,对部分凹陷变形较大的区域用黏土找平夯实。

(2)敷设。要求土工膜敷设时自上而下,先中间后两边;在展膜的过程中,一定要避免生拉硬扯,也不得压出死折,同时保证一定的松弛度,以适应变形和气温变化;铺放应在干燥天气里进行,随铺随压。

(3)焊接。复合土工膜膜体的拼接方法常用的有热熔焊法、胶粘法等;在焊接时,要求膜体接触面无水、无尘、无垢、无折皱,搭接长度满足要求,当采用自动高温电热楔式双道塑料热合焊机时,要求事先进行调温、调速试焊,以确定合适的温度、速度等工艺参数;在现场焊接时,要严格防止虚焊、漏焊、超焊等情况的发生;若发现损伤,应立即修补。

(4)质量检查。膜拼接完成后,需及时进行焊接缝质量检查,质量检查可以采用目测与充气相结合的方法。

(5)上覆保护层。复合土工膜焊接完成并经质量检查合格后,应及时覆盖保护层,以防止土工膜在紫外线照射下老化和由其他因素引起的直接破坏。

(6)注意事项。在施工中工作人员应穿胶底鞋,避免损伤复合土工膜;在土工膜上部先垫一层厚度约20 cm的细沙壤土,避免其他材料刺破土工膜;保护层填筑应分层超宽碾压密实。

(二)复合土工膜铺盖的优点

(1)防渗效果好,土工膜具有极低的渗透系数,比黏土铺盖渗透系数低很多,而且具有长期稳定的防渗效果。

(2)施工简单易行,进度快,施工质量容易保证。

(3)具有一定的保温防冻胀作用,减少防冻胀成本。

(4)复合土工膜具有较好的力学性能,具有比普通土工膜更好的抗拉、抗顶破和抗撕裂强度,能够承受足够的施工期和长期的运行受力,具有较高的适应变形的能力;而且复合土工膜外层的土工织物与土的结合性能较好,复合土工膜与土之间的摩擦系数较普通土工膜大,抗滑移稳定性好。

二、永久止水缝修复

为了防止和减少由于地基不均匀沉降、温度变化和混凝土干缩引起的裂缝,水闸需要设置永久缝。

永久缝止水的修复应根据安全鉴定的结果,结合现场实际情况确定方案,编制合理可行的施工组织设计。由于水闸除险加固工程的特殊性,在施工过程中还可以根据具体情况适当调整修复方案。根据方案选择的材料不同,施工工艺略有差别。

永久缝止水的修复一般采用封面封闭可伸缩止水材料的方法,主要有遇水膨胀止水条、U形止水带、止水胶板(带)、聚合物砂浆、弹性环氧树脂、密封胶、钢压板等,也可多种材料联合运用达到修复目的。

一般永久缝止水修复的施工工序为:施工准备→永久缝开槽→槽面清理、修补→止水材料安装→槽面封闭→切缝。

永久缝止水维修示意图见图1-1。

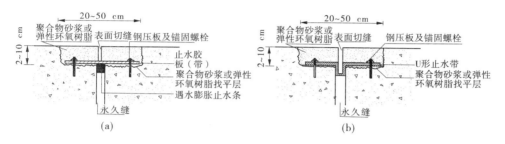

图1-1　永久缝止水维修示意图

(1)施工准备。施工前应根据选择的施工方案,准备施工材料、人员及相关机械设备。清除永久缝两侧50 cm内混凝土表面附着物。

(2)永久缝开槽。沿永久缝两侧开U形槽,根据方案不同,槽宽为20~50 cm,槽深2~10 cm。开槽时应清除松动混凝土,在开槽深度较大时应注意保护钢筋。

(3)槽面清理和修补。开槽完成后,应采用高压水枪清理槽面,去除表面灰渣,然后采用混凝土修补材料将槽底部修补平整,修整前应做结合面界面处理。

(4)止水材料安装。按选定的方案安装止水材料。遇水膨胀止水条直接嵌填,U形止水带、止水胶板(带)采用钢压板跨缝压紧固定在槽底,压紧钢板的螺栓采用植筋或锚栓锚固技术固定。

(5)槽面封闭和切缝。采用聚合物砂浆或弹性环氧树脂将槽修补平整,在材料初凝后用薄钢板或其他片状物在永久缝对应位置切缝,切缝时应注意不能伤及止水材料。

在选定施工方案时,可采用以上一种或多种止水材料联合运用。例如:可选择遇水膨胀止水条和止水胶板(带)联合使用,先嵌填遇水膨胀止水条,再安装止水胶板。永久缝的修复处理,不能灌注刚性灌浆材料,但可灌注弹性灌浆材料,防止永久缝变形失效引起结构产生新的裂缝。

第二节　垂直防渗设施修复

水闸的垂直防渗设施主要有板桩(木板桩、钢筋混凝土板桩和钢板桩)、地下连续防渗墙、垂直土工膜等。

水闸的垂直防渗设施破坏后,对原防渗设施一般无法直接修复,但可以在原防渗设施上游重新设计垂直防渗设施;条件许可时,也可以采取其他的防渗措施进行抗渗处理,如在上游接长防渗铺盖等。重新设计垂直防渗设施时,原则上板桩、地下连续墙、垂直土工膜均可以采用,但考虑到水闸一般建设在河道中或河堤上,地基土质以软土为主,同时设备和作业条件受到较大限制,一般以高压喷射连续墙比较合适,地基条件和施工条件允许的情况下也可以采用混凝土防渗墙。以下主要介绍高压喷射连续墙和混凝土防渗墙的施工工艺。

一、高压喷射连续墙

高压喷射连续墙是采用高压喷射注浆技术在水闸上游侧形成地下连续墙体,防止闸基渗流,其原理及成墙工艺在本篇第二章详细介绍。

二、混凝土防渗墙

(一)混凝土防渗墙

混凝土防渗墙是使用机械在地基中挖槽(造孔),在挖槽过程中使用泥浆护壁,以防止槽(孔)壁坍塌,然后使用导管按照水下浇筑混凝土的方法逐段浇筑混凝土,根据不同的成槽方法、不同的接头方式将各单元槽段连接起来,形成地下防渗结构物。

(二)混凝土防渗墙的施工工艺

混凝土防渗墙的施工工艺流程一般分为施工准备、成槽及成墙三个阶段。

(1)施工准备阶段:平整场地、挖导沟、筑导墙、安装挖槽机械、制备泥浆、安装泥浆循环系统及废浆处理系统、安装混凝土搅拌设备、准备料场等,设计要求时还应制作钢筋笼。

(2)成槽阶段:槽段开挖、泥浆护壁、清槽及接缝施工。

(3)成墙阶段:安放导管、浇筑混凝土等内容。

混凝土防渗墙的施工工艺应按照《水利水电工程混凝土防渗墙施工技术规范》(SL 174—96)进行。

第三节　排水设施修复

排水设施一般采用分层铺设的级配沙砾层或平铺的透水土工布在护坦(消力池底板)和海漫的底部,伸入底板下游齿墙稍前方,渗流由此和下游连接。排水设施失效时,应对其进行修复处理。

排水管损坏或堵塞时,应将损坏或堵塞的部分挖除,按原设计进行修复。排水管修复时,应根据排水管的结构类型,分别按照相应的材料及相关规范进行修复。

反滤层发生失效时,应拆除护坦或海漫,按照原设计重新铺设反滤层或采用其他方法,如可在护坦或海漫上增设排水降压井,其布置方式按照有利于排水的原则进行。反滤层、排水降压井的设计及施工应按照《水闸设计规范》(SL 265—2001)和《水闸施工规范》(SL 27—91)等相关规范进行。

第四节 绕闸渗流的修复

绕闸渗流是水闸上游水流绕过水闸两侧与堤坝连接段形成流向下游的渗透水流。对于已发生侧向绕渗的水闸,应首先了解水闸两侧的地质情况和渗漏部位,然后采取相应措施进行处理,处理的方法有增加侧向齿墙、钻孔灌浆等。

一、增加侧向齿墙

增加侧向齿墙(一道或多道)可采用高压喷射注浆法或回填黏土法。高压喷射注浆法可参考本章的相关章节,回填黏土法仅以冲抓套井回填黏土法为例做介绍。

(一)冲抓套井回填黏土法机制

利用冲抓式打井机具,在水闸端部与堤坝防渗范围内造井,用黏性土料分层回填夯实,形成一连续的套接黏土防渗墙,截断渗流通道,起到防渗的目的,同时在夯击时,夯锤对井壁的土层挤压,使其周围土体密实,提高土体质量,达到防渗和加固的目的。

(二)施工要点

(1)确定套井处理范围,根据绕闸渗漏情况,即渗漏量大小、出逸点位置以及钻探、槽探资料,分析渗漏范围及处理长度,一般以闸室侧墙偏上游侧,沿堤坝轴线延伸,长度以满足防渗要求为准。

(2)齿墙套井在平面上按主、套井相间布置,套井平面形状为整圆,主井被套井切割成对称蚀圆,一主一套相交连成井墙。

(3)套井间距(中心距)的计算公式为:$L_{间距} = 2R\cos\alpha$,R 为套井径,α 为最优角,是主井和套井交点与圆心连线和轴线的夹角。

(4)套井深度应达到闸底板底部高程,由于夯击是侧向压力作用,套井搭接处的土体渗透系数小于套井中心处的渗漏系数,两孔套接处不会产生集中渗流。

(5)用于套井回填的土料一般要求为:必须是非分散性土料,黏粒含量在 35% ~ 50%,渗透系数小于 10 ~ 5 cm/s,干密度要大于 1.5 g/cm³。

(三)施工工艺

(1)冲抓套井施工操作主要是造孔、回填、夯实三个环节,其详细工艺流程如下所示:放样布孔架机对中→造孔→下井检查→人工清理→回填夯实→质量检查→移机→料场取土→运输→土料翻晒或加水→土料储存运输。

(2)造孔。造孔的施工顺序是在同一排井先打主井,回填夯实后,再打套井回填夯实,按顺序进行。

(3)回填。在土料回填前,应下井检查,把井底浮土、碎石等杂物清理干净并保持井内无水。回填土料粒径一般不得大于 5 cm,并不准掺有草皮、树根等杂物。回填铺土要均匀平整,分层回填,铺土层不宜过厚,以 30 ~ 50 cm 为宜。

(4)夯实。夯实时落锤要平稳,提升后自由下坠,不使钢丝绳抖动,夯锤落距宜小,不要忽高忽低。施工参数的确定应通过现场试验确定,按其试验最佳铺土厚度、夯重、落距、夯击次数控制。一般控制夯距为 2 m,夯击次数为 20 ~ 25 次。当料场改变时,施工参数也应做相应调整。

（5）质量检查。

土料检查：检查土料性质、含水量等是否符合设计要求，是否已将草皮、树根等清除干净。

井孔检查：检查井底的清基及积水的排除，测量孔深是否达到设计要求的深度。

回填土质量检查：检查项目包括干密度、渗透系数，一般要求对每个套井均应取样试验。

二、灌浆处理

灌浆处理一般适用于闸室侧墙与回填土结合面的渗流处理，灌浆处理可以按照《水工建筑物水泥灌浆施工技术规范》（DL/T 5148—2001）的相关规定进行。

第五节　聚脲材料止水修复技术

一、聚脲的材料特性

聚脲弹性体材料作为近 20 年来新兴的环保型防渗材料，具有优异的防渗、抗冲磨及防腐等多种功能，主要特性如下：

（1）优异的综合力学性能，拉伸强度最高可达 27.5 MPa，伸长率最高可达 600%，撕裂强度为 43.9 ~ 105.4 kN/m，邵氏硬度 A30（软橡皮）~ D65（硬弹性体）。

（2）良好的不透水性，2 MPa 压力下 24 h 不透水，材料无任何变化。

（3）抗湿滑性好，潮湿状态下的摩擦系数不降低，有良好的抗湿滑性能。

（4）低温柔性好，在 − 30 ℃下对折不产生裂纹，其拉伸强度、撕裂强度和剪切强度在低温下均有一定程度的提高，而伸长率则稍有下降。

（5）快速固化，反应速度极快，10 s 左右凝胶，1 min 即可达到步行强度，并可进行后续施工，施工效率大大提高。由于快速固化，解决了以往喷涂工艺中易产生的流挂现象，可在任意曲面、斜面及垂直面上喷涂成型，涂层表面平整、光滑，对基材形成良好的保护和装饰作用。

（6）施工效率高，采用成套喷涂、浇注设备，可连续操作，喷涂 100 m² 的面积，仅需 30 min，一次喷涂施工厚度可达 2 mm 以上，反复喷涂即可达到设计厚度。

（7）由于不含催化剂，分子结构稳定，所以聚脲表现出优异的耐水、耐化学腐蚀及耐老化等性能，在水、酸、碱、油等介质中长期浸泡，性能不降低。具有抗盐雾腐蚀、抗冻性好的优点。

（8）与多种底材，如混凝土、砂浆、钢材、沥青、塑料及木材等，都有很好的附着力。

（9）可以连续喷涂而不会因反应热过于集中而导致鼓泡、焦化等现象，可在 150 ℃下长期使用，并可承受 350 ℃短时热冲击。

（10）材料性能可调，可加入各种颜色、填料，制成不同颜色和形状的制品，并可引入短切玻璃纤维对材料进行增强。

（11）具有很强的抗冲耐磨特性。

（12）对环境友好，无毒性，100%固含量，不含有机挥发物，符合环保要求。

二、伸缩缝止水结构及止水材料

温度变化和混凝土徐变等往往会引起混凝土结构的变形，水工建筑物为了适应温度变化和混凝土徐变等引起的结构变形，常在长度方向上设置一系列伸缩缝，其既要满足变形要求，又要满足防渗要求。工程中止水带扭曲、错位与变形，混凝土振捣不密实以及人为破坏等，往往导致伸缩缝出现渗漏现象，给建筑物的安全运行带来隐患。因此，水工建筑物的伸缩缝防渗止水是一个亟待解决的课题，特别是输水渡槽、水闸涵洞等重要建筑物的伸缩缝，一旦漏水将造成严重后果。

根据水工建筑物的特点，伸缩缝及裂缝的防渗止水可以概括为三种形式：一是承受正向水压防渗，如输水渡槽、坝面防渗等；二是承受反向水压防渗，如竖井、地下隧洞等；三是既要承受正向又要承受反向水压防渗，如水闸涵洞、有压输水隧洞等（排空的工况即为反压）。实践证明，承受反向水压的防渗问题是水工建筑物防渗的一大难题。传统的伸缩缝止水方案包括橡胶带止水、沥青油膏或聚乙烯胶泥填缝的表层止水、网眼状苕基布聚氨酯表面封闭止水等，这些止水方案操作复杂，对应用环境要求严格，且止水材料难以满足工程要求。相比于伸缩缝正向压力防渗，承受反向压力的伸缩缝止水结构更为复杂，属于剥离力学问题。

本小节针对传统伸缩缝止水的局限性，考虑反向水压作用下伸缩缝防渗的复杂性，提出具有"瓶塞效应"的伸缩缝聚脲基复合防渗体系，此防渗体系由缝内填充弹性体及防止绕渗的表面封闭层组成。结合水工建筑物施工环境的特点，对该聚脲基复合防渗体系的结构及材料进行室内反向压水试验和黏结力试验，以验证所提出的伸缩缝止水结构及材料的抗渗性、拉伸变形性能等，并将聚脲基复合止水材料及结构运用于某输水隧洞防渗工程中。

（一）反向压力伸缩缝止水结构

在外界荷载和环境交替循环作用下，水工建筑物的伸缩缝会发生结构变形，从而引起结构出现渗漏现象。止水结构形式的选择对于伸缩缝止水或者二次止水过程中的经济开支尤其重要，为解决伸缩缝反向受力及适应三维伸缩变形等问题，本小节提出了一种新的水工建筑物伸缩缝止水结构，如图1-2所示，它包括缝内弹性充填体、表面封闭涂层等。

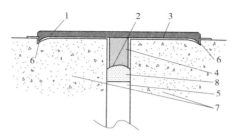

1—表面封闭层；2—拱形边界；3—底漆层；4—弹性填充体；
5—伸缩缝；6—凹槽；7—混凝土；8—闭孔泡沫板

图1-2　伸缩缝止水结构

在伸缩缝迎水方向的上部设置弹性防水填充体,且填充体的底部是向上凸起的拱形或平面形。拱形不仅可以改变受力结构,同时可以节约用料,降低工程成本。考虑到伸缩缝周边混凝土绕渗产生的渗漏,在混凝土结构的表面需要一层防渗封闭层。在表面封闭层的两端各开挖一个凹槽,从而可以提高防渗涂层的抗冲耐磨及撕裂能力。

上述伸缩缝止水结构具有结构简单、适应三维变形性强、施工简便和后期维护简易等特点,可以有效应用于水工建筑物的伸缩缝止水防渗。

(二)水工建筑物伸缩缝止水材料

水工建筑物伸缩缝止水材料要满足适应伸缩缝变形能力、防渗性、抗冲耐磨性、耐久性和环保性等要求。同时,水利工程施工环境恶劣,如低温、潮湿、结露等,不仅要承受多重荷载和环境因子耦合作用影响,局部还要承受高速水流的冲刷破坏。因此,除对止水材料本身物理力学性能要求严格外,重要的是能够保证止水材料在低温、潮湿环境下与混凝土基材表面之间的黏结力,传统止水材料难以满足上述要求。相关研究表明,在低温、潮湿的环境下,环氧树脂黏结混凝土结构的耐久性和承载能力大幅下降。本小节针对反向压力荷载作用及潮湿低温环境下的伸缩缝防渗,在传统纯聚脲材料的基础上,提出用于伸缩缝止水的新型聚脲基复合体系材料,包括嵌缝材料、表面封闭材料及底漆。

1. 伸缩缝嵌缝材料

伸缩缝内的嵌缝材料本身要求具有高延伸率、三维弹性变形能力、抗老化耐久性、环保性和能够承受一定水压力等特点。同时,要求与混凝土基材面具有较高的黏结力。目前,国外伸缩缝多用聚氯乙烯板、弹性人造橡胶和密封胶等,国内多用聚氨酯砂浆和聚硫密封胶等,但上述材料不同程度地存在毒性大、性能不稳定、易老化、与混凝土黏结力低、施工难、成本高等缺点。嵌缝材料和混凝土之间的黏结强度受多种因素的影响,如混凝土骨料、嵌缝材料类型、温度、湿度和伸缩缝结构受力等。

本小节针对反向受力伸缩缝止水结构提出了一种具有高弹性变形能力、与混凝土黏结性能良好、环保性好、耐久性好等特点的高分子结构伸缩缝嵌缝材料——SPUA – SKJ(Ⅰ)型聚脲基复合材料,其主要生成物成分的分子式如图 1-3 所示,力学性能如图 1-4 所示。这种伸缩缝嵌缝材料拉伸强度高、断裂伸长率大,可以有效地适应伸缩缝结构的三维变形。

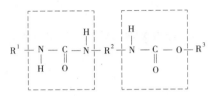

图 1-3 嵌缝材料分子式

2. 伸缩缝表面封闭材料

用于伸缩缝止水结构的表面封闭材料,应满足止水性能良好、耐久性良好、高强度等要求。常用的表层封闭止水材料是橡胶止水带、聚氨酯类材料和三元乙丙板等,这些材料和混凝土之间黏结力较低。本小节针对传统的伸缩缝表面封闭材料的局限性,考虑到低

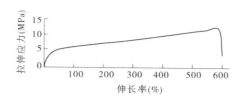

图1-4　嵌缝材料拉伸应力与伸长率关系曲线

温、潮湿的施工环境,提出了具有较高黏结力的表面封闭材料——SPUA – SKJ(Ⅱ)型聚脲基复合材料,其主要生成物成分的分子式如图1-5所示,力学性能如图1-6所示。

图1-5　表面封闭材料分子式

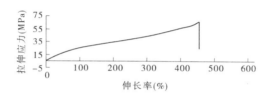

图1-6　表面封闭材料拉伸应力与伸长率关系曲线

3. SKJ 水工专用底漆

聚脲基复合材料与混凝土基面黏结力不高,为保证聚脲基复合材料和混凝土之间的附着力,界面底漆是不可缺少的。底漆的主要作用有:①封闭混凝土基材表面毛细孔中的水分和空气,避免聚脲基复合材料涂层喷涂后出现鼓包和针孔现象;②起到胶黏剂的作用,提高涂层和混凝土基面的黏结强度,提高防护效果。

传统的底漆材料不适合低温、潮湿界面,尤其是短期结露的环境。针对传统底漆材料的局限性,考虑到低温、潮湿的施工环境,本小节提出了一种双组分的硅烷改性环氧底漆——SKJ 水工专用底漆。SKJ 水工专用底漆与混凝土基面及聚脲基复合材料以化学键连接,且有较高的黏结力。底漆中的硅烷结构与混凝土发生脱水缩合反应的化学机制如图1-7所示。

(三)材料的耐久性及环保性能

本小节提出的 SPUA – SKJ 聚脲基复合体系材料是在传统纯聚脲的基础上完成的,继承了传统纯聚脲的优良性能,同时又能够适应低温、潮湿和结露等恶劣的施工环境。经相关机构检测发现,SPUA – SKJ 聚脲基复合材料符合规范的要求,可以用于生活引水工程。

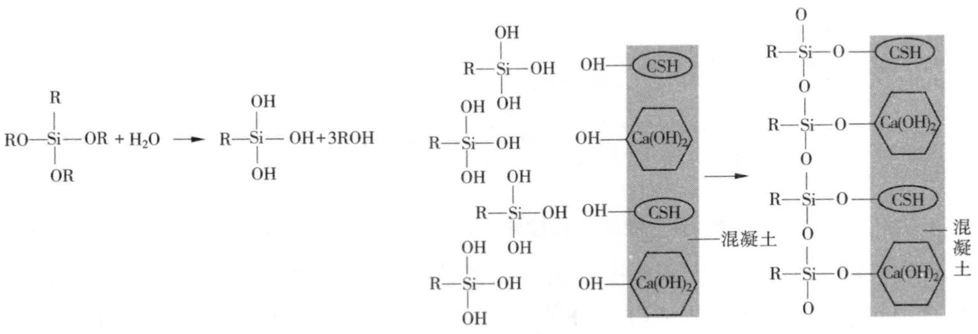

$$RO\text{-}Si\text{-}OR + H_2O \rightarrow R\text{-}Si\text{-}OH + 3ROH$$

图 1-7　表面潮湿混凝土与硅烷结构化学连接机制

三、工程示范

(一)工程概况

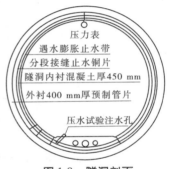

图 1-8　隧洞剖面

某引水隧道工程多年平均调水量 95 亿 m^3,设计流量 265 m^3/s,加大流量 320 m^3/s,上、下游洞长均为 4 250 m。隧洞为双洞平行布置,中心线间距为 28 m,采用双层衬砌,外衬为预制钢筋混凝土管片,盾构法施工,内径 7.0 m,外径 8.7 m,外部作用有水和土荷载,洞内设计内水压力水头 51 m(隧洞中心),并需考虑地震的不利影响。采用如图 1-8 所示的双层衬砌方案,外衬为管片环拼装结构,每环由 7 块混凝土等级为 C50 的管片拼装而成,环宽为 1.6 m;内衬为现浇预应力结构,混凝土等级为 C40,内衬标准分段长 9.6 m。内、外衬砌间设置排水弹性垫层,上游隧洞(A 洞)接缝共有 461 条,下游隧洞(B 洞)接缝共有 460 条。为避免内水外渗引发局部洞段失稳,需特别重视内衬接缝防渗排水设施的施工质量。对内衬分段接缝采取了两道止水防线,由里向外为:第一道,遇水膨胀橡胶止水条;第二道,传统的紫铜片止水。

(二)压水试验

为验证上述两道止水性能,本章进行了压水试验,压水试验时伸缩缝抵抗反向压力的封缝材料采用了本文研发的聚脲基复合防渗体系,压水试验结构如图 1-9 所示。通过现场 90 条伸缩缝的反向压水试验,得到压力随时间的变化关系曲线如图 1-10 所示,图 1-10 曲线意指在隧洞底部不断持续注水,顶部压力表读数维持在 0.56 MPa 至 20 min 的情况。结果表明,聚脲基复合防渗体系克服了引水隧道内潮湿(90%)、低温(5 ℃)、多水等不利的现场环境,在反向压力 0.56 MPa 的作用下,均无渗水与破坏现象。

(三)充水试验及通水监测

输水隧道进行了充水试验,试验结果表明,仅有两道止水时出现了不满足设计要求的渗漏现象。对隧洞全长所有伸缩缝采用本章所研发的聚脲基复合体系进行了全面止水,自 2014 年 10 月输水隧洞试通水以来,聚脲基复合防渗体系在嵌缝深度为 20 mm、封闭厚度为 3 mm 的情况下,满足反向水压为 0.56 MPa 的设计要求。截至目前的监测数据表

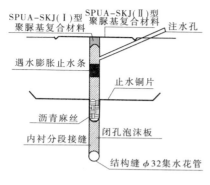

图 1-9　压水试验结构

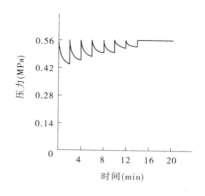

图 1-10　注水压力变化曲线

明,上游隧洞(A 洞)全长平均渗水 3.54 L/s 左右,下游隧洞(B 洞)全长平均渗水 1.86 L/s左右,以上结果证明,聚脲基复合防渗体系在承受反向水压作用下满足引水隧道工程伸缩缝防渗止水要求。

第二章　地基处理技术

　　水闸地基处理的核心是根据地基土的工程力学特性、水闸的形式、结构受力体系、建筑材料、作用荷载、施工技术条件以及经济指标等选择合理的处理方法和施工技术。病险水闸的地基加固处理,还要考虑水闸的基础类型、布置以及对堤防和其他临近建筑物的影响等因素。本章着重介绍三类闸的地基加固技术,主要有地基处理技术和纠偏技术两部分。

第一节　地基处理技术

　　既有水闸地基加固因受场地和建筑物结构形式的限制,很多常用的加固技术难以实现,本节仅介绍灌浆法和高压喷射桩,在工程条件允许的情况下也可采用其他加固方法。

一、灌浆法

　　灌浆的目的是对土体的加固和防渗,为了有效提高灌浆效果,应选择合适的浆料,特别是浆料要有渗入土体的性能,同时需要有长期的稳定性以保持处理效果。灌浆材料可分为水泥类和化学类,水泥类灌浆材料结石体强度高、造价低廉、材料来源丰富、浆液配制方便、操作简单,但由于普通水泥颗粒粒径较大,浆液一般只能注入直径或宽度大于0.2 mm的孔隙或裂隙中。目前超细水泥浆可灌入宽度大于0.02 mm的孔隙或粒径大于0.1 mm的细砂和粉砂层,扩大了水泥灌浆的应用范围。化学浆液可灌性好,浆液黏度低,能注入细微裂隙中,但一般化学灌浆具有毒性且价格昂贵等。

(一)水泥灌浆

　　水泥灌浆的方法很多,目前分类无统一标准。一般按灌浆工程的地质条件、浆液扩散能力和渗透能力分为下列几类:

　　(1)充填灌浆法。具有大裂隙、洞穴的岩土体的灌浆属于这种类型。

　　(2)渗透灌浆法。在不改变底层结构和颗粒排列的原则下,把浆液充填到岩土地层孔隙或裂隙,向地层深处渗透的灌浆方法,都属于这种类型。主要用于沙砾层灌浆。

　　(3)压密灌浆法。用较高的压力灌注浓度较大的浆液,使浆液在灌浆管端部附近形成浆泡,浆液在灌浆压力作用下挤入地层,多呈脉状或条形胶结地层。这种方法在黏性土中使用较多。

　　(4)劈裂灌浆法。低渗透性地层中灌浆时,在较高压力作用下,浆液先后克服地层中的初始应力和抗剪抗拉强度,使其在地层内发生水力劈裂作用,从而破坏和扰动地层结构,使地层内产生一系列裂隙,或使原有的孔隙和裂隙进一步扩展,增强浆液的可灌性,增大浆液的扩散范围。这种方法一般在渗透系数小、颗粒很小的中、细、粉砂岩土或淤泥中使用。

（二）化学灌浆

为了解决某些用颗粒状材料不能解决的工程问题,补充颗粒状材料灌浆的不足,可采用化学灌浆。

1.化学灌浆的特点

(1)浆液在初始状态下的黏度小,具有较好的可灌性;

(2)浆液的胶凝时间可根据需要进行调整和控制;

(3)灌浆施工工艺要求严格;

(4)有的化学灌浆材料在聚合前具有毒性,要求施工时做好防护工作。

2.化学灌浆的方法

通常采用单液法和双液法两种。施工工序主要为灌浆孔的布置设计、钻孔、钻孔冲洗、预埋灌浆管、灌浆、终灌浆结束和封孔、数据分析。

由于化学浆液是真溶液,故采用填压式灌浆,灌浆压力需在较短时间内上升到设计最大允许压力,以保证灌浆的密实性,增大有效扩散范围。由于化学灌浆浆液使用的材料在凝胶前均有不同程度的毒性,且还有较多的易燃、易爆、腐蚀等药品,因此其施工设备选择有其特定要求,施工人员也要经过专门培训,采取必要的安全防护措施,以保证人体健康和避免环境污染。

3.设备选择原则

1)制浆设备选择原则

(1)多使用搪瓷桶或硬质塑料桶和叶片式搅拌器等;

(2)制好的浆液存入浆桶,浆桶一般由钢化玻璃、塑料或不锈钢等材料制成;

(3)桶与桶或桶与灌浆泵间多用胶管快装接头连接。

2)灌浆泵选择原则

(1)能在要求压力下安全工作;

(2)能灌注规定浓度的化学浆液;

(3)能耐化学腐蚀;

(4)排浆量可在较大幅度内无级调节;

(5)压力平稳,控制灵活;

(6)操作简单,便于拆洗和检修。

（三）黏土灌浆

1.浆料

黏土灌浆一般使用黏土浆即可,制浆土料应以含黏粒 25% ~45%、粉粒 45% ~65%、细沙 10% 的重壤土和粉质黏土为宜。土料含黏粒过大则析水性差,固结后收缩性较大易产生裂缝,必要时可加入水玻璃或水泥调节灌浆效果,浓稀控制以水土比 1:0.75 至 1:1.25,泥浆容重为 $1.25 \sim 1.5 \ g/cm^3$ 为宜,必要时可以经过试验确定。

2.黏土灌浆的作用

(1)充填劈裂或洞穴,恢复土体的完整性,堵塞渗漏通道;

(2)改善土体内的应力条件,增加土体稳定性;

(3)消除土体内管涌、流土、接触冲刷,减小或消除拉应力。

3. 黏土灌浆的施工方法

施工程序:钻孔→安放灌浆管并孔口封堵→浆液制备→灌浆→封孔。

1) 钻孔

黏土灌浆孔通常不深,一般可用钻机钻孔。钻孔可以采用套管法或泥浆循环护壁法。钻孔孔径 25~90 mm 均可,依所用钻具而定。钻孔深度应达到地基薄弱层以下。

对准孔位后,采取冲击成孔的方法钻进,当钻进到淤泥、淤泥质土、粉砂和细砂时,下入导管护壁,然后采取捞砂筒取砂成孔的方法。

2) 安放灌浆管并孔口封堵、灌浆

灌浆管安放及孔口封堵灌浆管下端设置 0.7~1.0 m 长且下端封口的花管,花管孔径 φ8,孔隙率 15% 左右;在花管外壁包扎一层软橡皮,以防流砂涌进花管导致灌浆无法进行。当成孔达到预定深度后,将灌浆管下到位,灌浆可采取全孔灌注或分段灌注。

当采用全孔灌注时,先用水泥袋放入孔中水稳层底部,包裹灌浆管并接触孔壁,即"架桥",然后投入黏土分层夯实至孔口,开始灌浆。

也可采用自上而下孔口封闭分段纯压式灌浆法,即自上而下钻完一段灌注一段,直到预定孔深。灌浆压力采取二次或三次升压法来控制,即灌浆开始采用低压(小于 0.1 MPa)或自流式灌浆,当吸浆量较大时采取间歇灌浆或用砂浆灌注,终灌时的压力要达到设计值,灌浆结束标准严格按设计执行。

多排孔要先灌边排,后灌中间排,每排内要分序加密。灌浆过程中要经常检查泥浆质量,查看灌浆孔周围有无漏浆、冒浆、串浆、塌陷、隆起等现象,以及土体的沉降、位移、渗漏情况等,发现异常及时采取措施处理。

3) 灌浆结束

进行充填灌浆时,当灌浆孔孔口压力小于设计值时,且孔内不再吸浆,持续 30 min 即可结束。

4) 封孔

在灌浆结束,泥浆排水凝结后,再进行封孔。封孔可用泥球分层填塞、捣实;也可注入浓泥浆(密度大于 1.6 g/cm³)封填,孔口用黏性土夯填密实。

4. 异常情况下的技术处理措施

(1) 在灌浆过程中,发现浆液冒出地表即冒浆,采取如下控制性措施:降低灌浆压力,同时提高浆液浓度,必要时掺砂或水玻璃;限量灌浆,控制单位吸浆量不超过 30~40 L/min 或更小一些;采用间歇灌浆的方法,即发现冒浆后就停灌,待 15 min 左右再灌。

(2) 在灌浆过程中,当浆液从附近其他钻孔流出即串浆,采取如下方法处理:加大第 I 次序孔间的孔距;在施工组织安排上,适当延长相邻两个次序孔施工时间的间隔,使前一次序孔浆液基本凝固或具有一定强度后,再开始后一次序钻孔,相邻同一次序孔不要在同一高程钻孔中灌浆;串浆孔若为待灌孔,采取同时并联灌浆的方法处理,如串浆孔正在钻孔,则停钻封闭孔口,待灌浆完后再恢复钻孔。

二、高压喷射注浆加固水闸地基

采用高压喷射注浆是水闸地基加固的常用方法。适用于既有水闸的地基处理与防渗帷幕等工程,也可采用该方法形成地下连续墙围堵地基液化土层,处理地基液化问题。

(一)注浆方法

高压喷射注浆的基本种类有单管法、二管法、三管法和多管法等几种方法。它们各有特点,可根据工程要求和土质条件选用。

1. 单管法

单管法是利用高压泥浆泵装置,以 10~25 MPa 的压力,把浆液从喷嘴中喷射出去,以冲击破坏土体,同时借助灌浆管的提升或旋转,使浆液与从土体上崩落下来的土混合掺搅,经过一定时间的凝固,便在土中形成凝结体。由于需要高压泵直接压送浆液,泵的制造条件较难,且易磨损,形成凝结体的长度(柱径或延伸长)较小。

2. 二管法

二管法是利用两个通道的注浆管通过在底部侧面的同轴双重喷射,同时喷射出高压浆液和空气两种介质射流冲击破坏土体,即以高压泥浆泵等高压发生装置喷射出 10~25 MPa压力的浆液,从内喷嘴中高速喷出,并用 0.7~0.8 MPa 的压缩空气,从外喷嘴(气嘴)中喷出。因在高压浆液射流和外圈环绕气流的共同作用下,破坏泥土的能量显著增大,与单管法相比,其形成的凝结体长度可增加 1 倍左右(在相同的压力作用下)。

3. 三管法

三管法是使用分别输送水、气、浆三种介质的三管,在压力达 30~50 MPa 的超高压水喷射流的周围,一般环绕 0.7~0.8 MPa 的圆筒状气流,利用水气同轴喷射,冲切土体,再另由泥浆泵注入压力为 0.2~0.7 MPa、浆量为 80~100 L/min 的稠浆进行充填。浆液比重可达 1.6~1.8,浆液多用水泥浆或黏土水泥浆。如前所述,当采用不同的喷射形式时,可在土层中形成各种要求形状的凝结体。这种方法由于可用高压水泵直接压送清水,机械不易磨损,可使用较高的压力,形成的凝结体较二管法大,较单管法则要大 1~2 倍。

4. 多管法

这种方法须先在地面上钻一个导孔,然后置入多重管,用逐渐向下运动旋转的超高压射流,切削破坏四周的土体,经高压水冲切下来的土和石,随着泥浆用真空泵立即从多重管中抽出。如此反复冲和抽,便在地层中形成一个较大的空间;装在喷嘴附近的超声波传感器可及时测出空间的直径和形状,最后根据需要先用浆液、砂浆、砾石等材料填充,于是在地层中形成一个大体积的柱状固结体。在砂性土中最大直径可达 4 m。此法属于用浆液等充填材料全部充填空间的全置换法。

以上四种高压喷射注浆法,前三种属于半置换法,即高压水(浆)携带一部分土颗粒流出地面,余下的土和浆液搅拌混合凝固,成为半置换状态;后一种方法属于全置换法,即高压水冲击下来的土,全部被抽出地面,而在地层中形成空洞(空间),以其他材料充填之,成为全置换状态。

高压喷射灌浆施工示意图见图 2-1。

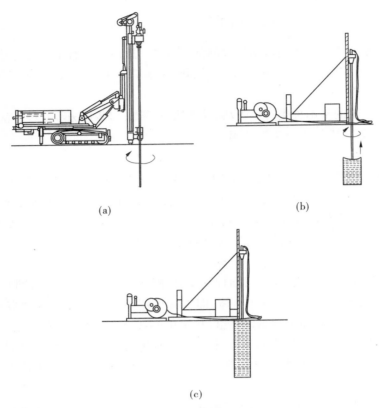

(a) (b)

(c)

图 2-1　高压喷射灌浆施工示意图

（二）施工准备

1. 材料

（1）水泥：一般无特殊要求的工程，宜采用普通型水泥浆，普通型水泥即纯水泥。水泥采用 32.5 级或 42.5 级普通水泥，水泥进场时应检验其产品合格证、出厂检验报告和进场复检报告，保证其质量符合现行国家标准《硅酸盐水泥，普通硅酸盐水泥》（GB 175—1999）的规定。

（2）配比：一般泥浆水灰比为 1∶1～1.5∶1，不加任何外加剂。如有特殊要求时，可以加入一些添加剂，如水玻璃、氯化钙、三乙醇胺等。

（3）浆液配置时间：浆液宜在旋喷前 1 h 以内配制，使用时滤去硬块、砂石等，以免堵塞管路和喷嘴。

2. 主要施工机具

主要机具设备包括高压泵、钻机、泥浆搅拌器等，辅助设备包括操纵控制系统、高压管路系统、材料储存系统，以及各种材料、阀门、接头安全设施等。高压喷射注浆法施工常用主要施工机具设备规格、技术性能及要求见表 2-1。

（三）施工工艺

高压喷射灌浆的施工工艺流程如下：

钻机就位→钻孔→插管→喷射作业→拔管→清洗器具→移开钻机。

表 2-1　各种高压喷射注浆法主要施工机具及设备一览表

序号	机器设备名称	型号	规格	用途	所用的机具				
					单管法	二重管	三重管	锤重管法	多孔管法
1	高压泥浆泵	SNS-H300 水泥车 Y-2 型液压泵	30 MPa 100 L/min	旋喷注浆	√	√			√
2	高压水泵	3D2-S 型	40 MPa 80 L/min	高压水旋喷			√	√	√
3	钻机	工程地质钻或震动钻		旋喷用,成孔	√	√	√	√	√
4	泥浆泵	BW-150 型 BW-200 型 BW-250 型	1.8 ~ 7 MPa 5 ~ 8 MPa 2.5 ~ 7 MPa	旋喷注浆			√	√	√
5	真空泵			排注				√	
6	空压机		0.7 MPa 6 ~ 9 m³/min	旋喷用			√	√	√
7	泥浆搅拌机	M-200 型 SS-400X 型		配制浆液	√	√	√	√	√
8	单管			配制浆液	√				
9	二重管			配制浆液		√			
10	三重管			配制浆液			√		
11	多重管			配制浆液				√	
12	多孔管			配制浆液					√
13	超声波传感器			检测成孔				√	
14	高压胶管	60 ~ 80 MPa φ 19 mm		高压水泥浆用	√	√	√	√	√

（1）钻机就位:根据设计的平面坐标位置进行钻机就位,要求将钻头对准孔位中心,同时钻机平面应放置平稳、水平,钻杆角度和设计要求的角度之间偏差应不大于1% ~ 1.5% 。

（2）钻孔:在预定的旋喷桩位钻孔,以便旋喷杆可以放置到设计要求的地层中,钻孔的设备可以用普通的地质钻孔或旋喷钻机。

（3）插管：当采用旋喷管进行钻孔作业时，钻孔和插管二道工序可合二为一，钻孔达到设计深度时，即可开始旋喷，而采用其他钻机钻孔时，应拔出钻杆，再插入旋喷管，在插管过程中，为防止泥沙堵塞喷嘴，可以用较小的压力边下管边射水。

（4）喷射作业：自下而上地进行旋喷作业，旋喷头部边缘在设定的角度范围内边摆动边上升，此时旋喷作业系统的各项工艺参数，都必须严格按照预先设定的要求加以控制，并随时做好旋喷时间、用浆量、冒浆情况、压力变化等参数的记录。根据设计桩径或喷射范围的要求，还可以采用复喷的方法扩大加固范围，即在第一次喷射完成后，重新将旋喷管插到设计要求复喷位置，进行第二次喷射。

高压喷射注浆技术通常参数见表2-2。

表2-2　高压喷射注浆技术常用参数

技术参数		单管法	二重管法	三重管法	
				CJG法	RJPI法
高压水	压力（MPa）			20～40	20～40
	流量（L/min）			80～120	8～120
	喷嘴孔径（mm）			1.7～2.0	1.7～2.0
	喷嘴个数			1～4	1
压缩空气	压力（MPa）		0.7	0.7	0.7
	流量（m³/min）		3	3～6	3～6
	喷嘴间隙（m）		2～4	2～4	2～4
水泥浆液	压力（MPa）	20～40	20～40	3	20～40
	流量（L/min）	80～120	8～120	70～150	8～120
	喷嘴孔径（mm）	2～3	2～3	8～14	2.0
	喷嘴个数	2	1～2	1～2	1～2
注浆管	提升速度（cm/min）	20～25	10～20	5～12	5～12
	旋转速度（r/min）	约20	10～20	5～10	5～10
	外径（mm）	42、50	50、75	75、90	90

（5）拔管：旋喷管被提升到设计标高顶部时，本孔的喷射注浆即完成。

（6）清洗器具：在拔出旋喷管时应逐节拆下，并进行冲洗，以防浆液在管内凝结堵塞。一次下沉的旋喷管可以不必拆卸，直接在喷浆的管路中泵送清水，即可达到清洗目的。

（7）移开钻机：将钻机移到下一孔位。

（四）施工质量控制

施工前应复核桩位，检查水泥、外掺剂等的质量，压力表、流量表的精度和灵敏度，高压喷射设备的性能等。

施工中应检查施工参数（压力、水泥浆量、提升速度、旋转速度等）及施工程序。特殊工艺、关键控制点控制方法见表2-3。

表2-3　特殊工艺、关键控制点控制方法

序号	关键控制点	主要控制方法
1	喷射程序	各种高压喷射注浆,均自下而上(水平喷射由里向外)连续进行。当注射管不能一次提升完成,需分成数次卸管时,卸管再喷射注浆的搭接长度不应小于100 mm,以保证固结体的完整性
2	长桩或高帷幕墙的喷射工艺	由于天然地基的地质情况比较复杂,沿深度变化大,往往有多种土层,其密实度、含水量、土粒组成和地下水状态等有很大差异。若采用单一的技术参数喷射长桩或高帷幕墙,则会形成直径大小极不均匀的固结体,导致旋喷桩直径不一,承载力降低,旋喷桩之间交联不上或防渗帷幕墙出现缺口、防渗效果不良等问题。因此,长桩和高帷幕墙的喷射工艺,对硬土、深部土层和颗粒大的卵、砾石要增加喷射时间,适当放慢提升速度和旋转速度,提升喷射压力
3	复喷工艺	在不改变喷射技术参数的条件下,对同一土层重复喷射(喷到顶再放下重喷该部位),能增加土体破坏有效范围,提高喷射体的均匀度和固结体强度。也可在第一次喷射时先喷水,复喷时喷射浆液
4	固结体形状控制	固结体的形状可通过调节喷嘴移动方向和速度、改变喷射压力和注浆量予以控制。根据工程需要,可喷射成如下几种不同的固结体: ·圆盘状:只旋转不提升或少提升; ·墙壁状:只提升不旋转,喷射方向固定; ·圆柱状:边提升边旋转; ·大底状:在底部喷射时,加大喷射压力、重复旋喷或减低喷嘴的旋转提升速度; ·大帽状:到土层上部时加大压力、重复旋喷或减低喷嘴旋转提升速度; ·扇形状:边往复摆动,边提升。 在做完控形工艺后,要求固结体达到匀称,粗细和长度差别不大

施工结束后,应检验桩体强度、平均桩径、桩身位置、桩体质量及承载力等,桩体质量及承载力检验应在施工结束后28 d进行。

高压喷射注浆地基质量检验标准应符合表2-4的规定。

(五)应注意的质量问题

1. 冒浆

在旋喷桩施工过程中,往往有一定数量的土颗粒,随着一部分浆液沿着注浆管管壁冒出地面。通过对冒浆的观察,可及时了解地层状况,判断旋喷的大致效果和确定旋喷参数的合理性等。根据经验,冒浆(内有土粒、水及浆液)量小于注浆量20%为正常注浆,超过20%或完全不冒浆时,应查明原因,及时采取相应措施。

流量不变而压力突然下降时,应检查各部位的泄露情况,必要时拔出注浆管,检查密封性能。

表 2-4　高压喷射注浆地基质量检验标准

项目	序号	检查项目	允许偏差或允许值		检查方法
			单位	数值	
主控项目	1	水泥及外掺剂质量	符合出厂要求		查产品合格证书、抽样送检
	2	水泥用量	按设计要求		查看流量表及水泥浆水灰比
	3	桩体强度或完整性检验	按设计要求		按规定方法
	4	地基承载力	按设计要求		按规定方法
一般项目	1	钻孔位置	mm	≤50	用钢尺测量
	2	钻孔垂直度	%	≤1.5	经纬仪测钻杆或实测
	3	孔深	mm	±200	用钢尺测量
	4	注浆压力	按设定参数指标		查看压力表
	5	桩体搭接	mm	>200	用钢尺测量
	6	桩体直径	mm	≤50	开挖后用钢尺量
	7	桩身中心允许偏差		≤0.2D	开挖后桩顶下 500 mm 处用钢尺量，D 为桩径

出现不冒浆或断续冒浆时，若系土质松软，则视为正常现象，可适当进行复喷；若系附近有空洞、通道，则应提升注浆管继续注浆直到冒浆，或拔出注浆管待浆液凝固后重新注浆，直至冒浆，也可采用速凝剂，使浆液在注浆管附近凝固，孔洞、通道应根据情况另行处理。

减少冒浆的措施：冒浆量过大的主要原因，一般是有效喷射范围与注浆量不相适应，注浆量大大超过旋喷固结所需的浆量。此时应查明地质情况，调整注浆参数。

2. 收缩

当采用纯水泥浆液进行喷射时，在浆液与土粒搅拌混合后的凝固过程中，由于浆液析水作用，一般均有不同程度的收缩，造成在固结体顶部出现一个凹穴，凹穴的深度随地层性质、浆液的析出性、固结体的直径和全长等因素不同而不同，喷射 10 m 长固结体一般凹穴深度在 0.3 ~ 1.0 m，单管旋喷的凹穴最小，为 0.1 ~ 0.3 m，二重管旋喷次之，三重管旋喷最大，为 0.3 ~ 1.0 m。

这种凹穴现象，对于地基加固或防渗堵水是极为不利的，必须采取有效措施予以消除。

为防止因浆液凝固收缩，产生凹穴使已加固地基与水闸基础出现不密实或脱空等现象，应采取超高旋喷（旋喷处理地基的顶面超过水闸基础底面，其超高量应大于收缩高度），或采取二次注浆措施。

第二节　纠偏技术

水闸沉降量过大或不均匀沉降导致闸室倾斜、底板断裂等都将严重影响水闸的安全运用。在水闸除险加固中，如能够进行纠偏处理，既可以保证水闸的安全运行，又可以节约大量的建设资金。各类工程中纠偏技术应用很多,但水闸工程有其自身的特点,国内外相关资料表明,纠偏技术在水闸工程闸室段或涵洞段中虽有应用(如锚杆静压桩纠偏、打孔掏土纠偏等),但总体上讲应用比较谨慎,应用量较少。以下主要介绍锚杆静压桩在水闸纠偏中的应用,这种方法主要用于水闸翼墙的纠偏加固,当闸室采用这种方法纠偏时,因需要在闸底板上钻孔,破坏结构,设计单位应综合各方面因素研究,在确保水闸结构安全的情况下,也可以应用。

利用锚杆静压桩纠偏是在基础混凝土上钻孔,并在钻孔周围混凝土上种植锚杆,通过锚杆提供的反力,将预制混凝土桩或钢管桩从基础预开孔洞中压入地基,并将翼墙顶升至同一高程的一种纠偏技术。在纠偏加固中,顶升应结合灌浆施工同时进行,以提高顶升后闸室地基的抗渗能力。锚杆静压桩适用于淤泥、淤泥质土、黏性土、粉土和人工填土等地基土上的纠偏。

一、锚杆静压桩的施工工艺

锚杆静压桩的工艺流程为:定位→开凿压桩孔和钻取锚固孔→种植锚杆→固定压桩架和千斤顶→压桩→顶升→封桩。

(1)定位和钻孔:根据设计要求在水闸基础混凝土上钻静压桩孔和锚杆锚固孔。静压桩孔径应比静压桩直径大 10 ~ 20 mm。

(2)种植锚杆:采用植筋技术将锚杆种植在基础混凝土中,基础混凝土厚度不足时,应钻通基础混凝土并将锚杆通过机械装置牢固固定在混凝土中,并验算连接强度。

(3)压桩装置安装和压桩:将锚杆通过法兰连接起来作为千斤顶的反力点。将预制混凝土桩或钢管桩放入基础混凝土孔中,通过千斤顶将预制混凝土桩或钢管桩逐节压入地基土中。预制混凝土桩、钢管桩各节之间应采用有效的连接方式,一般预制混凝土桩通过预留钢筋插接或在混凝土桩端部预埋钢套环连接时将钢套环焊接;钢管桩直接焊接。压桩时应逐桩依次压入,当压至设计承载力时即可停止。

(4)顶升:所有静压桩均达到设计承载能力后,根据测量结果确定各桩的顶升量,同时顶升各桩,使水闸翼墙沉降较大一侧整体顶升,达到设计高程后停止。

(5)封桩:将锚杆和静压桩连接在一起后,切除锚杆和静压桩露在基础混凝土以上部分,最后用混凝土将基础孔洞填平。

顶升作业完成后应及时进行灌浆处理,充填由于顶升引起的空隙,防止渗漏。

二、锚杆静压桩施工前的准备工作

(1)清理施工工作面。

(2)制作锚杆螺栓和桩节。

(3)种植反力锚杆,制作压桩架。

(4)开凿压桩孔并清理干净。

(5)准备、检查顶升的机械系统和观测系统。

三、压桩施工要点

（1）压桩架应保持竖直，锚杆螺帽或锚具应均衡紧固，压桩过程中应随时拧紧松动的螺帽。

（2）就位的桩节应保持竖直，使千斤顶、桩节及压桩孔轴线重合，不得偏心加压，压桩时应垫钢板，套上钢桩帽后再进行压桩。桩位平面偏差不得超过 ±20 mm，桩节垂直度偏差不得大于 1% 的桩节长。

（3）整根桩应一次连续压到设计承载力，当必须中途停压时，停压的间隔时间不宜过长。

（4）焊接接桩前应对准上、下节桩的垂直轴线，清除焊面铁锈后进行满焊。

（5）采用锚固剂接桩时，其施工应按《混凝土结构加固设计规范》（GB 50367—2006）和《地基与基础工程施工及验收规范》（GB 50202—2002）的有关规定执行。

（6）封桩分两种情况：封桩时桩体承受上部结构荷载，封桩时桩体不承受上部结构荷载。

对第一种情况，应在千斤顶不卸载条件下，将桩体和基础混凝土连接牢固。对钢管桩一般将钢管和锚杆通过垫块焊接固定，切除钢管桩和锚杆高出基础部分，在钢管内充填混凝土，最后安装封桩钢板并用混凝土封填；对混凝土桩，应将最后一节换为钢管桩，以便封桩。

对第二种情况，应先卸载，然后参考第一种情况进行封桩或采取其他方法。

锚杆静压桩施工示意图如图 2-2 所示。

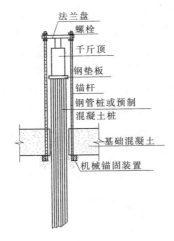

图 2-2　锚杆静压桩施工示意图

第三章 混凝土结构补强修复技术

第一节 混凝土渗漏修复技术

水工混凝土渗漏主要是由混凝土内部不密实、裂缝、永久缝止水失效等原因引起的,本节将重点介绍以下混凝土结构渗漏修复技术。

一、混凝土渗漏修复的原则

混凝土渗漏往往只是表象,而原因可能是结构沉降、混凝土不密实、止水材料老化等诸因素共同作用的结果。在混凝土渗漏修复时,应正确分析渗漏产生的原因,对症下药,方能达到预期的修复效果。

防渗处理可分为迎水面处理和背水面处理,一般来说,迎水面的防渗处理可以较好地从源头封闭渗漏通道,这样既可直接阻止渗漏,又有利于水闸本身的稳定,是防治渗漏的首选办法,在条件允许的情况下应尽可能采取此种方法。但由于水闸(特别是涵洞式水闸)的特殊性,该方法所受的局限性较大,一般仅对新建工程中由于施工不当引起的混凝土裂缝,或在允许开挖的涵洞式水闸的处理上采用。而对于大多数渗漏处理工程,一般面临的都是背水面防水处理,在这种情况下,对防水材料和工艺的选择就提出了较高的要求。

混凝土渗漏修复根据病害的特点分为表面嵌填法、表面粘贴法、化学灌浆法和表面喷涂(涂刷)法。实际工程中对混凝土渗漏修复一般采用上述一种或多种方法。

静止裂缝:形态、尺寸和数量均已稳定不再发展的裂缝。修补时仅需根据裂缝粗细、有无渗水选择修补材料和方法。

活动裂缝:宽度在现有环境和工作条件下始终不能保持稳定,易随结构构件的受力、变形或环境温度、湿度的变化而开合的裂缝。修补时,应先消除其成因,并观察一段时间,确认裂缝已稳定后,再依据静止裂缝的修复方法处理。若无法消除其成因,但确认对结构无害的,可使用遇水膨胀止水条等弹性材料进行修补。

对混凝土裂缝引起的渗漏,在处理时不能只考虑对裂缝本身的处理,而应分析原因,当裂缝是由于异常沉降引起时,应首先采取措施控制水闸沉降,在确认水闸异常沉降终止时,再采用化学灌浆、表面嵌填等方法对裂缝本身进行处理,否则裂缝可能进一步开展,或在原裂缝附近产生新的裂缝。在北方冬、夏季温差较大地区,有的混凝土裂缝是由于设计时伸缩缝设置不合理(分缝长度过大等)引起的,裂缝冬季开展、夏季闭合,此时裂缝应按永久缝修复处理,防止化学灌浆后结构由于温度应力产生新的裂缝。

二、表面粘贴法

表面粘贴法是通过在混凝土表面粘贴片状防水材料来防止渗漏的方法,适用于混凝土表面大面积龟裂、漫渗等缺陷的修复。一般采用橡胶防水卷材(如三元乙丙橡胶防水卷材、氯化聚乙烯橡胶防水卷材等)或其他片状纤维材料(如玻璃纤维、碳纤维等),但要求黏合剂能够在潮湿或有明水的界面快速黏结固化。

表面粘贴法的施工工序为:施工准备→基面处理→底胶涂刷→卷材粘贴→面层处理→质量检查。

表面粘贴法施工示意图见图3-1。

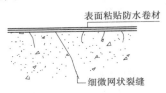

图3-1　表面粘贴法施工示意图

(1)施工准备:施工前应根据现场情况制订合理的修复方案,准备施工材料、人员及相关机械设备。

(2)基面处理:基面处理的程度决定了粘贴材料与混凝土的黏结能力,根据基面情况可采用钢丝刷或角向磨光机打磨,将混凝土基面表层附着物、松动混凝土清除,并用高压水枪冲洗干净。

(3)底胶涂刷:基层处理结束后,将配置好的胶黏剂均匀地涂抹在基层表面,厚度为1~2 mm,待表干后,方可进行下道工序。

(4)卷材粘贴:底胶表干后,在底胶上均匀涂刷一层面胶,然后将卷材平铺在黏合面上,用滚筒或手压紧,不能有褶皱、起皮、空鼓现象。

(5)面层处理:卷材粘贴完毕后,一般外粉砂浆或其他修补材料隐蔽。

(6)质量检查:卷材粘贴表面应平整,无气泡、水泡,必要时还应对卷材的黏结强度进行现场检测。

三、表面嵌填法

表面嵌填是指沿裂缝凿槽,并在槽中嵌填止水密封材料,封闭裂缝以达到防渗、补强的目的。对无渗漏的结构裂缝,一般可采用聚合物砂浆、环氧砂浆、弹性环氧砂浆或聚氨酯砂浆等强度较高的材料嵌填,而对于有水渗漏的裂缝,一般在填入遇水膨胀止水条后再用聚合物砂浆、环氧砂浆、弹性环氧砂浆或聚氨酯砂浆等封闭。

表面嵌填法的施工工序为:施工准备→裂缝开槽→槽面清理→止水材料嵌填封闭。表面嵌填法施工示意图见图3-2~图3-4。

(1)施工准备:施工前应根据选择的施工方案,准备施工材料、人员及相关机械设备。清除裂缝两侧20 cm内混凝土表面附着物。

(2)裂缝开槽:沿裂缝开"V"形槽,槽宽为3~5 cm,槽深2~5 cm。开槽时应清除松动混凝土。开槽长度应超过裂缝长度15 cm以上。

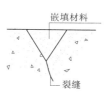
图3-2 表面嵌填法
施工示意图（一）

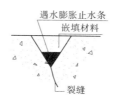
图3-3 表面嵌填法
施工示意图（二）

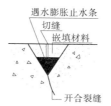
图3-4 表面嵌填法
施工示意图（三）

（3）槽面清理：开槽完成后，应采用高压水枪清理槽面，去除表面灰渣。用以水泥为主要原料的嵌填材料修补，修补前应做界面处理。

（4）止水材料嵌填封闭：按选定的方案嵌填止水材料。可采用聚合物砂浆、环氧砂浆、弹性环氧砂浆或聚氨酯砂浆等材料直接嵌填，表面抹平即可。若采用遇水膨胀止水条直接嵌填，应先嵌填止水条再用其他材料嵌填平整。

由温度应力引起的裂缝，在加固设计中允许其开合的，应采用遇水膨胀止水条嵌填，并在面层嵌填材料上切缝。

四、化学灌浆法

化学灌浆法是指将高分子化合物的浆液通过一定压力灌入混凝土裂缝中的一种工程措施，可起到封闭裂缝、防渗、补强的目的。目前采用的化学灌浆材料主要为环氧树脂类、聚氨酯、丙烯酸等，以及由上述材料复合或改性的其他新型化学灌浆材料。一般应根据裂缝部位、深度、是否存在渗漏以及材料的相关性能，选择合理的修复方案，根据孔隙的大小和材料的可灌性综合选择灌浆材料。

化学灌浆法的施工工序为：施工准备→裂缝开槽→造灌浆孔→槽面、孔面清理→埋设灌浆嘴、孔口封闭→清洗缝面→封槽→压力灌浆→灌浆质量检查→面层处理。

混凝土裂缝化学灌浆示意图见图3-5。

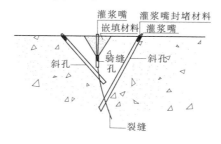
图3-5 混凝土裂缝化学灌浆示意图

（1）施工准备：施工前应根据选择的施工方案，准备施工材料、人员及相关机械设备。清除永久缝两侧20 cm内混凝土表面附着物。

（2）裂缝开槽：沿裂缝开"V"形槽，槽宽为3~5 cm，槽深2~5 cm。开槽时应清除松动混凝土。开槽长度应超过裂缝长度 15 cm 以上。

（3）造灌浆孔：灌浆孔分为骑缝孔和斜孔。骑缝孔是在裂缝表面造孔，深度 5～10 cm，斜孔是在裂缝两侧造孔，孔从裂缝深处穿过缝面，孔深、倾角根据裂缝深度确定。

灌浆孔布设应根据裂缝宽度和深度以及灌浆材料的可灌性综合确定。骑缝孔间距 0.2～0.5 m，斜孔可设单排或多排，在不同深度灌浆，间距一般不应大于 1 m。

灌浆孔可选用冲击钻或风钻成孔，孔径 15～32 mm。

（4）埋设灌浆嘴、孔口封闭：在灌浆孔孔口部位埋设灌浆嘴。灌浆嘴采用裂缝封闭材料埋设，一般采用环氧砂浆；也可采用专用止回阀，或直径合适的橡胶软管。

（5）面层清理：根据灌浆材料性质不同，选择用水或丙酮等有机溶剂对槽面、孔面和缝面进行清理。槽面和孔面灰渣也可采用高压空气吹净，但在封闭前仍要用丙酮等有机溶剂擦拭，防止灌浆浆时渗漏。缝面应通过压水或丙酮等有机溶剂清洗，压力控制在灌浆压力的 80% 以内，一般不超过 0.5 MPa，同时根据水或丙酮的吃浆情况判断斜孔是否穿过缝面，对设计孔深不足的斜孔延长造孔深度。需要注意的是，在清理缝面时需对骑缝孔和斜孔封闭并埋设灌浆嘴，此时不应封闭"V"形槽，以利于冲洗材料和灰渣流出或挥发。

（6）封闭"V"形槽："V"形槽的封闭一般采用环氧砂浆或其他强度较高、与混凝土基材有较好黏结能力的材料。封闭时修补至原截面。

（7）压力灌浆：压力灌浆设备可采用自制空气压力灌胶设备，也可采用压力灌浆泵。根据浆液凝固时间不同和组分不同可采用单液灌浆法和双液灌浆法。所谓单液灌浆法，就是将配方中所规定的各组分，按要求放置在一个容器里，充分混合成一种液体，然后由一台灌浆泵向灌浆孔内灌注。所谓双液灌浆法，就是将浆液分为 A、B 两个组分，各组分单独存放，灌注时将 A、B 组分浆液混合均匀，然后经一台灌浆泵向灌浆孔内灌注。

灌浆压力控制在 0.1～0.3 MPa，当缝隙较小灌注困难时，可适当增加灌胶压力，但最大不应超过 0.5 MPa。当最后一个斜孔灌浆时，骑缝孔出浆或当吸浆量小于 0.01 L/min并且维持 10 min 无明显变化时，方可停止灌浆。

灌浆的顺序为自下而上，自一端向另一端，先灌斜孔，再灌骑缝孔，逐孔灌注。正常情况下，前一孔灌注时后一孔应出浆，若无出浆且吸浆量小于 0.01 L/min，应重新造孔灌浆。

（8）灌浆质量检查：灌浆质量的检查可以采用压水试验法、取芯法或超声波法等。

压水试验法是造孔压水，通过前后混凝土吸水的变化检查化学灌浆质量，具体方法参见《水工建筑物水泥灌浆施工技术规范》（DL/T 5148—2001）。这种方法对灌浆质量的检查与造压水孔的部位、深度有很大关系，存在一定的局限性，同时对结构本身有损伤。

取芯法是用取芯机沿裂缝取芯，根据取出芯样的完整性判断灌浆质量。芯样直径 10～15 cm。取芯法方便、直观，可对灌浆材料对混凝土的黏结性做出真实判断，效果较好，但不能对裂缝深处灌浆质量做出判断，有一定局限性，同时对结构本身有损伤。

超声波法是一种无损检测方法，利用超声波在混凝土介质中传播遇到裂缝等病害时超声波发生反射的原理，通过测量发射和接收的超声波时间差对缺陷的部位进行判断，进而判断灌浆质量。可对结构完整性进行检查，其最大的优点是不破坏原结构，可以对较深处裂缝灌注质量进行检查，但不能判断灌浆材料在裂缝内与混凝土的黏结性能。

（9）面层处理：化学灌浆完成后，应对修复后的结构表面进行打磨处理，切除灌胶嘴，打磨"V"形槽内填充材料的凸起,封堵压水试验和取芯留下的孔洞等。

五、表面喷涂法

表面喷涂法是指在混凝土表面喷射或涂刷防水材料达到防渗的目的,适用于混凝土表面存在面渗、大量细小龟裂纹等较大面积缺陷的修复。在做表面喷涂施工前,应采取相应措施封堵渗水量较大的漏水点和渗漏裂缝,防止喷涂材料在固化前被水浸泡或冲刷。表面喷涂的材料一般分为无机材料和高分子材料两大类。

无机材料以水泥基渗透结晶型防水材料为主,将这种材料应用于缺陷混凝土的表面,可有效地修复裂缝,起到防渗作用。

高分子材料以合成橡胶和合成树脂为主要原料,在混凝土表面成膜具有良好的防渗能力,如聚氨酯、环氧防水涂料、聚脲弹性体等。高分子材料也可以是高分子材料的乳液与水泥砂浆拌和后的聚合物砂浆,如氯丁胶乳液、丙烯酸酯共聚乳液、羧基丁苯乳液等。

根据材料性质的不同,其适用范围和施工方法也有一定差别,以下选择几种常用的混凝土防渗材料,就其特性及使用方法做一介绍。

(一)水泥基渗透结晶型防水材料

水泥基渗透结晶型防水材料是一种含有活性化合物的水泥基粉状防水材料,由硅酸盐水泥、硅砂和多种特殊的活性化学物质组成。工作原理是其中特有的活性化学物质,利用混凝土本身固有的化学特性及多孔性,以水做载体,借助渗透作用,在混凝土微孔及毛细管中传输、充盈,催化混凝土内的微粒和未完全水化的成分,再次发生水化反应,形成不溶性的枝蔓状结晶并与混凝土结合成为整体,从而使任何方向来的水及其他液体被堵塞,达到永久性的防水、防潮和保护钢筋、增强混凝土结构强度的效果。在水的渗透作用下,该材料可以渗透到混凝土表面 50 mm 以上的深度,涂刷后结晶体的生成有一个时间过程,不能起到瞬间止水作用,但属于一种智能自我修复材料,当涂刷过该材料的混凝土产生新的裂缝(裂缝宽度在 0.4 mm 以内)时,在有水存在的前提下,材料中的活性物质会继续催化混凝土内的微粒,与未完全水化的成分再次发生水化反应,形成不溶性的枝蔓状结晶,将裂缝重新堵塞,起到二次防水作用。水泥基渗透结晶型防水材料也可用于渗水裂缝的修复,其工艺参见本节表面嵌填法的相关工艺。混凝土内部结晶体生长过程见图3-6。

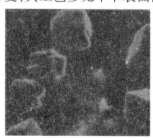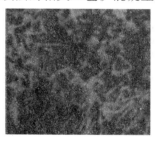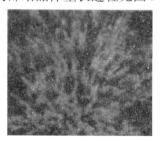

图 3-6 水泥基渗透结晶型防水材料在 0 ~ 28 d 龄期混凝土
内部 50 mm 深度处结晶体生长电子显微照片

施工工序为:施工准备→基面清理→材料涂刷→养护。

(1)施工准备:施工前应制订详细的施工方案,准备施工材料、人员及相关机械设备。

（2）基面清理：基面清理主要是指清除混凝土表面的寄生生物、杂草、泥土、油污等附着物，对混凝土表面的孔洞进行修补，用钢丝刷清除混凝土表面浮浆、高压水枪冲洗，保持基面湿润但无明水。

（3）材料涂刷：水泥基结晶型防渗材料可用半硬的尼龙刷涂刷，也可用专用喷枪进行喷涂。涂层要均匀，不得漏刷。当涂层厚度超过 0.5 mm 时，应分层涂刷。喷涂时喷嘴距涂层不得大于 30 cm，并尽量保持垂直于基面。

如需分层涂刷，应待第一层面干后进行。热天露天施工时，建议在早、晚或夜间进行，避免暴晒，防止涂层过快干燥，造成表面起皮、龟裂，影响施工效果。

（4）养护：涂层呈半干状态后即开始用雾状水喷洒养护，养护必须用干净水，水流不能过大，否则会破坏涂层。一般每天需喷水 3~4 次，连续 2~3 d，在热天或干燥天气要多喷几次，防止涂层过早干燥。

施工后 48 h 内应防避雨淋、沙尘暴、霜冻、暴晒、污水及 4 ℃ 以下的低温。在空气流通很差的情况下，需用风扇或鼓风机帮助养护（如封闭的涵洞）。露天施工用湿草袋覆盖较好，但要避免涂层积水，如果使用塑料膜作为保护层，必须注意架开，以保证涂层通风。

（二）聚脲弹性体防水材料

聚脲树脂是一种聚氨酯树脂的新型高分子材料，2002 年美国成立的聚脲发展协会（简称 PDA 协会）对聚脲体系做了界定：凡聚醚树脂中胺或聚酰胺的组分含量达到 80% 或以上时，称为聚脲，凡聚醚树脂中多元醇含量达到 80% 或以上时，称为聚氨酯（有刚性和弹性两种）；凡在这个参数之间的涂料体系称为聚氨酯/聚脲混合体系。聚脲弹性体技术是在聚氨酯反应注射成型技术的基础上发展而来的，它结合了聚脲树脂的反应特性和反应注射成型技术的快速混合、快速成型的特点，可以进行各类大面积复杂表面的涂层处理。该技术由美国 TEXACO 公司于 1991 年率先开发成功，1999 年引进国内，目前已经在水利水电工程各类防渗涂层施工中得到应用。

聚脲弹性体材料无毒性，不含有机挥发物，符合环保要求，适合在密闭、狭小空间施工。力学性能优异，拉伸强度最高可达 27.5 MPa，伸长率最高可达 1 000%，撕裂强度为 43.9~105.4 kN/m。抗湿滑性好，在潮湿状态下的摩擦系数不降低。低温性能好，在 -30 ℃ 下对折无裂纹，其拉伸强度、撕裂强度和剪切强度在低温下均有一定程度的提高，伸长率则稍有下降，可在 -28 ℃ 的环境下施工。聚脲弹性体固化速度极快，5 s 凝胶，1 min 即可行人，并可进行后续施工，由于固化速度快，施工时不存在流挂现象，可在任意复杂表面喷涂成型，涂层平整光滑，对基材形成良好的保护。具有很好的耐腐蚀和抗冲耐磨性能，除二氯甲烷、氢氟酸、浓硫酸、浓硝酸等强溶剂、强腐蚀剂外，聚脲弹性体能够耐受绝大部分介质的长期浸泡。

聚脲弹性体施工采用专用喷涂设备，由主机和喷枪组成，使用时将主机配置的两支抽料泵分别插入装有 A、R 原料的桶中，借助主机产生的高压将原料推入喷枪混合室，经混合、雾化后喷出。混合料喷出后 5~10 s 固化，一次喷涂的厚度约 2 mm。

聚脲弹性体的施工工序为：施工准备→基面清理→底胶涂刷→聚脲弹性体喷涂→密封胶施工。

（1）施工准备：施工前应制订详细的施工方案，准备施工材料、人员及相关机械设备。

（2）基面清理：基面需坚实、完整、清洁、无尘土、无疏松结构。混凝土表面的水泥浮浆、油脂等需用钢刷、凿锤、喷砂等方法除去。裂缝、孔洞需事先修补好。检查找平层干燥度，彻底清除表面灰尘，保证防水层良好附着，喷涂聚脲涂层必须在相对干燥的接口上才有很好的黏结力。

（3）底胶涂刷：在干燥、清洁的基面上均匀涂抹一层配套底漆，聚脲涂层的喷涂应在底漆施工后 24～48 h 内进行，如果间隔超过 48 h，在喷涂聚脲涂层前一天应重新涂抹一道底漆，然后进行弹性层施工。在喷涂之前，应用干燥的高压空气清除表面的浮尘。

（4）聚脲弹性体喷涂：首先应按说明书要求组装喷涂设备，对设备的完好性、易损件的完整性进行检查，设置喷涂设备参数，一般设定值为：主加热器温度（包括 A、R 两部分）65 ℃，长管加热器温度 65 ℃，主机压力可根据需要选择，空压机压力 0.8～1 MPa。喷涂前应先把长管加热器打开，待温度达到设定值后，再调节 A、R 两组分的静态压力，使其达到基本相同。

喷涂前应检查原料，在打开原料包装时，应注意不能让杂物落入原料桶中，原料应为均匀、无凝胶、无杂质的可流动液体，如发现原料有杂质、凝胶、结块现象，应立即停止使用。R 组分原料添加有颜料和助剂，使用前可能会有沉淀现象，喷涂前应充分搅拌，搅拌时应注意搅拌器不能碰触桶壁，防止产生碎屑堵塞喷枪。喷涂时 R 组分应同步搅拌，防止喷涂过程中产生沉淀，可采用冲击钻每隔 5 min 对 R 组分进行搅拌，搅拌时间 3 min 左右。

喷涂时喷枪和基面间距 1 m 左右，并与基面垂直，喷涂时为了获得光滑的外观效果，可适当调整喷射距离和角度。

聚脲弹性体物理性能与工作压力的关系见表 3-1。

表 3-1　聚脲弹性体物理性能与工作压力的关系

压力（MPa）	7.8	10.0	12.7	14.0	17.0
拉伸强度（MPa）	12.4	12.8	14.8	15.9	17.2
伸长率（%）	75	89	150	180	220
邵氏硬度	49	53	55	59	58

（5）密封胶施工：喷涂后 24 h 内进行密封胶施工，采用密封胶将聚脲弹性体边缘与基材连接处进行封闭。

（6）聚脲弹性体施工中应注意的问题：聚脲弹性体施工中严禁使用包装破损的原料，对于开启包装的原料，若施工中较长时间不使用，应在包装内充氮气保护。施工完毕后应对原料泵、喷枪等进行清洗，清洗采用二氯甲烷等强有机溶剂。喷涂时两种物料的混合压力应相近，一般要求压力差低于 2 MPa。聚脲弹性体施工时，基面应无明水，喷涂前应对渗水点和渗水裂缝进行修复，否则容易在聚脲材料表面形成水泡，影响弹性体与基材的黏结。

喷涂聚脲技术的关键之一在于选择合适的设备，并能正确地安装、调试、维护保养以及通过实验选择适当的操作参数。此类设备设计精密，作为设备管理人员必须具备化工原理、聚氨酯基础、电路电器、液压原理等综合知识。作为高性能材料的聚脲弹性体,对于混合精度要求非常高,聚氨酯泡沫喷涂机的混合精度远不能达到要求,而目前国内制造和应用较多的是泡沫喷涂机,尚不能用于聚脲弹性体喷涂,否则影响喷涂质量。

第二节　增大截面加固技术

增大截面加固法是用增大结构构件或构筑物截面面积进行加固的一种方法,它不仅可以提高被加固构件的承载能力,而且可以加大其截面刚度,改变其自振频率,使正常使用阶段的性能得到改善和提高。这种加固方法广泛应用于加固混凝土结构的梁、板、柱等构件。增大截面加固具有原理简单、应用经验丰富、受力可靠、加固费用低廉等优点;但它也有一些缺点,如湿作业工作量大、养护周期长、增加结构自重、占用建筑空间较多等,使其应用受到限制。

一、加固的基本原则

(1)采用增大截面加固受弯构件时,应根据原结构构造要求和受力情况,选用在受压区或受拉区增加截面尺寸的方法的加固。当仅在受压区加固受弯构件时,其承载力、抗裂度、钢筋应力、裂缝宽度及挠度的计算和验算,可按《水工混凝土结构设计规范》(SL/T 196—96)关于叠合式受弯构件的规定进行。若验算结果表明,仅需增设混凝土叠合层即可满足承载力要求时,也应按构造要求配置受压钢筋和分布钢筋。在受拉区加固矩形截面受弯构件时,考虑新增受拉钢筋的作用,并对新增钢筋的强度进行折减。

受弯构件加固后应首先符合受弯构件的截面限制条件,其目的是防止发生斜剪破坏,限制使用阶段的斜裂缝宽度,同时也是满足斜截面受剪破坏的最大配箍率条件,其计算方法和《水工混凝土结构设计规范》(SL/T 196—96)相同。

(2)采用增大截面加固钢筋混凝土轴心受压构件时,应综合考虑新增混凝土和钢筋强度利用程度,并对其进行修正。采用增大截面加固钢筋混凝土偏心受压构件时,其偏心距应按《水工混凝土结构设计规范》(SL/T 196—96)的规定进行计算,但计算时应对其增大系数进行修正。

(3)采用增大截面加固法时,要求按现场检测结果确定的原构件混凝土强度等级对受弯构件不低于C20,受压构件不低于C15,预应力构件不低于C30。应用该方法时要保证新旧混凝土界面的黏结质量,只有当界面黏结质量符合规范要求时,方可考虑新加混凝土与原有混凝土的协同工作,按整体截面进行计算。

二、采用增大截面法加固构件应注意的问题

增大截面加固法在设计构造方面必须解决好新加部分与原有部分的共同受力问题。试验研究表明,加固结构在受力过程中结合面会出现拉、压、弯、剪等各种复杂应力,其中关键是剪力和拉力。在弹性阶段,结合面的剪应力和法向应力主要靠结合面两边新旧混凝土的黏结强度承担,在开裂及极限状态下,主要是通过贯穿结合面的锚固钢筋或锚固螺栓所产生的被动剪切摩擦力传递。由于结合面混凝土的黏结抗剪强度及法向黏结抗拉强

度远远低于混凝土本身强度,结合面是加固结构受力时的薄弱环节,即或是轴心受压破坏,也总是首先发生在结合面。因此,结合面必须进行处理,涂刷界面剂,必要时对结合面从设计构造上配置足够的贯穿于结合面的剪切摩擦筋或锚固件将两部分连接起来,确保结合面有效传力,使新旧两部分整体工作。

三、增大截面加固法施工工艺

增大截面加固法的施工工序为:施工准备→混凝土基面清理→结合面处理→钢筋种植、钢筋网绑扎→支模、混凝土浇筑→养护。

增大截面加固法示意图见图3-7、图3-8。

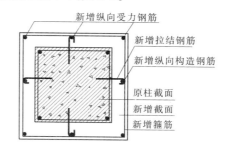

图 3-7 受压构件增大截面加固简图

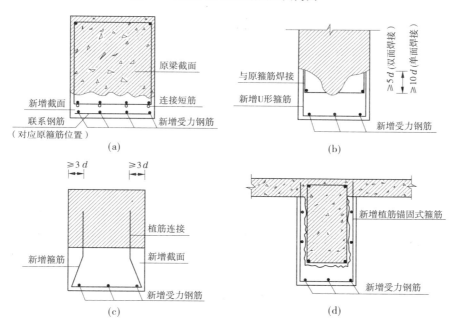

图 3-8 增大截面配制箍筋的连接构造示意图(d 为钢筋直径)

(1)施工准备:施工前应制订详细的施工方案,准备施工材料、人员及相关机械设备。

(2)混凝土基面清理:把构件表面的抹灰层铲除,对混凝土表面存在的缺陷清理至密实部位,并将表面凿毛,要求打成麻坑或沟槽,坑或槽深度不宜小于 6 mm,麻坑每 100 mm ×

100 mm 的面积内不宜少于 5 个;沟槽间距不宜大于箍筋间距或 200 mm,采用三面或四面外包法加固梁或柱时,应将其棱角打掉。清除混凝土表面的浮块、碎渣、粉末,并用压力水冲洗干净,如构件表面凹处有积水,应用麻布吸去。

(3)结合面处理:为了加强新、旧混凝土的整体结合,在浇筑混凝土前,在原有混凝土结合面上先涂刷一层高黏结性能的界面剂,界面剂的种类很多,常用的有高强度等级水泥浆或水泥砂浆,掺有建筑胶水的水泥浆、环氧树脂胶、乳胶水泥浆及各种混凝土界面剂等。

(4)钢筋种植、钢筋网绑扎:为了提高新、旧混凝土黏结强度,增强结合面的抗剪能力,可采用植筋技术在混凝土结合面上种植短钢筋。钢筋的直径和数量根据新、旧混凝土结合面的抗剪要求确定。新增纵向受力钢筋两端应可靠锚固,其工艺亦可采用植筋工艺。

新增钢筋和原有构件受力钢筋之间采用焊接连接时,应凿除混凝土的保护层并至少裸露出钢筋截面的一半,对原有和新加受力钢筋都必须进行除锈处理,在受力钢筋上施焊前,应采取卸荷或临时支撑措施。为了减小焊接造成的附加应力,施焊时应逐根分区、分段、分层和从中部向两端进行焊接,焊缝要饱满,尽可能减少或避免对受力钢筋的损伤。对于原有受力钢筋在施焊中由于电焊过烧可能对其截面面积的削弱,计算时宜考虑一定的折减系数。

当采用"U"形或"["(卷边槽形)箍筋时,箍筋应焊接在原有箍筋上,焊接长度和质量应符合《钢筋机械连接通用技术规程》(JGJ 107—2003)和《水利水电基本建设工程单元工程质量等级评定标准》(DL/T 5113.1—2005)相关条文要求。

(5)支模、混凝土浇筑:混凝土中粗骨料宜用坚硬卵石或碎石,其最大粒径不宜大于20 mm,对于厚度小于 100 mm 的混凝土,宜采用细石混凝土。为提高新浇混凝土的强度并利于新、旧结合面的黏结,应选择黏结性能好、收缩小的混凝土材料。

由于构件的加固层厚度都不大,加固钢筋也较密,采用一般支模、机械振捣浇筑混凝土都会带来困难,也难以确保质量。因此,要求施工仔细,振捣密实,必要时配以喇叭浇捣口,使用膨胀水泥等措施。在可能条件下,还可采用喷射混凝土浇筑工艺,施工简便,保证质量,同时也提高混凝土强度和新、旧混凝土的黏结强度。混凝土浇筑质量应符合《水工混凝土施工规范》(DL/T 5144—2001)标准要求。

(6)养护:后浇混凝土凝固收缩时易造成界面开裂或板面后浇层龟裂。因此,在浇筑加固混凝土 12 h 内就开始饱水养护,养护期为两周,要用两层麻袋覆盖,定时浇水。

四、质量检查

增大截面加固法施工质量应符合《水利水电基本建设工程单元工程质量等级评定标准》(DL/T 5113.1—2005)相关条文要求。

第三节　置换混凝土加固技术

置换混凝土加固法是将原结构、构件中的破损混凝土凿除并用强度高一级的混凝土浇灌置换,使新旧两部分黏合成一体共同工作。置换混凝土加固法适用于承重构件受压区混凝土强度偏低或有严重缺陷的局部加固,不仅可用于新建工程混凝土质量不合格的返工处理,而且可用于已有混凝土承重结构受腐蚀、冻害、火灾烧损以及地震、强风和人为破坏后的修复。

置换混凝土加固法能否在承重结构中得到应用,关键在于新旧混凝土结合面的处理效果是否能达到可以采用协同工作假定的程度。国内外大量试验表明,当置换部位的结合面处理至旧混凝土露出坚实的结构层,且具有粗糙而洁净的表面时,新浇混凝土的水泥胶体便能在微膨胀剂的预压应力促进下渗入其中,并在水泥水化过程中,黏合成一体。

一、置换混凝土加固的基本原则

当混凝土结构、构件置换界面处理及施工质量满足要求时,其结合面可按整体工作计算。置换混凝土界面处不应出现拉应力。

当采用本方法加固受弯构件时,为确保置换混凝土施工全过程中原结构、构件的安全,必须采取有效的支顶措施,使置换工作在完全卸荷的状态下进行,有助于加固后结构更有效地承受荷载。对柱、墙等承重构件完全支顶有困难时,允许通过验算和监测进行全过程控制。其验算的内容和监测指标应由设计单位确定,但应包括相关结构、构件受力情况的验算。

采用置换法加固钢筋混凝土轴心受压构件时,可参照《水工混凝土结构设计规范》(SL 191—2008)计算,但需引进置换部分新混凝土强度的利用系数,以考虑施工无支顶时新混凝土的抗压强度不能得到充分利用的情况。

二、置换混凝土加固构件应注意的问题

为了新旧混凝土协调工作,并避免在局部置换的部位产生"销栓效应",故要求新置换的混凝土强度等级不宜过高,一般以提高一级为宜。另外,为保证置换混凝土的密实性,对置换范围应有最小尺寸的要求,一般最小置换深度不小于 60 mm。当凿除量较大时,应分块逐次置换,或采取有效的支顶措施,保证原结构安全。

置换部分应位于构件截面受压区内,且应根据受力方向,将有缺陷的混凝土剔除,剔除位置应在沿构件整个宽度的一侧或对称的两侧,不得仅剔除截面的一隅。

为了防止结合面在受力时破坏,在重要结构或置换混凝土量较大时,应在结合面上种植贯穿结合面的拉结钢筋或螺栓以增加被动剪切摩擦力传递。

三、置换混凝土加固法施工工艺

置换混凝土加固法的施工工序为:施工准备→缺陷混凝土凿除→结合面处理→植筋→支模、混凝土浇筑→养护。

置换混凝土加固施工示意见图3-9。

(1)施工准备:施工前应制订详细的施工方案,准备施工材料、人员及相关机械设备。

(2)缺陷混凝土凿除:将原结构混凝土缺陷部位凿除至密实混凝土,凿除时应进行卸载,并设立有效支撑,混凝土凿除长度应按混凝土强度和缺陷的检测及验算结果确定,对非全长置换的情况,两端应分别延伸不小于100 mm。

(3)结合面处理:为了加强新、旧混凝土的整体结合,在浇筑混凝土前,在原有混凝土

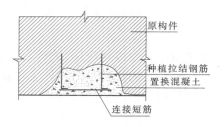

图 3-9　置换混凝土加固施工示意图

结合面上先涂刷一层具有较高黏结性能的界面剂。界面剂涂刷前应采用高压水冲洗干净,并擦除界面处的积水。

（4）植筋:为了提高新、旧混凝土黏结强度,增强结合面的抗剪能力,可采用植筋技术在混凝土结合面上种植短钢筋。钢筋的直径和数量根据新、旧混凝土结合面的抗剪要求确定。植筋工艺应符合植筋技术要求。

（5）浇筑:混凝土支模、浇筑、养护应符合《水工混凝土施工规范》(DL/T 5144—2001)标准要求。

四、质量检查

置换混凝土法加固施工质量应符合《水利水电基本建设工程单元工程质量等级评定标准》(DL/T 5113.1—2005)相关条文要求。

第四节　外加预应力加固技术

预应力加固的方法很多,一般采用预应力索、预应力钢筋、预应力拉杆和预应力撑杆、预应力锚杆等。加固时应根据加固构件的受力性质、构造特点和现场条件,选择合适的预应力方法。本法主要适用于不能较大增加原构件截面,同时又要较大提高原结构承载能力的构件加固。

体外预应力(简称体外索)加固是通过增设体外预应力索(包括高强钢绞线、钢丝束和精轧螺纹钢筋)对既有混凝土构件主动施加外力,以改善原结构受力状况的加固。

水闸工程加固中,对一些特殊构件(闸墩等)可采用绕丝法加固。绕丝法加固是外加预应力法的一种,该法重点是提高混凝土构件的延性和变形性能。其优点是构件加固后增加自重较少,外形尺寸截面变化不大,对构件所处环境空间要求不高。缺点是对矩形截面混凝土构件承载力的提高不显著,故在某种意义上限制了该法的应用范围。

水闸加固工程中,预应力锚杆应用较多,主要在闸墩、闸室和挡墙加固中使用。预应力加固法也可和其他加固方法配合使用。例如可将增大截面法和预应力法配合使用,以提高结构的承载能力。

采用外加预应力法对钢筋混凝土结构、构件进行加固时,其原构件的混凝土强度等级应符合《水工混凝土结构设计规范》(SL/T 191—96)对预应力混凝土强度等级的要求。采用预应力锚杆加固混凝土闸墩、闸室和挡墙时应符合《水工预应力锚固设计规范》(SL 212—98)中的相关要求。

一、加固的基本原则

采用预应力索加固构件时,应符合《水工混凝土结构设计规范》(SL 191—2008)中预应力混凝土构件计算要求。

(一)极限状态下抗弯承载力计算

在极限状态下,加固梁仍须为适筋梁破坏,受拉区混凝土退出工作,全部拉力由原结构中预应力钢筋或普通钢筋与体外索共同承担。加固后的梁正截面变形仍符合平面截面假设。受压区混凝土应力分布按矩形应力图考虑,其应力大小取混凝土抗压强度设计值。加固梁中预应力筋和普通钢筋及体外索的应力可按抗拉强度设计值计算。

(二)极限状态下斜截面抗剪承载能力计算

在极限状态下,加固后的梁仍须为剪切破坏。与斜裂缝相交的原梁箍筋、斜筋或弯起钢筋的应力均可按其抗拉强度设计值计算,体外索斜筋或体外索弯起部分也按其抗拉强度设计值计算。

(三)转向器合力的分配

在正常使用阶段,水平剪力即体外索对转向器合力的水平分力由混凝土和箍筋共同承担,在极限状态下,当混凝土转向器开裂后,水平剪力主要由箍筋承担。达到极限状态时,混凝土转向器受到的拔出力即体外索对转向器合力的竖向分力由箍筋承担。

目前,绕丝加固法尚未进入规范条款明文阶段,设计时应从力学角度进行分析计算,或借鉴可靠的工程经验。绕丝法之所以能起加固作用,一方面是通过预应力钢丝的缠绕后产生"预压应力";另一方面当内压升起后还产生"背压",从而提高被加固的筒体承载力。

(四)外加预应力加固闸墩

闸墩采用预应力锚索或锚杆进行加固时,应对闸墩进行应力分析,考虑各种荷载组合和所控制的工况。锚块与闸墩和大梁的连接颈部,以及闸墩的锚固区上游混凝土的主拉应力,应满足《水工混凝土结构设计规范》(SL 191—2008)的规定,混凝土支撑结构的强度和变形应满足结构及运行的要求。锚固区混凝土强度不得低于 C30,锚块的混凝土强度不得低于 C40。

当闸室或挡墙不满足稳定性要求,采用预应力锚索或锚杆加固时,应根据挡墙的用途、断面形式和可能失稳破坏的方式经过经济技术比较,选择最优的锚固方案。锚索或锚杆数量及单根设计张拉力应根据稳定性分析计算的结果确定。对闸室施加的锚固力应满足闸室抗滑稳定性的要求,其安全系数应符合相应规范的规定。抗浮力不足的部分,由预应力锚索或锚杆施加于闸室的法向力承担。挡墙承受的水压力和土压力,由预应力锚索或锚杆和挡墙自重共同承担。

二、外加预应力加固构件应注意的问题

(1)预应力钢筋(束)可由水平筋(束)和斜筋(束)组成,亦可由通长布置的钢丝束或钢绞线组成。加固中采用的体外预应力索应具有防腐蚀能力,且具有可更换性。预应力钢筋应在转向部位设置转向装置,转向装置可采用钢构件、现浇混凝土块体或其他可靠结构,转向装置必须和混凝土构件可靠连接,其连接强度应进行计算。体外索的长度超过 10 m

时应设置定位装置。采用预应力法进行加固时,基材混凝土的强度等级不宜低于 C25。

(2)体外索加固梁时,锚固点的位置越高,对提高构件抗弯承载力的贡献越小。当体外索采用一根通长布置的钢绞线时,应注意体外索的弯曲半径能否满足其最小半径的要求。体外索张拉锚固端的位置应在不影响加固效果的情况下尽量考虑施工时的可操作性,减小施工难度。

(3)对混凝土转向器,由于受力复杂,布置钢筋种类繁多,钢筋间距小,为保证浇筑质量,应采用收缩小、流动性好、强度高的细石混凝土或采用满足浇筑要求的其他材料。对钢制转向器,一般由钢板焊接制成。因此,必须保证焊缝焊接质量,应采用双面焊接,同时满足《建筑钢结构焊接技术规程》(JGJ 81—2002)的相关质量要求。为保证转向器在转向力作用下不发生错动,转向器与原结构必须可靠连接。

(4)采用绕丝法加固时,加固钢丝绕过构件的外倒角时,构件的截面棱角应在绕丝前打磨成弧面,圆化半径不应小于 50 mm,并在外倒角处增设转向设施,一般采用钢板外包即可。

(5)预应力所用的钢筋、钢绞线等在安装前要密封包裹,防止锈蚀。材料如需长时间存放,必须定期进行外观检查。室内存放时,仓库应干燥、防潮、通风良好、无腐蚀性气体和介质。室外存放时,时间不宜超过 6 个月,必须采取有效的防潮措施,避免预应力材料受雨水、露水和各种腐蚀性气体的影响。预应力材料在切割时应采用切断机或砂轮锯切断,不得采用电弧切割,预应力材料的下料长度应通过计算确定,计算时应考虑张拉设备所需的工作长度、冷拉伸长值、弹性回缩值、张拉伸长值和外露长度的影响。

(6)预应力筋的张拉应对称、均衡张拉至设计值,施加张拉次序应按设计要求进行。张拉方法按《水工预应力锚固设计规范》(SL 212—98)相关要求执行。

三、外加预应力法加固施工工艺

外加预应力法加固根据加固对象和加固方法的不同,施工工艺也不尽相同,本节仅对预应力体外索和预应力锚索、锚杆的施工工艺做一介绍。

(一)预应力体外索施工

预应力体外索主要针对跨度较大的梁、板构件进行加固,也可对体积较大的构件绕丝加固。其加固的施工工序为:施工准备→结合面处理→张拉端、转向器浇筑或制作安装→体外索制作安装→预应力张拉→补偿张拉→封锚。

体外索加固梁示意图见图 3-10。

图 3-10 体外索加固梁示意图

(1)施工准备:施工前应制订详细的施工方案,准备施工材料、人员及相关机械设备。

（2）结合面处理：锚固端和转向器可采用钢制构件或现浇混凝土构件，锚固端和转向器与混凝土结构连接处结合面应打磨做糙化处理，并清除糙化表面灰渣。

（3）锚固端和转向器浇筑或制作安装：当采用混凝土构件时应在结合面种植连接钢筋，混凝土强度不小于 C40。当采用钢制构件时，宜采用粘钢结合植筋或锚栓锚固技术固定，钢材焊接质量应符合《建筑钢结构焊接技术规程》(JGJ 81—2002) 的要求。

（4）体外索制作安装：锚固端、转向器安装完成后，将体外索裁剪成适当长度。根据工程的具体情况可采用逐根穿束或集束穿束。逐根穿束是将预埋管道内的预应力筋逐根穿入；集束穿束是将预应力筋先绑扎成束后一次性穿入设计孔道内。集束穿束前宜将预应力筋端部用胶布包扎以减小摩擦力便于安装。人工穿束确有困难，可采用牵引机协助穿束。

（5）张拉端预埋件安装：张拉端部有外凸和内凹两种形式。张拉端部预埋位置应符合设计要求，预应力筋应与锚垫板保持垂直。采用外凸式张拉端部时，将锚垫板紧靠构件端部固定；采用内凹式张拉端部时，将锚垫板固定在离端部约 90 mm 处，调整锚垫板周围的钢筋以保证张拉时千斤顶有足够的张拉空间，然后在承压板外安装穴模，按设计要求焊接好网片筋或螺旋筋。采用分段搭接张拉时，张拉端部的预埋件安装，在锚垫板等预埋件满足设计要求的情况下，预应力筋与锚垫板应保持垂直，保证张拉千斤顶有足够的张拉空间及张拉完后锚具不露出构件表面。

（6）预应力张拉：

①锚固端安装完毕满足设计要求后可进行张拉。采用现浇混凝土构件，设计无具体要求时，张拉时混凝土强度不应低于设计强度值的 75%。张拉控制应力满足设计要求，且不应大于钢绞线强度标准值的 75%。

预应力构件的张拉顺序，应根据结构受力特点、施工方便、操作安全等因素确定，一般分段、分部位张拉。各部位应遵循对称、均匀原则。

②预应力筋的张拉方法应根据设计和施工计算要求，确定采取一端张拉或两端张拉。采用两端张拉时，宜两端同时张拉，也可一端先张拉，另一端补张拉。

同一束预应力筋，应采用相应吨位的千斤顶整束张拉，直线形或扁管内平行排放的预应力筋，当各根预应力筋不受叠压时，可采用小型千斤顶逐根张拉。

特殊预应力构件或预应力筋，应根据要求采取专门的张拉工艺，如分段张拉、分批张拉、分级张拉、分期张拉、变角张拉等。

③张拉工艺为工作锚具安装→千斤顶安装→千斤顶进油张拉→伸长值校核→持荷顶压→卸荷锚固→记录。

④预应力张拉施工中，质量控制以应力控制为主，测量张拉伸长值作校核。

预应力筋张拉理论计算伸长值按下式计算：

$$\Delta L = \frac{N_P L_T}{A_P E_S} \tag{3-1}$$

式中：N_P 为预应力筋的平均张拉力，取张拉端拉力扣除孔道摩擦损失后的拉力平均值；L_T 为预应力筋实际长度；A_P 为预应力筋截面面积；E_S 为预应力筋实测弹性模量。

由多段弯曲线段组成的曲线束，应分段计算，然后叠加，结果较准确。

预应力筋张拉伸长值的量测，在建立预应力后进行，其实际伸长值为：

$$\Delta L = \Delta L_1 + \Delta L_2 + \Delta L_c \tag{3-2}$$

式中:ΔL_1 为从初应力至最大张拉力之间实测伸长值;ΔL_2 为初应力以下的推算值,可根据弹性范围内张拉力与伸长值成正比的关系推算确定;ΔL_c 为施加预应力时,后张法预应力构件的弹性压缩值和固定端锚具揳紧引起的预应力筋内缩值,初应力宜为 $(0.10 \sim 0.15) \sigma_{con}$。

张拉预应力筋的理论伸长值与实际伸长值的允许偏差值控制在 ±6% 以内,如超出范围,应查明原因并采取措施予以调整,方可继续张拉。

设计无具体要求时,一次张拉端锚固程序可采用:$0 \to 10\% \sigma_{con} \to 105\% \sigma_{con}$ (持荷 2 min) $\to \sigma_{con} \to$ 锚固或 $0 \to 10\% \sigma_{con} \to 103\% \sigma_{con} \to$ 锚固。

每级张拉完成后,观察 1 h,确定无异常情况后,再进行第二级张拉。体外束张拉时,除要控制张拉力和钢束伸长量外,还必须对结构主要断面的应变及整体挠度情况进行监控,边张拉边观察。

(7)封锚:张拉后,用砂轮切割机切掉张拉端多余的预应力筋,预应力筋的外露长度不宜小于其直径的 1.5 倍,且不宜小于 30 mm。为便于在体外索松弛后进行二次张拉,锚头部分可采用玻璃丝布缠包油脂的方法或其他有效方法进行保护。

(8)施工监控:主要在体外索张拉的过程中对构件的应力和变形情况进行控制。监控的内容根据施工的具体情况确定。

(二)预应力锚索、锚杆施工

预应力锚索、锚杆适用于对水闸闸墩、闸室或翼墙进行加固,其施工工序基本相同。施工工序为:施工准备→钻孔及清孔→锚索、锚杆制作→锚索、锚杆安装→锚固段灌浆(一次注浆)→锚墩浇筑→预应力张拉→自由段灌浆(二次注浆)→封锚→施工监控。

预应力锚索结构简图见图 3-11,预应力锚杆结构简图见图 3-12,锚杆张拉锁定简图见图 3-13。

(1)施工准备:施工前应制订详细的施工方案,准备施工材料、人员及相关机械设备。

(2)钻孔及清孔:施工时必须严格按照设计位置和方向钻孔,钻孔深度应大于设计孔深约 30 cm。钻孔完成后,清除孔内岩屑等杂质。钻孔过程中随时检查钻杆的方向,防止锚孔倾斜。在土体中钻孔时应采取适当措施避免出现塌孔、缩孔现象,可采用泥浆护壁,成孔过程中一般不得停顿,取岩芯或下放锚索、锚杆时也要不断返浆,以保持泥浆一定的比重。对特别难以成孔的地段,可采用钢套筒护壁钻进法。

(3)锚索、锚杆制作:锚索一般由一条或数条钢绞线编索组成,编索前检查钢绞线质量,剔除有磨损、锈蚀等缺陷的钢绞线。锚杆制作前同样应剔除有磨损、锈蚀等缺陷的部分。锚索、锚杆自由段外涂防锈油,并由塑料套管套封,靠近锚固段一端用铁丝扎紧,确保锚固段灌浆时塑料密封套管内不进浆。锚索锚固段每隔一段距离绑扎隔离支架,锚杆锚固端焊接导向支架,支架起对中和增大锚固力的作用。锚索、锚杆自由段也要安装隔离支架和对中支架,一次灌浆管从隔离支架和对中支架中心穿过,其端部距导向帽约 30 cm。

(4)锚索、锚杆安装:锚索、锚杆绑扎焊接完成后,将锚索或锚杆连同灌浆管一同下到孔中,遇阻力活动锚杆并转动锚杆方向,锚杆下到孔底后,用水泵通过注浆管向孔底注入清水,清洗孔壁泥皮,使锚孔内泥浆比重减小。如孔内泥浆较多,则用高压洗孔,即"气水排渣法",在孔内放满清水,用高压风吹出,清洗孔内沉渣和泥浆,使孔内通畅,孔壁光滑。

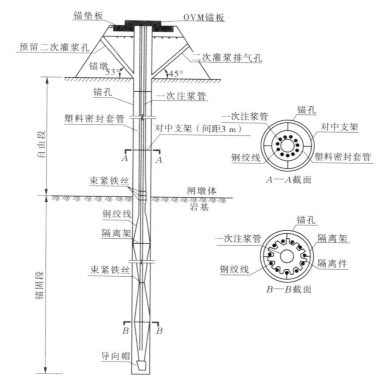

图 3-11　预应力锚索结构简图

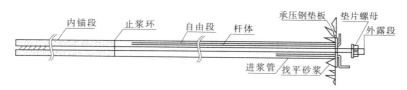

图 3-12　预应力锚杆结构简图

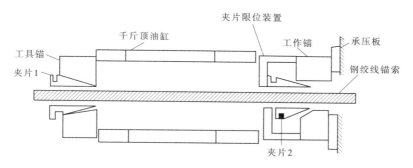

图 3-13　锚杆张拉锁定简图

（5）锚固段注浆（一次注浆）：一次注浆应按设计要求注入水泥浆或其他灌浆材料。注浆采用自然排气法,无压注浆,确保锚固段锚固长度和自由段传递荷载能力。

（6）锚墩浇筑：锚墩浇筑前，须对锚墩与待锚固混凝土构件接触面进行凿毛处理，锚墩上表面（锚垫板）必须与锚索、锚杆轴线垂直，待混凝土浇筑并达到设计强度80%后张拉锚固。锚墩浇筑时应预留二次注浆孔和排气孔。

（7）预应力张拉：预应力张拉采用先单根张拉再整体张拉的方式，单根张拉和整体张拉锁定值应通过计算确定。锚索张拉后应进行锚索预应力损失监测，对预应力损失超过设计允许值的锚索（锚杆），应安排补偿张拉。

（8）自由段注浆（二次注浆）：自由段注浆应按设计要求注入水泥浆或其他灌浆材料。灌浆管从预留的二次注浆孔插入锚孔，空气由排气孔排出，采用有压注浆，注浆压力0.7～1.5 MPa，确保自由段注浆密实，防止索体锈蚀。

（9）封锚：张拉完成后，采用砂浆或细石混凝土对锚头进行封闭，保护锚头，防止锚具锈蚀。

（10）施工监控：施工期内应对锚孔孔径、方向及时监测、调整。张拉时应采用锚索测力计对选定的锚索或锚杆应力进行监测，并测量锚索（锚杆）伸长量，对应力损失较大的锚索（锚杆）应分析原因，及时进行补偿张拉。

第五节　粘钢加固技术

粘钢加固是混凝土结构工程常用的加固技术，用特制的结构胶黏剂，将钢板或型钢粘贴在钢筋混凝土结构的表面，补充构件内部的配筋不足，达到增强原结构强度和刚度的目的。粘钢加固适用于钢筋混凝土结构受弯、受拉和受压构件的加固。按施工工艺的不同可分为直接涂胶粘钢法和湿包钢灌注粘钢法。直接涂胶粘钢法是将黏结剂直接涂抹在钢板表面，再粘贴在混凝土构件表面的方法。湿包钢灌注粘钢法是先将钢板逐块安装在构件表面，焊接成一个整体，最后将黏结剂灌入钢板和混凝土构件的缝隙内的一种加固方法，其主要是针对复杂构件的加固和加固过程中需对钢板进行焊接操作的工程。

粘钢加固法与其他的加固方法比较，有许多独特的优点和先进性，其技术可靠，工艺简便；可在不停产情况下施工，工期短；不影响结构外观尺寸，不需特殊空间，结构重量增加很少；加固效果明显，经济效益显著。但粘钢加固法也存在局限与不足，在应用中必须针对不同情况区别对待。

一、加固设计原则

（一）加固方案

在考虑是否应用粘钢加固方案时，首先是通过现场观测调查或检测，分析结构现状并解剖原设计意图，弄清结构的受力途径、材料性能以及原施工的年限、方法、质量等，通过相关的计算，得出被加固结构或构件是否能满足安全，进而根据加固施工的可行性和经济性比较，最后确定适宜的加固方法。

（二）加固构件的计算

试验研究表明，受弯构件加固，钢板与被加固构件之间在受力时将产生滑移，截面应变并不完全满足平截面假定，但是根据平截面假定计算的加固构件承载力与试验值相差不大,故加固计算中平面假定仍然适用。受拉区加固钢筋混凝土矩形、T形截面受弯构件的正截面承载力计算仍按二阶受力构件考虑,不同受力阶段的构件截面变形满足平面假定。在正截面承载力极限状态,构件加固后截面受压边缘混凝土的压应变达到极限压应变,圆构件截面受拉钢筋屈服。钢板的应力由其应变确定,但应小于其抗拉强度设计值。

采用钢板加固受弯构件,钢板应具有足够的锚固黏结长度,传递钢板与被加固构件界面之间的黏结剪应力,在计算长度的基础上,应将锚固黏结长度增加一定的富余量,以消除施工误差影响,保证黏结剪应力的有效传递。

受压构件加固,对大、小偏心受压构件,在截面受压较大边缘粘贴的钢板,其应力可取钢板的抗压强度设计值。截面受拉边或受压较小边圆构件纵向普通钢筋应力应考虑加固后构件时大偏心受压还是小偏心受压。若加固后构件是大偏心受压,则受拉边构件纵向普通钢筋应力取设计值。若加固后是小偏心受压,则截面受拉边或受压较小边原构件普通钢筋应力应根据平截面假定确定,其计算方法可参考相关规范。

受拉构件正截面加固,加固计算中钢板应力计算应考虑分阶段受力的特点。

钢筋混凝土受弯构件、受压构件、受拉构件的加固计算,应满足《水工混凝土结构设计规范》(SL 191—2008)的相关规定。

二、粘钢加固应注意的问题

(1)采用直接涂胶粘钢法的钢板厚度不应大于 6 mm;钢板厚度大于 6 mm 时,应采用湿包钢灌注粘钢法。

(2)粘贴的钢板应留有足够的锚固黏结长度,当钢板伸至支座边缘仍不满足锚固黏结长度的要求时,对梁应在延伸长度范围内均匀设置 U 形箍,且应在延伸长度的端部设置一道加强箍。U 形箍应伸至梁翼缘板底面,U 形箍的宽度,对端箍不应小于 200 mm;对中间箍不应小于受弯加固钢板宽度的 1/2,且不应小于 100 mm,U 形箍的厚度不应小于受弯加固钢板厚度的 1/2。U 形箍的上端应设置纵向钢压条,压条下面的空隙应加胶粘钢垫块填平,当梁的截面高度(或腹板高度)大于等于 600 mm 时应增加一条压条。对板或其他构件,应在延伸长度范围内通长设置垂直于受力钢板方向的压条。压条应在延伸长度范围内均匀布置,且应在延伸长度的端部设置一道。钢压条的宽度不应小于受弯加固钢板宽度的 3/5,钢压条的厚度不应小于受弯加固钢板厚度的 1/2。

(3)当采用钢板对受弯构件负弯矩区进行正截面承载力加固时,钢板应在负弯矩包络图范围内连续粘贴;其延伸长度应满足锚固黏结长度的要求。对无法延伸的一侧,应粘贴钢板压条进行锚固。钢压条下面的空隙应粘钢垫块填平。

当加固的受弯构件需粘贴一层以上钢板时,相邻两层钢板的接缝位置应错开一定距离,错开的距离不小于 300 mm,并应在截断处设 U 形箍(对梁)或横向压条(对板或其他构件)进行锚固。

(4)当采用钢板进行斜截面承载力加固时,应粘贴成斜向钢板、U 形箍或 L 形箍。斜向钢板和 U 形箍、L 形箍的上端应粘贴纵向钢压条予以锚固。

钢板抗剪箍及其粘贴方式示意图见图 3-14。

(5)采用直接涂胶粘贴钢板宜使用锚固螺栓,锚固深度不应小于 6 倍螺栓直径。螺

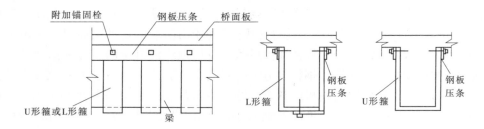

图 3-14　钢板抗剪箍及其粘贴方式示意图

栓中心最大间距为 24 倍钢板厚度,最小间距为 3 倍螺栓孔径。螺栓中心距钢板边缘最大距离为 8 倍钢板厚度或 120 mm 的较小者,最小距离为 2 倍螺栓孔径。如果螺栓只用于钢板定位或粘贴加压,不受上述条件限制。

梁粘贴钢板端部锚固措施示意图见图 3-15。

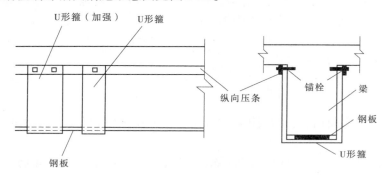

图 3-15　梁粘贴钢板端部锚固措施示意图

(6)采用湿包钢灌注粘钢时应先将钢板剪裁成设计形状,然后逐块用螺栓固定安装在混凝土结构表面,最后将钢板焊接在一起,焊接质量应符合《建筑钢结构焊接技术规程》(JGJ 81—2002)的相关质量要求。胶液灌注后不应再对钢板进行焊接,以免灼伤黏结剂,影响加固效果。

(7)采用粘钢法加固混凝土构件要求构件的使用环境温度不超过 60 ℃,相对湿度不超过 70% ,否则应采取相应的保护措施。

三、粘钢加固施工工艺

粘钢加固法按施工工艺的不同可分为直接涂胶粘钢法和湿包钢灌注粘钢法。下面分别介绍这两种方法的施工工艺。

(一)直接涂胶粘钢法

直接涂胶粘钢法的施工工序为:施工准备→钢板制作、焊接→混凝土结合面打磨→钢板打磨除锈→基面清理→结构胶配制→钢板粘贴、加压固定→质量检查→防腐。

(1)施工准备:施工前应制订详细的施工方案,准备施工材料、人员、劳保用品及相关机械设备。

(2)钢板制作、焊接:将钢板裁剪加工成设计要求的钢板条,并按加固构件的尺寸将

· 374 ·

钢板条焊接,焊接要求双面对焊,焊接后将钢板与混凝土黏结面打磨平整。

(3)混凝土结合面打磨:用角向磨光机将混凝土构件表面钢板粘贴部位打磨至新鲜混凝土,打磨厚度为0.5~1 mm,去除混凝土表面浮浆层。对混凝土表面有较大凸起的部位要打磨平整,对较大的孔洞、坑槽要用高强砂浆或结构胶修补平整后再打磨平整。混凝土有裂缝时应采取相应措施采取修补后打磨平整。

(4)钢板打磨除锈:钢板打磨除锈可采用砂轮片打磨,钢板量较大时也可采用喷砂除锈等其他方法,钢板除锈等级应满足《涂装前钢材表面锈蚀等级和除锈等级》(GB 8923—88)的要求。一般情况下,为保证黏结剂黏结强度,应采用砂轮片打磨至金属光泽,打磨纹路与钢板设计受力方向垂直。

(5)基面清理:钢板和混凝土表面处理完成后,在粘贴钢板前用高压空气将表面灰渣清除,并用干净抹布蘸丙酮、二甲苯或其他挥发性强的有机溶剂擦拭混凝土构件和钢板粘贴表面。

(6)结构胶配制:目前市场上的粘钢用结构胶种类很多,使用时应选取材料性能标准符合要求的材料,按说明书的比例配制。每次配制的数量不能太多,以30 min内使用完为准,结构胶失去黏性变硬后应立即停止使用。

(7)钢板粘贴和加压固定:结构胶配制后,将结构胶均匀地涂抹在打磨后的钢板表面,厚度在3~5 mm,中间略厚两边略薄。将钢板人工对正后粘贴在混凝土构件表面,采用螺栓或方木配专用卡具加压固定,将钢板紧紧粘贴在混凝土表面,胶液应从钢板的缝隙间挤出,保证粘贴密实。24 h后取下加压方木,螺栓固定后不再取出。

(8)质量检查:钢板粘贴后应立即用小锤敲击钢板表面,发现空鼓应立即修补,钢板粘贴非锚固区空鼓面积不能超过10%,锚固区空鼓面积不能超过5%,单块空鼓面积不能超过10 cm²。修补可采用压力注胶的方法或重新粘贴。

(9)防腐:粘贴完成后,常温下胶液24 h可自然固化,72 h后可受力使用。冬季固化时间略长,但不应超过72 h。钢板外露部分应采用防腐材料进行防腐处理,有抗冲刷要求的,还应做抗冲刷保护层处理。

(二)湿包钢灌注粘钢法

湿包钢灌注粘钢法适合于复杂构件或大体积构件表面的粘钢加固施工。其一般施工程序为:施工准备→钢板块制作→混凝土结合面打磨→钢板打磨除锈→基面清理→钢板安装、焊接→封堵缝隙、安装注胶嘴→结构胶灌注→质量检查→防腐。

(1)施工准备:施工前应制订详细的施工方案,准备施工材料、人员、劳保用品及相关机械设备。

(2)钢板块制作:将钢板裁剪加工成设计要求的钢板块,并按设计要求在钢板上钻孔待用,钻孔孔径和部位根据设计要求确定。

(3)混凝土结合面打磨,钢板打磨除锈,基面清理与直接涂胶粘钢法相同。

(4)钢板安装、焊接:将打磨、钻孔完毕的钢板编号,自下而上依次安装在设计粘贴钢板的混凝土表面。安装时在钢板钻孔部位混凝土上套打螺栓孔。在设计对固定钢板螺栓无要求时,钻孔直径应比钢板孔径小2~4 mm,以便于螺栓安装。钻孔完成后按植筋或锚栓锚固技术要求在孔内植入螺栓,待锚栓固定牢固后将螺帽拧紧,固定钢板。钢板厚度超过 6 mm,安装时接缝位置应按相关规范要求打坡口,钢板拼接缝间隙为 1 ~ 2 mm。设计时一般不考虑螺栓的锚固和抗剪影响,螺栓只起固定钢板的作用。

(5)钢板与螺栓宜采用焊接工艺连接。为方便螺栓和钢板的焊接,种植螺栓材料优先选用耐高温的黏结剂或无机锚固剂。若种植螺栓材料不能耐受高温,则螺栓和钢板连接部位不能焊接,胶液灌注前应采用结构胶将螺栓和钢板连接处缝隙封堵严密,防止灌注胶液时漏胶。施工时优先选用焊接工艺。

(6)钢板焊接时应将钢板撬动,离混凝土一定距离,以免混凝土受高温崩裂,同时避免焊药污染混凝土表面。钢板和螺栓的焊接质量应符合《建筑钢结构焊接技术规程》(JGJ 81—2002)的相关质量要求。

(7)封堵缝隙、安装注胶嘴:钢板安装完毕,所有焊接工序完成通过检查后,采用专用封缝胶或普通粘钢用结构胶,将钢板与混凝土连接部位周边缝隙、未焊接的螺栓与钢板连接部位缝隙进行封堵。封堵时应用力将胶体尽量压入钢板与混凝土间缝隙内,避免注胶时压力过大将封堵缝隙胀裂,造成胶液渗漏。注胶嘴可采用橡胶管或专用注胶嘴,封堵缝隙时应将注胶嘴一并用专用封缝胶或普通粘钢用结构胶粘贴在钢板和混凝土缝隙处,若钢板面积较大,应在钢板加工时在钢板上钻注胶孔,并在注胶孔上套丝后安装专用注胶嘴。注胶嘴安装的水平间距不应超过 50 cm,垂直间距不应超过 30 cm,注胶嘴宜采用梅花状布置,加固构件最高处应埋设一处注胶嘴,作为排气孔。

缝隙封堵完毕,待胶液固化后(常温下约 24 h,冬季气温较低时应适当延长),留下一处压气,封闭其余注胶嘴,从预留注胶嘴处压入空气检查封闭情况,压气压力不应超过 0.4 MPa,压气过程中用肥皂水涂抹封闭的缝隙,通过观察气泡判断是否封堵严密,发现漏气及时修补。

(8)结构胶灌注:经压气检查并修补后,可开始结构胶灌注作业。灌注用的结构胶是专用结构胶,流动性较好。按说明书要求配置胶液,配制时应采用较为精确的电子秤,严禁采用精度低于 50 g 的台秤、杆秤等。结构胶一般分 A、B 两组分,两组分颜色有较大差别,称量完成后搅拌至色泽均匀即可使用。

胶液的配制量根据注胶速度调整,一次最大不宜超过 5 kg。胶液灌注时采用专用设备压力灌注,灌注压力 0.2 ~ 0.4 MPa,胶液灌注速度控制在 0.5 kg/min 为宜,有可靠经验或条件允许时可适当增加胶液灌注速度,避免发生包气空鼓现象。

胶液灌注时应将所有注胶嘴全部打开,其灌注顺序为水平向自左向右(沿同一方向灌注即可),垂直方向自下而上,严禁自上而下灌注。在灌注时上部注胶嘴充当排气孔,当在下部灌注时,应在上部注胶嘴有胶液流出时停止下部灌浆,关闭下部注胶嘴,从有胶液流出的注胶嘴继续灌注。

灌注过程中应及时检查胶液灌注密实情况,采用小锤轻敲钢板,通过声音的变化判断胶液到达的高度,若灌注速度较快出现上部注胶嘴出胶,但在水平方向上胶液高度有较大倾斜角度,应暂停灌注一段时间(3 ~ 5 min 即可),同时用小锤敲击钢板,待胶液在重力作用下达到同一高度后继续灌注,此时灌注应减小灌注压力、降低胶液灌注速度,避免包气现象发生。

胶液灌注宜连续进行,但加固构件高度超过 3 m 时应分两次灌注,防止连续灌注时下部钢板压力过大封堵缝隙胀裂,造成胶液渗漏,两次间隔时间(胶液初凝,失去流动性的时间)应通过现场试验确定。试验时配置少量胶液放置在柔软的透明容器内,胶液自配制后至失去流动性的时间间隔(手触仍粘手)即为两次灌注间隔时间。两次灌注时液面高度位置应选择在适当高度处某一注胶嘴下部 5 cm 左右部位。

灌注至最高处注胶嘴出胶后,应在最高处注胶嘴继续注胶 5 min,进行闭浆,闭浆压力应比灌注压力略低。胶液固化后将注胶嘴割除并打磨平整。

在冬季气温较低时胶液会变得黏稠,灌注性能降低,此时可采用水浴加热胶液 A 组分(用量较大的组分)恢复胶液灌注性,严禁对 B 组分(固化剂)进行加热,加热时水温不能超过 60 ℃,以防止 A、B 组分混合后反应速度过快出现发泡现象。结构胶的固化反应是放热反应,灌注过程中若出现注胶罐过热现象,应立即停止灌注检查胶液是否发泡,若发泡,则应将胶液倒入废液桶中重新配制。

注胶作业时应做好通风,操作工人必须佩戴安全帽、护目镜、口罩等劳保用品,防止作业时受到伤害。

(9)质量检查:湿包钢灌注粘钢法的质量检查方法和直接涂胶粘钢法相同,若存在较大面积的缺陷,应根据缺陷形状和面积大小,采用手电钻在缺陷下部和上部适当部位钻孔,重新安装注胶嘴进行灌注修补。

(10)防腐:粘贴完成后,常温下胶液24 h可自然固化,72 h后可受力使用。冬季固化时间略长,但不应超过 72 h。钢板外露部分应采用防腐材料进行防腐处理,有抗冲刷要求的,还应做其他特殊处理。

第六节　粘贴纤维复合材料加固技术

纤维复合材料是一种单向受力材料,它具有抗拉强度高、质量轻、施工简便等优点。纤维复合材料主要有碳纤维、芳纶纤维及玻璃复合纤维等,目前混凝土结构加固应用最广泛的是碳纤维材料。

纤维复合材料适用于钢筋混凝土受压、受拉和受弯构件的加固。不适用于对素混凝土构件,包括纵向配筋率小于《水工混凝土结构设计规范》(SL 191—2008)规定最小配筋率的构件加固。在实际工程中,若构件混凝土强度过低,它与纤维片材的黏结强度也较低,易发生剥离破坏,纤维复合材料不能充分发挥作用,因此对采用纤维复合材料加固的钢筋混凝土构件的强度等级不宜低于C15。

一、加固设计原则

(1)受压构件加固时,采用环向围束法加固受压构件最为有效,特别是圆形截面构件。由于环向围束对混凝土起到约束作用,使其抗压强度得到提高,其原理与配置螺旋箍筋的轴心受压构件相同。受压柱长细比过大时,过大的纵向变形使其约束作用丧失,因此还应对柱的稳定性进行验算。在采用粘贴纤维复合材料加固矩形等其他形状截面受压构件时,截面棱角必须进行圆化打磨,以防止纤维复合材料应力集中而破坏。

(2)受拉构件加固计算时,可不考虑混凝土的抗拉作用,仅计算钢筋和粘贴纤维复合材料的抗拉强度。受弯构件加固时,加固应遵守《水工混凝土结构设计规范》(SL 191—2008)正截面承载力计算的基本假定。

(3)试验研究表明,受弯构件在受拉面粘贴纤维复合材料进行抗弯加固时,截面应变分布仍符合平截面假定。在梁侧面受拉区粘贴碳纤维复合材料进行加固时,仍可按照平截面假定来确定纤维复合材料应变分布。纤维复合材料距受拉区边缘越远,应变越小,越不能发挥作用。采用纤维复合材料对钢筋混凝土适筋截面进行抗弯加固时,加固构件斜截面抗剪的截面尺寸限制条件应满足《水工混凝土结构设计规范》(SL 191—2008)的相关规定。

二、粘贴纤维复合材料加固构件应注意的问题

(1)纤维复合材料是单向受力材料,加固时只能考虑其受拉作用。由于纤维复合材料的抗拉强度极限值很大,往往是钢材的 10 倍以上,当采用纤维复合材料对钢筋混凝土适筋截面进行加固时,原结构钢筋和纤维复合材料的应变不协调,其承载能力提高幅度有限,当需要提高较大幅度时,往往需要粘贴多层纤维复合材料,其使用率较低,不经济,一般若无特殊要求,当构件承载能力需要提高较大幅度时,应优先考虑其他加固方法。

(2)纤维复合材料宜粘贴成条带状,在非围束加固时,板材不宜超过 2 层,布材不宜超过 3 层。

(3)当采用围束法加固受压构件时,纤维复合材料条带应粘贴成环形箍,且纤维受力方向与受压构件纵轴线垂直。

(4)纤维复合材料沿纤维受力方向的搭接长度不应小于 100 mm,当采用多条或多层纤维复合材料加固时,其搭接位置应相互错开,当采用纤维板材加固时,一般不应搭接,应按设计尺寸一次下料完成。

(5)当纤维复合材料加固构件有外倒角(阳角)时,构件表面棱角应进行圆化处理,圆化半径一般不小于 25 mm。对主要受力纤维复合材料不宜绕过内倒角(阴角)。

(6)采用纤维复合材料对钢筋混凝土柱或梁的斜截面承载力进行加固时,宜选用环形箍或加锚固的 U 形箍,U 形箍的纤维受力方向应与构件轴向垂直,在梁上粘贴 U 形箍时,应在梁中部增设一条纵向压条。

(7)当多层粘贴时,宜将纤维复合材料粘贴成内短外长的形式,每层截断处外侧加压条,内短外长的构造更有利于纤维复合材料的黏结,截断点之间要留有一定的距离,以免纤维复合材料加固传力在混凝土基层表面形成叠加,造成黏结失效。

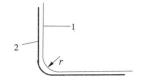

1—构件;2—纤维复合材料

图 3-16　构件外倒角粘贴示意图

构件外倒角粘贴示意图见图 3-16,多层纤维复合材料粘贴构造示意图见图 3-17,抗弯加固时纤维复合材料端部附加锚固措施示意图见图 3-18。

三、粘贴纤维复合材料加固施工工艺

粘贴纤维复合材料加固法施工工序为:施工准备→纤维复合材料裁剪→混凝土结合面打磨→基面清理→结构胶配制→底胶涂刷→纤维复合材料粘贴→质量检查→隐蔽。

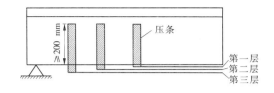

图 3-17　多层纤维复合材料粘贴构造

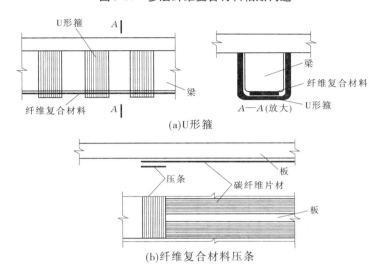

图 3-18　抗弯加固时纤维复合材料端部附加锚固措施

（1）施工准备：施工前应制订详细的施工方案，准备施工材料、人员、劳保用品及相关机械设备。

（2）纤维复合材料剪裁：根据设计要求将纤维复合材料剪裁成适合的长度，裁剪时应注意预留搭接长度，材料剪裁后卷成卷状，编号存放。

（3）混凝土结合面打磨：用角向磨光机将混凝土构件表面纤维复合材料粘贴部位打磨至新鲜混凝土，打磨厚度为 0.5~1 mm，去除混凝土表面浮浆层。对混凝土表面有较大凸起的部位要打磨平整，对较大的孔洞、坑槽要用高强砂浆或结构胶修补平整后再打磨平整。混凝土有裂缝时应采取相应措施修补后打磨平整。粘贴处阳角应打磨成圆弧状，阴角用修补材料修补成圆弧倒角，圆弧半径一般不小于 25 mm。

（4）基面清理：混凝土表面处理完成后，在粘贴纤维复合材料前，用高压空气将表面灰渣清除，并用干净抹布蘸丙酮、二甲苯或其他挥发性强的有机溶剂擦拭混凝土构件表面。

（5）结构胶配制：选取材料性能标准符合要求的粘贴纤维复合材料专用结构胶，按说明书的比例配制。每次配制的数量不能太多，以 30 min 内使用完为准。粘贴纤维复合材料专用结构胶流动性强、渗透性好，使用过程中结构胶失去流动性后应立即停止使用。

（6）底胶涂刷：配制好的胶液应及时使用，用一次性软毛刷或特制滚筒，将胶液均匀涂抹于混凝土表面，作为底胶层，不得漏刷、流淌或有气泡。待胶液表干后，立即进行下一道工序。若时间间隔较长，应检查固化后的胶液表面，若基面有毛刺或流淌的胶液形成的突起物,应打磨平整后再进行下一道工序。

(7)纤维复合材料粘贴:粘贴纤维复合材料前,应对混凝土表面再次擦拭,确保粘贴面无粉尘。施工时用一次性软毛刷或特制滚筒将胶液均匀涂抹于混凝土表面,不得漏刷、流淌或有气泡,涂刷均匀。胶液涂刷完毕后,用滚筒自上而下将纤维复合材料从一端向另一端滚压,除去胶体与纤维复合材料之间的气泡,然后用硬质的塑料刮板沿同一方向刮擦纤维复合材料表面,使胶体渗入纤维复合材料,浸润饱满。

当采用多条或多层纤维复合材料加固时,可重复上述过程,在前一层纤维复合材料表面渗透出的胶液表干时,立即粘贴下一层纤维复合材料。最后一层纤维复合材料施工结束后,在其表面均匀涂刷一层浸润胶液。有外粉刷要求的工程,应在最后一层浸润胶液表面撒粗砂,增加水泥砂浆与胶体间的黏结能力。

(8)质量检查:纤维复合材料粘贴完成后,应及时对粘贴质量进行检查,主要检查有无空鼓现象,若发现空鼓,应在施工中用硬质的塑料刮板反复刮压,直到除去气泡,否则应重新粘贴。纤维复合材料与混凝土面的黏结质量可用专用设备检测。

碳纤维片材现场检查质量示意图见图3-19。

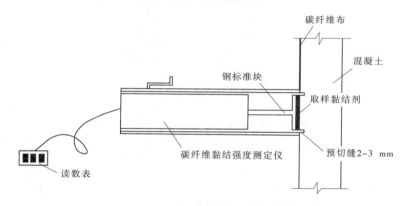

图 3-19　碳纤维片材现场检查质量示意图

(9)隐蔽:质量检查完成后,让胶液自然硬化,常温下一般 36 h 即可完全固化。冬季气温较低时,胶液固化时间较长,但不应超过 96 h。有外粉刷要求的,应在胶液完全固化后进行隐蔽粉刷。

第七节　植筋和锚栓锚固技术

植筋和锚栓锚固技术都是在既有钢筋混凝土构件上新增构件的连接和锚固技术。植筋技术适合在既有钢筋混凝土构件上,新增现浇钢筋混凝土构件的连接和锚固;锚栓锚固技术适合新增钢构件的连接和锚固。

一、植筋技术

(一)植筋技术的概念

植筋技术是将钢筋用专用黏结剂种植在混凝土结构中,使被种植钢筋与原钢筋混凝土结构有效连接的一种加固技术,其施工工艺简单,质量容易控制,在加固工程中应用非常广泛。

(二)植筋材料的类别

植筋材料有两大类,一类是树脂高分子材料,其原理是依靠植筋材料的黏结和握裹作用,将钢筋固定在混凝土结构中;另一类材料为水泥基材料,其实际上是一种微膨胀高强砂浆(抗压强度一般在 60 MPa 以上),依靠材料的膨胀性能,握裹钢筋并固定在混凝土结构中。这两类材料在实际加固工程中都得到了广泛应用。

植筋形式示意图见图 3-20。

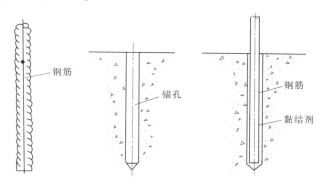

图 3-20　植筋形式示意图

(三)植筋技术的适用条件

植筋技术适用于钢筋混凝土结构构件的锚固,不适用于素混凝土构件,包括纵向配筋率小于《水工混凝土结构设计规范》(SL 191—2008)规定的最小配筋率构件的锚固。采用植筋技术时,混凝土构件的强度等级一般不小于 C20,在有可靠工程经验,同时增加锚固深度的情况下,最低不应低于 C15。当锚固部位混凝土有局部缺陷时,应先进行补强加固处理后再植筋。当采用树脂高分子材料作为植筋材料时,结构长期适用环境温度不应大于 60 ℃。

(四)植筋设计的计算

植筋设计应在计算和构造上防止混凝土发生劈裂破坏。有抗震设防要求的水闸,应用植筋技术时,其锚固深度应考虑位移的延性要求进行修正。

(五)植筋技术施工工艺

植筋技术施工工序为:施工准备→放线、定位→造孔→清孔→锚固材料拌和→种植钢筋→检验。

(1)施工准备:施工前应制订详细的施工方案,准备施工材料、人员及相关机械设备。

(2)放线、定位、造孔:依据设计要求在混凝土结构表面标明造孔部位,同时采用钢筋保护层厚度测定仪对设计造孔部位进行探测,若设计部位有钢筋时,应避开原结构钢筋,在临近设计部位造孔至设计深度,避免废孔率过高造成混凝土构件局部破坏,对于废孔应及时用结构胶或高强度水泥砂浆填充。

(3)清孔:造孔完成后应及时清孔,对采用树脂胶作为锚固材料的,应采用柱状细毛刷反复刷孔,然后用高压空气吹净孔内灰渣,最后用干净棉布蘸丙酮、二甲苯等强有机溶剂擦拭孔壁,若检查不干净,应重复以上操作。对采用水泥基锚固材料的,可直接用高压水清洗,然后用棉布把明水吸干即可。

（4）锚固材料拌和:锚固材料无论是树脂材料还是水泥基材料,都应采用精度在 10 g 以上的电子秤称量,按厂家提供的比例配制,严禁私自改变配比。锚固材料一次不宜拌和过多,应在 30 min 内使用完毕,水泥基材料初凝或树脂材料变硬后,应立即停止使用。

（5）种植钢筋:钢筋种植前,对螺纹钢,应清除钢筋表面附着物、浮锈和油污;对圆钢,应彻底除锈,打磨至金属光泽,打磨纹路应与钢筋受力方向垂直。

锚固材料拌和均匀后,采用专用注胶器或直接灌入孔中,然后将钢筋插至孔底部,同时锚固材料应从孔中溢出,否则应拔出重新植入。

（6）检验:材料达到设计固化时间后,应组织进行现场拉拔检测。现场拉拔时,应以设计值为指标。严禁在原位做破坏性检测。

二、锚栓锚固技术

（一）锚栓锚固技术的概念

锚栓锚固技术是在既有钢筋混凝土构件上新增构件的连接和锚固技术,锚栓锚固技术适用于在混凝土结构上锚固安装钢构件。

（二）锚栓的分类

混凝土结构所用的锚栓,根据锚栓材质可分为碳素钢锚栓、不锈钢锚栓和合金钢锚栓,使用时应根据环境条件的差异及耐久性要求,选用相应品种;根据锚固形式可分为机械锚固式锚栓和化学锚栓。机械式锚栓又可分为膨胀型锚栓和扩底锚栓,其性能应符合《混凝土用膨胀型、扩孔型建筑锚栓》(JG 160—2004)的相关要求。化学锚栓根据植入工艺的不同又可分为管装式、机械注入式和现场配制式等。

不同锚栓的受力形式和使用功能各有差异,使用时应根据现场条件、锚固构件是否承重及锚固构件的重要性来确定合适的锚栓类型。

各类锚栓示意图见图 3-21 ~ 图 3-26。

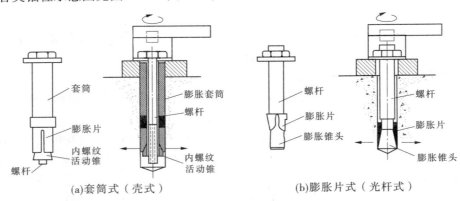

(a)套筒式（壳式）　　　　　　　　(b)膨胀片式（光杆式）

图 3-21　扭矩控制式膨胀型螺栓示意图

（三）锚栓的适用条件

锚栓锚固技术适合于普通混凝土结构,不适合严重风化的混凝土结构。水闸混凝土

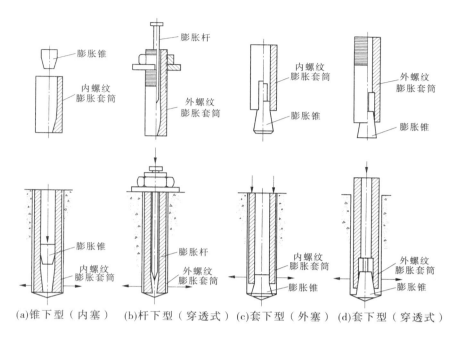

（a)锥下型（内塞） （b)杆下型（穿透式）（c)套下型（外塞）（d)套下型（穿透式）

图 3-22　位移控制式膨胀型锚栓示意图

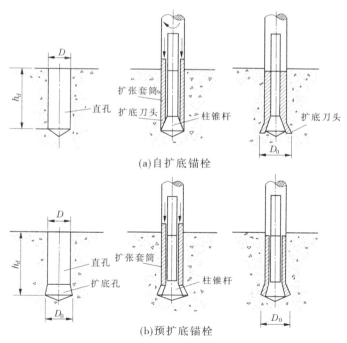

(a)自扩底锚栓

(b)预扩底锚栓

图 3-23　后扩底锚栓(D_0为扩底直径)示意图

结构采用锚栓加固时,主要构件混凝土强度等级不应低于 C30,一般结构不应低于 C20。承重构件使用的锚栓,宜采用机械锁键效应的后扩底锚栓,也可采用适应开裂混凝土性能的化学锚栓。当采用定型化学锚栓时,其有效锚固深度,对承重受拉的锚栓,不得小于

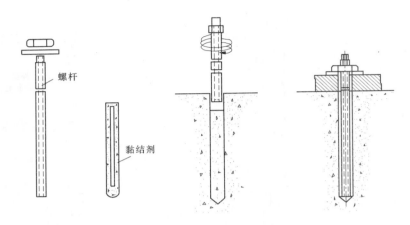

图 3-24　管装式锚栓示意图

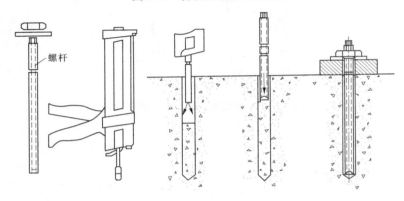

图 3-25　机械注入式锚栓示意图

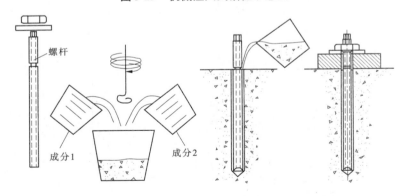

图 3-26　现场配制式锚栓示意图

$8d$(d 为锚栓公称直径),对承受剪力的锚栓,不得小于 $6.5d$。如无特殊要求,不得使用普通膨胀型锚栓作为主要承重构件的连接件。有抗震设防要求的水闸建筑,使用锚栓加固时,应采用加长型后扩底锚栓,且仅允许用于设防烈度不高于 8 度的水闸。定型化学锚栓仅允许用于设防烈度不高于 7 度的水闸。锚栓的受力分析应符合《混凝土结构加固设计规范》(GB 50367—2006)附录 M 的规定。

应用锚栓锚固技术时,混凝土结构的最小厚度不应小于 100 mm。用于承重结构的锚栓,其公称直径不得小于 12 mm,按构造要求确定的锚固深度不应小于 80 mm,且不应小于混凝土保护层厚度。

锚栓的最小边距 D_{min}、临界边距 $D_{Dr.N}$ 和群锚最小间距 S_{min}、临界间距 $S_{Dr.N}$ 应符合表 3-2 要求。

表 3-2　锚栓布置间距要求

D_{min}	$D_{Dr.N}$	S_{min}	$S_{Dr.N}$
$\geq 0.8h_d$	$\geq 1.5h_d$	$\geq 1.0h_d$	$\geq 3.0h_d$

注:h_d 为锚栓的有效锚固长度,mm,按定型产品说明书的推荐值取用。

有抗震设防要求的水闸,使用锚栓的实际锚固深度,应在计算值的基础上乘以适当的修正系数。锚栓的防腐标准应高于被加固构件的防腐标准。

(四)锚栓的施工工艺

化学锚栓的施工工艺与植筋工艺基本相同,本节仅就机械锚固型锚栓的施工工艺作一介绍。机械锚固型锚栓施工工序为:施工准备→放线、定位→造孔、清孔→锚栓锚固→检验。

(1)施工准备:施工前应制订详细的施工方案,准备施工材料、人员及相关机械设备。

(2)定位和造孔:定位造孔前,应对混凝土做初步检查,混凝土强度应满足设计要求,表面应坚实、平整,不应有起砂、起壳、蜂窝、麻面、油污等现象。若设计无特殊说明,锚固区深度范围内应基本干燥。对混凝土检查完成后,应根据设计要求,在锚固部位放线,确定孔位,同时对混凝土内部钢筋位置进行探测,避免造孔时钢筋影响孔深。对膨胀型锚栓和扩孔型锚栓的施工,应用高压空气吹净孔内灰渣。对废孔应采用结构胶或高强砂浆填充。

(3)锚栓锚固:锚栓的类型和规格应符合设计要求。锚栓的安装方法,应根据设计选型及连接构造的不同,分别采取预插式安装、穿透式安装或离开基面的安装方法,见图 3-27 ~ 图 3-29。

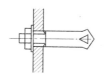
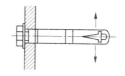
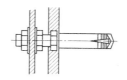

图 3-27　预插式安装　　图 3-28　穿透式安装　　图 3-29　离开基面的安装

锚栓安装前,应彻底清除表面附着物、浮锈和油污。扩孔型锚栓和膨胀型锚栓的锚固操作应按产品说明书的规定进行。

(4)检验:对锚栓的检验应通过现场拉拔试验确定,其检验方法应符合《混凝土结构后锚固技术规程》(JG 160—2004)附录 A 的要求。

第八节　混凝土表层损伤处理技术

混凝土表层损伤一般由施工缺陷、混凝土碳化、腐蚀、水流的冲蚀和冻融破坏等一种或多种原因造成。表层损伤具体表现为混凝土表面的麻面、表层混凝土开裂、酥松甚至剥落及内部钢筋的锈蚀等多种形式。这些问题的存在将直接导致结构承载能力和稳定性下降,危及水闸的安全运行。因此,对水闸结构构件表层损伤应引起足够的重视,发现损伤要及时予以修补,以延长其使用寿命,确保安全运行。

根据混凝土表层损伤的程度、部位不同,一般可采用混凝土表层置换修补及混凝土表面封闭等方法进行处理。对损伤深度大于钢筋保护层厚度或损伤层混凝土酥松剥落的构件,应首先凿除损伤层,然后粉刷高强砂浆或浇筑高强混凝土及其他有机复合材料进行置换修补;对钢筋锈蚀严重的,应在修补前除锈,并根据锈蚀情况和结构需要加补钢筋。对一般部位(不包括混凝土结构变形缝部位)损伤深度小于混凝土保护层厚度且损伤层混凝土仍满足工程要求的,可采用表面涂层封闭法进行处理(例如混凝土表面防碳化处理、抗冲磨处理)。修补完成后,为预防混凝土中的钢筋锈蚀,可采取一定的电化学措施进行防护。

一、混凝土表层损伤置换修补技术

混凝土表层损伤置换修补技术是对存在缺陷的表层混凝土凿除后,采用修补材料将其修补至原截面的一种技术。该技术适用于因混凝土表面化学侵蚀、机械磨蚀、冻融破坏及施工缺陷所引起的表层酥松、孔洞、麻面等表层缺陷的修复。

(一)混凝土表层损伤置换修补的原则

混凝土表层损伤置换修补技术应按照"凿旧补新"原则进行修补,即将受损伤的混凝土全部凿除,回填修补材料。对于混凝土表面破损的修补,应从表层强化入手,切实分析研究混凝土表面破损的原因,充分利用原结构的刚度和剩余强度,根据环境、作业面的不同情况,本着"环境友好,施工简便,经济合理"的原则选择材料及处理措施。

(二)施工工艺

混凝土表层损伤置换修补施工工序为:施工准备→损伤混凝土清除→锈蚀钢筋处理→结合面处理→混凝土修补→养护。

(1)损伤混凝土清除:确定清除混凝土的范围,彻底清除酥松混凝土,直至露出新鲜混凝土,以保证修补材料与原混凝土基面良好结合。凿除酥松混凝土时应避免损伤原混凝土结构。

(2)锈蚀钢筋处理:对于锈蚀严重、有效面积减少的钢筋,应彻底除锈,并对钢筋进行补强,使之满足原设计及相关规范要求。钢筋的补强可采用焊接、绑条、粘钢加固、挂钢筋网加固等方法。具体的加固方法可参考本书相关章节。

(3)结合面处理:混凝土凿除后,清除表面浮渣、粉尘、油污,为增强修补体与原混凝土结合面的黏结强度,根据修补材料的不同,在结合面涂刷相应的界面剂或增设锚筋。

(4)混凝土修补:混凝土修补对于构件截面损失较小(深度<5 cm)的,采用压抹普通

砂浆或细石混凝土的方法进行修补,宜采用分层施工,每层厚度一般为 2~3 cm;对于截面损失较大(深度≥5 cm)的,可以按照普通混凝土浇筑工艺进行,其施工工艺应符合《水工混凝土施工规范》(DL/T 5144—2001)。

(5)养护:修补完成后,为避免修补材料凝固收缩造成界面开裂或后浇层龟裂,应根据修补材料的性能和工程环境,进行养护。

二、混凝土表面涂层封闭技术

混凝土表面涂层封闭技术是在混凝土结构表面喷涂密闭涂层,提高混凝土耐侵蚀能力的技术。该技术适用于防止混凝土受外界有害介质(CO_2、Cl^-、SO_4^{2-} 等)的侵蚀及混凝土表面裂缝宽度不大于 0.3 mm 的修复。

目前,用于混凝土表层封闭的材料主要有环氧树脂类、聚合物类、水泥基类。各类材料的施工工艺大致相同,本节仅以环氧树脂类材料中的环氧厚浆涂料为例,对混凝土表面涂层封闭技术的施工工艺进行介绍。环氧厚浆涂料是由环氧基料、增韧剂、防锈剂、防锈防渗填料及固化剂等多种成分组成的环氧树脂类材料。

(一)施工工艺

环氧厚浆涂料的施工工序为:表面处理→涂料配置→涂装施工→质量检查。

(1)表面处理:施工处理前,应清除混凝土表面的浮尘、锈斑、油污等。一般采用高压水清洗,对于油污可用有机溶剂擦洗;为了增强涂层和混凝土的结合能力,可用钢丝刷或喷砂将混凝土表面糙化。对于裂缝宽度大于 0.3 mm 的,参见本书中混凝土裂缝修复相关方法进行处理。

(2)涂料配置:涂料应严格按照产品使用说明书的要求进行配制。配料量根据涂装面积、施工机械、施工人数及天气等情况确定,一次配料应在 30~40 min 内用完。

(3)涂装施工:涂料施工分人工涂刷和高压喷涂两种方法。

人工涂刷第一遍时,应在基面上往返纵横涂刷,遇到细微缝隙、气孔、粗糙表面要旋转毛刷揉搓,往返多次,使涂料渗入表面气孔或细微裂缝,严防漏刷。每次涂膜要求厚薄均匀,不流挂、不漏底,一层一层喷涂。

高压喷涂是借助喷涂机将涂料呈雾状喷出,分散在混凝土基面上。喷嘴口径 4~5 mm,空气压力以 0.3~0.5 MPa 为宜,喷嘴角度基本垂直于混凝土基面,距离基面 30~50 cm,喷枪移动速度约为 0.5 m/s,喷涂顺序为竖→横→竖→横。每次涂膜要求厚薄均匀,不流挂、不漏底,一层一层喷涂。

(4)质量检查:混凝土涂层的表面,应平整均匀,不得有漏涂、起皮、鼓泡、针孔、裂缝等缺陷。在结构的边角部位,应加涂二道涂料增强,以确保涂层质量。涂层的厚度按照设计要求,以每平方米的涂料用量来控制,也可用涂膜厚度仪检查。

(二)注意事项

(1)处理后的混凝土表面要平整密实,并且粗糙程度适宜。

(2)涂装适宜温度为 10~30 ℃,温度不宜过高或过低。

(3)涂刷施工层间间隔时间根据气温而定,一般不少于 6 h,每次再涂前,以上一层表干为准。

(4)涂装完毕,24 h内防止与水接触,在3~5 d内不宜浸入水中。

三、电化学防护技术

电化学防护是通过外加电流影响或改变混凝土、钢筋、钢筋与混凝土接触面的特性以及混凝土内部的液体流动系统,对钢筋混凝土进行主动防护的技术。电化学防护技术主要包括阴极保护法、混凝土再碱化技术、混凝土电化学除氯技术。

(一)阴极保护法

阴极保护法是将外加直流电源的负极与被保护的金属相连接,通过外加电源使被保护的金属成为阴极,并发生极化(金属阴极的电位向负方向移动);或通过外加牺牲阳极(比保护金属的电位更负),使被保护金属的整体成为阴极,从而保护其免遭腐蚀。外加电源式电化学防护系统包括直流电源、控制系统及一个通常沿混凝土表面分布的永久性外加阳极(辅助阳极)。系统的外加辅助阳极与直流电源的正极相连,混凝土结构中的钢筋则与直流电源的负极相连。这样,全部钢筋就变成腐蚀微电池中的阴极而被保护起来。

阴极保护所需的电流密度取决于金属及其周围环境。一般情况下,外加电流密度控制在 $5 \sim 15 \ mA/m^2$,最大不宜大于 $110 \ mA/m^2$。在特殊环境下,对潮湿混凝土外加电流密度可根据实际情况控制在 $50 \sim 270 \ mA/m^2$ 的范围内。

阴极保护法原理示意图见图3-30。

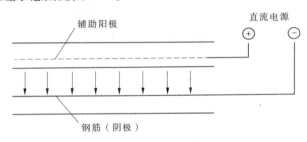

图3-30 阴极保护法原理示意图

针对不同的混凝土结构,在设计其阴极保护系统前应注意以下几个问题:

(1)保护层不均匀的钢筋混凝土,将导致外加电流的不均匀分布,影响保护效果。

(2)混凝土碳化深度。

(3)未与整体钢筋网架连接的钢筋将得不到保护,且杂流电的效应有可能加剧这些钢筋的锈蚀。因此,应采用适当的措施将这些钢筋连接起来。

(4)不均匀的导电性能,将导致外加电流的不均匀分布。因此,受保护的混凝土结构中不应有较大的裂缝或修补区域等具有较高电阻的部位,如存在这些问题,则必须在采用受保护控制系统的过程中加以必要的调整和控制。

(5)任何一种电化学防护控制措施都将提高钢筋周围混凝土的碱性。因此,需要在采取控制措施前对混凝土内骨料的活性反应能力进行测试。

(6)由于电化学控制措施的负极化,在预应力钢筋表面将产生大量氢气,易产生脆性(氢裂)破坏,对于阴极保护法及电化学除氯法应尤其注意这一问题。

（二）混凝土再碱化技术

混凝土再碱化技术是在混凝土表面涂刷碱性电解质溶液,并通过加在钢筋及混凝土表面的电极输入外加电流,提高混凝土内部液体的碱性,使混凝土保持其保护钢筋能力的一种方法。

混凝土碱度降低,造成混凝土内钢筋钝化能力降低,不能再对钢筋提供保护,导致钢筋锈蚀。混凝土再碱化技术主要用于阻止混凝土中钢筋锈蚀。一般采用钢网片电极及 1 mol 浓度的碳酸钠溶液作为电解质,也可采用碳酸钠溶液和纸纤维的混合浆体作为电解质。处理时间一般为 3~7 d。

混凝土再碱化处理过程主要遵循以下步骤:

（1）损坏混凝土部位的修复。

（2）混凝土表面的清理。

（3）连接独立钢筋以保证结构内部钢筋良好的导电性能。

（4）安装钢筋与外加电源间的导线。

（5）在混凝土表面安装木制板条。

（6）在木板上安装阳极网片。

（7）阳极网片电源导线的安装。

（8）喷洒纸纤维电解质以覆盖阳极网片。

（9）钢筋接阳极网片导线与电源的连接,并开始通电处理。

（10）处理后,关电源,解除导线,清理混凝土表面木板条、阳极网片及电解质,并用清水清洗。对混凝土表面的残存缺陷进行修补。

（11）建立参考电极监控系统。

在处理过程中,外加电流密度一般为 $0.7~1.0\ A/m^2$,基于安全方面的考虑,电压一般不超过 50 V。

（三）混凝土电化学除氯技术

氯离子侵蚀,是造成混凝土内钢筋锈蚀的主要原因之一。电化学除氯技术是限制氯离子进入或排除已进入混凝土中氯离子的一种有效的防护法。

电化学除氯法与阴极保护法类似,将阳极系统敷设于被保护的钢筋混凝土表面,用比阴极保护法较高的电压、较大的保护电流密度,对被保护混凝土构件的钢筋,在较短的时间内实施外加电流,使被保护的钢筋周围混凝土中的氯离子浓度大大降低,从而提高氢氧根离子浓度。当钢筋表面恢复为原来状态时,可以停止阴极保护,撤去阴极系统,并在混凝土表面涂抹覆盖层,防止氯离子进一步渗入。

第九节　SRAP 成套技术

一、SRAP 工艺简介

（一）新技术概要

SRAP 工艺是利用异型钢丝对 RC 构造物的加固方法。该项技术是对老化的混凝土建筑物用 SR 加固材料施加预应力,使结构产生弯矩,然后用功能复合干砂浆进行覆盖,恢复其性能,增强强度的工艺。该工艺的示意图见图 3-31。

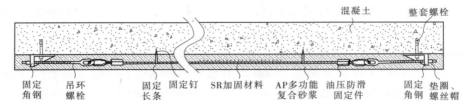

固定角钢　吊环螺栓　固定长条　固定钉　SR加固材料　AP多功能复合砂浆　油压防滑固定件　固定角钢　垫圈、螺丝帽　混凝土　整套螺栓

图 3-31　SRAP 工艺示意图

新技术材料由 SR 加固材料(镀锌软钢线 + 弹簧组合)、多功能复合干砂浆(多功能复合干砂浆)、底漆和陶瓷涂料构成。

工艺的适用范围是:使用多功能复合干砂浆对建筑物进行修补工艺(修补系统);使用异型钢丝、多功能复合干砂浆的钢筋混凝土加固工艺(加固系统)。SRAP 新技术的修补、加固系统示意图见图 3-32。

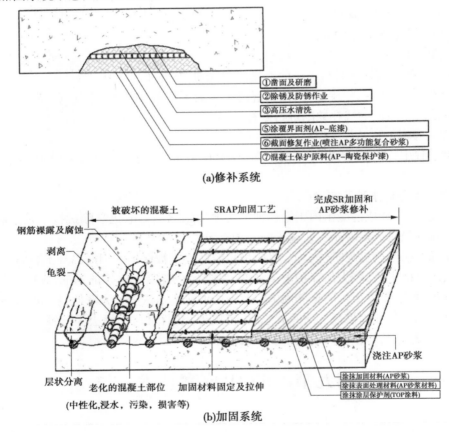

①凿面及研磨
②除锈及防锈作业
③高压水清洗
⑤涂覆界面剂(AP–底漆)
⑥截面修复作业(喷注AP多功能复合砂浆)
⑦混凝土保护原料(AP–陶瓷保护漆)

(a)修补系统

被破坏的混凝土　　SRAP加固工艺　　完成SR加固和AP砂浆修补

钢筋裸露及腐蚀
剥离
龟裂

层状分离　老化的混凝土部位　加固材料固定及拉伸
(中性化,浸水,污染,损害等)

浇注AP砂浆
涂抹加固材料(AP砂浆)
涂抹表面处理材料(AP砂浆材料)
涂涂层保护剂(TOP涂料)

(b)加固系统

图 3-32　SRAP 新技术修补、加固系统示意图

工艺的主要过程包括前期作业(打磨、清除、截面恢复等)、固定 SR 加固材料、喷注

AP 砂浆、表面处理等步骤,如图 3-33 所示。

①加固前(水泥板材部位试验,梁)

②前期作业(打磨、消除、截面恢复等)

③固定SR加固材料

④喷注AP砂浆

⑤表面材料处理完成(陶瓷涂料)

⑥完成

图 3-33　SRAP 工艺过程

（二）新技术的特点

1.技术特点

（1）能同时满足混凝土结构的修补及加固工艺。

（2）截面修补工艺及根据软钢线的预应力组合的新概念修补加固工艺。

（3）根据加固材料的直径及排列间隔计算工程量。

（4）加固材料上缠绕着弹簧卷,因此与修补砂浆黏结很牢固。

（5）使用喷涂设备并采用螺旋泵方式可以连续施工。

（6）多功能复合干砂浆根据种类(普通型、耐化学型)的不同,可以使用在不同的混凝土结构上。

（7）使用与钢筋混凝土的物理特性（弹性系数、热膨胀系数）基本相同的材料，可以减少剥离剥落、裂纹等明显的缺点。

2. 经济性特征

（1）与其他工艺相比成本更低。

（2）减少建筑废材的产生。

（3）采用喷浆设备，降低了劳务费、缩短了工期。

（4）最先采用多功能复合干砂浆界面剂，且施工方便，一遍施工厚度可达 30 mm。

（三）产品用途及物理性能

1. SR 加固材料（异型钢丝）镀锌钢丝 + 弹簧线圈

该项新技术所使用的 SR 加固材料镀锌钢丝和弹簧线圈构成（见图 3-34），是混凝土构件专用加固材料。镀锌钢丝为 7×19 形状，规格为 φ3.2 mm×1.2（S）、φ4.8 mm×1.5（M）、φ6.3 mm×1.8（L）、φ8.0 mm×2.0（XL）等。镀锌钢丝对 RC 构件施加预应力一侧弯曲面施加预应力，改善构件的性能；弹簧线圈加强修补砂浆与镀锌钢丝之间的连接和黏合，维持线条和防止混凝土从截面脱离，有效地起到预应力作用。

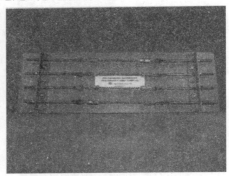

图 3-34　加固材料产品图片

加固材料张力比一般的钢筋强 5~6 倍，可以使用少量钢丝和修补材料即可达到加固目的，同时可以减少自重增加量。因此，SR 加固材料是增加自重不大而且有效恢复负载过重产生的建筑物变形的理想加固材料。SR 加固材料物理性能见表 3-3。

表 3-3　SR 加固材料物理性能

规格	截面（mm²）	破坏荷载（N）	极限强度（N/mm²）
φ3.2 mm×1.2（S）	5.091	7 846	1 541
φ4.8 mm×1.5（M）	10.83	19 614	1 811
φ6.3 mm×1.8（L）	18.60	29 176	1 569
φ8.0 mm×2.0（XL）	30.40	44 328	1 458

2. 多功能复合干砂浆

对老化、受损伤的混凝土构件的部位涂抹或对正常的混凝土建筑表面覆盖多功能复合干砂浆,可以防止腐蚀,提高透水性能。多功能复合干砂浆使用了氧化铝水泥,提高了耐化学性、早强性、收缩性;使用了聚糖树脂,提高了黏结力,减少挠度;使用了粉末状树脂,提高了黏结强度、柔韧性、防水性等。普通型多功能复合干砂浆的物理性能见表3-4。

表3-4　普通型多功能复合干砂浆的物理性能

试验项目		试验结果
抗压强度		64.06(28 d)MPa
抗折强度		16.48(28 d)MPa
黏结强度		3.10 (28 d) MPa
收缩率		0.013（%）
耐药品性 （重量/强度）	抗压强度重量 变化4种药品	1.02/0.95
		0.99/1.05
		0.96/0.97
		0.99/0.95

3.底漆

AP底漆用于对损伤较严重的部位进行涂刷,也作为界面剂用于原有建筑物界面和树脂砂浆之间,以增强黏结力。

修补、加固材料用于混凝土结构损伤部位,因此与原有的混凝土结构和加固的材料之间有机融合为一体是最基本的要求。使用底漆不仅使原有的混凝土结构与修补、加固材料之间的黏结度增加,还可以降低裂纹和脱落现象,使多功能复合干砂浆的物理性能发挥到极点,防止混凝土结构表面起泡。

4.陶瓷保护漆

陶瓷保护漆产品图片见图3-35。作为混凝土建筑物表面保护漆,陶瓷保护漆广泛应用于所有土木建筑中的混凝土、钢筋混凝上、港湾混凝土、其他特殊混凝土等。不仅使用在新建的混凝土建筑表面,还使用在老化的混凝土表面,都可以起到保护和修复作用,使建筑物的耐力和强度得到提高。陶瓷保护漆是利用粉末状树脂制成的,是混凝土表

图3-35　陶瓷保护漆产品图片

面保护用阻燃型涂料,陶瓷保护漆起到防止混凝土结构产生裂纹和提高耐久性的作用,同时起到防水的作用。陶瓷保护漆的物理性能见表3-5。

二、SRAP 分析与施工过程

（一）施工前期准备方案

（1）在施工前,应对建筑结构的表面处理、修补加固材料的安装方案、浇筑设备的运输计划、各种设备及工具使用方法、表面养护方法、表面处理等各项工作进行反复研究探讨并制订详细的施工计划。

表 3-5　陶瓷保护漆的物理性能

试验项目		试验结果
抗压强度(MPa)		15.11(28 d)
抗折强度(MPa)		6.57(28 d)
黏结强度(MPa)		2.93(28 d)
凝固时间(时∶分)	初始	04∶10
	结束	06∶30
收缩、膨胀引起的细微裂纹		无异常
吸水量(g)		0.7
耐渗水性		无异常
透气性(30 N/cm² ×3 h)		25.1
对温冷反复作用的抵抗性(裂纹)		无异常
耐盐性外观(裂纹、色泽变化)		无异常
加速耐候性外观(表面裂纹、浸泡变化)		无异常
耐污染试验	豆油	无异常
	润滑油	
	90% 酒精	
	水泥浆	
	10% 氨水	
	牛奶	
	5% 醋酸	
	5% 盐酸	
	煤油	
	酱油	

(2)确认施工现场环境(温度、湿度、通风),并创建施工环境。

(3)测量面积和厚度后,根据施工进展测算用料量。

(二)施工准备

(1)对要进行修补、加固的混凝土建筑物表面中性化、老化的部位做清除、打磨作业。

(2)为了提高黏结度,将附着在施工表面上的污渍等杂物清除。

(3)用高压水枪对未清除干净的部位进行清洗。

(4)对露出钢筋的部位除锈后涂上防锈漆。

(5)对剥离的部位用多功能复合干砂浆进行局部修补,对表面有裂纹的部位进行有机物和无机物混合的材料进行注入式修补。

(三)底漆处理

(1)底漆是渗透到构件表面的材料,起增强表面和砂浆黏合度的作用,是必需的程序。

（2）底漆是考虑到表面张力、渗透性等各方面因素的产品，因此应使用砂浆生产企业推荐的产品。

（3）使用底漆前，清洁表面是十分重要的作业，微小的灰尘都会成为降低黏合度的原因。

（4）底漆用量根据表面情况而不同，为了均匀和使表面足够湿润，请使用喷枪或毛刷等。

（5）底漆的稀释比例应根据生产商提供的数据。

（6）底漆的干燥时间受温度、湿度、通风等影响，达到用手指触摸时不留指痕即可进入砂浆作业。在夏季底漆通常干燥时间为 30 ~ 60 min，在冬季底漆通常干燥时间为 60 ~ 120 min。

（四）安装加固材料

（1）根据施工需要将加固材料裁剪，并把螺旋扣环、连接部件、夹子等零件固定在上面。加固材料裁剪的长度应参考设计图并按实际施工现场需要来定。此时，必须确认所用加固材料是否符合设计规格。

（2）根据配筋间距，将两端的螺丝杆并排插入角型支撑带的孔中，并缩紧 1 ~ 2 cm 后用垫圈、螺帽固定。为方便后续工程，应统一锚栓的规格。

（3）在两端标出角型支撑带铆钉的位置，用钻孔机钻孔后将锚栓固定在两端。

（4）将组装完成的加固材料的一端扣在锚栓上，用螺帽固定。

（5）同样，另一端也用锚栓、螺帽、垫圈固定。

（6）以同样的方法设置全部增强材料。为了防止出现低垂部分，有利于后续工程，可缩紧个别张拉量。

（7）缩紧螺旋扣环，对加固材料施加一定量的预应力，使其维持张拉状态。随后按规定的间距在加固材料上设置铆钉。

（8）将较松弛加固材料拉紧，检查是否有不妥的地方，一并予以修整。

（五）施工多功能复合砂浆

施工多功能复合砂浆时，尽量用喷注工艺进行，并选用熟练该工艺的技术人员。原则上超过 100 m² 以上的工程应使用喷注工艺，低于 100 m² 的工程应选用平整外观工艺。但具体工程根据发包商或技术开发人员对该项工程的判断选择施工工艺。

1. 抹平

（1）平整外观时应考虑到表面美观，做到平整均匀，并选择经验丰富的技师来进行。

（2）进行建筑物顶部平整外观施工时，考虑到材料的重量，每次的平整厚度不能超过 20 mm。

（3）二次或最后一次进行平整外观施工时，前一次施工的砂浆刚刚开始硬化时效果最佳。第二天施工时，对前一天施工的表面喷水或涂上底漆效果更好。

2. 喷注施工

（1）喷注设备和砂浆搅拌机、泵配合使用。应选用功率足够的泵和喷注用空压机。

（2）无论使用何种型号的浇注设备，都应选用技术熟练的技师。

（3）进行建筑物顶部浇注作业时，考虑到材料自重可能会引起脱落现象，因此每次施工厚度不超过 30 mm。

3. 配料

(1)配料时,允许标准加水量的 1% 的误差。不同季节的加水量标准如下:夏季:17.5%(4.4 L);春季:16.5%(4.1 L);冬季:15.5%(3.9 L)。

注意:冬季施工应根据寒冷气温混凝土施工规定进行,夏季施工以水中混凝土特别示范书为准。

(2)进行喷注施工时,为了使材料的均匀性及添加剂充分得到溶解,必须搅拌 3 min 以上。

(3)大规模的手工操作,可以采用人工搅拌机,但必须遵守有关标准规定的加水量及时间。

(4)搅拌用水应使用干净的淡水。

4. 打浆

(1)根据施工厚度喷注多功能复合砂浆后,用抹板或滚刷将表面抹平。此时浇注的砂浆厚度一次不能超过 30 mm,平整外观时的厚度不能超过 20 mm。

(2)考虑到预定(可使)时间和表面的作业性,进行收尾作业。

(3)用水混合的砂浆应在 30 min 内浇筑完毕,超过时间后不能重新进行搅拌使用。

(4)多功能复合砂浆喷注厚度标准量如表 3-6 所示。

表 3-6　多功能复合砂浆喷注厚度标准量

施工厚度(mm)	10	20	30	40	50
用量(kg/m²)	20	40	60	80	100

5. 养护及收尾

(1)养护受环境的影响较大。

(2)为缩短养护时间加热或使用暖风机时,严禁局部温度升高。

(3)直射光线下的养护会导致初期干燥的龟裂,因此应采取保护措施。

(4)最后表面保护涂料的施工在表面含水量低于 8% 时进行。

(六)AP 陶瓷涂料的施工

1. 概要

陶瓷涂料的使用是为保护多功能复合砂浆及提高寿命,同时,使表面更加美观。它能提高混凝土或修补、加固材料的中性化抵抗性,也起到适当的透气性,用水泥、树脂、黏合剂和其他混合剂配制而成的产品。

2. 底面准备

(1)该产品的底面为混凝土或砂浆底面,要求无灰尘、油渍、油漆等杂物,如有杂物时须清洁。

(2)裂纹、局部凹凸部分和小坑应使用多功能复合砂浆进行修补。此时的混水比例为 25% ~ 40%,搅拌得较为硬一些。修补后的表面基本干燥后开始底漆作业。

(3)不需要涂抹的部位和连接部位用塑料带进行养护。

3. 配料

（1）陶瓷涂料应遵守制造商指定的配水量和水混合使用。本产品禁止添加任何其他异物使用。

（2）标准配水量为 50%，应使用无任何杂物的洁净的水。

（3）混合应使用高速手动搅拌机，使用转速为 600 r/min 以上的搅拌机搅拌 5 min 以上。

4. 施工

（1）施工可使用喷枪、刷子、滚筒等，施工重点应着重表面的均匀性方面。

（2）该产品有关厚度及消耗材料的标准如表 3-7 所示。

表 3-7　陶瓷涂料厚度及消耗量

厚度（mm）	0.25	0.50	0.75	1.00
消耗能（kg/m²）	0.4	0.8	1.2	1.6

（3）理论上每次施工厚度为 0.5 mm 以下，第二次施工与第一次施工时间为 2 h。

（4）用水混合的陶瓷涂料应在 2 h 内施工完毕，超过时间后不能重新进行搅拌使用。

5. 养护

（1）陶瓷涂料的养护至少需要 24 h，达到最佳硬度的养护时间为 7 d。该产品主要成分为水泥，因此时间越长其硬度、强度、黏合度等性能越好。

（2）为了加快干燥的速度，可加通风或加湿设备。

（3）为了达到良好的养护效果，尽量避免 −5 ℃环境下施工。

三、SRAP 评估修复加固模拟试验与预应力确定方法

（一）模拟试验

加载装置实物图加载及示意图如图 3-36 所示。

（二）预应力张拉

预应力钢－混凝土组合箱梁试件设计参数如表 3-8 所示。

本次试验预应力布筋形式有三种：直线形不加限位块、直线形加限位块、折线形布筋。由于试验条件的限制，组合梁预应力均在组合梁翼板混凝土养护到设计强度后进行后张法施加。对于直线形布筋形式的预应力组合梁施加的预应力均可保证混凝土不开裂，但是对于折线形布筋形式，由于偏心距和受力特点不同，同时考虑试验的对比性要求，为保证混凝土板不开裂，在试验施加少量荷载后进行预应力张拉。为了防止梁在偏心受力下产生较大扭矩引起开裂，张拉分级分侧进行，每束张拉分 5 ~ 6 级完成。考虑锚具变形、锚具与端板之间的缝隙被挤紧，以及千斤顶卸载时夹片在锚具内滑移使得被拉紧的钢绞线内缩会导致较大的预应力损失，因此进行一定程度的超张拉。同时采用压力传感器及锚索计判断是否张拉到位，然后在每级卸荷情况下读取静力测试数据，测量钢绞线预应力大小、预拱度以及组合梁应变。锚具及夹片的类型符合设计规范规定和预应力钢材张拉的要求。由于预压力很大，在锚固端及转向块处都采取加固措施，以保证钢梁的局部受压稳定。

(a)加载装置实物图

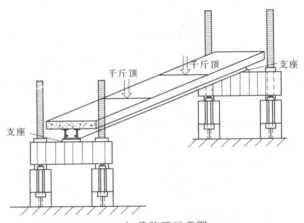

(b)加载装置示意图

图 3-36　加载装置实物图加载及示意图

表 3-8　预应力钢-混凝土组合箱梁试件设计参数

| 试验梁号 | 跨度（mm） | 截面尺寸 | | 混凝土板配筋 | | 钢筋保护层（mm） | 栓钉布置 | 加载方式 |
		钢梁（mm）	混凝土板（mm）	纵筋	箍筋			
PCB17	4 000	上翼缘：80×10 腹板：150×8 下翼缘：240×10	800×130	上下两层布置 8@187.5	8@200	20	2×16@140	纯弯
SCB18								加固,纯弯
SCB21								加固,纯弯
SCB22								加固,纯弯
PCB24	2 000							弯剪

试验梁的预应力布筋方式及断面见图3-37。

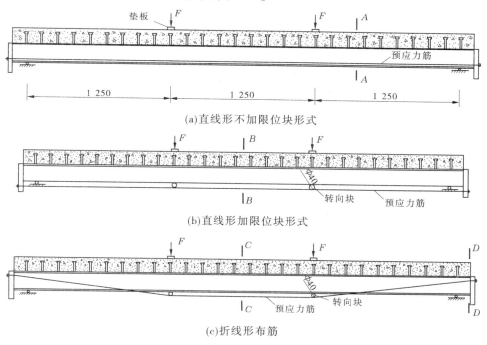

(a)直线形不加限位块形式

(b)直线形加限位块形式

(c)折线形布筋

图 3-37　预应力筋布筋形式及断面图　（单位:mm）

（三）预应力筋应力增量计算方法

为求解预应力组合梁在正常使用极限状态下的弹性承载力和变形,首先需确定预应力组合梁的预应力增量(见图3-38)。由于此阶段钢梁与翼板混凝土材料均处于弹性阶段,因此采用能量法能够较为方便地求解不同布筋形式的预应力筋应力增量,计算结果也较为准确。

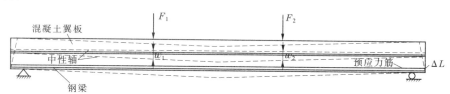

图 3-38　预应力组合梁受力变形示意图

以预应力组合梁形心轴为水平坐标轴,建立组合梁计算坐标系,如图3-39所示。预应力筋只在组合梁两端、点与梁体锚固,在组合梁三分点上作用大小相同的集中力,预应力筋内力增量对梁体的作用可以简化为组合梁两端的集中力与弯矩。

则预应力筋应力增量 Δf_p 为:

$$\Delta f_p = \frac{E_p(5\sin\theta FL^2 + 18\cos\theta FLe_{m1})}{27(1 + \dfrac{2}{\cos\theta})EI + E_pA_p[5\sin^2\theta L^2 + 81\cos^2\theta(e_{m1}^2 + \dfrac{EI}{E_sA_0}) + 36e_{m1}L\sin\theta\cos\theta]}$$

(3-3)

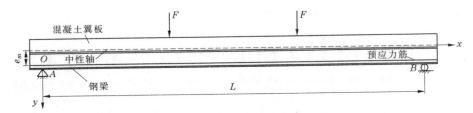

图 3-39　直线形不加限位块布筋的预应力组合梁布置图

针对试验梁 PCB－24，即采用折线形布筋形式（跨中有转向块）的预应力组合梁在跨中集中荷载作用下，根据相同的思路建立模型计算预应力筋的应力增量。

如图 3-40 所示，预应力筋在 A、B 两点锚固在组合梁上，同时跨中 C 处布置转向块。锚固端与组合梁截面形心距离为 e_{m1}，转向块处与组合梁截面形心的距离为 e_{m2}，θ 为预应力筋的转向角。

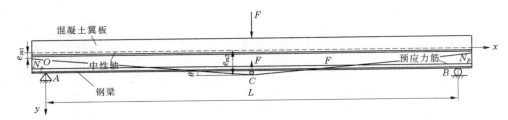

图 3-40　折线形布筋的预应力组合梁布置图

当组合梁跨中承受集中力 F 时，预应力筋产生内力增量 ΔP，根据结构受力特点得到组合梁沿梁长的弯矩为：

$$M(x) = \begin{cases} (\dfrac{1}{2}F - \Delta P\sin\theta)x - \Delta P\cos\theta e_{m1}, 0 \leqslant x \leqslant L/2 \\ (\dfrac{1}{2}F - \Delta P\sin\theta)(L - x) - \Delta P\cos\theta e_{m1}, L/2 \leqslant x \leqslant L \end{cases} \quad (3\text{-}4)$$

根据变形微分方程及边界条件可得沿梁长的位移：

$$y(x) = \begin{cases} \dfrac{1}{EI}[-(F - 2\Delta P\sin\theta)(\dfrac{1}{12}x^2 - \dfrac{1}{16}L^2)x + \dfrac{1}{2}\Delta P\cos\theta e_{m1}x(x - L)], 0 \leqslant x \leqslant L/2 \\ \dfrac{1}{EI}[-\dfrac{1}{6}(\dfrac{1}{2}F - \Delta P\sin\theta)(L - x)^3 - \dfrac{1}{2}(L - x)(\Delta P\cos\theta e_{m1}x + \\ \quad \dfrac{1}{4}\Delta P\sin\theta L^2 - \dfrac{1}{8}FL^2)], L/2 \leqslant x \leqslant L \end{cases}$$

$$(3\text{-}5)$$

外力 F 做的外力功为：

$$W = \dfrac{1}{2}Fy(L/2) = \dfrac{1}{96EI}(F^2L^3 - 2F\Delta P\sin\theta L^3 - 6F\Delta P\cos\theta L^2 e_{m1}) \quad (3\text{-}6)$$

预应力组合梁的弯曲变形能为：

$$U_1 = \dfrac{1}{2EI}\int_0^L M^2(x)\,dx$$

$$= \frac{1}{24EI}\left[\left(\frac{1}{2}F - \Delta P\sin\theta\right)L^2\left(\frac{1}{2}FL - \Delta P\sin\theta L - 6\Delta P\cos\theta e_{m1}\right) + 12\Delta P^2\cos^2\theta e_{m1}^2 L\right]$$

$$(3-7)$$

预应力组合梁在内力增量 ΔP 作用下的轴向压缩变形能为:

$$U_2 = \frac{\Delta P^2 \cos^2\theta L}{2E_s A_0} \tag{3-8}$$

预应力筋的拉伸应变能为:

$$U_3 = \frac{\Delta P^2 L}{2\cos\theta E_p A_p} \tag{3-9}$$

求解方程得到预应力筋内力增量 ΔP:

$$\Delta P = \frac{\sin\theta FL^2 + 3\cos\theta FLe_{m1}}{2\sin^2\theta L^2 + 24\cos^2\theta\left(e_{m1}^2 + \dfrac{EI}{E_s A_0}\right) + \dfrac{24EI}{\cos\theta E_p A_p} + 12e_{m1}L\sin\theta\cos\theta} \tag{3-10}$$

则预应力筋应力增量 Δf_p 为:

$$\Delta f_p = \frac{E_p(\sin\theta FL^2 + 3\cos\theta FLe_{m1})}{\dfrac{24EI}{\cos\theta} + E_p A_p\left[2\sin^2\theta L^2 + 24\cos^2\theta\left(e_{m1}^2 + \dfrac{EI}{E_s A_0}\right) + 12e_{m1}L\sin\theta\cos\theta\right]} \tag{3-11}$$

对于折线形布筋形式的预应力组合梁,预应力筋转向角 θ 会随着梁的下挠而变大,满足以下计算公式: $\cos\theta = \dfrac{l_b}{\sqrt{l_b^2 + (y_z + e_{m2} - e_{m1})^2}}$, $\sin\theta = \dfrac{y_z + e_{m2} - e_{m1}}{\sqrt{l_b^2 + (y_z + e_{m2} - e_{m1})^2}}$,式中: y_z 为转向块处的竖向位移,需要进行迭代求解。但是由于梁在弹性阶段的变形较小,为简化计算,认为 θ 不变。

(四)预应力组合梁极限状态下预应力筋应力增量计算方法

(1)对于直线无转向块布筋形式的组合梁。

预应力筋的初始长度为 $l = L$,则极限状态下预应力筋的长度为:

$$l' = 2\sin\theta_u e_m + L\cos\theta_u \tag{3-12}$$

预应力筋的伸长量 Δl 为:

$$\Delta l = l' - l = 2\sin\theta_u e_m + L(\cos\theta - 1) \tag{3-13}$$

(2)对于折线形双转向块的组合梁。

预应力筋的伸长量 Δl 为:

$$\Delta l = 2\left(\sqrt{(\theta_u e_{m1} + l_b\cos\theta_u)^2 + (y_z + e_{m2} - e_{m1})^2} - \sqrt{l_b^2 + (e_{m2} - e_{m1})^2}\right) \tag{3-14}$$

若预应力筋处于弹性阶段,则预应力筋应力增量 Δf_p 为:

$$\Delta f_p = \frac{2E_p\left(\sqrt{(\theta_u e_{m1} + l_b\cos\theta_u)^2 + (y_z + e_{m2} - e_{m1})^2} - \sqrt{l_b^2 + (e_{m2} - e_{m1})^2}\right)}{l_z + 2\sqrt{l_b^2 + (e_{m2} - e_{m1})^2}}$$

$$(3-15)$$

式中: l_b 为转向块距梁端的距离。对于直线形双限位块的组合梁 $e_{m1} = e_{m2}$。

(3)对于折线形单转向块的组合梁。

预应力筋的伸长量 Δl 为:

$$\Delta l = 2\left(\sqrt{(\theta_u e_{m1} + L/2)^2 + (y_z + e_{m2} - e_{m1})^2} - \sqrt{L^2/4 + (e_{m2} - e_{m1})^2}\right) \quad (3\text{-}16)$$

若预应力筋处于弹性阶段,预应力筋应力增量 Δf_p 为:

$$\Delta f_p = \frac{E_p\left(\sqrt{(\theta_u e_{m1} + L/2)^2 + (y_z + e_{m2} - e_{m1})^2} - \sqrt{L^2/4 + (e_{m2} - e_{m1})^2}\right)}{\sqrt{L^2/4 + (e_{m2} - e_{m1})^2}} \quad (3\text{-}17)$$

(五)计算结果与试验结果比较

根据上述公式分别计算预应力组合梁在正常使用极限状态和塑性极限状态时的预应力筋增量,并与试验结果进行比较。其中下标 y、u 代表正常使用极限状态值和塑性极限状态值,下标 j、t 分别代表计算值和试验值。

从表3-9可以看出,预应力筋内力增量计算值大都较试验偏大,这是由于在推导理论公式时忽略了预应力筋与钢梁之间的摩擦。组合梁 PCB - 23 在极限状态时,预应力筋内力计算值超过屈服值190 kN,试验实测值也接近预应力筋屈服值,因此预应力筋的布置和初始张拉值需要综合考虑,使其有较安全的增长空间。

表3-9 预应力筋增量计算值与试验值比较

试验梁号	$\Delta P_{y,j}$(kN)	$\Delta P_{y,t}$(kN)	$\Delta P_{u,j}$(kN)	$\Delta P_{u,t}$(kN)	$\Delta P_{y,j}/\Delta P_{y,t}$	$\Delta P_{u,j}/\Delta P_{u,t}$
PCB - 17	34.98	27.1	116.25	95.87	1.29	1.21
PCB - 24	26.06	20.79	153.4	130	1.25	1.18

四、SRAP 修补、加固技术抗震性能

抗震工艺有增设钢板构件的保护层、对 PC 钢线施加预应力加固的工艺、增设油脂纤维或碳素纤维和环氧树脂的复合材料保护构件的工艺、保护钢筋混凝土构件的工艺等。SRAP 工艺是将保护钢筋混凝土构件工艺和施加预应力加固工艺相结合的一种新工艺。

(1)使用砂浆增加截面。

使用砂浆增加截面与上述抗震加固方法类似。因为砂浆比混凝土抗压强度、韧性强度更加优异,所以相对混凝土可用更小的截面进行修补。同时,通过使用多功能复合干砂浆可以有效地避免增设保护层工艺中存在的新旧混凝土界面被破坏的危险。

(2)通过使用软钢线增加抑制力(见图3-41)。

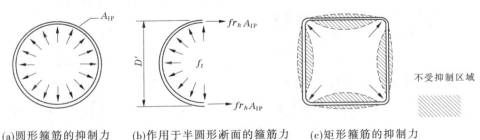

(a)圆形箍筋的抑制力　　(b)作用于半圆形断面的箍筋力　　(c)矩形箍筋的抑制力

图3-41 圆形及矩形箍筋的抑制力

如果使用软钢线加固工艺修补加固桥墩,可起到横向抑制钢筋的作用。如果没有压缩混凝土核心的抑制力和防止钢筋折断的横向钢筋,材料会被破坏。如果横向钢筋的排

列密度增大,同轴方向钢筋一起防止混凝土的横向膨胀,同时维持混凝土核心部位的正确状态并增加抗压强度。同时可以期待到破坏为止的大压缩变形。因此,采用横向钢筋不仅增加耐负荷力,也增大抗震的能力。这种横向钢筋的作用通过软钢线的加固同样可以达到。软钢线由于可以根据需要进行自由裁剪,并施加预应力,可以增加额外的横向抑制力。连接部位施工时,如果使用 PS 软钢线,可以明显改善耐力、韧性、吸收能量的性能。

（3）加固范围。

混凝土施工指南推荐如下施工方法。

①轴力比≤0.3 时,如图 3-42 所示,塑性部位范围相应方向截面数值或弯矩 80% 的范围长度中间采用数值大的一端。

②轴力比≥0.3 时,在①中求到塑性部位范围增加 50% 的长度。

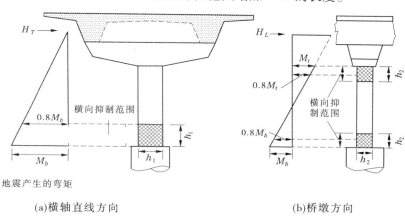

(a)横轴直线方向　　　　　　　　(b)桥墩方向

图 3-42　桥墩横向抑制时塑性部位范围

但是,极限截面到弯曲变化点的距离为 20% 的抑制力范围改为 25%;轴力比为 0.3 时,把 30% 的抑制力范围改为 27.5% 比较合适。这是因为由于实施了加固增加抑制效果,塑性铰链距离缩短,混凝土的抗压强度增加或钢筋变形硬化引起抗弯力增加,必要的加固范围见图 3-43。

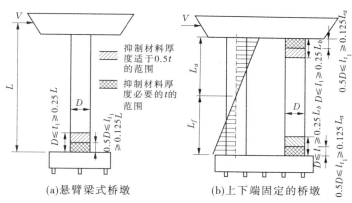

(a)悬臂梁式桥墩　　　　　　(b)上下端固定的桥墩

图 3-43　为了抑制塑性铰链所必需的加固范围

如上所述，该工艺使用多功能复合干砂浆增加断面，用加固材料增加横向抑制力，提高抗震性能。同时，普遍认为该工艺对建筑物的抗震作用非常优异。但必须强调，增强刚性并不是无条件增加抗震的效果，也可能会减弱其抗震能力，因此选择适当的修补加固量是非常重要的。同时，选择适当的加固范围、部位及施工前进行正确的设计都非常重要。

五、SRAP 修补、加固技术工程应用

本节以英那河水库溢流坝段混凝土裂缝修补为例，来说明 SRAP 修补、加固技术的工程应用。

由于溢流坝面是泄水建筑物，泄流时对混凝土产生很大的水压力及表面磨蚀作用，而英那河大坝又处于寒冷地带，在裂缝处极易造成混凝土冻融破坏，因此裂缝的存在及发展对大坝安全运行极为不利。裂缝修补处理的原则是将裂缝采用化学灌浆的方式封闭填充，同时对缝面予以补强加固，在提高混凝土耐久性的同时，提高整个坝面结构的整体稳定性。

根据该工程的具体运行特点，首先要求修补后的混凝土表面无突起及凹陷，保持溢流面原设计尺寸；其次要求使用的灌浆材料具有强度高、收缩小、黏结性好、化学稳定性好、抗冲耐磨能力强的特点，要求固结体强度大于 25 MPa，抗拉强度大于 3 MPa，黏结强度大于 5 MPa，力学指标要高于溢流坝混凝土 C25 F300 W6 的设计指标；再次，修补后缝面黏结完好，经气候变化后不再脱开，保证缝内浆液饱满。

（一）裂缝修补材料

根据裂缝产生的原因及修补的技术要求，决定采用化学灌浆方法进行修补，同时对灌浆材料予以改性，以符合性能及可灌性要求。采用 EA 改性环氧灌浆材料和 LZ 建筑结构胶。

（二）裂缝修补工艺

工艺流程为：混凝土表面处理—封闭裂缝、布灌浆嘴—灌浆。

（三）施工效果

为检测修补效果，在修补完成后，从缝一侧打斜孔穿过缝面，然后进行压水试验，在 0.2 MPa 压力下持续恒压 20 min，看是否有透水现象，以此检验缝内是否灌实，浆液与缝面是否黏结好。经过检测 18 个斜孔的压水（每一段坝面抽检 2 个孔），均未发现渗水现象，说明修补效果良好。

第四章 金属结构补强修复技术

水闸金属结构主要是指钢闸门及部分钢制结构。钢结构经可靠性鉴定需要加固时，应根据鉴定结论和委托方提出的要求，由专业技术人员进行加固设计。加固设计的内容和范围，可以是整体结构，亦可以是指定的区段、特定的构件或部位。加固后的钢结构安全等级应根据结构破坏后果的严重程度、结构的重要性和下一个使用期的具体要求，按实际情况确定。

钢结构加固设计应与实际施工方法紧密结合，并采取有效措施，保证新增截面、构件和部件与原结构可靠连接，形成整体共同工作，并应避免对未加固的部分或构件造成不利影响。

对于腐蚀、振动、地基不均匀沉降等原因造成的结构损坏，应提出相应的处理对策后再进行加固。钢结构的加固应综合考虑其经济效益，并且不损伤原结构，避免不必要的拆除或更换。

水闸金属结构的加固宜采用增加截面的方法，当有可靠工程经验时，可采用其他方法加固。其连接方式一般采用焊接、铆接、黏结和摩擦型高强螺栓连接。

采用焊接加固件加固构件时，可将加固件与被加固件沿全长相互压紧，用长 20~30 mm 的间断焊缝定位焊接（焊缝间隔 300~500 mm），再由加固件端部向内分区段（每段不大于 70 mm）施焊所需的连接焊缝，一次施焊区段焊缝应间歇 2~5 min。有对称焊缝时，应平行施焊，有多条焊缝时，应交错顺序施焊，对两面有加固件的截面，应先施焊受拉侧的加固件，然后施焊受压侧的加固件。当采用螺栓连接加固时，加固件与被加固构件相互压紧后，应从加固件端部向中间逐次做孔并安装紧定螺栓（或铆钉），尽可能减少加固过程中对截面的过大削弱。

金属结构构件截面加固形式示意图见图 4-1 ~ 图 4-4。

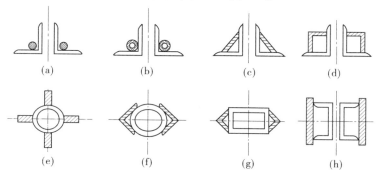

图 4-1 轴心受拉构件截面加固形式

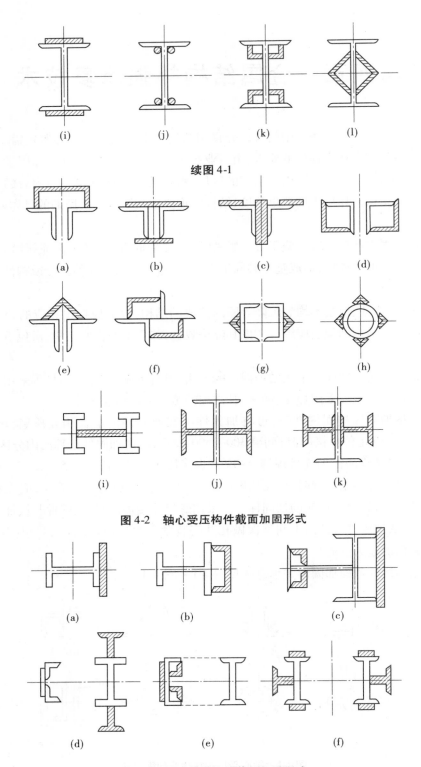

续图 4-1

图 4-2　轴心受压构件截面加固形式

图 4-3　偏心受压构件截面加固形式

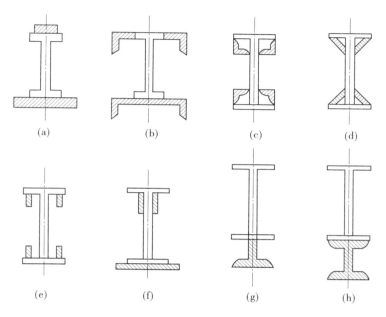

图4-4 受弯构件截面加固形式

第一节　加固构件的连接

钢结构加固连接方法的选择,应根据结构加固的原因、目的、受力状态、构造及施工条件,并考虑结构原有的连接方法确定。在同一受力部位连接的加固中,刚度相差不应过大,如不宜采用焊缝与铆钉或普通螺栓共同受力的混合连接方法,但仅考虑其中刚度较大的连接(如焊缝)承受全部作用力时除外。

焊缝连接加固可采用增加焊缝长度、有效厚度或两者同时增加的办法实现。新增加固角焊缝的长度和焊脚尺寸或熔焊层的厚度,应由连接处结构加固前后设计受力改变的差值,并考虑原有连接实际可能的承载力计算确定。计算时应对焊缝的受力重新进行分析并考虑加固前后焊缝的共同工作受力状态的改变。负荷下用焊缝加固结构时,应尽量避免采用长度垂直于受力方向的横向焊缝,否则,应采取专门的技术措施和施焊工艺,以确保结构施工时的安全。

螺栓或铆钉需要更换或新增加固连接时,应首先考虑采用适宜直径的高强度螺栓连接,当负荷下进行结构加固需要拆除结构原有受力螺栓、铆钉或增加扩大钉孔时,除应设计计算结构原有和加固连接件的承载能力外,还必须校核板件的净截面面积。

当用摩擦型高强度螺栓部分地更换结构连接的铆钉,从而组成高强度螺栓和铆钉的混合连接时,应考虑原有铆钉连接的受力状况,为保证连接受力的匀称,宜将缺损铆钉和与其相对应布置的非缺损铆钉一并更换。

焊缝连接加固时,新增焊缝应尽可能地布置在应力集中最小、远离原构件的变截面以及缺口、加劲肋的截面处。应该力求使焊缝对称于作用力,并避免使之交叉。新增的对接焊缝与原构件加劲肋、角焊缝、变截面等之间的距离不宜小于100 mm,各焊缝之间的距离不应小于被加固板件厚度的 4.5 倍。

结构的焊接加固必须由具备高焊接技术级别的焊工施焊。施焊镇静钢板的厚度不大于 30 mm 时,环境空气温度不应低于 – 15 ℃;当厚度超过 30 mm 时,温度不应低于 0 ℃。

第二节　裂纹的修复与加固

结构因荷载反复作用及材料选择、构造、制造、施工安装不当等产生具有扩展性或脆断倾向性裂纹损伤时,应设法修复。在修复前必须分析产生裂纹的原因及其影响的严重性,有针对性地采取改善结构实际工作状态的加固措施,对不宜采用修复加固措施的构件,应予拆除更换。在对裂纹构件修复加固时,应按《钢结构设计规范》(GB 50017—2003)和《水利水电工程钢闸门设计规范》(SL 74—95)的相关要求进行。

为提高结构的抗脆性断裂和疲劳破坏的性能,在结构加固的构造设计和制造工艺方面应遵循下列原则:降低应力集中程度,避免和减少各类加工缺陷,选择不产生较大残余拉应力的制作工艺和构造形式,以及采用厚度尽可能小的轧制板件等。

在结构构件上发现裂纹时,作为临时应急措施之一,可于板件裂纹端外 0.5 ~ 1.0 倍板件厚处钻孔,以防止其进一步急剧扩展并及时根据裂纹性质及扩展倾向再采取恰当措施修复加固。

修复裂纹时应优先采用焊接方法,方法如下:

(1)清洗裂纹两边 80 mm 以上范围内板面油污至露出洁净的金属面。

(2)用碳弧、气刨、风铲或砂轮将裂纹边缘加工出坡口直达纹端的钻孔。坡口的形式应根据板厚和施工条件按现行《气焊手工电弧焊及气体保护焊焊缝坡口的基本形式与尺寸》(GB 985—88)的要求选用。

(3)将裂纹两侧及端部金属预热至 100 ~ 150 ℃,并在焊接过程中保持此温度。

(4)用与钢材相匹配的低氢型焊条或超低氢型焊条施焊。

(5)尽可能用小直径焊条以分段分层逆向施焊,每一焊道焊完后宜立即进行锤击。

(6)按设计要求检查焊缝质量。

(7)对钢闸门等承受动力荷载的构件堵焊后,其表面应磨光,使之与原构件表面齐平,磨削痕迹线应大体与裂纹切线方向垂直。

(8)对重要结构或厚板构件堵焊后,应立即进行退火处理。

对网状分叉裂纹区和有破裂过烧或烧穿等缺陷的部位,宜采用嵌板修补,方法如下:

(1)检查确定缺陷的范围,将缺陷部位切除,宜切带圆角的矩形孔,切除部分的尺寸均应比缺陷范围的尺寸大 100 mm。

(2)用等厚度同材质的嵌板嵌入切除部位,嵌入板的长宽边缘与切除孔间两个边应留 2 ~ 4 mm 的间隙,并将其边缘加工成对接焊缝要求的坡口形式。

(3)嵌板定位后将孔口四角区域预热至 100 ~ 150 ℃,并采用分段分层逆向焊法施焊。

(4)检查焊缝质量打磨焊缝余高,使之与原构件表面齐平。

第三节　点焊与铆接黏结加固法

在重要钢结构构件的加固中,采用焊接加固,会因焊接高温产生较大的温度应力而产生结构变形。采用摩擦型高强螺栓连接加固,在结构上钻孔会造成原结构损伤。同时这两种方法还有一个共同的缺点,就是构件之间仅通过焊缝或螺栓连接,不能构成联合工作的整体,而要想达到理想的加固效果,必须增加加固件的截面面积,造成材料浪费。黏结加固是通过结构胶将加固件与被加固件黏结在一起的加固方法,但由于黏结用的结构胶的强度与钢材相比较低,完全靠结构胶黏结可能会出现剥离现象,因此一般黏结连接加固会结合焊缝连接或摩擦型高强螺栓连接共同进行。点焊(铆接)黏结法加固钢结构避免了焊接产生的温度应力,对结构损伤小。

点焊与铆接黏结加固法示意图见图 4-5。

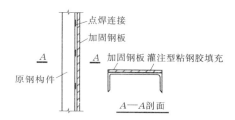

图 4-5　点焊与铆接黏结加固法示意图

点焊与铆接黏结加固法施工工序为:施工准备→钢板块制作→钢板打磨除锈→基面清理→钢板安装、焊接→缝隙封堵、注胶嘴安装→结构胶灌注→质量检查→防腐。

点焊与铆接黏结加固法和湿包钢灌注粘钢法的工艺基本相同,同时也可应用于预埋铁件修复加固,实施过程中应注意以下几点:

(1)加固件安装时,应将加固件与被加固件重叠放置在一起,构件之间保留 2 mm 左右的缝隙,在被加固件周边间隔点焊,即焊接一段空一段,一般间隔 300~500 mm 焊接 20~30 mm。若加固件黏结面积较大,可适当在加固件中间逐次做孔和安装拧紧螺栓(或铆钉),螺栓(或铆钉)数量和间距根据现场实际情况确定。

(2)加固件安装完成后应采用结构胶封堵加固件与被加固件之间的缝隙,埋设灌胶嘴,压气检查后,采用压力注胶注入灌注型粘钢胶,灌注压力根据吃浆量控制,一般不超过 0.4 MPa。

第五章 闸门止水修复技术

止水的作用是阻止闸门和门槽埋件之间漏水,止水装置一般安装在闸门门叶上,也有部分闸门将止水安装在埋件上。

闸门止水按安装部位不同分为顶止水、侧止水、底止水和节间止水。露顶闸门只有侧止水和底止水,潜孔闸门还需设置顶止水,分节的闸门还应设置节间止水。闸门各部位的止水装置应具有连续性和严密性,止水密闭效果不好会造成闸门渗漏,造成一系列复杂的工程问题,影响水闸的安全运行。止水座板应与止水座紧密连接在一起,采用不锈钢板制作顶、侧止水坐板时,其厚度不应小于 4 mm。

止水材料要求富有弹性并有足够的强度,一般采用橡皮,木材、金属等其他材料也可用作止水材料,但木材止水寿命短,且效果不理想,一般不推荐使用。

根据安全鉴定结论认为需要更换止水的闸门应予以更换,需拆除重建的闸门,止水按新建处理。

第一节 混凝土闸门止水更换

混凝土闸门止水多采用橡胶止水或金属止水。橡胶止水采用较多的是橡皮,侧止水和顶止水一般采用 P 形(或 Ω 形)橡皮,底止水一般采用条形橡皮;金属止水采用较多的为铸铁止水。止水更换时可将原损坏止水更换为橡胶止水,也可更换为铸铁止水。橡胶止水更换简单、工作量小,但易老化,运行中需经常更换;铸铁止水止水效果好,可长期使用,无特殊原因不需再次更换,但要求安装精度高、工作量较大。无论何种止水,安装时都应注意各部位止水的连续性和严密性。

橡胶止水更换的程序为:施工准备→拆除老化橡胶止水→安装止水橡皮→防腐。

(1)施工准备:将闸门提至检修平台,清除表面附着物,准备好止水橡皮、压板和相应安装工具。

(2)拆除老化橡胶止水:做好施工准备后,将固定止水橡皮的螺栓去除,对锈死的螺栓可直接割除,取下老化止水橡皮,并清理埋件和焊接件表面锈迹,对预埋铁件锈蚀严重的混凝土闸门,在止水安装前应先加固更新埋件。

(3)安装止水橡皮:止水橡皮的安装顺序为:先安装侧止水,再安装底止水和顶止水。将止水橡皮用钢板压紧,紧固螺栓时应注意从中间向两端依次拧紧,侧止水与顶止水、底止水通过角止水橡皮连接,连接时应注意止水橡皮连接部位的连续性和严密性。

(4)防腐:根据设计要求应对埋件、压板、焊接构件进行防腐处理,其标准应符合《水工金属结构防腐蚀规范》(SL 105—2007)要求。

第二节 钢闸门止水更换

钢闸门止水一般采用橡皮止水,其更换方法与混凝土闸门橡皮止水更换基本相同。

一、止水的更换

橡皮止水更换程序为:施工准备→老化止水拆除→安装橡皮止水→防腐。

（1）施工准备:将闸门升起至一定高度,清除闸门、门槽表面附着物,准备好止水橡皮和相应安装工具。

（2）老化止水拆除:拆掉侧轮,松卸固定止水橡皮的螺母,将螺栓顶出。因锈蚀严重无法卸掉,可用扁铲螺母将螺母铲掉,也可以用氧、乙炔割枪将其割除,然后将螺栓冲出。止水拆除时会遇到闸门与侧墙间隙过小,止水橡皮无法取出的现象,此时可用千斤顶增大闸门与侧墙间隙,方便止水拆除和安装。

（3）安装止水橡皮:止水橡皮的安装顺序为:先安装侧止水,再安装底止水和顶止水。将侧止水橡皮上端用绳索拉紧系牢,自下而上将侧止水橡皮打入侧墙导板至侧止水橡皮顶板之间的空隙内并贴紧闸门面板,把压板放于侧止水橡皮上面,将螺栓插入螺孔,自中间向两端进行预紧,最后逐个紧固。底止水和顶止水的安装方法和侧止水基本相同。

（4）防腐:为了方便止水橡皮的再次更换并增加止水橡皮的密封性能,防止螺栓锈蚀,在止水更换完成后应对螺栓外露部分进行防锈处理,其标准应符合《水工金属结构防腐蚀规范》(SL 105—2007)要求。

二、止水橡皮连接

止水橡皮应保证连续性和严密性,以避免止水橡皮连接不严密引起的闸门渗漏。在同一部位的止水橡皮一般采用一整条止水橡皮,中间不设连接缝。侧止水与顶止水、底止水通过角止水橡皮连接。将侧止水橡皮下端与角止水橡皮上端连接处的两个对应面用锋利的刀垂直于止水橡皮平面割深 10 mm,在长度方向割除 60 mm、深 10 mm(指止水橡皮平面尺寸)。修出呈直角平面的两个结合面,用锉刀削或在砂轮机上平磨。用黏合剂将两个结合面对正贴合。角止水与底止水、顶止水的连接方式和角止水与侧止水的连接方式相同。

钢闸门止水结构示意图见图 5-1 ~ 图 5-3。

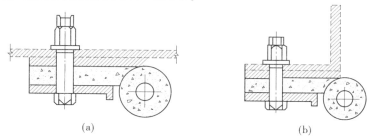

(a)   (b)

图 5-1 钢闸门侧止水结构

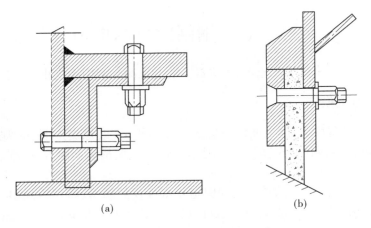

(a)

(b)

图 5-2　钢闸门底止水结构

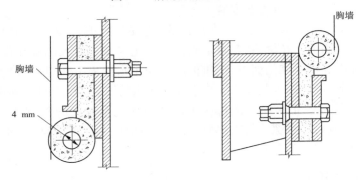

图 5-3　钢闸门顶止水结构

第六章　土石结合部高聚物注浆技术

　　闸室翼墙、闸底板与土体结合部是水闸渗透稳定性的薄弱环节,特别是由于回填土不密实、不均匀沉降、地基不良等原因常引起土石结合部裂缝或其他缺陷而发生渗透破坏,最危险的渗透破坏类型是建筑物与土体接触面上的接触冲刷,例如沿基土或侧向、顶部填土与建筑物接触面,在高水位、长时间浸泡作用下,先是接触部位中颗粒从渗流出口被带出,进而形成渗流通道,造成水闸渗透破坏,穿堤建筑物的渗透破坏甚至会引起堤防溃决。且这种破坏初始过程大都隐藏在工程内部,事先难以察觉,一经发现险情,则会迅速导致工程破坏,难以补救,因而土石结合部的渗透破坏具有隐蔽性、突发性和灾难性的特点。正是由于这样的特点,导致土石结合部检测难、监测难、探测难,也给水闸安全评价及后续除险加固措施造成安全隐患。目前,黄河上已发现部分水闸存在侧壁渗水、底板脱空、洞身裂缝等问题,所以土石结合部也是黄河防洪防守抢险的重点和难点。

　　本章重点介绍高聚物注浆技术,为土石结合部渗透破坏问题提供一种有效的技术修复手段。

第一节　聚氨酯注浆材料及高聚物注浆技术

　　聚氨酯类高聚物注浆材料于 20 世纪 50 年代末由日本开发出来。经过几十年的发展,聚氨酯类高聚物注浆材料已形成一个庞大的家族,并逐步成为化学注浆行业的重要组成部分。与悬浊液注浆材料相比,聚氨酯类高聚物注浆材料的主要优点有:

　　(1)预聚物溶液的黏度低、可灌性好,能灌入 0.01 ~ 0.03 mm 的微细裂隙中,或渗入泥化夹层中。

　　(2)预聚物溶液反应后从液体变成凝胶体或固体的时间较短(一般为数秒至数小时),而且可以调节。通过对聚合时间、凝胶时间进行调节和控制,既可以快速封堵集中渗漏,又能有效地控制浆液的扩散范围。

　　(3)大多数聚氨酯注浆材料具有良好的防渗性能,渗透系数一般可达 10^{-8} cm/s。

　　(4)聚合体的耐久性和抗化学性通常远优于水泥基悬浊液浆材。大多数高聚物浆材对环境无污染。

　　聚氨酯类高聚物注浆材料是真溶液注浆材料的典型代表,其特点是材料反应后有一个平缓的黏度曲线,接着其黏度急剧增加,最后凝胶固化。大体上,聚氨酯类高聚物注浆材料的基本分类见图 6-1。

　　水反应类聚氨酯注浆材料于 20 世纪 50 年代后期由日本开发出来,被广泛应用于防水堵漏和地基加固。20 世纪 80 年代以后,非水反应类(双组分)聚氨酯注浆材料开始在欧洲大量应用,极大地推动了聚氨酯注浆技术的发展。

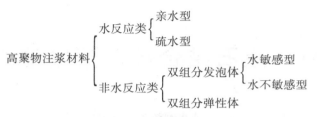

图 6-1　聚氨酯类高聚物注浆材料类型

非水反应类高聚物注浆材料分为双组分弹性体聚氨酯和双组分发泡聚氨酯。其中，双组分弹性体聚氨酯固化后的性态是疏水型的，并且大多数产品即使在低温条件下仍能保持很好的柔性。因此，它比传统的环氧树脂注浆材料更适合于混凝土结构的修复和变形缝止水。双组分弹性体聚氨酯不发泡，反应后体积膨胀率较小；双组分发泡聚氨酯是多元醇和异氰酸酯反应产生的聚合物。与水反应类聚氨酯不同的是，它不需要水作为催化剂。当组分 A 与组分 B 接触后，即发生化学反应。它与双组分弹性体聚氨酯的主要区别是加入了发泡剂。添加不同类型的多元醇、发泡剂、催化剂等，可以制成不同特性的各种泡沫状材料，从而可以针对项目"量身定做"。双组分发泡聚氨酯一般具有较快的反应速度和较大的膨胀率，能在 6～10 s 内体积膨胀 20～30 倍。

目前，发泡聚氨酯注浆材料主要应用于建筑、公路、铁路、隧道、桥梁、堤防等诸多基础工程的维修加固领域。其中，双组分发泡聚氨酯注浆材料具有环保安全、反应快并可调节、膨胀率高、防水抗渗、耐久性好等特点，已成为综合性能较优的高聚物注浆材料。

以双组分发泡聚氨酯为基础的高聚物注浆技术已成为国内外注浆领域的前沿方向。高聚物注浆技术最初主要作为非开挖修补技术用于道路工程基础修补和隧道施工中的渗漏处理等领域。后来该技术被引入水利工程领域，用于堤坝工程防渗加固处理，取得了较好的工程效果，但针对水闸土石结合部接触冲刷等病害，快速修复的高聚物注浆技术应用较少。

近年来，郑州大学、交通部公路研究院等单位以无损检测和非水反应类高聚物注浆为基础，完成了双组分发泡聚氨酯材料的选择和不同环境下的配比设计，开发了高聚物注浆系统，并先后应用于水利工程除险加固方面，并取得了一定的成果，为水闸土石结合部接触冲刷等病害快速修复技术的发展提供了良好的技术基础。

第二节　土体介质中的高聚物注浆机制

一、高聚物注浆技术

非水反应类双组分发泡高聚物注浆材料是一种化学注浆材料，从其双组分浆液的性质看，属于真溶液的牛顿流体，在土体中的扩散方式应该符合渗透扩散理论。但是高聚物在土体中扩散时，已经转化为具有时变性的宾汉姆流体，而且具有极强的自膨胀性，所以对于这样的化学注浆材料开展理论研究和室内模拟研究均十分困难。

目前，国际上关于高聚物在土体中的注浆理论研究一般以球形扩散或柱状扩散假定为基础,见图6-2。

由于非水反应类高聚物注浆材料的自膨胀特性,在土体中并非成球形扩散或柱状扩散。因为浆液的两种组分是在注浆枪里混合的,浆液在注浆管内已经是发生化学反应后的具有极强膨胀性的、高温的、成流塑状的黏稠型发泡体,一旦从注浆管流出进入注浆孔或土体,这种流塑状的黏稠浆液将快速膨胀,在周围土体的约束下,不断膨胀的体积将产生越来越大的膨胀力,快速挤压周围土体;这一过程可以认为是浆液的挤密扩散,流塑状的浆液不会渗入土体中的细小孔隙,而是在注浆管出口处形成团块状凝固体。

当膨胀力足够大时,注浆孔周围土体受到压缩而屈服以至于发生流动破坏,土体就会被浆液劈开,会在土体中造成"劈缝",使浆液得以进入,浆液继续流动会挤密"劈缝"周围土体;随着浆液由流塑状快速转变为固

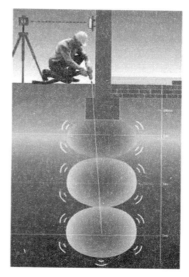

图 6-2　高聚物球形扩散示意图

体,浆液将在土层中形成嵌入的片状高聚物楔形体。可以认为,高聚物注浆材料不仅在注浆压力及自身膨胀力作用下对周围介质具有挤密作用,而且当膨胀力较大时将伴有劈裂扩散作用。高聚物在土体中的扩散机制与注浆量大小、材料化学反应时间、注浆速率及土体特性等多种参数有关。因此,与水泥基注浆材料或其他非膨胀类化学注浆材料相比,具有膨胀特性的高聚物注浆材料在土体中的扩散机制更加复杂。

二、试验过程

为揭示高聚物在水闸地基土体中扩散行为的真实效果,开展了高聚物现场注浆试验。该试验主要是用来揭示非水反应类双组分高聚物注浆材料在水闸地基土体中的扩散特征,验证上述关于高聚物注浆材料在土体中扩散机制分析结论的正确性,并为建立高聚物在土体中的扩散模型和对其扩散机制进行理论分析奠定基础。试验具体内容如下:

以某均质堤坝作为试验场地,堤坝 3 m 深度范围均为重粉质壤土,土层的物理力学性质指标见表6-1。

表 6-1　试验场地土层的物理力学性质指标

土质类型	重粉质壤土									
指标	ω (%)	γ_d (kN/m³)	G_s	S_r (%)	e	I_P (%)	I_L	Φ_q (°)	C_q (kPa)	K (cm/s)
数值	26.2	15.2	2.71	95	0.747	13.0	0.44	14.0	28.00	0.149×10^{-6}

采用钻孔内注浆方法。钻孔直径 3.7 cm,共设计 6 个钻孔(注浆孔),如图6-3 所示。

钻孔(注浆孔)孔深300 cm。为保证浆液在钻孔内膨胀,距地表面100 cm 处设置封孔点,采用布袋内注浆方法封孔。如图6-4 所示。

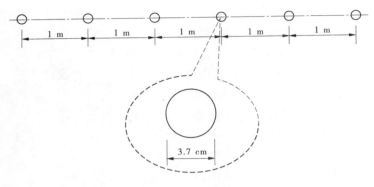

图 6-3　钻孔平面布置图

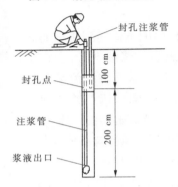

图 6-4　注浆孔剖面图

有效注浆体积为 2 334 cm^3,6 个注浆孔内采用不同注浆量,如表 6-2 所示。

表 6-2　不同注浆孔的注浆量

注浆孔编号	1	2	3	4	5	6
注浆量(g)	2 000	3 000	4 000	5 000	6 000	7 000

三、试验结果

注浆结束后,进行了现场开挖,结果显示:

(1)浆液在土体内并非球形扩散或柱状扩散,而是呈片状扩散,如图 6-5 所示。

(2)片状楔形体劈裂土体的方向是不确定的,如图 6-6 所示。

(3)高聚物薄片的最大高度基本与有效注浆孔高度(孔深减去封孔深度)一致。

(4)高聚物片状楔形体的扩展长度与注浆量有关,扩展长度随注浆量增加而增大。

(5)片状高聚物楔形体在扩展过程中,可以把周围土体挤密,并与周围土体紧密结合。尽管浆液在土体中不能通过细小孔隙实现"渗透扩散",但高聚物注浆材料在注浆压力作用下对周围介质具有强烈的挤压和胶结作用。片状体周围土体无法与注浆体剥离,用水冲洗后可看到片状体上布满了根须状结构。如图 6-7 和图 6-8 所示。

图 6-5　高聚物注浆材料在土体中呈片状扩散

图 6-6　浆液扩展方向示意图

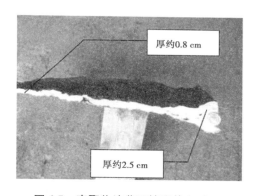

图 6-7　高聚物注浆开挖照片（一）

图 6-8　高聚物注浆开挖照片（二）

四、成果分析

现场试验开挖结果表明了高聚物浆液在注浆孔内并非球形扩散或柱状扩散,而是沿注浆孔侧壁垂直劈裂土体,浆液侵入裂缝并继续扩展后形成片状楔形体,应视为片状扩散。

注浆开始后,浆液首先充满注浆孔,在注浆压力及膨胀力作用下挤压周围土体,直至注浆孔周围土体破坏而出现裂缝,浆液便侵入裂缝并在膨胀力作用下继续扩张,最终形成垂直的高聚物片状楔形体。浆液扩散方式如图 6-9 所示。

图 6-10(a)表示开始注浆;图 6-10(b)表示浆液充满注浆孔;图 6-10(c)表示不断膨胀的浆液挤压注浆孔周围土体并被挤压至最大扩孔直径;图 6-10(d)表示注浆孔周围某处土体出现竖直裂缝,多数情况下对称出现;图 6-10(e)表示浆液沿裂缝不断扩展,最终形成片状浆脉;一般情况下浆脉的对称扩展长度基本相等,但土质不均匀时会出现不等的情况。

理论上,劈裂缝应该沿最小主应力作用面方向。但由于土体并非理想的均质体,所以

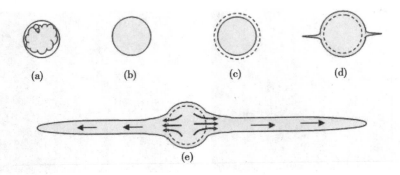

图 6-9　高聚物浆液扩散方式示意图(水平剖面)

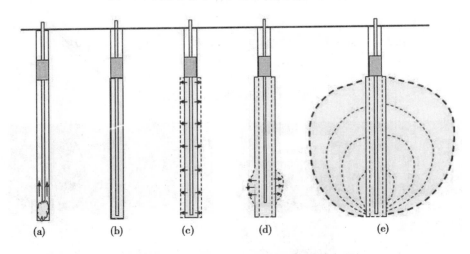

图 6-10　高聚物浆液扩散方式示意图(垂直剖面)

楔形体劈裂土体的方向是任意的,不一定沿整体小主应力作用面方向,有时还会出现非对称扩散。

　　注浆量较大的最后两个注浆孔,紧贴第一片高聚物片状体出现了第二片较小的楔形体。说明高聚物沿劈裂缝的最大扩展距离是有限的。

　　现场注浆试验验证了双组分发泡高聚物注浆材料在土体中是以片状浆脉的方式在土体中扩展的。

　　通过对高聚物片状楔形体的仔细观察,发现浆液沿着劈裂缝流动时,由于渗透胶结的作用,浆液会在裂缝侧壁上形成浆土胶结体,如图 6-11 所示。这一方面说明高聚物与土体之间具有很好的黏结效果,另一方面也说明胶结体与高聚物将共同形成高聚物防渗体。

图 6-11　高聚物注浆开挖照片

第三节　土石结合部高聚物注浆扩散特性

　　目前,高聚物注浆材料在土石结合部裂隙结构中的扩散理论和试验研究存在空白,需要开展深入研究,为土石结合部的注浆施工提供参数指导和理论支持。为了研究高聚物注浆材料在土石结合部裂隙中的扩散规律,通过设置具有不同宽度和粗糙度的多种裂隙,模拟土石结合部工程情况,利用注浆试验台开展高聚物注浆材料在单裂隙结构中扩散的模拟试验研究,观测高聚物材料在不同裂隙中的扩散形态、扩散范围,分析注浆量、裂隙张开度、裂隙粗糙度和裂隙倾角等因素对高聚物注浆材料扩散形态和扩散范围的影响,并基于模拟试验结果,推导膨胀性高聚物注浆材料在单裂隙中的扩散模型。

一、试验装置

　　试验装置经过自行设计,利用一块 2.4 m×3.0 m 的玻璃板和一块混凝土浇筑的平台之间的缝隙来模拟土石结合部的裂隙,该试验装置可以实现如下功能:可通过调整不同的注浆量、裂隙张开度、裂隙倾角、裂隙粗糙度,然后在该试验装置内进行模拟注浆,分析上述影响因素与浆液扩散范围之间的关系,从而研究浆液在土石结合部裂隙内的运移(扩散)规律。模拟注浆试验台设计图及实物见图 6-12 和图 6-13。

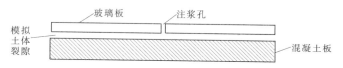

图 6-12　模拟注浆试验台设计图

图 6-13　模拟注浆试验台

　　试验装置主要由三部分组成:一是裂隙模拟试验设备,二是高聚物注浆设备,三是试验数据采集仪器。模拟注浆设备包括水泥面板与钢化玻璃之间的模拟裂隙,以及用于模拟裂隙张开度、裂隙倾角、裂隙粗糙度等不同裂隙特征的工具和设备。下面分别对各部分试验装置及其功能进行简单的介绍。

(一)裂隙模拟试验设备

　　注浆模拟设备由模拟注浆试验台和各个影响因素(注浆量、裂隙张开度、裂隙倾角、裂隙粗糙度)控制装置组成。

1.模拟注浆试验台(模拟裂隙)

利用玻璃板和混凝土板之间的缝隙来模拟土体裂隙,在玻璃板中间钻孔作为注浆孔。

2.注浆量

高聚物注浆设备在调整好的注浆压力下,两种不同组分的浆液在注浆枪口处混合,通过控制不同的注浆时间,得到不同的注浆量。

3.裂隙张开度

在玻璃盖板和混凝土板之间通过设置不同厚度的垫片用以模拟不同的裂隙张开度,本次试验所用到的垫片有木楔(横截面长 30 mm、宽 15 mm)、PVC 塑料管(直径 15 mm、20 mm)、瓷片(厚 10 mm),通过单独设置或者组合设置来得到试验所需的各种裂隙张开度。垫片如图 6-14 所示。

图 6-14　垫片

4.裂隙粗糙度

通过在玻璃盖板和水泥面板之间铺设具有不同粗糙程度的衬砌材料,模拟不同的粗糙度,试验中用到的衬砌材料有玻璃板、木板、塑料膜,并可以通过在玻璃板、木板及塑料膜面上撒沙土以得到不同的粗糙度组合。衬砌材料如图 6-15 所示。

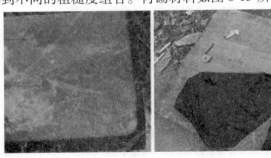

图 6-15　衬砌材料

5.裂隙倾角

本次试验所设置的裂隙倾角为水平倾角,即通过调整玻璃面板与混凝土板的水平倾角来模拟裂隙倾角。

(二)高聚物注浆设备

本次注浆模拟试验的注浆设备采用集成式注浆车,如图 6-16 所示。

(三)试验数据采集仪器

本次试验用到的数据采集设备有:数码照相机,记录高聚物浆液的扩散形态;摆式仪,记录不同表面的摆值 BPN;钢尺,测量高聚物材料的扩散范围;台秤,测量试件的实际重

图 6-16　集成式注浆车

量,看是否与设计注浆量相符。试验设备如图 6-17 所示。

(a)台秤　　　　　　　　(b)钢尺　　　　　　　　(c)摆式仪

图 6-17　试验设备

二、试验过程

此次注浆模拟试验共分 4 个部分,分别为:①注浆量对浆液扩散的影响;②裂隙张开度对浆液扩散的影响;③裂隙倾角对浆液扩散的影响;④裂隙粗糙度对浆液扩散的影响。分析各个影响因素对高聚物注浆材料在土石结合部裂隙中的扩散规律的影响,并根据试验数据得出高聚物注浆材料在土石结合部裂隙中的扩散模型。

(一)注浆量对浆液扩散的影响

1.试验目的

通过在裂缝模型中模拟注浆,研究注浆量与浆液扩散的关系。注浆压力是给予浆液扩散充填、压实的能量,在给定注浆压力下通过注浆孔向模拟裂隙中注入高聚物注浆材料,浆液在玻璃板和水泥面板之间的裂隙中扩展。本次试验主要探讨在给定的裂隙开度、裂隙粗糙度的情况下,通过在水平裂隙中注入不同量的高聚物注浆材料,观测高聚物注浆材料在模拟裂隙中的扩散形态,探讨注浆量对浆液扩散形态和扩散范围的影响。

2.试验参数

在本次试验研究中,主要考虑三个对浆液扩散有影响的因素,即注浆量、裂隙张开度和裂隙粗糙度。本组试验主要探讨在给定的裂隙张开度及粗糙度下,通过在水平裂隙中注入不同数量的注浆材料,观测高聚物注浆材料的扩散范围和扩散形态。

本试验根据注浆量由小到大共分为 7 组,高聚物注浆设备的注浆量由喷枪次数控制,一次注浆量约为 125 g,根据仪表盘显示的喷枪时间控制注浆量;裂隙粗糙度取"玻璃板 +

混凝土板"组合材料的平均值54,即两种材料的摆值BPN平均值。试验中,通过注浆孔直接向玻璃板和混凝土面板之间的裂隙注浆。注浆过程中裂隙张开度控制在20 mm,通过在玻璃板和混凝土板之间垫入若干个直径为20 mm的PVC塑料管来控制张开度。

表6-3为试验安排表,如果试件重量与设计注浆量相差较大,则当次试验成果作废,重新注浆,因此存在试验编号不连续的情况。

表6-3　注浆量对浆液扩散规律的影响试验安排

试验编号	设计注浆量(g)	设计裂隙张开度(mm)	粗糙度(BPN值)
1-0	250	20	54(玻璃+混凝土板)
1-1	375	20	54(玻璃+混凝土板)
1-2	500	20	54(玻璃+混凝土板)
1-4	750	20	54(玻璃+混凝土板)
1-5	875	20	54(玻璃+混凝土板)
1-6	1 000	20	54(玻璃+混凝土板)
1-7	1 250	20	54(玻璃+混凝土板)

3. 试验结果及分析

高聚物注浆材料反应结束后,取出试件放到台秤上称重,得到实际注浆量;沿试件注浆孔的位置将其锯开,量得注浆孔处试件的厚度,以此作为裂隙的实际张开度。各次试验结果见表6-4。

表6-4　注浆量对浆液扩散影响的试验结果

试验编号	注浆量(g)	裂隙实际张开度(mm)	最大扩散半径(mm)	最小扩散半径(mm)	最大扩散直径(mm)	最小扩散直径(mm)
1-0	215	17	255	170	540	370
1-1	430	19	275	210	580	460
1-2	510	19	325	200	640	480
1-4	700	18	410	280	750	650
1-5	880	17	440	310	800	690
1-6	1 000	21	485	330	870	750
1-7	1 200	19	530	380	935	800

由于高聚物注浆量由注浆时间来控制,所以实际得到的试件重量和设计注浆量会有偏差,而裂隙的张开度受高聚物注浆材料膨胀力的影响,或者受注浆过程中玻璃面板上施加压力影响,实际裂隙张开度会略大于或者略小于设计量。在试件上的注浆孔位置用钢尺测量最大扩散半径、最小扩散半径和最大扩散直径、最小扩散直径。其中,最大扩散半径和最小扩散半径是以注浆孔为中心,到注浆体边缘的各条半径中最大值与最小值;最大扩散直径是注浆体边缘间最长直线长度,最小扩散直径为注浆体边缘间最短直线长度,见

图 6-18。

图 6-18　最大和最小扩散半径及直径位置示意图

图 6-19 为不同注浆量情况下成型试件的最终形态。

图 6-19　不同注浆量情况下高聚物注浆材料的扩散形态和扩散范围

根据试验结果绘制数据散点图,并在散点图中添加线性趋势线,可得到其变化关系,如图 6-20 所示。

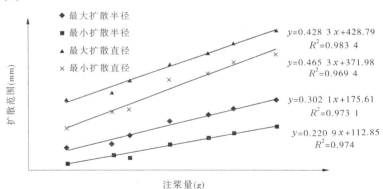

图 6-20　高聚物注浆材料扩散范围随注浆量的变化曲线

由试件照片及趋势线可以看出,高聚物注浆材料在模拟裂隙中的扩散形态近似呈圆形或者椭圆形,以注浆孔为圆心向四周扩散。随着注浆量的不断增大,浆液的扩散半径和扩散直径都呈增大趋势。

从试验结果数据图表可以看出,浆液扩散范围大致随着注浆量的增大呈线性趋势增大,据图表拟合出高聚物注浆材料扩散范围和注浆量的线性相关方程式,见式(6-1)、式(6-2)。

$$r_{\max} = 0.3X + 175.61 \tag{6-1}$$

$$r_{\min} = 0.22X + 112.85 \tag{6-2}$$

式中: $r_{\max}$ 为最大扩散半径,mm; $r_{\min}$ 为最小扩散半径,mm; X 为注浆量,g。

(二)裂隙张开度对浆液扩散的影响

1.试验目的

本次试验拟在裂隙粗糙度、注浆量不变的情况下,通过在不同裂隙张开度的水平裂隙中注入高聚物注浆材料,来观察高聚物注浆材料在裂隙中的扩散形态,研究不同的裂隙张开度对高聚物注浆材料扩散形态和扩散范围的影响。

2.试验参数

本次试验拟研究裂隙张开度对高聚物注浆材料扩散规律的影响,以裂隙张开度、裂隙粗糙度、注浆量作为影响注浆效果的因素,试验中裂隙粗糙度和注浆量保持不变,设置不同的裂隙张开度,来研究其对高聚物注浆材料扩散规律的影响。

注浆量在本次试验中设计为固定数值500 g。裂隙粗糙度在本次试验中为固定的粗糙度,为"玻璃板+混凝土板"的BPN值54。通过注浆孔直接向玻璃板和混凝土面板之间的裂隙注浆。本次试验中共设计了7种不同的裂隙张开度,见表6-5,通过在玻璃板和混凝土板之间垫入若干个厚度不同的垫片来实现。

表6-5 裂隙张开度对扩散规律的影响试验安排

试验编号	设计裂隙张开度(mm)	设计注浆量(g)	粗糙度(BPN值)
2-0	5	500	54(玻璃+混凝土板)
2-1	10	500	54(玻璃+混凝土板)
2-3	15	500	54(玻璃+混凝土板)
2-4	20	500	54(玻璃+混凝土板)
2-5	25	500	54(玻璃+混凝土板)
2-6	30	500	54(玻璃+混凝土板)
2-7	35	500	54(玻璃+混凝土板)

3.试验结果与分析

待高聚物注浆材料反应结束后,将玻璃面板掀开,取出试件将其放到台秤上称重,得到实际注浆量;沿试件注浆孔的位置将其锯开,量得注浆孔处试件的厚度,以此作为裂隙的实际张开度,试验结果见表6-6。

表6-6 裂隙张开度对扩散规律的影响试验结果

试件编号	注浆量(g)	裂隙张开度(mm)	最大扩散半径(mm)	最小扩散半径(mm)	最大扩散直径(mm)	最小扩散直径(mm)
2-0	520	6	380	280	755	610
2-1	520	11	370	250	730	580
2-3	500	15	330	220	700	550
2-4	500	19	325	200	640	480
2-5	520	26	320	225	640	500
2-6	530	28	250	185	560	430
2-7	490	37	240	165	550	360

由于高聚物注浆量是由时间控制的,因为时间控制上的偏差,试件实际重量和设计注浆量会有些许偏差,而由于玻璃板本身的重量和高聚物反应过程中产生的巨大膨胀力,也会使试件厚度和设计厚度有一些偏差。

图6-21为不同裂隙张开度下的试验结果。

图6-21 不同裂隙张开度下高聚物注浆材料的扩散形态和扩散范围

根据试验结果绘制数据散点图,并在散点图中添加线性趋势线,得到其变化关系如图6-22所示。

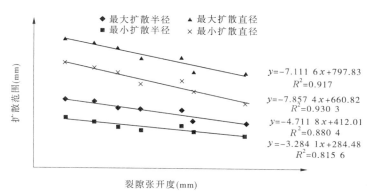

图6-22 高聚物注浆材料扩散范围随裂隙张开度的变化曲线

透过玻璃面板可以看到高聚物注浆材料从注浆孔处向四周呈对称扩散形态,由试件照片可以看出高聚物注浆材料在模拟裂隙中的扩散形态近似呈圆形或者椭圆形,随着裂隙张开度的增大,浆液的扩散半径和扩散直径都呈现减小趋势。

由试验结果数据图表可以看出,浆液扩散范围随着裂隙张开度的增大大致呈线性减小趋势,通过添加趋势线,据图表拟合出高聚物注浆材料扩散范围和裂隙张开度之间的关系式:

$$r_{\max} = -4.71Y + 412.01 \tag{6-3}$$

$$r_{\min} = -3.28Y + 284.48 \tag{6-4}$$

式中:$r_{\max}$为最大扩散半径,mm;$r_{\min}$为最小扩散半径,mm;Y为裂隙张开度,mm。

(三)裂隙倾角对浆液扩散的影响

1. 试验目的

本次试验拟在裂隙粗糙度、注浆量不变的情况下,通过设置不同的裂隙倾角,在不同倾角的土石结合部模拟裂隙中注入高聚物注浆材料,透过玻璃盖板观察高聚物注浆材料的扩散过程和扩散形态,研究裂隙倾角的变化对高聚物注浆材料扩散形态和扩散范围的影响。

2. 参数选取

本次试验拟研究裂隙倾角对高聚物注浆材料扩散规律的影响,故选取裂隙粗糙度、注浆量、裂隙倾角作为影响注浆效果的因素,其中裂隙粗糙度及注浆量不变,仅通过设置不同的裂隙倾角,来研究其对高聚物注浆材料扩散规律的影响。

注浆量在本次试验中设计为固定数值500 g。裂隙粗糙度在本次试验中为固定数值,为"玻璃板+混凝土板"的BPN值54。通过注浆孔直接向玻璃板和混凝土面板之间的裂隙注浆。本试验拟设置5组不同水平倾角的模拟裂隙。其设置方式如图6-23所示,即水平玻璃的一端直接放置在混凝土面板上,而在中间

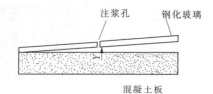

图 6-23 裂隙倾角设置示意图

部分通过垫入不同厚度的垫片来控制水平倾角的大小,试验安排见表6-7。

表 6-7 裂隙倾角对浆液扩散规律的影响试验安排

试验编号	裂隙倾角		注浆量(g)	粗糙度(BPN 值)
	Y(mm)	水平倾角		
3-1	15	0.57°	500	54(玻璃+混凝土板)
3-2	20	0.76°	500	54(玻璃+混凝土板)
3-3	25	0.95°	500	54(玻璃+混凝土板)
3-4	30	1.15°	500	54(玻璃+混凝土板)
3-5	40	1.53°	500	54(玻璃+混凝土板)

3. 试验结果与分析

观测每组试验中的扩散形态,待高聚物注浆材料反应完成后,揭开玻璃面板,用钢尺测量高聚物的扩散距离,试验结果见表6-8。

表 6-8 裂隙倾角对浆液扩散规律影响的试验结果

试验编号	注浆量(g)	最大厚度(mm)	最小厚度(mm)	最大扩散半径(mm)	最小扩散半径(mm)	最大扩散直径(mm)	最小扩散直径(mm)
3-1	500	17	7	410	290	715	580
3-2	500	20	11	375	285	730	550
3-3	485	25	13	355	270	670	525
3-4	470	35	18	350	245	620	520
3-5	480	41	34	340	200	580	370

表6-8即为高聚物注浆材料在不同倾角的土石结合部模拟裂隙下所观测的扩散距离数据,因为裂隙倾角的存在,玻璃板与混凝土板之间的裂隙张开度是不断变化的,所以试件呈楔形,由玻璃板可以观察到,高聚物注浆材料在模拟裂隙中沿注浆孔向四周扩散,扩散形态呈椭圆形,如图6-24所示。

图 6-24　不同倾角条件下高聚物注浆材料的扩散形态和扩散范围

从实物可以看出,注浆材料的扩散范围沿横向扩散更远,而沿裂隙张开度减小或者增大的方向扩散距离比较小,分析其原因,由裂隙张开度试验可知,随着裂隙张开度的增大,浆液扩散距离减小,故沿裂隙张开度变大方向扩散距离比较小;而沿裂隙减小方向,由于受到玻璃板与混凝土板的约束,不会向其方向显著地扩散,就呈现出了椭圆形的扩散形态。

根据试验结果绘制数据散点图,并在散点图中添加线性趋势线,得到其变化关系如图 6-25 所示。由图 6-25 可看出,高聚物注浆材料的扩散范围随裂隙倾角的增加呈逐渐减小趋势。由于本次试验中裂隙倾角设置为水平裂隙,通过在玻璃板和混凝土板之间设置垫片来得到水平倾角,实际上随着垫片厚度的增加造成了裂隙张开度也发生了很大的改变,在本次试验中影响浆液扩散范围的主要因素还是裂隙张开度。

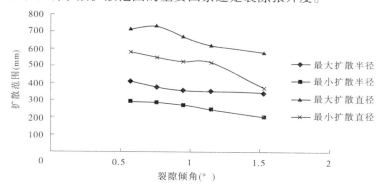

图 6-25　高聚物注浆材料扩散范围随裂隙倾角的变化曲线

(四)裂隙粗糙度对浆液扩散的影响

1. 试验目的

在裂隙张开度、注浆量不变的情况下,通过设置不同的裂隙粗糙度,在水平倾角的土体模拟裂隙中注入高聚物注浆材料,透过玻璃盖板观察高聚物注浆材料的扩散过程和扩散形态,研究裂隙粗糙度变化对高聚物注浆材料扩散形态和扩散范围的影响。

2. 参数控制

本次试验拟研究裂隙粗糙度对高聚物注浆材料扩散规律的影响,选取裂隙粗糙度、注浆量、裂隙张开度作为影响注浆效果的因素,其中裂隙张开度及注浆量不变,仅改变模拟裂隙的粗糙度,来研究其对高聚物注浆材料扩散规律的影响。

注浆量在本次试验中设计为固定数值 500 g。裂隙张开度控制在 20 mm。试验设计安排 8 组不同的裂隙粗糙度,即通过在玻璃板和混凝土板上铺设不同粗糙度的覆盖层,来得到不同的粗糙度。

在本次试验中,采用摆式仪来测定不同粗糙面的摩擦系数,用摆式仪的刻度值即BPN值来定量表示粗糙度。测得的不同物体表面的BPN值如下:

玻璃—18　　　　　塑料膜—10　　　　　敷沙塑料膜—28

木板—40　　　　　敷沙木板—70　　　　　混凝土—90

如表6-9所示,以塑料膜+塑料膜为例,即在混凝土板和玻璃板上各铺设一层塑料薄膜,来得到试验所需的粗糙面,其BPN值取两种垫层摆值的平均值。

表6-9　裂隙粗糙度对浆液扩散规律的影响试验安排

试验编号	设计注浆量(g)	设计张开度(mm)	粗糙度(BPN值)
4-1	500	20	14(玻璃+塑料膜)
4-2	500	20	23(玻璃+敷沙塑料膜)
4-3	500	20	29(玻璃+木板)
4-4	500	20	44(玻璃+敷沙木板)
4-5	500	20	54(玻璃+混凝土板)
4-6	500	20	59(敷沙塑料膜+混凝土板)
4-7	500	20	10(塑料膜+塑料膜)
4-8	500	20	18(玻璃+玻璃)

3. 试验结果与分析

待高聚物注浆材料反应结束后,将玻璃面板掀开,取出试件称重,可以得到实际注浆量;在试件注浆孔的位置将其锯开,量得注浆孔处试件的厚度,作为裂隙的实际张开度。试验结果见表6-10。

表6-10　裂隙粗糙度对浆液扩散规律影响的试验结果

试验编号	注浆量(g)	裂隙张开度(mm)	最大扩散半径(mm)	最小扩散半径(mm)	最大扩散直径(mm)	最小扩散直径(mm)
4-1	480	21	360	290	700	570
4-2	520	21	355	265	670	560
4-3	470	20	330	265	670	540
4-4	495	19	320	245	665	530
4-5	500	19	325	200	640	480
4-6	460	20	315	190	620	440
4-7	470	19	375	310	730	600
4-8	495	19	355	285	680	565

不同裂隙粗糙度情况下试件的实际大小情况见图6-26。

由图6-26可以看出,在不同粗糙度的模拟裂隙中,高聚物浆液扩散范围的变化幅度

图 6-26　不同裂隙粗糙度情况下高聚物注浆材料的扩散形态和扩散范围

不是很大,可以大致定性地认为粗糙度并不是影响浆液扩散范围的主要因素。

根据试验结果绘制数据散点图,并在散点图中添加线性趋势线,得到其变化关系如图 6-27 所示。

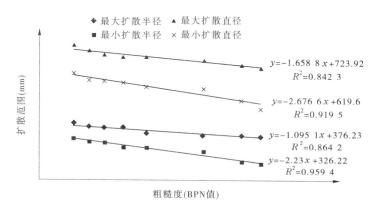

图 6-27　高聚物注浆材料扩散范围随裂隙粗糙度的变化曲线

由试验结果数据图表可以看出,浆液扩散范围随着粗糙度的增大而减小,据图表拟合高聚物注浆材料扩散范围和 BPN 的关系式:

$$r_{max} = -1.1Z + 376.23 \tag{6-5}$$

$$r_{min} = -2.23Z + 326.22 \tag{6-6}$$

式中:r_{max} 为最大扩散半径,mm;r_{min} 为最小扩散半径,mm;Z 为 BPN 值。

在不同粗糙度的裂隙中,高聚物注浆材料的扩散范围变化不是很大,与裂隙张开度以及注浆量相比,其不是影响浆液扩散的主要影响因素。

第四节　禅房闸高聚物注浆除险加固工程示范

一、工程概况

禅房引黄渠首闸(以下简称禅房闸)位于封丘县黄河禅房控导工程 32～33 坝间,对应大堤(贯孟堤)桩号 206+000。禅房闸为 3 级水工建筑物,3 孔,每孔宽 2.2 m,高 3.5 m,设置有 15 t 螺杆式启闭机,闸室及涵洞长 18 m,上游铺盖长 15 m。闸室地板高程为 67.1 m,防洪水位为 72 m,设计引水流量为 20 m³/s,设计灌溉面积 17 万亩,为长垣县滩区左砦灌区农田灌溉供水,禅房闸工程情况见图 6-28。该工程经多年使用,在运行中出

图 6-28　禅房闸工程现状

现了部分问题,包括临水侧砌石护岸脱空、背水侧漏水等情况,其中背水侧左岸砌石翼墙中下部漏水较为严重,在河水水位较高时,有明显的渗水、冒水现象,对翼墙结构稳定造成一定的威胁,需要进行堵漏加固处理,该翼墙工程现状见图6-29。项目组针对禅房闸工程现状,根据隐患类型和部位,制订了高聚物注浆除险加固方案,并在注浆前后对工程环境和加固部位进行了工程质量检测,为加固方案的制订和加固效果评价提供参考资料。

图 6-29　背水侧左侧翼墙

二、注浆前检测

为摸清工程现状,为高聚物注浆加固工作提供参考资料,研究人员利用高密度电阻率法和三维电阻率成像对工程部位进行了检测。检测工作采用美国 AGI 分布式电法测试仪,数据反演和后处理分别采用 EarthImage2D 和 EarthImage3D 软件。

高密度电阻率法布置测线一条,位于堤防临水侧堤脚处,沿堤防走向布置,起点位于进水口左岸翼墙处,主要检测目的是判断地下水位位置和电阻率背景值。测线长 43 m,布置电极 44 个,电极距 1 m,测试装置采用施伦伯格装置。测线布置情况见图 6-30。

三维电阻率成像检测区域位于水闸下游左侧翼墙附近区域。观测系统采用地面电极阵列布置,电极布置范围为宽 4 m、长 7 m 的矩形区域。共布置电极 40 个,分为 5 行,每行 8 个电极。以电极阵列的 1 号电极作为观测区域坐标系统的原点,位于靠近翼墙和堤脚的部位,以延翼墙下游方向为 X 轴正方向,以延堤防远离翼墙方向为 Y 轴正方向,以地面向下为 Z 轴负方向。测试区域左半部布置在堤防坡面上,反演结果的实际高程要比右半部偏高。为对比注浆加固前后效果,在注浆工作前后进行了 3 次检测工作,检测过程见

图 6-30　高密度电阻率法测线

图 6-31。

图 6-31　检测区域和电极布置现场照片

　　高密度电阻率法检测成果见图 6-32，包括测线位置地下剖面的视电阻率分布图像和反演成果图。从图中可以看出，测线位置电阻率分布呈上高下低的整体趋势，地下电阻率分布横向变化较小，符合该地区地下土层分布特征，4.5 m 以下部位电阻率值较低，在 50 Ω·m 以下，表明该深度以下为含水量较为丰富，判断为地下水浸润线位置。

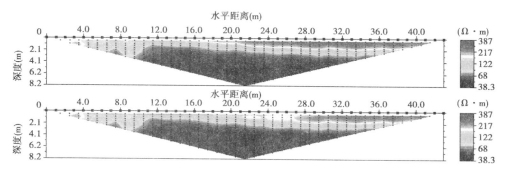

图 6-32　高密度电阻率测试成果

　　根据高密度电阻率法测试成果判断，该地区在测试时段内，地下水浸润线分布深度在 4~4.5 m 范围，而背水侧翼墙出水口位置距地面深度为 2~2.5 m。可以推断，由于漏水影响，出水部位附近土体应较周围正常土体较为疏松，存在孔隙，当土体充水时，其电阻率测试成果应呈低阻异常,当浸润线降低,土体没有充水时,其电阻率测试成果应呈高阻异常。高密度电阻率法测试结果表明,该地区检测时段浸润线位置低于出水口高程,在漏水部位的三维电阻率成像结果中,渗漏部位确实存在高阻异常,符合预期判断。

高聚物注浆加固前,背水侧左翼墙部位的三维电阻率测试结果见图6-33～图6-37。

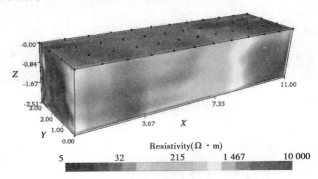

图6-33 注浆前三维电阻率成像反演成果

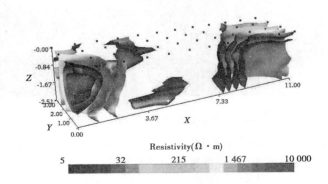

图6-34 注浆前电阻率成像区域三维等值线

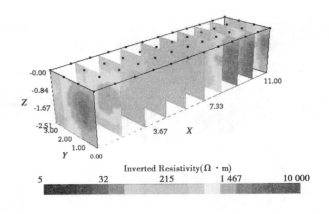

图6-35 注浆前电阻率成像区域 X 方向切片

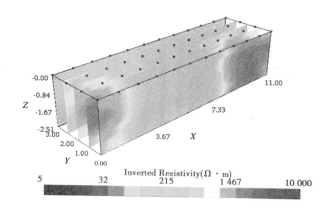

图 6-36　注浆前电阻率成像区域 Y 方向切片

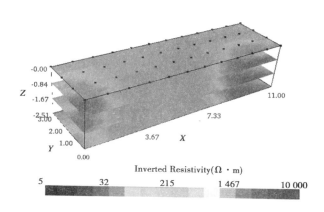

图 6-37　注浆前电阻率成像区域 Z 方向切片

从三维电阻率成像结果可以看出,在成像区域右侧靠近翼墙部位,深度 1.5~2.5 m 的范围内,存在高阻异常。与出水口分布区域较为吻合,符合成像检测前基于高密度检测结果和工程情况做出的分析。成像区域左侧也有一个电阻率偏高的部位,该部位电极位于堤防工程坡面上,电阻率偏高的主要原因是堤防工程内部土体含水量较低,整体电阻率值较偏高,并且由于堤防外形造成的边界条件造成的影响,与渗漏无关。

三、注浆施工

基于以上检测结果和工程条件分析,试验人员制订了高聚物注浆加固实施方案,主要加固措施为在翼墙存在异常部位及其附近位置,垂直翼墙布置钻孔,钻孔穿透砌石墙体,进入土石结合部位,通过钻孔向墙体和土石结合部进行高聚物注浆工作。利用高聚物发泡膨胀的特性,封堵渗漏通道、挤密注浆部位附近土体,并对砌石结构起到胶结黏合的作用,提高砌石墙体的稳定性和安全性。高聚物注浆采用一体式注浆车,注浆设备和施工过程见图 6-38~图 6-45。

图 6-38　一体式注浆车

图 6-39　加压注浆设备

图 6-40　钻孔施工

图 6-41　安装注浆嘴

图 6-42　封堵注浆嘴周围缝隙

图 6-43　安装注浆装置

图6-44　加压注浆　　　　　　　　　　　图6-45　注浆完成

四、注浆后检测

在利用高聚物注浆对渗漏部位进行注浆加固后,试验人员对注浆部位及其附近区域进行三维电阻率成像检测。电极位置与注浆前检测布置位置相同,便于注浆前后的检测结果对比。注浆后的电阻率成像检测结果见图6-46～图6-50。从注浆后电阻率成像区域三维等值线图等成果图件上可以看出,在注浆加固部位及其附近区域主要出现了两个变化:第一是注浆部位出现了部分高阻异常,异常幅值大于加固前该部位电阻率值;第二是高阻异常整体范围减小。根据检测成果和注浆施工情况进行综合分析,推断出现高阻异常区域的原因是该部位为高聚物材料膨胀区,由于高聚物材料本身电阻率远高于土层,可近似看作绝缘体,提高了电阻率异常的绝对值。同时,由于高聚物材料膨胀对周围土层的挤压作用,压实了加固部位周边的土体,提高了土体整体的导电性,造成周围土体电阻率值下降,使高阻异常整体范围减小。

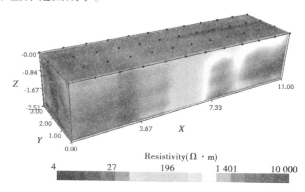

图6-46　注浆后三维电阻率成像反演成果

通过此次示范工作,完成了对闸后左翼墙出水部位的高聚物注浆加固。在示范过程中,通过注浆前检测对水闸地下工程条件和出水部位进行了调查,为注浆加固工作提供了设计依据;通过注浆后检测工作明确了高聚物注浆加固效果和影响范围,验证了高聚物注浆技术及相应设备、工作方法在水闸工程和土石结合部的适用性。

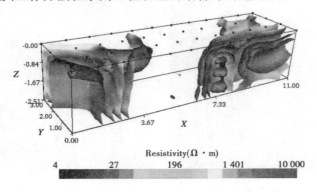

图 6-47　注浆后电阻率成像区域三维等值线

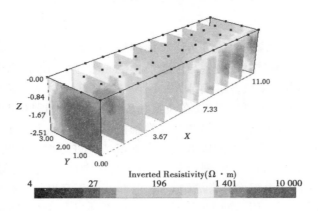

图 6-48　注浆后电阻率成像区域 X 方向切片

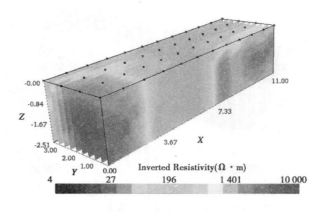

图 6-49　注浆后电阻率成像区域 Y 方向切片

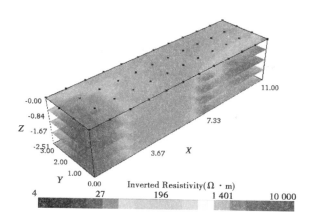

图 6-50　注浆后电阻率成像区域 Z 方向切片

参 考 文 献

［1］ 中华人民共和国水利部.水闸安全鉴定规定:SL 214—98［S］.北京:中国水利水电出版社,1998.

［2］ 中华人民共和国水利部.水闸安全评价导则:SL 214—2015［S］.北京:中国水利水电出版社,2015.

［3］ 黄河水利委员会水资源管理与调度局,黄河流域农村水利研究中心.黄河下游引黄涵闸引水能力调研报告［R］.2015.

［4］ 中华人民共和国水利部.党的十八大以来水利改革发展辉煌成就［EB］.2017.

［5］ 李永强.病险水闸除险加固设计要点［J］.中国水利,2010,14:68-70.

［6］ 中华人民共和国水利部.水闸设计规范:SL 265—2016［S］.北京:中国水利水电出版社,2016.

［7］ 中华人民共和国水利部.水利水电工程等级划分及洪水标准:SL 252—2017［S］.北京:中国水利水电出版社,2017.

［8］ 中华人民共和国水利部.水工建筑物抗震设计规范:SL 203—97［S］.

［9］ 中华人民共和国国家质量监督检验检疫总局,中国国家标准化管理委员会.中国地震动参数区划图:GB 18306—2015［S］.

［10］ 中华人民共和国住房和城乡建设部,中华人民共和国国家质量监督检验检疫总局.混凝土结构加固设计规范:GB 50367—2013［S］.

［11］ 中华人民共和国水利部.水闸施工规范:SL 27—2014［S］.

［12］ 中华人民共和国住房和城乡建设部,中华人民共和国国家质量监督检验检疫总局.水工建筑物抗冰冻设计规范:GB 50662—2011［S］.

［13］ 中华人民共和国水利部.水闸技术管理规程:SL 75—2014［S］.

［14］ 中华人民共和国水利部.水利建设项目经济评价规范:SL 72—2013［S］.

［15］ 李继业,李勇,邱秀梅,等.水闸工程除险加固技术［M］.北京:化学工业出版社,2013.

［16］ 任旭华,刘丽.水闸病害分析及其防治加固措施［J］.水电自动化与大坝监测,2003,27(6):49-52.

［17］ 郁建红,李思达.水闸病害的类型及其成因分析研究［J］.科技资讯,2006,29:75.

［18］ 葛光.试析水闸病害的原因及加固措施［J］.中国新技术新产品,2008,10:47.

［19］ 严宗杰.西溪桥闸闸门破损原因分析与维修养护探讨［J］.水利建设与管理,2010(8):59-61.

［20］ 朴哲浩,宋力.我国病险水闸成因及除险加固工程措施分析［J］.水利建设与管理,2011,31(1):71-72.

［21］ 李艳,田正宏,王永泉.淮河流域水闸混凝土缺陷调查与分析［J］.混凝土,2013(7):131-134.

［22］ 杨玉.淮河流域水闸现状和病险拦河节制措施探讨［J］.技术研发,2013,20:94.

［23］ 夏守高.水闸混凝土构件的病害及涂层预防技术分析［J］.水利建设与管理,2014(7):63-65.

［24］ 张利青,秦景言,过杰,等.水闸混凝土构件病害老化分析及加固处理方法［J］.中国水运,2015,15(6):324-325.

［25］ 吴丹.淮河流域水闸病害的调查与分析［J］.上海水务,2015,31(2):64-67.

［26］ 张年成,陈雁翔,袁静.以浆砌石为主体结构的中小型水闸病害及检测分析［J］.江苏水利,2015,(9):16-19.

［27］ 张扬.病险水闸成因及其对应加固方式研究［J］.河南水利与南水北调,2017(1):55-56.

［28］ 贺芳丁,林家禄,张玉燕.闸墩混凝土裂缝对水闸系统安全性的影响分析［J］.山东水利,2009(Z2):32-33.

［29］ 李斌.水闸结构的裂缝仿真分析［D］.邯郸:河北工程大学,2011.

［30］ 张晓英.损伤钢筋混凝土板抗力变化的数值分析研究［D］.西安:西安科技大学,2009.

［31］ 刘祖华,梁发云.混凝土碳化研究现状述评［J］.四川建筑科学研究,2000(3):52-54.

［32］ 姜英波,徐亦冬.碳化混凝土受压本构关系试验研究［J］.新型建筑材料,2007,34(10):27-28.

［33］ 徐善华,朱文治,崔焕平.完全碳化混凝土受压本构关系试验研究［C］// 全国结构工程学术会议.2013.

［34］ 朱文治.碳化混凝土单调及重复荷载作用下本构关系试验研究［D］.西安:西安建筑科技大学,2013.

［35］ 史艳.损伤混凝土受压本构关系试验研究［D］.长沙:中南大学,2013.

［36］ 梁岩,罗小勇,史艳.反复荷载下碳化混凝土力学性能及本构关系研究［J］.湖南大学学报(自然科学版),2016,43(9):43-50.

［37］ 张誉,蒋利学.基于碳化机理的混凝土碳化深度实用数学模型［J］.工程力学,1996(A02):9-13.

［38］ 刘亚芹.混凝土碳化引起的钢筋锈蚀实用计算模式［D］.上海:同济大学,1997.

［39］ 朱锡昶,李岩,葛燕.水闸混凝土表面防碳化处理［J］.中国水利,2010(5):67-67.

［40］ 中国工程建设标准化协会.混凝土结构耐久性评定标准:CECS 220—2007［S］.

［41］ 李田,刘西拉.混凝土结构耐久性分析与设计［M］.北京:科学出版社,1999.

［42］ 牛荻涛.混凝土结构耐久性与寿命预测［M］.北京:科学出版社,2003.

［43］ Ghrib F,Ren & eacute,Tinawi. Nonlinear Behavior of Concrete Dams Using Damage Mechanics［J］. Journal of Engineering Mechanics,1995,121(4): 513-527.

［44］ 孟丽岩,盖遵彬,尹晓黎.使用年限对混凝土力学性能影响分析［J］.低温建筑技术,2013,35(5):1-3.

［45］ 孟丽岩,王凤来,潘景龙.既有未碳化混凝土力学性能的试验研究［J］.工业建筑,2004,34(7):44-46.

［46］ 金伟良,赵羽习.混凝土结构耐久性［M］.北京:科学出版社,2002.

［47］ 战洪艳,杨松森.沿海混凝土建筑破坏原因与修复办法［J］.青岛建筑工程学院学报,2003,24(1):88-91.

［48］ 樊云昌,曹兴国,陈怀荣.混凝土中钢筋腐蚀的防护与修复［M］.北京:中国铁道出版社,2001.

［49］ Lambert P,Page C L,Vassie P R W. Investigations of reinforcement corrosion. 2. electrochemical monitoring of steel in chloride-contaminated concrete［J］. Materials and Structure,1991,24(5):351-358.

［50］ 范颖芳,周晶.受腐蚀钢筋混凝土构件受力性能研究现状［J］.土木工程学报,2004,7:23-26.

［51］ 田培,王玲,姚燕.重点工程混凝土耐久性的研究与工程应用［M］.北京:中国建材工业出版社,2000.

［52］ Mangat P S,Elgarf M S. Flexural strength of concrete beams with corroding reinforcement［J］. ACI Structural Jounral,1999,96(1):149-158.

［53］ 梅塔,蒙特罗.混凝土微观结构、性能和材料［M］.北京:中国电力出版社,2008.

［54］ Manu S,Menashi D C,Jan O. Sulfate attack research – whither now? ［J］. Cement and Concrete Research,2001,31(6):845-851.

［55］ 元强,邓德华,张文恩.硫酸钠侵蚀下掺粉煤灰砂浆的体积膨胀规律及其机理研究［J］.混凝土,2006(1):34-42.

［56］ Brown P,Hooton R D,Clark B. Microstructural changes in concretes with sulfate exposure［J］. Cement and Concrete Composites,2004,26(8):993-999.

［57］ Tian B,Cohen M D. Does gypsum formation during sulfate attack on concrete lead To expansion? ［J］.

Cement Concrete Composites,2000,30(1):117-123.

[58] 梁咏宁,袁迎曙.硫酸钠和硫酸镁溶液中混凝土腐蚀破坏的机理[J].硅酸盐学报,2007,35(4):504-508.

[59] Brown P,Hooton R D. Ettringite and thaumasite formation in laboratory concretes prepared using sulfate-resisting cements[J]. Cement and Concrete Composites,2002,24(3-4):361-370.

[60] 段桂珍,方从启.混凝土冻融破坏研究进展与新思考[J].混凝土,2013(5):16-20.

[61] 徐童淋,彭刚,杨乃鑫,等.混凝土冻融劣化后动态单轴抗压特性试验研究[J].水利水运工程学报,2017(6):69-78.

[62] 梅明荣,于孝民,王山山,等.冻融循环对水工混凝土结构安全影响的损伤有限元分析[J].水力发电学报,2010,29(5):102-105,131.

[63] 邹超英,赵娟,梁锋,等.冻融作用后混凝土力学性能的衰减规律[J].建筑结构学报,2008,29(29):117-123.

[64] 曹大富,马钊,葛文杰,等.冻融循环作用后钢筋混凝土柱的偏心受压性能[J].东南大学学报(自然科学版),2014,44(1):188-193.

[65] 冀晓东,宋玉普.冻融循环作用后钢筋与混凝土黏结性能的试验研究[J].大连理工大学学报,2008,48(2):240-245.

[66] 王燕.冻融环境下混凝土力学行为及结构抗震性能研究[D].西安:西安建筑科技大学,2017.

[67] 孙洋,刁波.混合侵蚀与冻融环境下钢筋与混凝土黏结强度退化的试验研究[J].建筑结构学报,2007(S1):242-246.

[68] 牛荻涛,陈新孝,王学民.锈蚀钢筋混凝土偏心受压构件低周反复性能的试验研究[J].建筑结构,2004,34(10):36-38.

[69] 牛荻涛,肖前慧.混凝土冻融损伤特性分析及寿命预测[J].西安建筑科技大学学报(自然科学版),2010,42(3):319-322,328.

[70] 商怀帅,欧进萍,宋玉普.混凝土结构冻融损伤理论及冻融可靠度分析[J].工程力学,2011,28(1):70-74.

[71] 常利营,陈群.接触冲刷研究进展[J].水利水电科学进展,2012,32(2):79-82.

[72] 邓伟杰,路新景.接触冲刷研究现状及存在问题的解决思路[EB/OL].中国科技论文在线,2008.

[73] 常利营,陈群,叶发明.均匀颗粒间接触冲刷的颗粒流数值模拟[J].岩土工程学报,2016,38(S2):312-317.

[74] 高峰,詹美礼.法向力作用下接触冲刷破坏的实验模拟研究[EB/OL].中国科技论文在线,2007.

[75] 刘杰.无黏性土层之间渗流接触冲刷机理实验研究[J].水利水电科技进展,2011,31(3):27-30.

[76] 朱亚军,彭君,陈群.砂砾石与黏土的接触冲刷试验研究[J].岩土工程学报,2016,38(2):92-97.

[77] 刘杰.土石坝渗流控制理论基础及工程经验教训[M].北京:水利电力出版社,2006.

[78] 刘杰.土石坝截水槽接触冲刷的试验研究[C]//张严明.全国病险水库与水闸除险加固专业技术论文集.北京:中国水利水电出版社,2001.

[79] 毛昶熙.渗流计算分析与控制[M].2版.北京:中国水利水电出版社,2003:414-418,439.

[80] 詹美礼,高峰,何淑媛,等.接触冲刷渗透破坏的室内试验研究[J].辽宁工程技术大学学报(自然科学版),2009,28(S1):206-208.

[81] 李想,盛金昌,詹美礼,等.超固结对防渗墙与高塑性黏土接触结构渗透性的影响[J].水电能源科学,2012,30(9):70-72,129.

[82] 何敏.高性能的热塑性硫化橡胶在150℃下的长期老化性能和加工特性[J].现代橡胶技术,2005,31(2):28-32.

[83] 汪俊.橡胶密封材料热氧老化及寿命评估研究[D].哈尔滨:哈尔滨工业大学,2011.

[84] 何旭升,赵波,李敬玮.面板坝接缝止水体系耐久性研究[C]//高寒地区混凝土面板堆石坝的技术进展论文集.北京:中国水利水电出版社,2013:11-15.

[85] 肖琰.天然橡胶硫化胶的热氧老化研究[D].西安:西北工业大学,2006.

[86] 赵泉林,李晓刚,高瑾,等.三元乙丙橡胶老化研究进展[J].绝缘材料,2010,43(1):37-41.

[87] 陈尔凡,邓雯雯,韩云凤,等.三元乙丙橡胶的热老化行为及其BP神经网络预测[J].化工新型材料,2010,38(10):80-82,97.

[88] 杨永民,潘志权,陈泽鹏,等.渡槽橡胶止水带服役年限预测研究[J].广东水利水电,2015(6):72-74,86.

[89] 丁祖群,侯平安,闵雅兰.NR1151天然橡胶材料的热空气老化性能[J].航空材料学报,2016,36(2):46-50.

[90] Boyce Mary-C, Arruda Ellen-M. Constitutive models of rubber elasticity: a review[J]. Rubber Chemistry and Technology,2000,73(3):504-523.

[91] 王浩.橡胶材料的超弹性本构模型在轮胎分析中的应用[D].哈尔滨:哈尔滨工业大学,2008.

[92] 黄帆.沉管隧道GINA橡胶止水带数值模拟分析[J].结构工程师,2010,26(1):96-102.

[93] 谭显文,王正中,余小孔,等.高水头闸门止水材料超弹性与黏弹性本构研究[J].振动与冲击,2014,33(19):97-103,108.

[94] 朱琨.结构混凝土强度非破损检测方法[J].建筑技术,1980(4):25-32.

[95] 刘丽君.钻芯法检测混凝土抗压强度在建设工程中的探讨和应用[J].四川建筑科学研究,2001,12:68-70.

[96] 阿不利孜·徐.浅谈钻芯法检测混凝土强度的方法[J].西部探矿工程,2002,14(S1):561.

[97] 陈希.混凝土水闸安全检测与耐久性评价[D].呼和浩特:内蒙古农业大学,2014.

[98] 戴呈祥,王士恩.水闸闸基隐患探测雷达图像特征分析[J].地球物理学进展,2003,18(3):429-433.

[99] 戴呈祥,王士恩.水闸闸基隐患类型特征分析[J].工程地球物理学报,2004,1(4):353-357.

[100] 王士恩,戴呈祥.水利工程隐患的雷达探测方法与图像分析[C]//第一届中国水利水电岩土力学与工程学术讨论会论文集(下册).2006.

[101] 杨松华.地质雷达检测在厦门马銮水闸安全鉴定中的应用[J].福建建筑,2011,156(6):73-75.

[102] 刘凤莲,余甫坤.水闸混凝土病害及检测特性分析[J].水科学与工程技术,2012(3):51-52.

[103] 中水淮河规划设计研究有限公司,河海大学,南京水利科学研究院,等.淮河流域涵闸工程病害检测方法研究报告[R].2014.

[104] 水利部水利建设与管理总站,黄河水利科学研究院,河南黄河勘测设计研究院.病险水闸除险加固技术指南[M].郑州:黄河水利出版社,2009.

[105] 李华伟,崔飞,鲍晓波.淮河流域病险水闸主要问题及处理措施建议[J].科技信息,2009,27:757.

[106] 李继业,李勇,邱秀梅.水闸工程除险加固技术[M].北京:化学工业出版社,2012.

[107] 张灵军,任灵芹.水利工程中水闸加固施工技术的应用分析[J].北京农业,2016(2):109-110.

[108] 文斌.姚河坝电站水闸安全监测管理系统研究[D].成都:四川大学,2006.

[109] 胡险峰.上海市水闸泵站自动监测系统建设与应用研究[D].南京:河海大学,2006.

[110] 吕永乐,郑晓红.苏州河河口水闸工程监测[J].水利水电科技进展,2007,27(1):82-84.

[111] 尤林贤,钟惠钰,周斌.水闸工程安全监测系统数据分析及探讨[J].水利科技与经济,2009,15(1):29-31.

[112] 于文蓬,张超,兰昊.大型水闸工程安全监测设计研究[J].水利建设与管理,2013,8:50-52.

[113] 吕杨.含裂缝水闸结构健康监测及工程加固措施研究[D].天津:天津大学,2014.

[114] 何斌,羊丹,金鹏飞,等.上海市水闸泵站自动监测系统改建实践[J].上海水务,2015,31(3):41-43,53.

[115] 陈鲁莉.汉江兴隆水利枢纽泄洪闸安全监测[J].中国农村水利水电,2015(8):165-167.

[116] 毕军芳,程肖雪,刘大伟.围堤及水闸工程安全自动化监测系统构建[J].现代测绘,2016,39(5):37-39,45.

[117] 中华人民共和国水利部.水工混凝土结构设计规范:SL 191—2008[S].

[118] 中华人民共和国水利部.水利水电工程启闭机设计规范:SL 41—2011[S].

[119] 中华人民共和国水利部.水利水电工程钢闸门设计规范:SL 74—2013[S].

[120] 中华人民共和国水利部.水工钢闸门和启闭机安全检测技术规程:SL 101—2014[S].

[121] 国家能源局.水电工程水工建筑物抗震设计规范:NB 35047—2015[S].

[122] Satty T L,Vargas L G. Uncertainty and rank order in the analytic hierarchy process[J]. European Journal of Operational Research,1987,32(1): 107-117.

[123] 刘志民.多指标多层次不确定性决策方法及其应用[D].邯郸:河北工程大学,2012.

[124] 闫宏伟.水闸安全评价指标体系研究[D].天津:天津农学院,2017.

[125] Charnes A,Cooper W W,Rhodes E. Measuring the efficiency of decision making units[J]. European Journal of Operational Research,1987,2(6): 429-444.

[126] 邓聚龙.灰色系统综述[J].世界科学,1983(7): 1-5.

[127] 王先甲,张熠.基于 AHP 和 DEA 的非均一化灰色关联方法[J].系统工程理论与实践,2011,31(7): 1222-1229.

[128] 秦益平,李永和.基于神经网络的上海地区混凝土水闸质量识别[J].上海大学学报(自然科学版),2004,10(4):430-434.

[129] 丁季华,邢光忠,李磊,等.水闸老化评估神经网络专家系统知识获取方法[J].上海大学学报(自然科学版),2006,12(5):539-542.

[130] 田丰.基于层次熵变权法的水闸模糊综合评价研究[D].天津:天津大学,2008.

[131] 张小飞,苏国韶.基于层次模糊综合评价的百东河水库安全评价[J].人民长江,2009,40(13):62-63,102.

[132] 张宇华,靳聪聪,范冰,等.基于熵权法与模糊综合分析法的病险水闸风险评价[J].水力发电,2013,39(12):39-42,93.

[133] 余定金,彭幼林.基于多层次多目标模糊综合评估法的水闸安全评价研究[J].水利建设与管理,2017(8):26-29.

[134] 刘世建.基于分项系数极限状态设计的水闸结构设计分项系数套改研究[D].成都:四川大学,2005.

[135] 范承稳,李永和.基于动态可靠度的服役水闸维修加固风险决策[J].工业建筑,2005,35(S1):896-899.

[136] 何鲜峰.水闸系统可靠性评价理论及其应用[D].郑州:郑州大学,2005.

[137] 王建华,贾仁年.水闸闸室体系可靠度分析[J].排灌机械工程学报,2006,24(2):16-19.

[138] 杨培章,陈建康.水闸闸室稳定结构体系可靠度探讨[J].吉林水利,2008(8):3-5.

[139] 齐艳杰,王建,李立辉.蒙特卡罗法在水闸闸室可靠度分析中的应用[J].水电能源科学,2009,27(2):116-118.

[140] 水利部水利建设与管理总站,黄河水利科学研究院.水闸安全鉴定技术指南[M].郑州:黄河水利出版社,2009.

[141] 吴庆,袁迎曙.锈蚀钢筋力学性能退化规律试验研究[J].土木工程学报,2008,41(12):42-47.

[142] 吴庆.基于钢筋锈蚀的混凝土构件性能退化预计模型[M].徐州:中国矿业大学出版社,2009.

[143] 徐善华.混凝土结构退化模型与耐久性评估[J].西安:西安建筑科技大学,2003.

[144] 韦未,李同春,姚纬明.建立在应变空间上的混凝土四参数破坏准则[J].水利水电科技进展,2004,24(5):27-29.

[145] 中华人民共和国水利部.土工试验规程:SL 237—1999[S].

[146] 赵寿刚,汪自力,张俊霞,等.黄河下游堤防土体抗冲特性试验研究[J].人民黄河,2012,34(1):11-13.

[147] 中华人民共和国住房和城乡建设部,中华人民共和国国家质量监督检验检疫总局.堤防工程设计规范:GB 50286—2013[S].

[148] 赵天义.赵天义论文集[M].郑州:黄河水利出版社,2013.

[149] 中华人民共和国国家质量监督检验检疫总局,中国国家标准化管理委员会.硫化橡胶或热塑性橡胶拉伸应力应变性能的测定标准:GB/T 528—2009[S].

[150] 中华人民共和国国家质量监督检验检疫总局,中国国家标准化管理委员会.硫化橡胶或热塑橡胶撕裂强度的测定方法:GB/T 529—2008[S].

[151] 中华人民共和国国家质量监督检验检疫总局,中国国家标准化管理委员会.硫化橡胶或热塑性橡胶热空气加速老化和耐热试验:GB/T 3512—2014[S].

[152] Rivlin R S.CHAPTER 10-LARGE ELASTIC DEFORMATIONS[C]//In Rheology:Theory and Applications,edited by FREDERICK R.EIRICH.New York:Academic Press,1956:351-385.

[153] 杨永民,潘志权,陈泽鹏,等.渡槽橡胶止水带服役年限预测研究[J].广东水利水电,2015(6):72-74,86.

[154] 高向玲,颜迎迎,李杰.一般大气环境下混凝土经时抗压强度的变化规律[J].土木工程学报,2015,48(1):19-26.

[155] 余波,成荻,杨绿峰.混凝土结构的碳化环境作用量化与耐久性分析[J].土木工程学报,2015,48(9):51-59.

[156] 李金玉,曹建国,徐文雨,等.混凝土冻融破坏机理的研究[J].水利学报,1999,1:42-49.

[157] 中华人民共和国住房和城乡建设部,中华人民共和国国家质量监督检验检疫总局.水利水电工程结构可靠性设计统一标准:GB 50199—2013[S].

[158] 阮建清,刘忠恒,严祖文.基于风险的病险水库除险加固方案优化设计[J].中国水利水电科学研究院学报,2014,12(1):36-41.

[159] 石明生.高聚物注浆材料特性与堤坝劈裂注浆机理研究[D].大连:大连理工大学,2011.

[160] 李炳奇,周月霞,肖俊,等.反向压力伸缩缝新型聚脲基复合防渗体系研究[J].水利学报,2015,46(12):1479-1486.

[161] 中华人民共和国水利部.水利水电工程安全监测设计规范:SL 725—2016[S].

[162] 中华人民共和国水利部.水闸安全监测技术规范:SL 614—2018[S].

[163] 中华人民共和国住房和城乡建设部.危险房屋鉴定标准:JGJ 125—2016[S].

[164] 门金亮.人工神经网络技术在安全评价中的应用研究[J].信息通信,2016(5):178-179.

[165] 中华人民共和国水利部.水闸工程管理设计规范:SL 170—96[S].

[166] 中华人民共和国水利部.水利水电建设工程验收规程:SL 223—2008[S].